计算智能：原理与实践

JISUAN ZHINENG：YUANLI YU SHIJIAN

郭业才　著

西安电子科技大学出版社

内 容 简 介

本书共9章，涉及的计算智能包括进化计算(遗传算法及其DNA与RNA计算、Memetic算法)、群体智能计算(雁群优化算法、蝙蝠算法、猴群算法)、仿自然规律计算(万有引力搜索算法)及仿人智能计算(神经网络、细胞神经网络、自组织神经网络)。每类计算智能都给出了其在信号处理领域的应用案例。

全书融理论性、系统性与实战性于一体，适合人工智能、计算机、自动化、电子与通信、大数据科学等相关学科专业的科研人员和工程技术人员阅读，也可作为相关专业博士、硕士研究生的学习参考书。

图书在版编目（CIP）数据

计算智能 ：原理与实践 / 郭业才著. -- 西安 ：西安电子科技大学出版社，2025. 8. -- ISBN 978-6-5606-7571-8

Ⅰ. TP183

中国国家版本馆 CIP 数据核字第 2025QN9634 号

策　　划　马晓娟
责任编辑　马晓娟
出版发行　西安电子科技大学出版社（西安市太白南路2号）
电　　话　(029) 88202421　88201467　　邮　　编　710071
网　　址　www.xduph.com　　电子邮箱　xdupfxb001@163.com
经　　销　新华书店
印刷单位　陕西天意印务有限责任公司
版　　次　2025年8月第1版　　2025年8月第1次印刷
开　　本　787毫米×1092毫米　1/16　　印　　张　18
字　　数　426千字
定　　价　64.00元
ISBN 978-7-5606-7571-8

XDUP 7872001-1

前　言

PREFACE

美国科学家贝兹德克(J. C. Bezdek)从计算智能系统角度给出了计算智能的定义：如果一个系统仅处理低层的数值数据，含有模式识别部件，没有使用人工智能意义上的知识，且具有计算适应性、计算容错性、接近人的计算速度和近似人的误差率这 4 个特性，则它是计算智能。这是一个接受度比较高的定义。从学科范畴看，计算智能是在神经网络、进化计算及模糊系统这三个领域发展相对成熟的基础上形成的一个统一的学科概念。从计算智能的定义和学科范畴的角度分析，计算智能的概念可以理解为：

第一，计算智能是借鉴仿生学的思想，基于生物神经系统的结构、进化和认知对自然智能进行模拟的。

第二，计算智能是一种以模型(计算模型、数学模型)为基础，以分布、并行计算为特征的自然智能模拟方法。

本书是作者团队在计算智能领域的研究心得和成果的汇集，同时参考了其他一些作者在国内外重要期刊发表的论文或博士硕士学位论文中的最新成果。

全书共 9 章。第 1 章是遗传算法及其 DNA 与 RNA 计算，包括遗传算法(量子遗传算法和自适应遗传算法)、DNA 与 RNA 计算、DNA 与 RNA 遗传算法案例。第 2 章为 Memetic 算法，分析了 Memetic 算法原理、流程，并给出了两个应用案例。第 3 章为雁群优化算法，简释了雁群飞行的自然现象、飞行理论，分析了雁群优化算法原理、实现过程，并给出了多阈值图像分割案例。第 4 章为蝙蝠算法，内容包括基本蝙蝠算法、记忆型蝙蝠算法、量子蝙蝠算法、混合蝙蝠算法、DNA 遗传蝙蝠算法及其在盲均衡领域的应用案例。第 5 章为猴群算法，内容包括基本猴群算法、自适应猴群算法、混沌猴群算法及改进猴群算法在盲均衡中的应用案例。第 6 章为万有引力搜索算法，内容包括基本万有引力搜索算法、多点自适应约束万有引力搜索算法、自适应混合变异万有引力搜索算法及万有引力搜索算法在无人航行设备航路规划中的应用案例。第 7 章为神经网络，讨论了神经网络的结构、训练与优化过程，反向传播算法，并给出了数字仪器识别案例。第 8 章为细胞神经网络，内容包括细胞神经网络的理论基础、基于反应扩散方程的改进细胞神经网络、六阶细胞神经网络、分数阶细胞神经网络，以及基于忆阻器的细胞神经网络在图像处理中的应用案例。第 9 章为自组织神经网络，内容包括竞争学习网络、混合双层自组织径向基函数神经网络、基于随机森林优化的自组织神经网络，以及分数阶细胞神经网络在自适应同步控制中的应用案例。

全书围绕计算智能在信号处理领域应用的最新研究成果组织内容。从理论视角，书中所涉及的计算智能包括进化计算、群体智能计算、仿自然规律计算和仿人智能计算等，侧重原理论述，介绍相关计算在信息处理领域中的应用，内容较全面，体系较完整；从应用视角，书中以信号处理中最新应用成果为案例，展示了用计算智能解决信号处理问题的全过程，实现了抽象问题具体化、理论问题可视化，扩展了计算智能功能，提高了应用实效。这些理论内容和应用案例为科研人员提供了创新的思路和方法。

本书的成果在形成过程中，得到了国家一流专业“电子信息工程”及江苏省集成电路可靠性技术及检测系统工程研究中心、芜湖市通用航空电子信息工程技术研究中心、无锡俊腾信息科技有限公司等建设项目资助。胡晓伟、周雪、阳刚等研究生参与了本书的编写工作。本书的出版还得到了西安电子科技大学出版社的大力支持，在此一并表示诚挚的谢意！

由于作者水平有限，书中难免存在不当之处，敬请读者批评指正！

郭业才

2025 年 2 月

目　录
CONTENTS

第1章 遗传算法及其DNA与RNA计算

【内容导读】 首先，在阐释遗传算法原理、基本操作及参数选择方法的基础上，分析量子遗传算法和自适应遗传算法。然后，在阐释DNA计算原理的基础上，分析DNA遗传算法；在阐释RNA计算原理的基础上，分析RNA遗传算法。最后，给出基于DNA遗传算法优化的正交小波常模盲均衡算法案例。

在生物学中，进化是指种群里的遗传性状在世代之间的变化。自然选择使得有利于生存和繁殖的遗传特性变得更加普遍，而有害或不利遗传特性变得越来越少。受这些复杂的生命进化过程启发，学者们提出了一些用于解决优化问题的生物启发式算法。例如，遗传算法[1]、遗传编程、DNA计算、RNA计算[2-3]、Memetic算法[4]等进化算法，不需要依赖梯度计算，就能较好地找到优化问题的全局最优解。与传统的数学规划法和准则法相比，这些进化算法的基本框架还是简单遗传算法所描述的框架，其主要优势有：

(1) 在一般情况下，算法能否收敛到全局最优解与初始群体无关；

(2) 全局搜索能力强；

(3) 使用范围广，能有效求解不同类型的问题。

虽然在进化的方式，如选择、交叉、变异、种群控制等上有很多变化和差异，但这些算法及其应用仍然是值得研究的课题。

1.1 遗传算法

遗传算法是模拟自然进化过程而形成的一种搜索最优解的随机搜索法。其主要特点是直接对求解对象进行操作，所求的目标函数不需要满足求导和函数连续性条件，采用适者生存的进化规律来求解问题的最优解。遗传算法的研究对象是一个由基因编码的一定数目的个体组成的种群，每个个体是染色体带有特征的实体，各个个体代表着需求解问题的可能解。染色体作为生物体遗传物质的主要载体，是多个基因的组合。它有两种表现模式：基因型和表现型。在遗传算法中，一开始就需要实现从表现型到基因型的映射，即编码工作。为了降低编码工作的复杂程度，一般用简化的编码方法(最常用的就是二进制编码)。而从基因型到表现型的转换即为译码工作。初始种群设置好之后，按照生物进化机制，通过逐代进化得到所求问题的近似最优解。对遗传算法，在进化的每一代中均会用选择算子选出种群中适应能力强的个体，然后对这些个体进行组合交叉、变异操作，产生下一代种群，它代表着一个新的解集。遗传算法的选择、交叉和变异操作过程会使后一代种群在环境中的适应能力强于前一代种群，这样，末代种群中适应能力最强的个体经过解码就可以视为问题的近似最优解。

1.1.1 遗传算法的基本用语

遗传算法会使用一些与自然遗传有关的基础用语，这些基础用语对于遗传算法研究和应用是很重要的。

1. 染色体(基因串或个体)

细胞是生物体的基本结构和功能单位，细胞内的细胞核主要由一种微小的丝状染色体构成，染色体携带着基因信息，是生物遗传信息的主要载体，也可称为基因串或个体，其一般用二进制位串来表示。

2. 基因、基因座与等位基因

基因是染色体的一个片段，是控制生物性状的遗传物质的功能单位和结构单位，通常为单个参数的编码值。多个基因组成一个染色体。每个基因对应的染色体中的位置称作基因座，每个基因所取的值称作等位基因。染色体特征和生物个体性状是由基因和基因座决定的。

3. 基因型和表现型

染色体可用基因型和表现型这两种相应的模式进行表示。所谓基因型，是指个体的内部表现由该个体特有的基因组成，该基因与个体的外部表现有着密切的联系；而表现型是指个体在生存环境中所具有的外部表现，它是个体基因型与生存环境条件相互作用的结果，即在不同的生存环境条件下，同一种基因型的生物个体可以有不同的外部表现。

4. 编码操作与译码操作

在执行遗传算法时，操作过程中存在基因型和表现型两者之间相互转换的操作。将表现型转换为基因型称为编码操作，它实现所求解问题的搜索空间中的参数与遗传空间中个体的转换；将基因型转换为表现型称为译码操作，它实现遗传空间中的个体与搜索空间中的参数或解的转换。

5. 群体规模

在标准的遗传算法中，一定数量的个体组成种群，在种群中个体数目的大小称为种群的大小，即群体规模。

1.1.2 遗传算法的基础理论

1. 模式定理

遗传算法是通过模拟生物个体之间的选择、交叉和变异等遗传操作来逐步搜索问题的最优解的。在这个搜索的过程中，逐步产生的每一代个体在它的编码串组成结构上与其父代个体之间有一些相似的联系。若将个体之间具有相似结构特点的编码串与某些相似模板相联系，则遗传算法中对个体的搜索就是对这些相似模板的搜索，这样，就需要引入模式的概念。模式表示种群中的个体基因串中某些特征位相同的结构，它描述了个体编码串中具有相似结构特征的一个串子集。例如，在二进制编码串中，用0和1这两个元素所组成的一个编码串来表示个体，用0、1和“*”这三个元素所组成的一个编码串来表示模式，其中“*”表示任意字符，既可以为“1”，也可以为“0”。可见，一个模式可以隐含在多个编码串中，不同的编码串之间通过模式相互联系，这使遗传算法中的编码串的运算转换为模式运算。为了定量地估计模式运算，将模式中具有确定基因值的位置个数称为该模式中的阶数，如果阶数越高，则与该模式匹配的样本数就越少，最优解的确定性就越高；将模式的定义长度表示为模式中有确定基因值的基因位从第一个到最后一个之间的距离。因此，在对遗传算法的模式概念进行相关分析后，可以将遗传算法看作一种模式运算，即一个模式中的各个样本经过相关遗传操作进化成一些新的样本和新的模式，并且那些低阶、短定义长度且平均适应度值高于群体平均适应度值的模式，经过选择、交叉和变异操作后，其样本数将呈指数增长，这些正是模式定理所揭示的内容。

从上面分析可知，模式定理在一定程度上证明了遗传算法的有效性。但是它仍存在以下缺陷：

(1) 模式定理只适合二进制编码，没有适合其他编码方案的相关结论。

(2) 模式定理只提供本代包含某个模式的个体数的下限，并不能根据此下限来确定算法的收敛与否。

(3) 模式定理没有解决遗传算法设计中控制参数的选取等问题。

2. 积木块假设

遗传算法是一个随机概率搜索的过程，而不是对搜索空间中每个基因都进行检测和遗传操作，只是将一些较好的模式像堆积木一样拼接在一起，从而使进化出的个体编码串在生存环境中的适应能力越来越强。而这些模式称为积木块。

模式定理指明了积木块的样本数呈指数增长和用遗传算法寻找最优解的可能性，但没有说明遗传算法一定能够搜索到最优解；而积木块假设能说明遗传算法一定能搜索到最优解。所谓积木块假设，就是积木块经过选择、交叉和变异操作后，它们能够相互结合并形成适应度值更大的个体编码串，最后趋近全局最优解。它说明了用遗传算法求解各类问题的基本思想，其在许多领域的应用也证明了积木块假设的有效性。

3. 隐含并行性

由前面的讨论知，遗传算法的一个编码串中实际上隐含多种不同的模式，所以遗传算法的实质是模式的运算。在二进制编码串中，如果编码串长度为 l，则该编码串中会有 2^l 种模式，在种群规模为 N 的群体中就有 $2^l \sim N \cdot 2^l$ 种不同模式。随着这些模式的逐代进化，这些模式中的一些较长的定义长度的模式将被破坏，而较短的定义长度的模式将被保存下来。由此可见，遗传算法在运行过程中，每代除了处理 N 个个体之外，还并行处理了与 N 的立方成正比的模式数。此处的并行处理过程与一般的并行算法的处理过程不一样，它具有隐含并行性，包含在处理过程内部。

1.1.3 遗传算法的基本操作

1. 编码

遗传算法不是直接处理所求问题中的实际决策变量，而是用某方法将所求问题的可行解转换为遗传算法的编码个体再进行有关的遗传操作，逐代搜索出适应度值较大的个体，并逐渐增加其在种群中的数量，最后寻找出问题的近似最优解。而遗传算法中将所求问题的可行解转换为遗传算法能搜索个体的方法是编码。编码将求解问题的可行解从其解空间转换到遗传算法所能处理的搜索空间，它是遗传算法中的一个关键步骤。编码方案的选择与如何进行群体的遗传进化运算以及遗传进化运算的效率有着密切的关系，不同的编码方案会有不同的结果和计算效率。编码方案应满足三个规范条件：完备性、健全性和非冗余性。针对一个具体的应用问题，如何设计一种编码方案是遗传算法的一个重要的研究方向。迄今为止，人们已经提出了许多种不同的编码方案，主要有二进制编码、符号编码和浮点数编码这三种，人们可以根据不同的要求来选择编码方案。

(1) 二进制编码。在遗传算法中，最常用的一种编码方案就是二进制编码。二进制编码的编码符号集是由一定数目的二进制符号 0 和 1 所组成的，由二进制编码的个体基因型是一个二进制编码串。二进制编码的编解码操作简单，易于实现遗传操作。

(2) 符号编码。符号编码是指用一个无数值含义而只有代码含义的符号集来表示个体的每个基因值。符号编码不仅与积木块假设相符合，还便于遗传算法与其他相关近似算法结合使用。

(3) 浮点数编码。浮点数编码是指将个体的每个基因值用某一范围的一个浮点数来表示，个体的编码长度与所求问题决策变量的个数相对应。当遗传算法中个体基因值的表示范围较大时，浮点数编码优于其他编码方案，也就是当搜索空间较大时，使用浮点数编码能很好地提高遗传算法的计算效率。

2. 初始化种群

遗传算法需要对一定数目个体组成的群体进行遗传操作，因此要给种群赋初始值，这是遗传算法的起始搜索点。初始种群一般用随机方法产生。一定数目的个体就成了种群的规模，种群规模对遗传算法的性能有一定的影响。种群规模越大，种群多样性越丰富，遗传算法陷入局部收敛的可能性就越小，但计算量会增加；种群规模越小，可行解在搜索空间的分布范围越小，“早熟”收敛的可能性就越大。所以，针对不同的问题要求，种群规模也会不同。

研究表明使用二进制编码时，若个体串的定义长度为 L，则种群规模的最优值为 $2^{L/2}$。

3. 确定适应度函数

适应度函数就是指度量个体适应度的函数。由于遗传算法主要是以个体的适应度值为参量来进行遗传操作的，基本不需要其他信息和适应度函数的连续可导性，因此遗传算法使用适应度值来衡量群体中各个个体在优化算法中找到最优解的优劣程度。个体的适应度值越大，该个体被选择遗传到下一代的概率就越大，反之，被选择遗传到下一代的概率越小。所以，适应度函数的选择对于遗传算法搜索效率很重要。一般情况下，适应度函数是由目标函数转换而来的，适应度值由适应度函数计算而得。计算个体适应度值的基本步骤如下：

步骤 1：通过解码将个体基因型转化为对应的表现型；

步骤 2：根据个体的表现型计算出该个体的目标函数值；

步骤 3：根据优化问题的类型，将目标函数值转换为个体的适应度值。

优化问题一般可有两类，一类是求目标函数的最大值，另一类是求目标函数的最小值。设目标函数用 $J(x)$来表示，如果要求 $J(x)$的最小值，则将求最小值问题转换为求最大值问题，从而将函数值非负的适应度函数定义为

$$\mathrm{fit}(x) = \frac{1}{J(x)} \tag{1.1.1}$$

反之，适应度函数为

$$\text{fit}(x) = J(x) \tag{1.1.2}$$

遗传算法中，适应度函数对遗传算法的收敛速度和能否搜索到最优解都有很大的影响。如果对每代的适应度值较大的个体强调过多，则会降低种群的多样性，使算法易陷入早熟的收敛现象；反之，使算法易丢失适应度值较大的个体信息，不能达到合理的收敛。因此，为了提高遗传算法的有效性，适应度函数的设计需要满足如下一些条件：

(1) 适应度函数值必须是连续的非负单值，且有最大值；

(2) 适应度函数的设计应使适应度值对应解的优劣程度；

(3) 适应度函数的设计应尽可能降低计算复杂度、减少计算量；

(4) 针对某类具体的问题，适应度函数应尽可能通用。

4. 选择操作

遗传算法使用选择算子对群体中的个体进行优胜劣汰操作，即用选择算子确定如何从上一代个体中选取个体遗传到下一代。选择操作是以群体中各个个体的适应度值为基础的，它能够避免某些基因的缺失，提高算法的全局收敛性。

常用的选择操作方法如下：

(1) 比例选择算子法。比例选择算子法即轮盘赌选择法，该方法中个体被遗传到下一代的概率与该个体适应度值的大小成正比，即个体的适应度值越大，它被选择遗传到下一代的概率越大。设种群规模大小为 N，个体 i 的适应度值为 fit_i，则个体 i 被选择遗传的概率为

$$p_i = \frac{\text{fit}_i}{\sum_{i=1}^{N} \text{fit}_i} \tag{1.1.3}$$

(2) 最优保存策略法。在遗传算法进化过程中，优良个体会随着进化代数的增加而增多，但进化过程中选择、交叉、变异等操作是一些随机的遗传操作，它们有可能破坏当前群体中适应度值最大的个体，从而降低群体的平均适应度值，影响遗传算法的计算效率和收敛速度。为了降低适应度值最大的个体被破坏的可能性，在优胜劣汰操作中引入最优保存策略法，即当前群体中适应度值最大的个体不参与交叉、变异运算，并且还替换本代群体中经过遗传操作后所产生的适应度值最小的个体。该方法能保证最优个体不被破坏，但它也容易使得某个局部最优个体不易被淘汰而降低算法的全局搜索能力。因此，该方法一般会与其他的一些选择操作方法联合使用。

(3) 排序选择方法。排序选择方法的主要着眼点是个体适应度值之间的大小关系，首先对群体中所有个体按其适应度值大小进行降序排序，然后根据具体求解问题，设计一个概率分配表，将各个概率值按上述排列次序分配给各个个体，各个个体将以所分配到的概率值作为其能够被遗传到下一代的概率。该方法是基于概率的选择操作，且选择概率要先确定，所以会产生较大的选择概率。

(4) 随机遍历抽样法。随机遍历抽样法首先设定需要选择的个体数目，然后用选择指针等距离地选择个体，其中选择指针的距离用需要选择的个体数目的倒数表示。

以上是几种常用的选择方法，它们对遗传算法性能的影响都不同，在实际应用时，可根据所求问题的特点选择适合的选择方法。

5. 交叉操作

交叉操作是指两个相互配对的个体通过某种方式相互交换部分基因来形成两个新的个体，它是遗传算法区别于其他进化算法的重要特征，在遗传算法中起着关键作用。它能在一定程度上保持上一代群体中优良个体的特性，同时，又是产生新个体的主要方法，对于增强遗传算法的全局搜索能力很重要。常用的交叉操作方法有：

(1) 单点交叉。单点交叉是最常用和最基本的交叉操作，它首先对群体中的个体进行两两配对，对每一对相互配对的个体随机设置一个交叉点，然后在该交叉点相互交换部分染色体。

(2) 多点交叉。多点交叉也被称为广义交叉，操作过程与单点交叉相似，不同的是它在个体编码串中随机设置了多个交叉点。交叉方法有可能破坏一些特性好的模式，甚至随着交叉点数的增加，个体结构被破坏的可能性逐渐增大，使特性好的模式更容易被破坏，影响遗传算法的性能。故此法一般使用不多。

(3) 算术交叉。算术交叉是指两个个体进行线性组合并产生两个新的个体，它一般用于实数编码的求解问题中。

设算术交叉的两个个体为 A_t、B_t，则交叉产生的两个新个体 A_{t+1}、B_{t+1} 为

$$A_{t+1} = \alpha B_t + (1-\alpha)A_t \tag{1.1.4}$$

$$B_{t+1} = \alpha A_t + (1-\alpha)B_t \tag{1.1.5}$$

式中，α 是一个比例因子。

除了上述的三种交叉操作方法外，还有均匀交叉、循环交叉，顺序交叉等。

6. 变异操作

变异操作是指将个体编码串中的某些基因变换为这些基因对应的等位基因，从而形成一个新的个体。变异操作改变的是个体编码串中的部分基因值，它是产生新个体的辅助方法，与遗传算法的局部搜索能力相关联。它与交叉操作相结合，实现遗传算法的全局搜索和局部搜索，提高了遗传算法的搜索性能。常用的变异操作方法如下：

(1) 基本位变异。基本位变异是指以变异概率随机指定个体编码串中某几位基因座，并将这些基因座上的基因值转换为与其相应的等位基因值。该操作方法的对象只是个体编码串中的个别几个基因座上的基因值，且变异概率小，变异产生的作用不明显。

(2) 均匀变异。均匀变异是以变异概率对个体编码串中的每个基因座指定变异点，并将每一变异点原有的基因值转换为其对应的取值范围内的一个随机数。该方法使遗传算法能在整个搜索空间内自由搜索，增加群体多样性，比较适合用在算法的初始运行阶段，不适合某一重点区域的局部搜索。

(3) 实值变异。一般情况下，较小的变异步长使变异操作容易成功，但有时变异步长大又会加快优化速度。为了解决这个矛盾，引入了实值变异。它定义为

$$X' = X \pm 0.5\gamma\Delta \tag{1.1.6}$$

式中，γ 为变量的取值范围；X 为变异前变量取值；X' 为变异后变量取值；$\Delta = \sum_{i=0}^{m-1} \frac{a(i)}{2^i}$，$a(i)$取值为 1 或 0，且取 1 的概率为$\frac{1}{m}$，取 0 的概率为 $1-\frac{1}{m}$。

1.1.4 遗传算法参数选择

遗传算法中的参数对算法性能有着重要影响。其主要参数有如下 4 种[5]。

1. 编码串长度

编码串长度与编码方法的选择有关。例如，二进制编码的编码串长度与所求问题要求的精度有关，而实数编码的编码串长度等于决策变量的个数。

2. 交叉概率

交叉操作对遗传算法中新个体的产生起着主要作用。交叉概率大，开辟新的搜索空间的能力强，但交叉概率过大，会破坏群体的优良模式，影响算法的优化性能；反之，交叉概率小，产生新个体的数量少，降低了群体多样性，可能使遗传算法的搜索陷入迟钝状态。一般建议交叉概率的取值范围为 0.4～0.99。

3. 变异概率

变异操作可以改善遗传算法局部搜索能力，保持群体多样性，防止早熟。变异概率大，产生新个体多，但变异概率过大可能破坏群体的优良模式；反之，变异操作产生新个体少且抑制“早熟”能力差。一般建议变异概率的取值范围为 0.0001～0.1。

4. 终止代数

终止代数是遗传算法运行结束的一个条件，当遗传算法运行到预先设置好的代数之后就会停止运行，并将最后一代群体中的最佳个体作为所求问题的最优解。一般建议的终止代数取值范围为 100～1000。

1.2 量子遗传算法

量子遗传算法是将遗传算法与量子计算[6]相结合形成的一种新的概率编码算法。量子遗传算法的基因采用量子位表示，其染色体的基因是不确定的，一般用概率幅的方式表示。

1.2.1 量子计算

量子计算是应用量子力学原理来进行有效计算的新颖计算模式[6]。作为其核心器件的量子计算机是一个由许许多多量子处理器构成的多体量子体系，每个量子处理器是一个两态量子系统，基于量子叠加性原理，采用合适的量子算法来加快某些函数的运算速度。所谓“量子信息”，是指以量子比特(即两态量子系统)的量子态：

$$|\varphi\rangle = \alpha|0\rangle + \beta|1\rangle,\ |\alpha|^2 + |\beta|^2 = 1 \tag{1.2.1}$$

为信息单元的信息，这一信息的产生、存储、传输、处理和检测等均要遵从量子力学的规律。式(1.2.1)中$|\varphi\rangle$表示量子态，α、β为复数系数。显然，现在广泛使用的经典信息(使用比特(0或1)作为信息单元)是量子信息的一种特例（即α或β为0)。因此量子信息是经典信息的扩展和完善，正如复数是实数的扩展和完善。

计算机科学的开端是1936年 Alan Turing 提出的图灵机模型。Turing 和 Church 还提出 Turing-Church 命题：如果某一个算法可以被一个硬件装置(个人电脑)所实施，那么，对于普适的图灵机而言，存在一个等价算法，它可以执行与这个装置所运行的算法相同的任务。Turing-Church 命题的伟大意义在于，它引入了计算的普适性的概念。也就是说，对于任意一个可以计算的问题，都可以用图 1.1 所示的图灵机模型来求解。现在的电子计算机正是基于图灵机模型发展起来的。

现代的电子计算机充分地体现了图灵机可以做普适计算的特点。电子计算机的运作模型如图 1.2 所示。设 $f(x)$是待计算的函数，$\{x_i\}$为函数的输入值，根据函数 $f(x)$的性质设计运算程序用于操作电子计算机，最终输出所求解的函数值 $f(\{x_i\})$。量子计算机的能力并没有超出图灵机所能计算的函数的范围，它只是利用量子力学的特性，提高计算的速度，进行更为有效的计算。量子计算机是一个多体量子系统，其状态由 $2N$ 维希尔伯特空间中的量子态$|\varphi\rangle$来描述，量子计算运作模型如图 1.3 所示。设待计算的函数为 $f(x)$，根据函数输入值$\{x_i\}$来制备量子计算机的初态$|f(0)\rangle$，按照量子算法来设计幺正操作程序，控制量子计算机的量子态在希尔伯特空间中旋转，操作结束时末态为$|x(t)\rangle$，对末态实施$|\varphi(t)\rangle$量子测量，最后获得输出值 $f(\{x_i\})$。

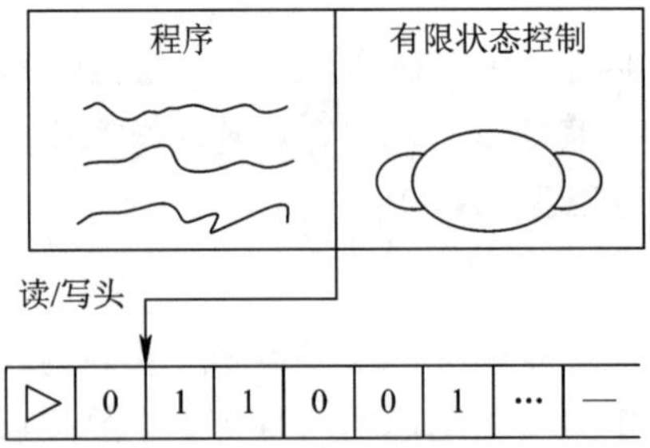

图 1.1　图灵机模型[6]

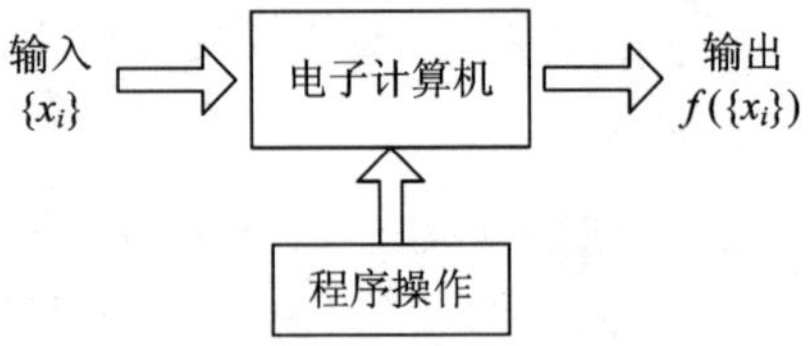

图 1.2　电子计算机

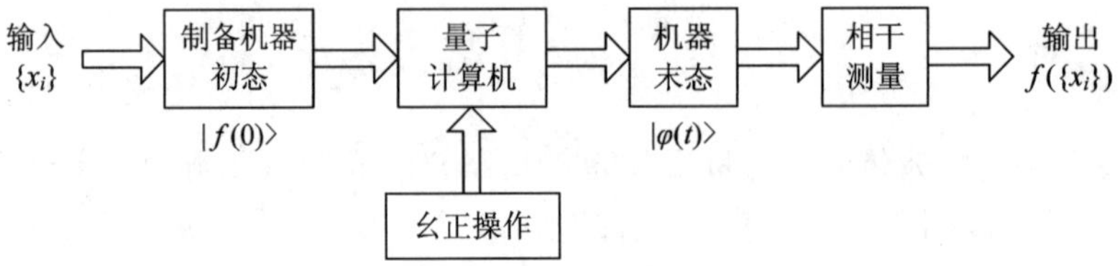

图 1.3　电子计算机

为了进行有效的量子计算，量子计算机应当满足下列四个基本要求：

(1) 量子比特要有足够长的相干时间。事实上，外部环境不可避免地破坏量子计算机的量子相干性，使之自发地向经典的概率计算机演化，这将导致量子计算失去其可靠性，甚至完全无法运作。

(2) 具备完备的普适幺正操作能力。任何高维幺正操作均可分解成一系列低维操作来实现，最基本的幺正操作单元称为普适逻辑门。最简单的普适逻辑门的集合是单比特的任意幺正旋转和两比特的受控非操作。量子计算机应能对任意量子比特精确地实施这些基本操作。

(3) 具备初态制备能力。因为任何量子计算的出发点都是从纯态开始的，所以，要有给量子计算机归零的能力。不失一般性，在计算开始时，所有的逻辑量子比特都置为$|0\rangle$。

(4) 必须有能力对量子计算机终态实施有效的量子测量，以提取最终输出值。这时，量子的信息转变为经典的信息，因为人是生活在经典世界中的，而量子计算的最终目的是服务于经典世界中的人。

1.2.2 量子遗传算法原理

在量子遗传算法的编码中，种群中的所有个体都以量子比特的方式进行编码。如 $Q(t)=\{q_1^t, q_2^t, \cdots, q_n^t\}$，其中 n 为种群规模，t 为种群代数。其中，第 t 代中的第 j 个个体的编码方式为

$$q_j^t = \begin{bmatrix} \alpha_{j1}^t & \alpha_{j2}^t & \cdots & \alpha_{jm}^t \\ \beta_{j1}^t & \beta_{j2}^t & \cdots & \beta_{jm}^t \end{bmatrix} \tag{1.2.2}$$

式中，$\alpha_{ji}^2+\beta_{ji}^2=1$，$i=1, 2, \cdots, m$。这种编码方式称为量子叠加态。由于具有量子叠加态这一特性，量子遗传算法可以更好表示种群的多样性，对于多个染色体，仅需要一条量子编码的染色体就可以表示全部信息。当 α 或者 β 为 0 时，量子编码的染色体就失去了多样性，种群也就收敛到一个确定的值。

1. 量子遗传算法的改进

在量子遗传算法中，初始化种群时，所有的染色体都以等概率的方式进行叠加，即 α_{ji}^t、$\beta_{ji}^t(i=1, 2, \cdots, m)$都取 $1/\sqrt{2}$。在搜索算法中，这种初始化的方式最合理，但是在量子遗传算法中，初始化种群采用相同的量子编码时会导致收敛速度变慢。因此，本节采用不同的初始值，即

$$\alpha_{ji} = \sqrt{\frac{j}{n}},\ \beta_{ji} = \sqrt{\frac{n-j}{n}} \tag{1.2.3}$$

式中，$j=1, 2, \cdots, n$；$i=1, 2, \cdots, m$。

2. 量子交叉、变异、灾变操作

将染色体进行量子编码之后可以得到新的染色体，随后将新得到的染色体进行量子交叉，即随机选取新配对染色体子串中的两个交叉点，互换这两个交叉点基因，得到新的染色体。如果经过量子交叉后得到的适应度值仍没有达到最优，则进行量子变异，随机改变量子位。如果量子遗传算法仍然陷入局部最优，则进行量子灾变操作，将种群中的部分个体施加大的扰动，重新随机生成部分新个体。

1.3 自适应遗传算法

自适应遗传算法(Adaptive Genetic Algorithm，AGA)中交叉概率 p_c 和变异概率 p_m 是借助个体适应度值自适应改变的。当群体的优化解趋于所求问题的局部最优解时，就相应增大 p_c 和 p_m；当群体的优化解在解空间中趋于发散时，就减小 p_c 和 p_m。同时，当个体的适应度值高于群体的平均适应度值时，说明 p_c 和 p_m 取值较小，该个体对应的所求解能进入下一代；而个体的适应度值低于平均适应度值时，则说明 p_c 和 p_m取值较大，该解被淘汰掉。因此，自适应的 p_c 和 p_m 能够为所求问题的某个解提供最佳 p_c 和 p_m。自适应遗传算法进化初期在大范围内对种群进行全局搜索以避免早熟收敛；进化后期，搜索的解逼近最优解，种群的搜索应在局部范围内，以提高算法的精度。自适应遗传算法不仅能保持群体多样性，而且能保证遗传算法的收敛性，从而使遗传算法的搜索优化能力得到有效提高。

在自适应遗传算法中，交叉概率和变异概率的自适应调整公式分别为

$$p_c = \begin{cases} \dfrac{k_1(\text{fit}_{\max} - \text{fit}')}{\text{fit}_{\max} - \text{fit}_{\text{avg}}} & \text{fit} \geqslant \text{fit}_{\text{avg}} \\ k_2 & \text{其他} \end{cases} \tag{1.3.1}$$

$$p_m = \begin{cases} \dfrac{k_3(\text{fit}_{\max} - \text{fit})}{\text{fit}_{\max} - \text{fit}_{\text{avg}}} & \text{fit} \geqslant \text{fit}_{\text{avg}} \\ k_4 & \text{其他} \end{cases} \tag{1.3.2}$$

式中，$\text{fit}_{\max}$为当代种群中最大适应度值，fit_{avg}为每代群体的平均适应度值，fit'为每一代要交叉的两个个体中的较大适应度值，fit 为每代要变异的个体适应度值；k_1、k_2、k_3、k_4 取(0，1)区间的一个值，只要调整 k_1、k_2、k_3、k_4 就能实现交叉概率与变异概率的自适应调整。p_c、p_m 与适应度值的关系如图 1.4 和图 1.5 所示。

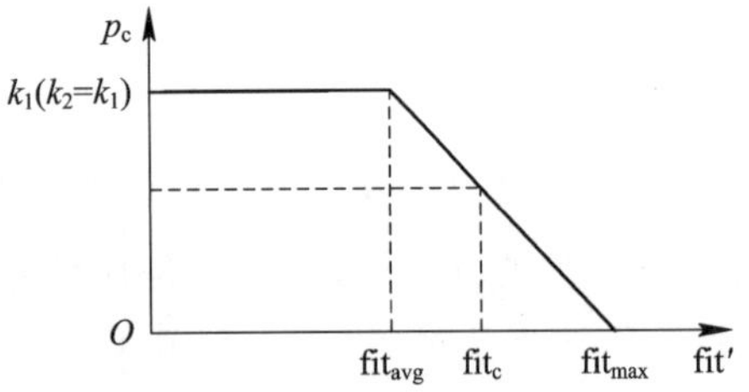

注：fit_c 为交叉概率对应的适应度。

图 1.4 自适应交叉概率($k_1=k_2$)

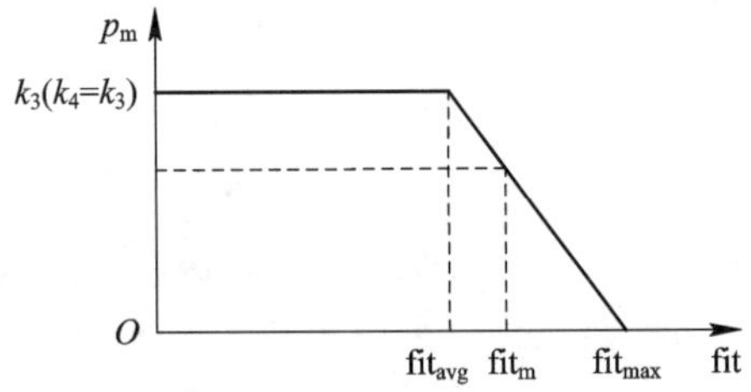

注：fit_m 为变异概率对应的适应度。

图 1.5 自适应变异概率

式(1.3.1)与式(1.3.2)表明，当个体的适应度值低于当代群体的平均适应度值时，表明该个体的性能不好，于是对该个体采用较大的交叉概率和变异概率；如果个体的适应度值高于当代群体的平均适应度值，则说明该个体性能优良，对它就可以根据其适应度值取相应的交叉概率和变异概率。可见，个体的适应度值越趋近群体的最大适应度值，该个体的交叉概率、变异概率取值就越小；当个体的适应度值等于群体的最大适应度值时，交叉概率、变异概率的取值为零。这种借助于适应度值调整交叉、变异概率的方法比较适合遗传算法的进化后期，这是因为进化后期群体中每个个体的性能基本上都比较好，这时不适合对个体进行较大的调整，以免使个体的优良性能结构遭到破坏。但在群体进化初期，这种自适应方法调整进化过程的效果不是很明显，群体中的较优良个体几乎不发生变化，且此时优良个体不一定就是所求问题的全局最优解，从而增加进化过程陷入局部最优解的可能性。

针对上面的问题，对式(1.3.1)、式(1.3.2)做进一步改进，使进化过程中群体最大适应度值对应的个体交叉概率 p_c 和变异概率 p_m 的值不为零，并分别提高为某一值，从而使群体中优良个体的交叉概率和变异概率都得到相应提高，使这些优良个体不会停滞不前。现根据适应度值的相似度来自适应调整群体的交叉概率和变异概率，以群体的最大适应度值、最小适应度值和平均适应度值作为种群相近程度的衡量参量，此时交叉概率与变异概率分别为

$$p_c = \begin{cases} p_{c1} - \dfrac{p_{c1} - p_{c2}}{1 - \dfrac{\text{fit}_{\min}}{\text{fit}_{\max}}} & \dfrac{\text{fit}_{\text{avg}}}{\text{fit}_{\max}} > a,\ \dfrac{\text{fit}_{\min}}{\text{fit}_{\max}} > b \\ p_{c1} & \text{其他} \end{cases} \tag{1.3.3}$$

$$p_m = \begin{cases} p_{m1} - \dfrac{p_{m1} - p_{m2}}{1 - \dfrac{\text{fit}_{\min}}{\text{fit}_{\max}}} & \dfrac{\text{fit}_{\text{avg}}}{\text{fit}_{\max}} > a，\dfrac{\text{fit}_{\min}}{\text{fit}_{\max}} > b \\ p_{m1} & \text{其他} \end{cases} \tag{1.3.4}$$

式中：p_{c1}、p_{m1} 为种群初始交叉、变异概率；p_{c2}、p_{m2} 为种群提高后的交叉、变异概率；$0.5<a<1$，$0<b<0.5$。

1.4　DNA 计算与 DNA 遗传算法

1.4.1　DNA 计算

1. 编码与解码

DNA(脱氧核糖核酸)计算利用 DNA 分子的编码和处理能力、通过分子间的相互作用和化学反应实现信息处理和计算。它以编码的 DNA 序列为运算对象，通过分子生物学的运算操作解决复杂的数学难题。每个 DNA 是由磷酸基团、脱氧核糖和含氮碱基和水分子构成的。碱基包含腺嘌呤(A)、鸟嘌呤(G)、胞嘧啶(C)和胸腺嘧啶(T)四种。其中磷酸基团和脱氧核糖是不变的，只有碱基是可变的。受此启发，将优化问题中的可能解用四种碱基表示，并将其编码成四进制数，编码方式的对应映射关系为：0—C，1—A，2—G，3—T。这种对应关系使得碱基在转换成数字组成的对应关系时，能够继承碱基间的互补配对原则，形成 0-1 互补和 2-3 互补关系[7-11]。

编码方式：

$$\begin{cases} \min J(x_1, x_2, \cdots, x_N) \\ x_{\min i} \leqslant x_i \leqslant x_{\max i} \quad i = 1, 2, \cdots, N \end{cases} \tag{1.4.1}$$

式中，$x_i(i=1, 2, \cdots, N)$为控制变量，代表长度为 l 的四进制数字串。$J(x_1, x_2, \cdots, x_N)$表示目标函数。$x_{\min i}$ 和 $x_{\max i}$ 分别为每个变量对应的最小值与最大值，每个变量的编码精度[12-15]为$(x_{\max i}-x_{\min i})/4^l$。

解码方式：先将四进制数解码成十进制数，即

$$\text{dec}x_i = \sum_{j=1}^{l} \text{bit}(j) \times 4^{l-j} \tag{1.4.2}$$

式中，bit(j)为四进制数据的位数字。再根据变量的不同取值范围转换为对应问题的解[1]，即

$$x_i = \frac{\text{dec}x_i}{4^{l-j}}(x_{\max i} - x_{\min i}) + x_{\min i} \tag{1.4.3}$$

这种 DNA 碱基编码方式可以保持物种的多样性。

2. DNA 操作

1) 交叉操作

交叉操作源于自然界中的生物进行有性繁殖时体内基因进行的重组过程，是 DNA 计算的主要操作步骤。它主要通过交叉算子执行操作，首先选取配对的一对 DNA 链并分别选定数目相同的碱基串，然后根据特定的交叉操作交换选定的碱基串，重新组成两条新的

DNA 链(一对新 DNA 链)，从而得到一个新个体。

(1) 普通交叉。所谓普通交叉，即在种群中挑选两个个体作为父体，对其执行交叉操作得到新个体。在执行交叉操作时，先将每个父体按照编码参数的不同分成 n 个子序列，并将两个父体中编码同一参数的子序列配对，接着在所配对成的子序列中将交叉点间的碱基串相互交换位置，形成新的一对子序列，即生成两个新个体，称为子代 1 和子代 2。在执行交叉操作时随机选取的交叉点即为普通交叉算子。普通交叉算子的执行概率为 p_c。普通交叉算的具体执行过程如图 1.6 所示。

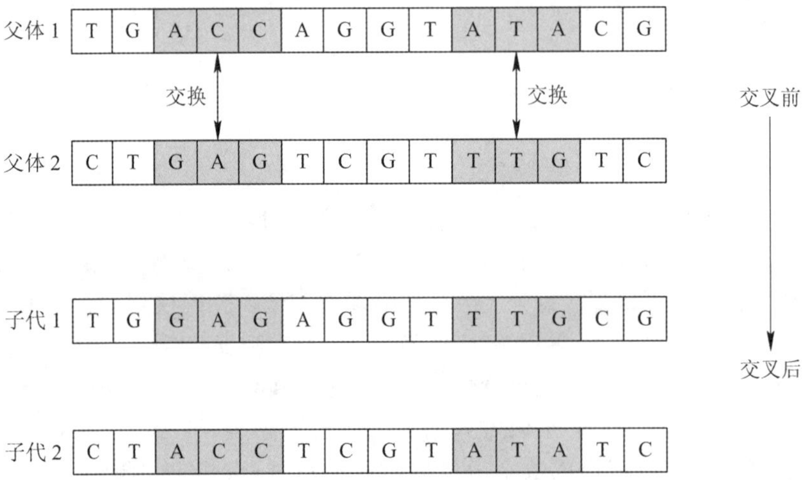

图 1.6 普通交叉操作

(2) 旋转交换交叉。所谓旋转交换交叉，即随机产生一个小数 rand2(0，1)，若该随机数小于交叉执行概率 p_{c2}，则从种群中随机选取一个个体作为父体，并从该父体中随机选取两个个数相等的碱基串，先将所选的两个碱基串进行水平顺时针旋转，再进行位置交换，得到新的碱基串，最后将新的碱基串插入对应交叉点，得到新的个体。操作过程如图 1.7 所示。

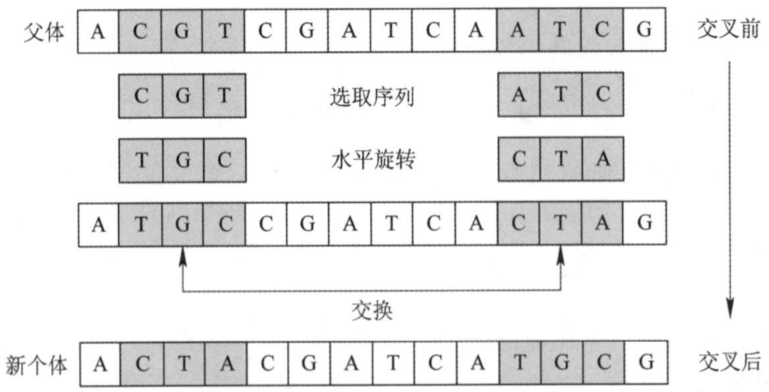

图 1.7 旋转交换交叉操作

(3) 置换交叉操作。所谓置换交叉操作，即首先在种群中随机选取用于置换交叉操作的两个父体，在两个父体中随机选取一段数目相等的碱基串，然后将这两段碱基串相互替换，从而产生两个新个体。置换交叉执行的概率为 p_1。置换交叉操作如图 1.8 所示。

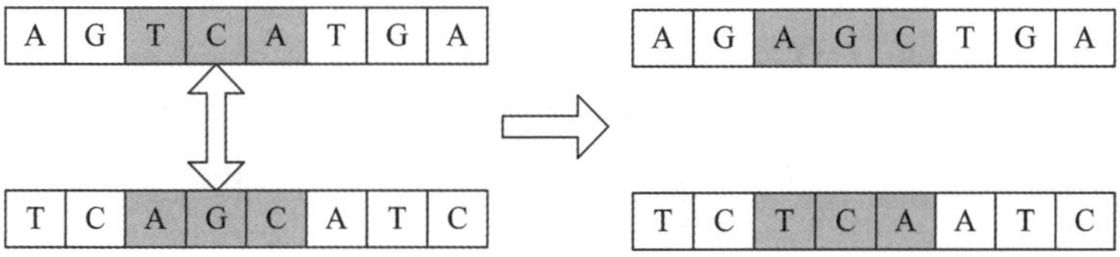

图 1.8　置换交叉操作

(4) 转位交叉操作。转位交叉操作与置换交叉操作不同。转位交叉操作是对一个个体执行的。首先在种群中随机选择一个个体作为父体，在该父体中随机选择一段序列作为转座子，其中转座子的位置与包含的碱基串都是随机的，然后在该父体中随机选择一个位置，并将已经选好的转座子插入该位置中，从而形成新个体。转位交叉操作如图 1.9 所示。

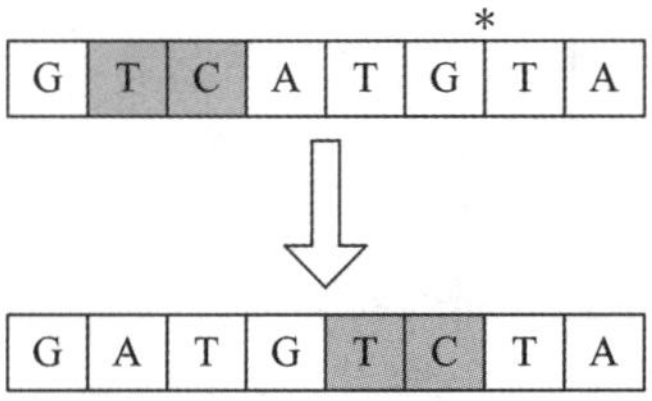

图 1.9　转位交叉操作示意图

(5) 重构交叉操作。种群个体适应度值越大的个体进入下一代的概率越大。当种群中出现适应度值很大的个体时，有时候种群中大部分个体的适应度值很接近，从而导致种群多样性下降。为了克服此不足，采用重构交叉算子重构种群中相似度高的个体并保留原个体的优秀基因，从而使种群具有多样性。具体操作是：首先在优质种群中选择一个用于重构交叉的父体，然后在该优质种群中随机选择两个个体作为备选个体，再比较已知父体与两个备选父体的相似度，选择与已知父体相似度大(适应度值差值较小)的个体作为另一个父体，用于重构交叉操作。两个父体分别标记为父体 A 和父体 B。在父体 A 的末端剪切一段序列粘贴到父体 B 的首部。为了保持个体序列长度保持不变，将父体 B 尾部多余的碱基串切除，同时随机生成一段与被切除序列等长度的碱基串并粘贴到父体 A 的首部。完成操作后，生成两个序列长度相等的子代个体。重构交叉操作示意如图 1.10 所示。

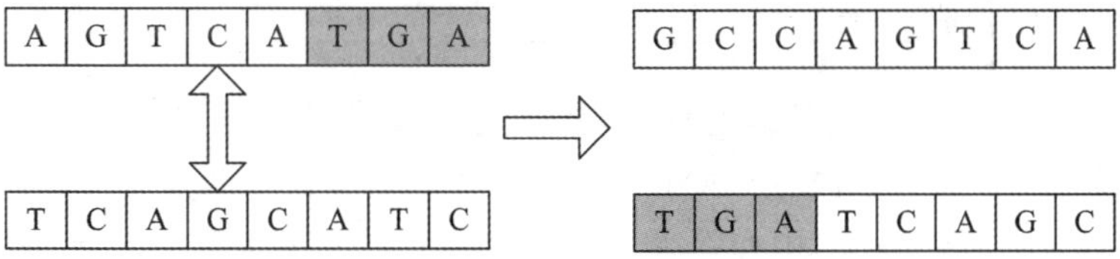

图 1.10　重构交叉操作示意

2) 变异操作

变异操作一定程度增加了种群多样性。DNA 计算采用四进制编码方式，将四个碱基分别用数字表示，因此其中一个碱基在一定的概率下会变异成另外三个中的任意一个碱基，这种变异是随机的。这种变异操作主要依靠变异算子执行。

(1) 普通变异。对于选中的 DNA 链，将某一基因位上的碱基突变为另一种碱基，是指将个体中的每一个碱基以概率 p_m 变异为另一个碱基。整个个体执行变异的概率为 $p_m \times L$，L 为子序列的长度。具体地，对种群中的每个个体产生一组独立的 0 至 1 之间的随机数，其中每一个随机数与个体中每一个编码位相对应。若某一个随机数小于普通变异操作概率 p_{m1}，则其对应的编码位上的碱基进行普通变异操作，即变异成其他三个碱基中的任意一个碱基，从而产生一个新的个体。如图 1.11 所示，个体中的碱基 G 随机变异成碱基 T。

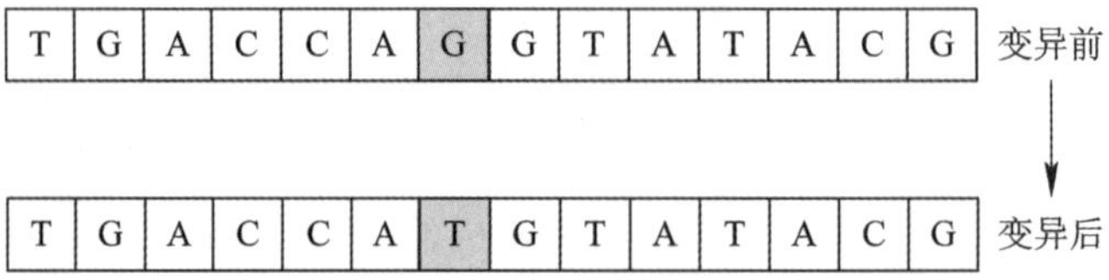

图 1.11 普通变异操作

(2) 新密码子变异。新密码子变异将该随机数与新型变异操作概率 p_{m2} 进行比较。若该随机数小于 p_{m2}，则执行新密码子变异操作。首先随机选取一个个体为父体，从中随机选取一段序列作为密码子；接着通过碱基互补原则产生一段与密码子碱基互补的序列(称为反密码子)，并将两个反密码子进行换位和倒转操作；然后将得到的密码子中出现频率高的碱基变异成出现频率低的碱基。如图 1.12 所示，新密码子变异操作中经过倒转操作后的密码子中 T 出现的频率最高，A 出现的频率最低，则 T 变异成 A，得到新密码子。新密码子替换原有密码子，从而产生新的个体。

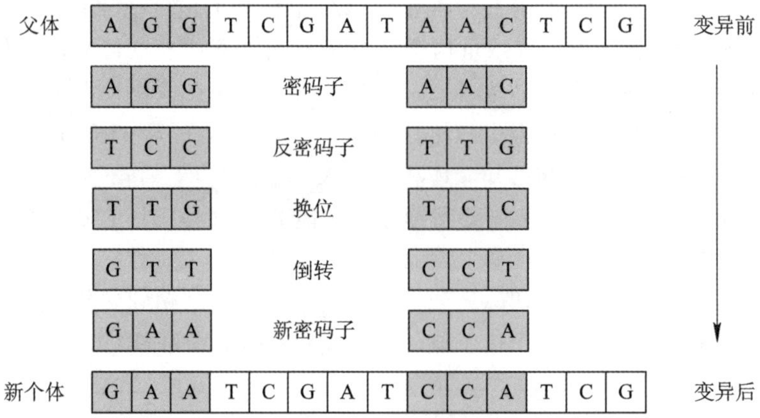

图 1.12 新密码子变异操作

(3) 自适应变异。在自适应变异操作中，每一代的变异概率随进化代数的变化而变化。根据生物学原理，在 DNA 序列中存在着“热点”和“冷点”区域，“热点”区域的变异概率高于“冷点”区域的变异概率。基于这一生物原理，将 DNA 序列分为高位和低位部分，在进化的初始阶段，为了加快收敛速度，高位部分具有较高的变异概率，在进化的后期阶段，为了实现对最优解的精确搜索，要求 DNA 序列的高位部分具有较小的变异概率，低位部分具有较大的变异概率。高位和低位的变异概率公式分别为

$$p_{mh} = a_1 + \frac{b_1}{1 + \exp[a(g - g_0)]} \tag{1.4.4}$$

$$p_{\mathrm{ml}} = a_1 + \frac{b_1}{1 + \exp[-a(g - g_0)]} \tag{1.4.5}$$

式中：p_{mh}、p_{ml}分别代表高位部分和低位部分的变异概率；a_1 表示初始时刻的变异概率值，$a_1=0.02$；b_1 表示变异概率的变化范围，$b_1=0.2$；g 表示当前的进化代数；g_0 表示变异概率变化最大时的进化代数值；a 是变异概率最大时的斜率，$a=0.2$。变异概率曲线如图 1.13 所示。

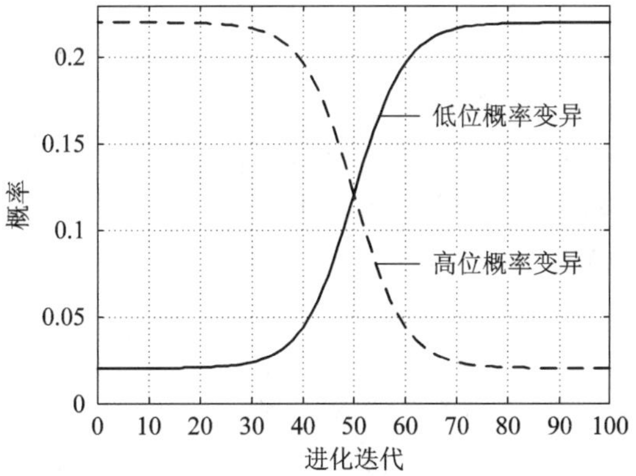

图 1.13　DNA 碱基变异概率曲线

1.4.2 DNA 遗传算法

DNA 计算的思想是将所有可能存在的问题解全部枚举出来，并采用适当的操作步骤将最优解筛选出来。由于受现代分子生物学水平的限制，DNA 计算并不能完全实现将最优解从巨大的潜在解空间中筛选出来，因此可能会丢失最优解。为了减少 DNA 计算的复杂性，很多学者提出了许多改进的 DNA 计算方法。这些方法主要通过改进 DNA 编码方式来增加 DNA 计算的可靠性与准确性。

在算法思想上，遗传算法与 DNA 计算有相似之处，但传统的遗传算法存在搜索效率低、局部搜索能力弱、容易陷入早熟收敛等问题。由于 DNA 是重要的遗传物质，携带重要的遗传信息，因而将 DNA 计算融入遗传算法，能进一步模拟生物遗传机制，提高遗传算法的搜索性能。DNA 遗传算法就是在遗传算法基础上，采用 DNA 计算的思想，将种群中的个体编码成腺嘌呤(A)、鸟嘌呤(G)、胞嘧啶(C)和胸腺嘧啶(T)四种碱基组成的碱基序列，并且利用基因级的置换交叉操作、转位交叉操作、重构交叉操作对全局最优解进行搜索的算法[11-17]。

根据 DNA 编码规则和 DNA 操作，将 DNA 遗传算法的操作步骤归纳如下：

步骤 1：设置最大进化代数 $T_{\max}$、种群规模 N、DNA 序列编码长度 L、算法终止阈值 Δ、置换交叉概率 p_1、转位交叉概率 p_2 和重构交叉概率 p_3 等参数。

步骤 2：初始化种群。随机生成 N 个长度为 $M \times L$ 的 DNA 序列构成初始种群。

步骤 3：确定适应度函数。根据前面的编码规则首先将每个 DNA 序列解码，然后代入适应度函数中计算每个 DNA 个体的适应度值。

步骤 4：种群分组。将整个种群作为搜索空间，根据个体适应度值的大小将所有个体进行排序，前一半个体为优质种群，后一半个体为劣质种群，并且将种群中个体适应度值最大的个体作为精英个体保留。

步骤5：执行交叉操作。交叉操作主要是在优质种群中完成的。其步骤如下：

(1) 在优质种群中随机选择两个个体作为父体。

(2) 对被选中的父体分别以概率 p_1 和 p_2 执行置换交叉操作与转位交叉操作。如果置换交叉操作与转位交叉操作均未被执行，则按概率 p_3 执行重构交叉操作；每次交叉操作产生的新个体不放回原种群；重复以上交叉操作直到产生 $N/2$ 个新个体。

(3) 将产生的新个体和劣质种群一起放入优质种群中，从而形成种群规模为 $3N/2$ 个个体的混合种群。

步骤6：对种群执行变异、选择操作。对混合种群中的个体执行自适应动态变异操作。首先对于种群中的每一个个体都执行一次变异操作，然后用变异后产生的新个体取代原个体。变异操作完成后，重复执行 $N-1$ 次选择操作，选择出 $N-1$ 个个体，将这些个体与原来的精英个体一起组成新种群。最后计算种群个体适应度值，将适应度值最大的个体作为最优个体，种群进化代数加1。

步骤7：判断进化条件。如果进化条件达到设置的最大进化代数 T_{max} 或者当前最优解的个体适应度值变化小于阈值 Δ，则将种群中适应度值最大的个体作为最优个体，解码后的值作为问题的最优解。否则，返回步骤2。

步骤8：输出最优个体。

DNA遗传算法的流程图如图1.14所示。

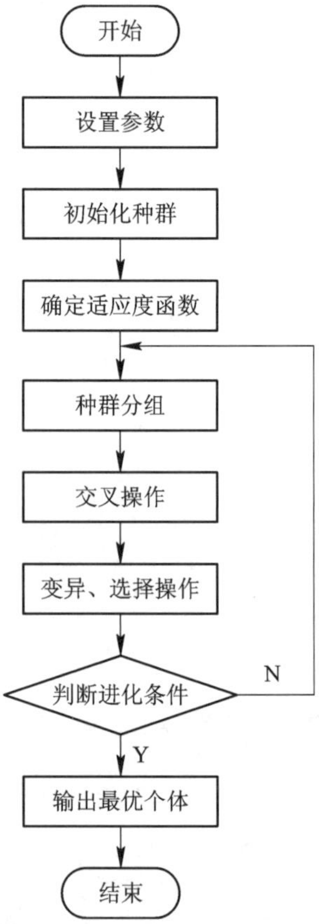

图1.14 DNA遗传算法的流程

综上，将DNA计算的思想引入遗传算法中，形成了DNA遗传算法。DNA遗传算法采用DNA碱基编码方式，有效扩大了问题解的表示范围。通过将各种基于碱基编码设计的操作算子应用到DNA遗传算法中，增强了DNA遗传算法的全局搜索能力并且克服了早熟收敛的缺陷。

1.5 RNA计算与RNA遗传算法

RNA(Ribonucleic Acid)即核糖核酸。RNA计算属仿生物进化计算。

1.5.1 RNA计算

1. RNA分子的生物学基础[3]

RNA是存在于生物细胞以及部分病毒、类病毒中的遗传信息载体，是生物体内一种很重要的生物大分子。RNA是由核糖核苷酸经过磷酸酯键缩合而成的长链状分子，如图1.15所示。每个核苷酸分子都是由核糖核苷酸、磷酸和含氮碱基组成的。含氮碱基主要有：腺嘌呤(A)、鸟嘌呤(G)、胞嘧啶(C)、尿嘧啶(U)。其中，尿嘧啶取代了DNA分子中的胸腺嘧啶(T)，成为RNA的特征碱基。

RNA 是重要的生物遗传信息的中间载体，参与蛋白质的合成和基因表达调控。根据功能结构的不同，RNA 主要可分为三大类，即信使 RNA(mRNA)、转运 RNA(tRNA)和核糖体 RNA(rRNA)。其中，mRNA 是由 DNA 的一条链作为模板，携带着遗传信息，能指导蛋白质合成的一类单链核糖核酸；tRNA 是具有携带并转运氨基酸功能的一类小分子核糖核酸；rRNA 是最多的一类 RNA，它与蛋白质结合而形成核糖体，其功能是作为 mRNA 的支架，使 mRNA 分子在其上展开，形成肽链。rRNA 单独存在时不执行其功能，它与多种蛋白质结合成核糖体，作为蛋白质生物合成的“装配机”。

一般认为，生命体的遗传信息表达包括复制、转录和翻译三个阶段，如图 1.16 所示。首先以亲代 DNA 为模板，合成出与亲代 DNA 相同的子代 DNA，接着以子代 DNA 的一条链为模板，根据碱基互补配对原则，转录形成一条 RNA 单链，即 mRNA。转录的主要功能是实现遗传信息在蛋白质上的表达，它是遗传信息传递过程中的桥梁。随后，根据核酸链上三个核苷酸决定一个氨基酸的三联体密码规则，生物体以新生的 mRNA 为模板，合成出具有特定氨基酸顺序的蛋白质肽链。这个过程通常称为生命信息的翻译过程，这是遗传信息表达的最终目的。

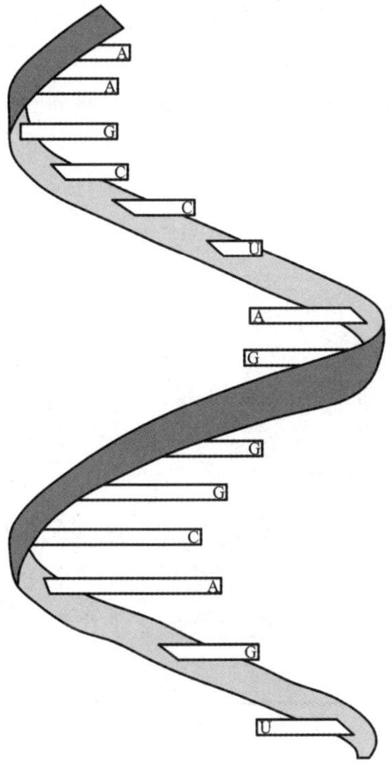

图 1.15　RNA 分子示意图

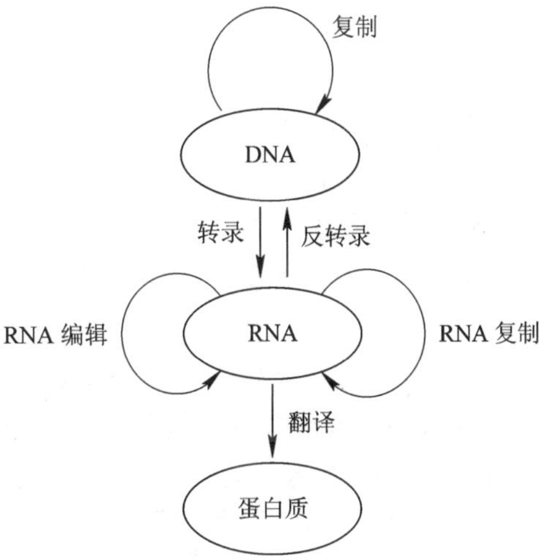

图 1.16　遗传信息表达过程

由此可见，最终翻译得到的蛋白质种类，不仅与 DNA 分子中核苷酸排列顺序有关，还与中间过程的 RNA 分子的操作有关。所以 RNA 分子是遗传信息载体，是保证遗传信息从基因型到表现型表达正确的决定性因素。

2. RNA 的编码与解码

RNA 编码是指用四种不同的碱基来对种群中的个体进行编码，此时个体的编码空间表示为$E=\{A, U, G, C\}^l$，其中 l 是 RNA 链的长度。但因为这种编码形式不能被计算机直接处理，所以用数字 0(00)、1(01)、2(10)、3(11)来对应碱基 A、U、G、C。此时便会有 4！=24 种对应方法。在这些编码组合中，按照碱基分子量大小排列的编码组合，就把一个问题的候选解转换为一个四进制的整数链。

基于上述 RNA 编码方式，一个 N 维的最小化问题可表示为

$$\begin{cases}\min J(x_1, x_2, \cdots, x_N) \\ x_{\min i} \leqslant x_i \leqslant x_{\max i}\end{cases} \tag{1.5.1}$$

式中，每一个变量 x_i 均可以表示为一个长度为 l 的四进制的数字串，每个个体的编码长度为 $L=Nl$，每个变量的编码精度为$(x_{\max i}-x_{\min i})/4^l$。RNA 的解码过程与二进制遗传算法的解码过程类似。首先将个体解码为一个 N 维的十进制向量$[\text{temp}x_1, \text{temp}x_2, \cdots, \text{temp}x_l]$，其中，

$$\text{temp}x_i = \sum_{j=1}^{l} \text{bit}(j) \times 4^{l-j} \tag{1.5.2}$$

式中，bit(j)为编码第 i 维向量的整数串从左开始的第 j 位数字。然后根据每个自变量取值范围，按比例转换为问题对应的解，即

$$x_i = \frac{\text{temp}x_i}{4^{l-1}}(x_{\max i} - x_{\min i}) + x_{\min i} \tag{1.5.3}$$

基于这种 RNA 编码方式，可以将更多的基因级操作引入遗传算法中，设计更有效的遗传算子，提高算法的性能。

3. RNA 操作

1）交叉操作

(1) 转位操作。将 RNA 序列中的一个子序列，转移至新的位置。设原来 RNA 序列 $X=X_5X_4X_3X_2X_1$，转位后新的序列为 $X'=X_5X_2X_4X_3X_1$。

(2) 换位操作。将 RNA 序列中的两个或两段子序列互相交换位置。设 RNA 序列 $X=X_5X_4X_3X_2X_1$，交换子序列 X_1 与 X_3 的位置，得新的 RNA 序列 $X'=X_5X_4X_1X_2X_3$。

(3) 置换操作。在生物体中，置换操作表现为 RNA 序列的一个子序列被另一个 RNA 个体的相等长度的子序列所代替。如果初始个体是 $X_1X_2X_3X_4X_5$，当 X_2 这个子序列被 X_2' 这个子序列置换时，新的序列就变成了 $X_1X_2'X_3X_4X_5$。其中，X_2' 是从另一个不同的个体中随机选择与 X_2 等长度的子序列。X_2 子序列是从当前序列中随机获得的，子序列 X_2 和 X_2' 的长度在[1, L]之间(L 表示 RNA 链长度)，如图 1.17 所示。

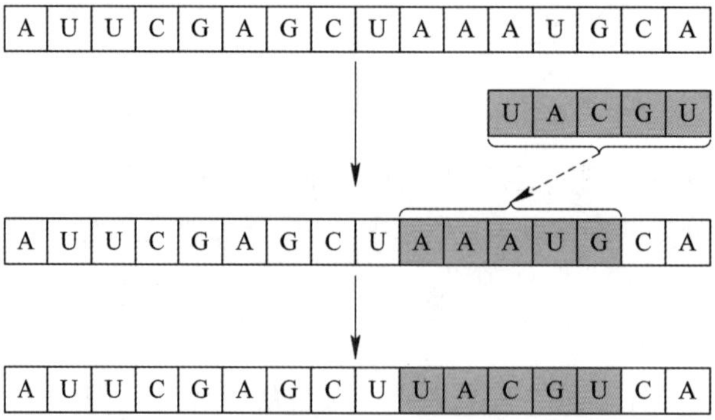

图 1.17 置换操作

这里提到的置换操作与传统遗传算法中的两点交叉操作类似，都是用另一个个体的等长的片段替代当前个体的某一片段。但传统遗传算法的交叉操作要求被替换的片段与替换的片段在个体中的位置是相对应的，而这里的置换操作中没有这一要求，只要求片段长度相等。

以上三种操作都可以针对单个 RNA 序列进行，且各有特点。然而，同时执行三种操作将大大增加计算复杂度，且三种操作具有一定的重复性。

2）变异操作

普通变异操作、自适应变异操作同 DNA 计算的变异操作类似。这里不再重复。

3）选择操作

执行完交叉和变异操作后，执行选择操作。选择操作主要是通过复制当前种群中的优秀个体进而构成下一代种群以进行下一步的操作，使优秀个体能够保留。优秀与否是通过适应度值来判断的。选择个体时一共有四种主要的方法，比如比例选择法、排序选择法、锦标赛选择法。现介绍其中两种方法。

(1) 比例选择法。执行完交叉和变异操作后，将产生 $3N/2$ 个新的 RNA 序列。为保护优良个体并保持种群多样性，在比例选择操作执行前，选择最好的 $N/2$ 个序列和最差的 $N/2$ 个序列作为选择操作的父辈。当前序列被复制的数量为

$$N_s = \left\langle N\left(\frac{J_i}{\sum_{i=1}^{N} J_i}\right)\right\rangle \tag{1.5.4}$$

式中，$J_i = F_{\max} - f_i$，$F_{\max}$ 为保证 $J_i > 0$ 的常数。由于取整运算会有截断误差，即使 $N_s = 0$，RNA 序列仍将被复制一次。由此，通过选择操作将产生 N 个序列作为交叉和变异操作的父辈。

(2) 锦标赛选择法。锦标赛选择法采用精英选择策略，主要是为了防止在进化过程中流失优秀个体。具体操作为：首先，根据目标函数，计算所有个体的适应度值；其次，随机选择两个个体并比较它们的适应度值；最后，复制适应度值大的个体进入下一代，重复这个过程，直到个体的个数达到种群的规模。然而在特定的情况下，重复几次实验之后发现，RNA 计算的搜索空间会出现偏差。为了解决这个问题，可引入一个惩罚系数 C_d 来避免适应度值排名在后 $C_d\%$ 的个体对种群的影响，如果初始种群为 $X = \{x_1, x_2, \cdots, x_N\}$，父辈个体的保留比例为 rate，则从父辈中保留下来的个体数为 rate · N，选择第 i 个个体的概率为

$$\begin{cases} p_i = \psi\left(\dfrac{\text{rand}(i)}{\left(\sum_{j=1}^{M} \text{rand}(j)\right)}\right) \\ M = N \times (100 - C_d)\% \end{cases} \tag{1.5.5}$$

如果 i 属于种群的后 $C_d\%$ 个体，则 $\psi(x) = 0$，否则 $\psi(x) = x$。

4）颈环操作

在某些条件下，当一个序列的两端互相靠近时，它的两端会互相连接形成一个环状结

构，生物学上称该类环为颈环。当外部某些条件发生变化时，颈环会在一个随机点上发生断裂，重新形成一个链。显然，新形成的链与原来的链具有相等的长度，并且每种碱基总和也与原来个体相等，只是碱基的排列顺序发生了变化。文献[3]设计的颈环操作示意图如图1.18所示。

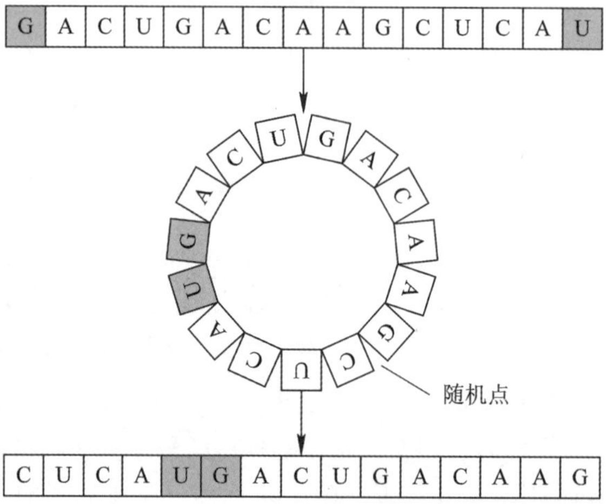

图 1.18 颈环操作示意图

文献[3]中，为减小算法参数设置的复杂性，将置换操作和颈环操作的概率都设为1。置换操作需要两个父代个体参与，产生两个新个体。而颈环发生在单个个体内部，每次能产生一个新个体。由于交叉操作只针对最优的 $N/2$ 个“中性个体”进行，因而通过交叉操作一共可以产生 N 个新个体。交叉操作产生的新个体采取非替换方式加入种群中。因此，经过交叉操作，种群中共有 $2N$ 个个体，种群规模扩大了1倍。

1.5.2 RNA 遗传算法

1. RNA 遗传算法

广义的遗传算法只是一个解决问题的大框架，在这样一个大框架里，可以根据需要对编码、各种算子进行适当的修改以适应复杂问题的求解。在传统遗传算法的基础上引入RNA编码并对遗传算子做适当的修改，就形成了RNA遗传算法，其操作步骤如下：

步骤1：先对算法所需要的参数进行设置。设置最大进化代数 T_{max}、染色体编码长度 L、种群大小 N（N 为偶数）。

步骤2：随机生成一个规模为 N 的初始种群，且种群中的个体是基于RNA核苷酸链编码的。

步骤3：计算种群中的每个个体的适应度值，并按照从大到小的顺序进行排序，选择适应度值最大的个体作为精英保留个体，再将前 $N/2$ 个个体定义为“中性个体”，后 $N/2$ 个个体定义为“有害个体”。

步骤4：对“中性个体”进行交叉操作。其中RNA置换操作概率为 p_{c1}，RNA颈环操作概率为 p_{c2}。交叉操作会产生 N 个新的个体，这些新个体会被放回到原种群中，所以交叉操作之后，种群的个体数目为 $2N$。

步骤 5：对交叉操作产生的所有个体按概率 p_m 进行变异操作。变异后的个体直接替代父本放回到原种群中。所以变异操作不改变种群的规模，依然为 $2N$。

步骤 6：当交叉和变异操作执行完以后，新的 RNA 种群共有 $2N$ 个个体。对这 $2N$ 个个体按照适应度值从大到小进行排序。个体被遗传到下一代的概率与其适应度值的大小成正比。对这 $2N$ 个个体进行 $N-1$ 次随机选择操作，挑选出 $N-1$ 个个体，与之前精英保留的个体一起，刚好是 N 个个体，这些个体组成下一代种群，种群进化代数加 1。

步骤 6：判断进化条件是否满足终止条件。终止条件为达到最大进化代数 T_{max}。若满足终止条件，则输出当前最优个体作为对应问题的最优解；若不满足，则返回步骤 3，重复各操作直至满足终止条件。

RNA-GA(Ribo Nucleic AcidGenetic Algorithm)的流程如图 1.19 所示。

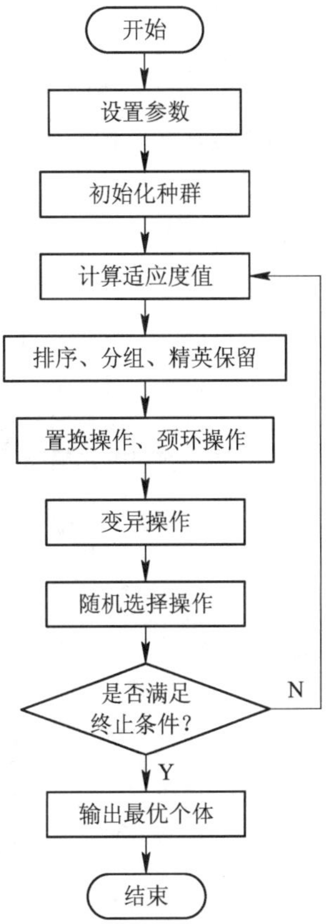

图 1.19　RNA-GA 流程图

为了验证 RNA-GA 的性能，选取非线性多峰函数 $\max J(x, y)=\frac{\sin x}{x}\cdot\frac{\sin y}{y}$，$x, y\in[-10, 10]$为目标函数，如图 1.20 所示。该函数的最大值点在(0, 0)处，最大值为 1。通常算法在对该函数寻优迭代的过程中易陷入局部极值或在局部极值间振荡，为验证该算法的性能，设置种群规模 $N=100$；最大进化代数 $T_{max}=100$；交叉算子中，置换概率为 1，转位、换位概率均为 0.5；变异概率的变化范围为[0.02, 0.22]，$a_1=0.02$，$b_1=0.2$，$g_0=T_{max}/2$，$a=20/T_{max}$。寻优曲线如图 1.21 所示。

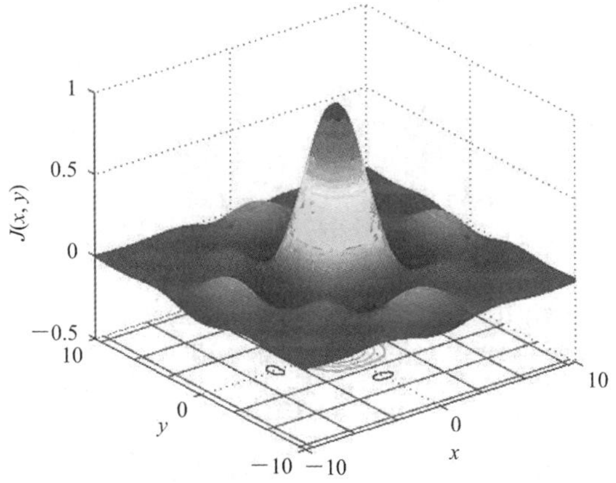

图 1.20　函数三维视图

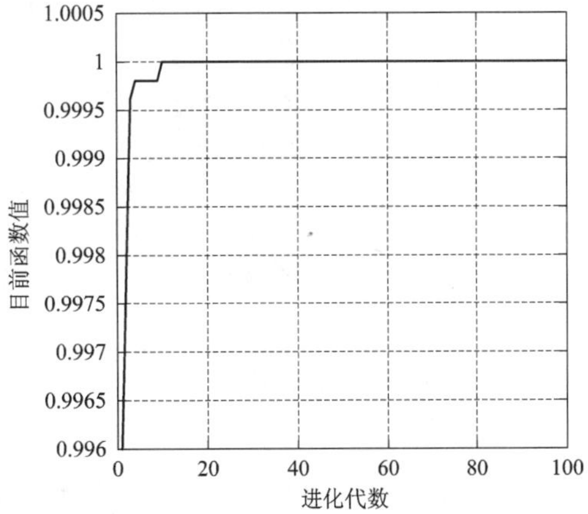

图 1.21　寻优迭代曲线

2. 自适应 RNA 遗传算法[16]

1) 两种变异操作

为了防止自适应 RNA 遗传算法(Adaptive RNA-GA，ARNA-GA)过早收敛，或者陷入局部最优值，在分析 RNA 分子结构和生物事实的基础上，人们设计了两种新的变异操作。

(1) 配对碱基变异算子(CB 变异操作)。假设有某个含有 N 个变量的待优化问题。当执行互补碱基变异操作时，先根据变量个数将个体分成 N 个部分，在每个部分中，随机选择两个由连续碱基构成的子序列，并且两个子序列的碱基个数必须相同；然后根据 Watson-Crick 互补配对原则，可以得到每个部分第一个序列相对应的反密码子；再将得到的反密码子中的碱基序列倒置，用倒置的反密码子取代每个部分的第二个子序列的连续密码子。CB 变异操作如图 1.22 所示。

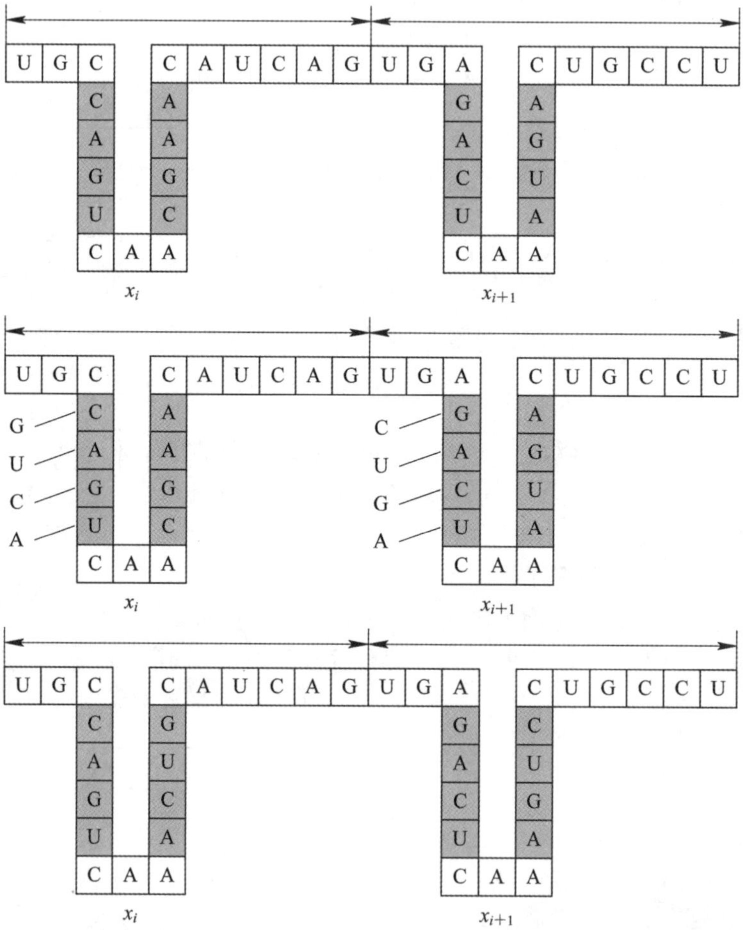

图 1.22 CB 变异操作

(2) 稀有碱基变异算子(RB 变异操作)。RB 变异操作是指首先随机选择一个染色体，然后用出现频率最低的碱基去替换出现频率最高的碱基，如图 1.23 所示。碱基 G 出现频率最高，而 U 出现频率最低，所以，根据 RB 变异操作，用 U 来替代所有的 G。

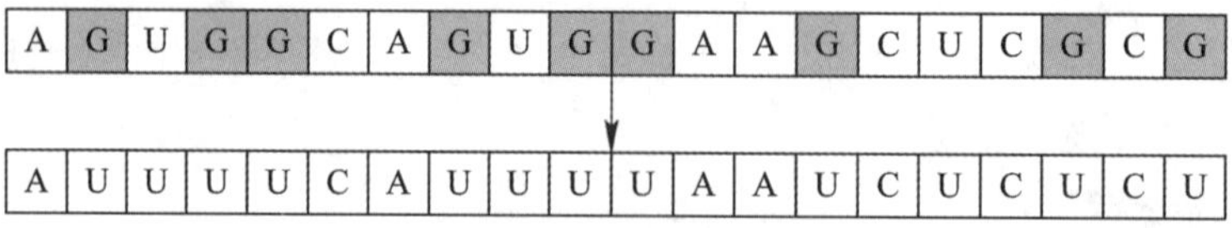

图 1.23 RB 变异操作

2）交叉操作和变异操作的自适应策略

在执行自适应变异策略时，需在两个个体的相似度较高时进行。具体过程为：选定一个个体执行CB变异，另一个个体则执行RB变异。在两个相似个体上分别执行两种不同的变异操作主要是为了改变它们之间的相似度。自适应变异操作详细过程如下。

针对一个含有M个变量的优化问题，每个变量用一个长度为L的整数子字符串来表示，那么在ARNA-GA中，一个包含N个子字符串的染色体就被编码为一个长度为$M\times L$的整数字符串，在算法中随机选定两个个体x和y作为一对父体，则个体x和y间的相异度系数为

$$\mathrm{DC}(x,\ y)=1-\sum_{p=1}^{M}\sum_{k=1}^{L}[w_{pk}\times(x_{pk}\otimes y_{pk})] \tag{1.5.6}$$

式中：$\otimes$是XNOR操作；x_{pk}、y_{pk}分别代表x和y的第p个子字符串的第k代；w_{pk}是染色体的子字符串中第k位的相似权重值。

根据其在染色体字符串解码过程中的位置不同，每个位对问题的最优解有不同的贡献，这就意味着高位置上的位元对相异度系数有更大的影响。从这个角度来看，相似权重值w_{pk}表示为

$$w_{pk}=\frac{w_{\max}}{M}-\frac{(w_{\max}-w_{\min})}{M\times(L-1)}(k-1)\qquad p=1,\ 2,\ \cdots,\ M;\ k=1,\ 2,\ \cdots,\ L \tag{1.5.7}$$

$$\begin{cases} 0<w_{pk}<1 \\ \displaystyle\sum_{p=1}^{M}\left(\sum_{k=1}^{L}w_{pk}\right)=1 \end{cases} \tag{1.5.8}$$

最大和最小的权值$w_{\max}$和$w_{\min}$分别设置为0.08和0.02。很明显，相异度系数描述了两个个体之间的相异度。相异度系数越小，个体越相似。

根据上面的描述，初始种群的相异度系数为

$$\mathrm{DC}_{\mathrm{initial}}=\frac{\displaystyle\sum_{1}^{N}\left\{1-\sum_{p=1}^{M}\sum_{k=1}^{L}[w_{pk}\times(x_{pk}\otimes y_{pk})]\right\}}{N} \tag{1.5.9}$$

式中，N是种群规模。一般情况下，初始种群的染色体均匀分布在可行的解空间上，这意味着初始种群相对分散。因此，初始种群的相异度系数值较大。因为在进化过程中，种群中的个体趋于相似，所以，随着进化次数的增多，相异度系数值在不断地减少。因此，定义相异度阈值为

$$\mathrm{DT}(t)=\mathrm{DC}_{\mathrm{initial}}\times(\beta^{t}) \tag{1.5.10}$$

式中，t代表进化代数，β是取值为[0，1]的系数。注意，随着进化代数的增长，相异度阈值DT(t)变得越来越小。

对于每一对父体，如果DC(x，y)>DT(t)，即两个染色体之间的相异度系数较高，则在选择的染色体上应用交叉操作来产生后代；如果DC(x，y)<DT(t)，则说明这一对染色体非常相似。很明显，对于这一对相似的染色体，交换子序列的交叉操作不能保证产生更优秀的后代。在这种情况下，为了避免种群多样性的遗失，进行变异操作来改善算法的搜索能力。

3）算法架构

在自适应 RNA 遗传算法中，终止条件为达到最大进化代数或者问题的解达到预设的精度，即

$$|\mathrm{fit}_{\mathrm{best}}(t)-\mathrm{fit}_{\mathrm{best}}|\leqslant\varepsilon \tag{1.5.11}$$

式中，$\mathrm{fit}_{\mathrm{best}}(t)$表示在第 t 代时，个体所达到的最优适应度值，$\mathrm{fit}_{\mathrm{best}}$是全局最小值；$\varepsilon$ 是一个固定值，这里设置为 10^{-4}。

综上，ARNA-GA 算法步骤如下(见图 1.24 所示)：

步骤 1：初始化种群，种群规模设为 N。

步骤 2：计算个体适应度值。

步骤 3：执行选择操作。

步骤 4：从当前的种群中随机选择一对父体 x 和 y，然后计算出相异度系数 DC(x，y)和当前代的相异度阈值 DT(t)。

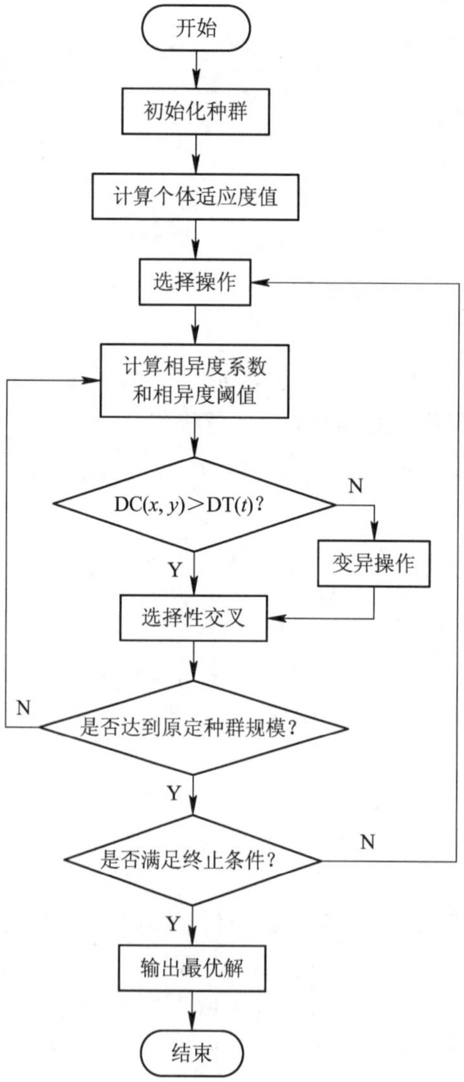

图 1.24　自适应 RNA 遗传算法流程

步骤 5：判断 DC(x，y)>DT(t)是否成立。如果成立，执行选择性交叉；否则，执行 CB 变异和 RB 变异。

步骤 6：判断种群规模是否达到原定种群规模，若达到，则转入步骤 7；若未达到，则转入步骤 4。

步骤 7：判断进化条件是否满足终止条件，若满足，则输出最优解；若不满足，则转入步骤 3。

1.6 案例 1——基于 DNA 遗传算法优化的正交小波常模盲均衡算法

1.6.1 算法原理

现利用 DNA 遗传算法的全局搜索能力强、搜索效率高、局部搜索性能好、不依赖于具体问题领域等优点，对正交小波常模盲均衡算法(WTCMA)[16-25]进行优化，得到基于 DNA 遗传优化的正交小波常模盲均衡算法(DNA Genetic Algorithm based WTCMA，DNAGA-WTCMA)[12-15, 26]，如图 1.25 所示。图中，$\boldsymbol{a}(k)$是信号源发射的原始信号，$\boldsymbol{h}(k)$是未知信道的冲激响应，$\boldsymbol{x}(k)$是信道输出信号，$\boldsymbol{w}(k)$是信道输出端的加性高斯白噪声，$\boldsymbol{y}(k)$是均衡器的接收信号，$\boldsymbol{R}(k)$是 $\boldsymbol{y}(k)$经正交小波变换后的信号或均衡器输入信号，$\boldsymbol{f}(k)$是均衡器权向量，$z(k)$是均衡器输出信号，$\Psi(\cdot)$是误差生成函数，$e(k)$是误差信号，$\hat{a}(k)$是判决器对 $z(k)$的判决输出信号。

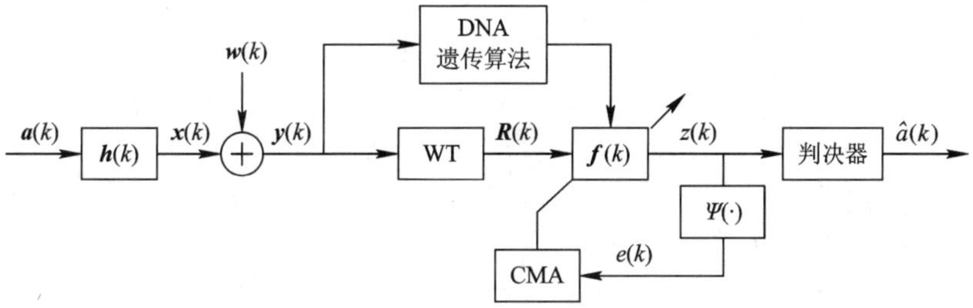

图 1.25　DNAGA-WTCMA 原理

均衡器的接收信号为

$$\boldsymbol{y}(k)=\boldsymbol{h}^{\mathrm{T}}\boldsymbol{a}(k)+\boldsymbol{w}(k) \tag{1.6.1}$$

经过小波变换后，信号变为

$$\boldsymbol{R}(k)=\boldsymbol{V}\boldsymbol{y}(k) \tag{1.6.2}$$

式中，$\boldsymbol{V}$ 为正交小波变换矩阵，均衡器输出信号为

$$z(k)=\boldsymbol{f}^{\mathrm{H}}(k)\boldsymbol{R}(k) \tag{1.6.3}$$

误差信号为

$$e(k)=R^2-|z(k)|^2 \tag{1.6.4}$$

式中，R 为 Godard 常数，H 表示共轭转置。

WTCMA 的代价函数为

$$J(k)=E\{[R^2-|z(k)|^2]^2\} \tag{1.6.5}$$

$$\boldsymbol{f}(k+1)=\boldsymbol{f}(k)+\mu\hat{\boldsymbol{R}}^{-1}(k)\boldsymbol{R}(k)e^*(k)z^*(k) \tag{1.6.6}$$

式中；μ 为步长；$\hat{\boldsymbol{R}}(k)=\mathrm{diag}[\sigma_{j,0}^2(k), \sigma_{j,1}^2(k), \cdots, \sigma_{j,k_J}^2(k), \sigma_{J+1,0}^2(k), \cdots, \sigma_{J+1,k_J}^2(k)]$，其中 diag[]表示对角矩阵，$\sigma_{j,k_J}^2(k)$、$\sigma_{J+1,k_J}^2(k)$分别表示 $u_{j,n}(k)$和 $s_{J,n}(k)$的平均功率估计，且

$$\begin{cases}\hat{\sigma}_{j,n}^2(k+1)=\beta\hat{\sigma}_{j,n}^2(k)+(1-\beta)\mid u_{j,n}(k)\mid^2\\ \hat{\sigma}_{J+1,n}^2(k+1)=\beta\hat{\sigma}_{J,n}^2(k)+(1-\beta)\mid s_{J,n}(k)\mid^2\end{cases}\tag{1.6.7}$$

式中：β 为平滑因子，且 $0<\beta<1$，一般取略小于 1 的数；$u_{j,n}(k)$、$s_{J,n}(k)$为信号经尺度函数 $\varphi_{j,n}(k)$和小波函数 $\phi_{j,n}(k)$卷积生成的变换系数，即

$$\begin{cases}u_{j,n}(k)=\sum_{i=0}^{N-1}x(k-i)\varphi_{j,n}(i)\\ s_{J,n}(k)=\sum_{i=0}^{N-1}x(k-i)\phi_{J,n}(i)\end{cases}\tag{1.6.8}$$

以上就是正交小波常模盲均衡算法(WTCMA)。然而，这种算法容易陷入局部最优。现由 DNA 遗传算法优化 WTCMA 的操作步骤如下：

步骤 1：初始化种群。设置最大进化代数 $T_{\max}$或者阈值 Δ。设 DNA 遗传算法的初始种群 $\boldsymbol{f}=[\boldsymbol{f}_1, \boldsymbol{f}_2, \cdots, \boldsymbol{f}_M]$，$1\leqslant m\leqslant M$，其中 $\boldsymbol{f}_m$ 对应于 WTCMA 的一个权向量，M 为种群规模中个体数量；采用 A、G、C、T 四种碱基对盲均衡算法的权向量进行编码，编码空间为 $E=\{A, G, C, T\}^L$。其中，$L=L_f\times l$，为每个个体 DNA 序列的长度，L_f 为盲均衡器权长，l 表示用 DNA 编码均衡器权向量中的每一个抽头系数所需要的碱基数。

步骤 2：确定适应度函数。将 WTCMA 代价函数的倒数作为 DNA 遗传算法的适应度函数，即

$$\mathrm{fit}(\boldsymbol{f}_m)=\frac{b}{J(\boldsymbol{f}_m)}\tag{1.6.9}$$

式中，b 表示比例系数。

步骤 3：对种群分组。以整个种群作为搜索空间，将均衡器的接收信号作为 DNA 遗传算法的输入信号，计算种群中每个个体的适应度值，根据个体适应度值大小将所有个体进行排序，前一半个体为优质种群，后一半个体为劣质种群，并且将种群中个体适应度值最大的个体作为精英个体进行保留。

步骤 4：执行交叉操作。

(1) 在优质种群中随机选择两个个体作为父体。

(2) 对被选中的父体分别以概率 p_1 和 p_2 执行置换交叉操作与转位交叉操作。如果置换交叉操作和转位交叉操作均未被执行，则按概率 p_3 执行重构交叉操作，每次交叉操作产生的个体不放回原种群。重复以上交叉操作直到产生 $M/2$ 个新个体。

(3) 将产生的新个体和劣质种群一起放入优质种群中，从而形成种群规模为 $3M/2$ 个个体的混合种群。

步骤 5：对混合种群执行变异、选择操作。对混合种群中的个体执行变异操作，变异操作采用自适应动态变异操作。

(1) 对于种群中的每一个个体，都执行一次变异操作。

(2) 将变异后产生的个体取代原个体。变异操作完成后，重复执行 $M-1$ 次选择操作，选择出 $M-1$ 个个体，这些个体与原来的精英个体一起组成新种群。

(3) 计算每个个体的适应度值，将适应度值最大的个体作为最优个体。种群进化代数加 1。

步骤 6：判断进化条件是否满足终止条件。如果进化代数达到设置的最大进化代数 T_{max} 或者当前最优解的个体适应度值变化小于阈值 Δ，则将种群中适应度值最大的个体作为最优个体输出，解码后的值作为均衡器权向量的最优值；否则，返回步骤 3。

1.6.2 仿真实验与结果分析

为验证 DNAGA-WTCMA 的有效性，以 CMA 和 WTCMA 为比较对象，进行仿真实验。

信道 $\boldsymbol{h}=[0.3132\quad -0.1040\quad 0.8908\quad 0.3134]$，信道噪声为高斯白噪声，发射信号为 8PSK 信号，均衡器权长为 16，步长 $\mu_{CMA}=0.002$，$\mu_{WTCMA}=0.0023$，$\mu_{DNAGA\text{-}WTCMA}=0.003$，信噪比为 20 dB，训练样本个数 $N=8000$。对信道的输入信号采用 DB2 正交小波分解，功率初始值设置为 4，遗忘因子 $\beta=0.99$。DNAGA-WTCMA 种群规模取 30，置换交叉概率 $p_1=0.8$，转位交叉概率 $p_2=0.5$，重构交叉概率 $p_3=0.2$。变异操作按自适应变异概率执行。最大进化代数为 100。

当信道 $\boldsymbol{h}=[0.9656\quad -0.0906\quad 0.0578\quad 0.2368]$时，信道噪声为高斯白噪声，发射信号为 16QAM，均衡器权长为 16，步长 $\mu_{CMA}=0.0001$，$\mu_{WTCMA}=0.0002$，$\mu_{DNAGA\text{-}WTCMA}=0.000\,25$，信噪比为 20 dB，训练样本个数 $N=8000$。对信道的输入信号采用 DB2 正交小波分解，功率初始值设置为 4，遗忘因子 $\beta=0.99$。DNAGA-WTCMA 种群规模取 50，最大进化代数为 100。

在保证眼图完全清晰睁开的前提下，500 次蒙特卡洛仿真结果如图 1.26 所示。

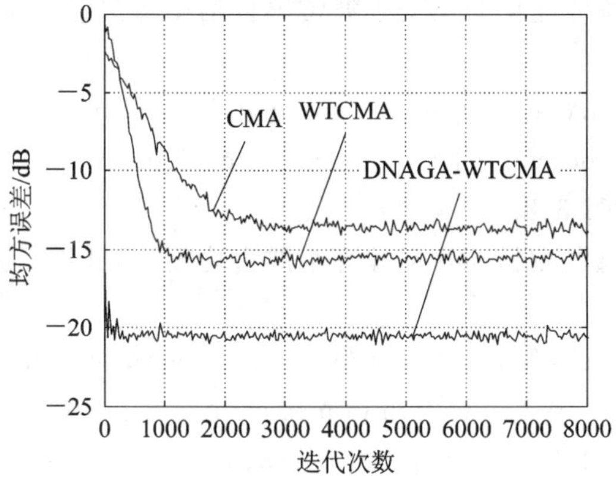

(a) 8PSK

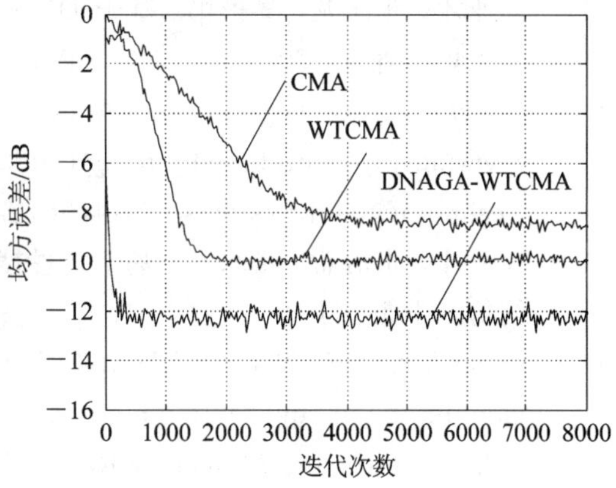

(b) 16QAM

图 1.26　仿真结果

图 1.26(a)表明，DNAGA-WTCMA 的收敛速度比 WTCMA 约快 1100 步，比 CMA 约快 3000 步。在稳态误差上，DNAGA-WTCMA 的稳态误差最低。图 1.25(b)表明，DNAGA-WTCMA 的收敛速度比 WTCMA 约快 1800 步，比 CMA 约快 3800 步。在稳态误差上，DNAGA-WTCMA 的稳态误差最低。

参考文献 1

[1] 王小平，曹立明. 遗传算法：理论，应用及软件实现[M]. 西安：西安交通大学出版社，2002.

[2] 张冰龙. 基于自适应双链 DNA 遗传优化的盲均衡算法[D]. 南京：南京信息工程大学，2015.

[3] 王康泰. RNA 遗传算法及应用研究[D]. 杭州：浙江大学，2011.

[4] 周明，孙树栋. 遗传算法原理及应用[M]. 北京：国防工业出版社，1999.

[5] 廖娟. 基于遗传算法优化的正交小波盲均衡算法[D]. 淮南：安徽理工大学，2011.

[6] 周正威，黄运锋，张永生，等. 量子计算的研究进展[J]. 物理学进展，2005，25(4)：368-385.

[7] ROSE J A，DEATON R J，FRANCESCHETTI D R，et al. A statistical mechanical treatment of error in the annealing biostep of DNA computation[C]//Proceedings of the Genetic and Evolutionary Computation Conference，San Francisco. [S. l]：Morgan Kauffman，1999(2)：1829-1834.

[8] MAX G，RUSELL D，LUIS F，et al. Encoding genomes for DNA computing[C]//Proc of the Third Annual Genetic Programming Conference，America，IEEE Transactions on Evolutionary Computation，1997:230-237.

[9] ROSE J A. The fidelity of DNA computation[D]. Memphis：The University of Memphis，1999.

[10] 张冰龙. 基于自适应双链 DNA 遗传优化的盲均衡算法[D]. 南京：南京信息工程大学，2015.

[11] 郭业才，张冰龙，吴彬彬. 基于 DNA 遗传优化的正交小波常模盲均衡算法[J]. 数据采集与处理，2014，29(3)：366-371.

[12] GUO Y C，ZHANG B L. A new DNA algorithm for solving the minimum set covering problem based on molecular beacon [J]. Advances in Communication Technology and Systems，2014(56)：361-369.

[13] 郭业才，张洁茹，张冰龙. 基于禁忌搜索的双链 DNA 计算小波盲均衡算法[J]. 系统仿真学报，2017，29(1)：21.

[14] GUO Y C，WANG H，ZHANG B L. DNA genetic artificial fish swarm constant modulus blind equalization algorithm and its application in medical image processing [J]. Genetics and Molecular Research，2015，14(4)：11806-11813.

[15] GUO Y C，WANG H，ZHANG B L. Blind equalization algorithm based on DNA genetic optimization of artificial fish swarm [C]//International Conference on Automation，Mechanical and Electrical Engineer (AMEE)，2015，Phuket，Thailand，Atlantis Press，2015:725-732.

[16] 龙月红. 基于 RNA 遗传优化的盲均衡算法[D]. 淮南：安徽理工大学，2015.

[17] 郭业才，王卫. 基于改进混合遗传的正交小波盲均衡算法[J]. 信号处理，2011，

27(7)：1004-1008.

[18] 郭业才，樊康，徐文才，等. 基于混合遗传优化的正交小波变换盲均衡算法[J]. 数据采集与处理，2011，26(5)：503-507.

[19] 韩迎鸽，郭业才，李保坤，等. 引入动量项的正交小波变换盲均衡算法[J]. 系统仿真学报，2008，20(6)：1559-1562.

[20] 韩迎鸽，郭业才，吴造林，等. 基于正交小波变换的多模盲均衡器设计与算法仿真研究[J]. 仪器仪表学报，2008，29(7)：1441-1445.

[21] 郭业才，杨超. 基于正交小波变换的超指数迭代盲均衡器设计与仿真[J]. 系统仿真学报，2009 (20)：6556-6559.

[22] 廖娟，郭业才，刘振兴，等. 基于遗传优化的正交小波分数间隔盲均衡算法[J]. 兵工学报，2011，32(3)：268.

[23] LIAO J，GUO Y C，JI T Y. An orthogonal wavelet transform fractionally spaced blind equalization algorithm based on the optimization of genetic algorithm[J]. Journal of China Ordnance，2011，7(2)：65-72.

[24] 郭业才，杨超. 基于正交小波变换的超指数迭代联合盲均衡算法[J]. 数据采集与处理，2010，25(1)：13-18.

[25] 樊康，郭业才. 基于小生境遗传优化的正交小波变换盲均衡算法[J]. 微电子学与计算机，2011，28(7)：50-53.

[26] 姚超然. 基于 DNA 遗传蛙跳算法优化的 MIMO 盲均衡算法研究[D]. 南京：南京信息工程大学，2017.

第2章 Memetic 算法

【内容导读】 首先结合广义进化论的思想介绍了文化进化理论，概述了在社会科学和人文科学领域的文化基因学说，分析了 Memetic 算法原理与框架，给出了算法的实现流程；随后对算法的收敛性进行了理论分析；最后给出了 Memetic 算法的两个应用案例。

在智能计算发展过程中，“文化进化计算”的概念被提出，并逐渐形成了以 Memetic 算法(也称模因算法)、文化算法等为代表的文化进化算法[1]。其中，Memetic 算法由澳大利亚学者 Mpscato 和 Norman 于 1992 年正式提出[2-3]。Memetic 是什么？就词源而言，它源于 meme，而 meme 是一个文化传播或模仿单位[4]，是一个与 gene 相对应的单词，源于希腊语 mimeme(模仿)。在牛津词典上解释为“文化的基本单元，通过非遗传方式，特别是模仿而得到传递”。meme 一词在国内的文献里译为“模因”“觅母”“拟子”“谜母”“谜米”等。Dawkins 指出，调子、概念、妙句、时装、制锅或建造拱廊的方式等都是 meme。正如基因通过精子或卵子从一个个体转到另一个个体，从而在基因库中进行繁殖一样，meme 从广义上可称为模仿的过程从一个脑子转到另一个脑子，从而在 meme 库中进行繁殖，得以进行自我复制。然而，正如能够自我复制的基因并不是都善于自我复制一样，meme 库里有些 meme 能够比其他 meme 取得更大的成功，这种过程和自然选择相似。Dawkins 认为 meme 和基因常常相互支持、相互加强。自然选择有利于那些能够为其自身利益而利用文化环境的 meme。1999 年，Blackmore 在出版的 *The Meme Machine*[5]一书中，讨论了基因(gene)、模因(meme)二者的作用及其关联，并将生物学中的基因之于蛋白质生成的作用类比到社会学中 meme 之于人类行为的产生所起到的作用。这些研究既促进了人类文化进化理论的发展，又为仿生智能计算研究者提供了思路。Memetic 算法正是借鉴了上述学说的思想与精髓，将其融入仿生智能计算方法中[6]。Memetic 一词一般理解为“文化基因”，因此，也有些文献直接将 Memetic 算法称为文化基因算法，或简写为 MA[7]。自 1992 年以来，MA 在求解 TSP 问题[2]、局部搜索策略[8]、Meta-lamarckian 学习机理[9]等方面取得了进展，已成为进化算法研究中的一个热点问题，在几乎所有成功的随机优化算法的设计中都会涉及生命学习或者 meme 理论的某种形式[10]。有关 Memetic 算法的整合、理论分析及应用成果[11-13]，也为对 Memetic 算法的进一步研究提供了技术支撑。

2.1 Memetic 算法

在社会学中，meme 一词被简单的定义为文化信息的基本单元[2,4]；而在智能计算领域[4,9]，meme 定义为信息编码的单元。

2.1.1 算法原理

Memetic 算法采用与遗传算法相似的框架与操作流程，并在此基础上通过局部邻域搜索使每次迭代的所有个体都达到局部最优。遗传搜索进行种群的全局广度搜索，局部搜索进行个体的局部深度搜索。Memetic 算法充分吸收遗传算法和局部搜索算法的优点，具有很强的全局寻优能力。同时，每次交叉和变异后均进行局部搜索，通过优化种群分布，及早剔除不良个体，进而减少迭代次数，加快算法的求解速度。这样既保证了较高的收敛性能，又能获得高质量解，从而使 Memetic 算法的搜索效率在某些领域比传统遗传算法快几个数量级。

在 meme 理论中，meme 作为文化的基本单位，通过模仿学习而传播，并代代相传。在这个过程中，每个个体通过 meme 的传递进行学习和自我调整，提高自身的竞争力，Memetic 算法中，meme 对应于局部搜索策略，如图 2.1 所示。

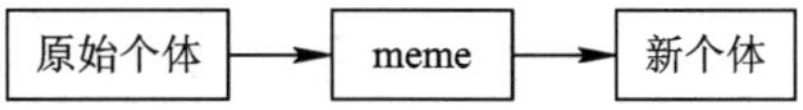

图 2.1　meme 对个体的作用

2.1.2 Memetic 算法流程

Memetic 算法流程如图 2.2 所示。

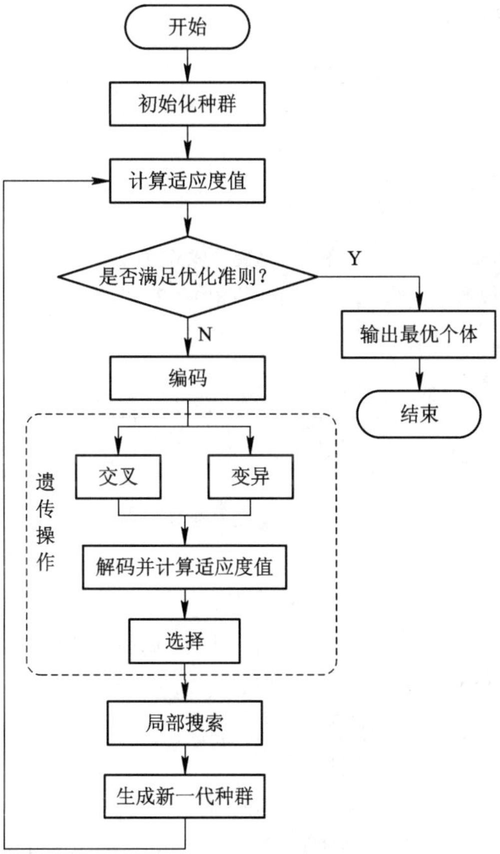

图 2.2　Memetic 算法流程

Memetic 算法流程描述如下：

步骤 1：初始化种群。随机产生初始种群，它包含 N 个独立个体，记作 $\boldsymbol{X}=(\boldsymbol{X}_1, \boldsymbol{X}_2, \cdots, \boldsymbol{X}_N)$。其中，每个个体 $\boldsymbol{X}_i(1\leqslant i\leqslant N)$ 均对应求解问题的一个解向量，记作 $\boldsymbol{X}_i=(x_{i1}, x_{i2}, \cdots, x_{iD})$。

步骤 2：计算适应度值。所有个体的适应度函数记作 $\mathrm{fit}(\boldsymbol{X}_i)$，$i=1, 2, \cdots, N$。

步骤 3：判断当前适应度值是否满足优化准则，若满足，则转入步骤 10；否则进入步骤 4。

步骤 4：编码。对所有个体进行二进制编码及组合。对每个个体 $\boldsymbol{X}_i(1\leqslant i\leqslant N)$ 中的每一位元素进行二进制编码，二进制位数为 L，并将每一位元素转换的二进制码按原有顺序连接起来，组成一组长度为 $D\times L$ 位的二进制码。具体编码方式如图 2.3 所示。图中，code(·)为对十进制数进行二进制编码后的二进制码。

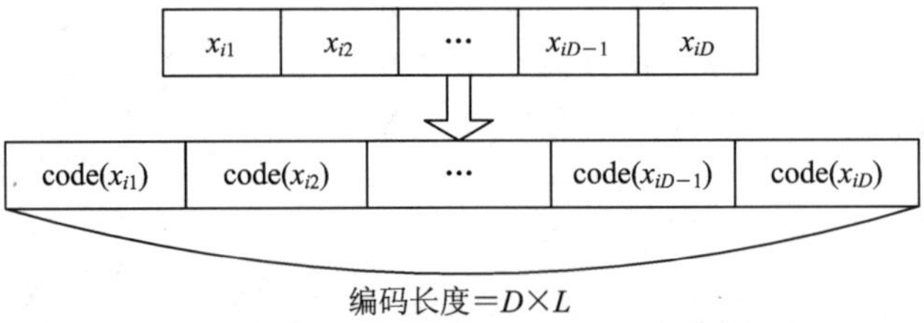

图 2.3 个体编码方式

步骤 5：交叉。按照交叉概率 p_c 随机选取一对个体进行交叉操作，产生新一代群体中的两个新的个体。交叉操作如图 2.4 所示。

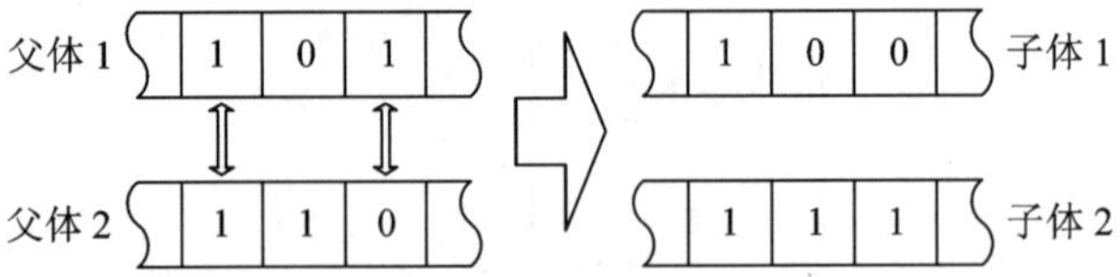

图 2.4 交叉操作

步骤 6：变异。交叉操作完成后，在新的种群中按照变异概率 p_m 选取若干个体(包括新、老个体)进行变异操作。变异操作如图 2.5 所示。

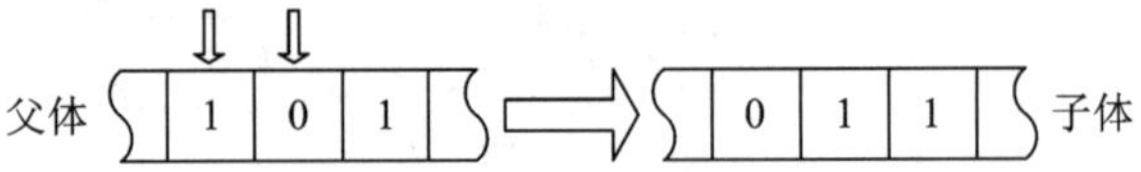

图 2.5 变异操作

步骤 7：解码并计算适应度值。

步骤 8：选择。从当前种群中选取前 M 个优秀(适应度值高)的个体，使它们可以进入下一次迭代，其余的个体则全部被淘汰。所有个体被选择的概率与其自身的适应度值成正比，即第 i 个个体被选择的概率 p_i 为

$$p_i=\frac{\mathrm{fit}(\boldsymbol{X}_i)}{\sum \mathrm{fit}(\boldsymbol{X}_i)} \qquad i=1, 2, \cdots, N$$

式中，$\mathrm{fit}(\boldsymbol{X}_i)$ 为当前种群中第 i 个个体的适应度值。

步骤 9：局部搜索。对所有个体采用单纯法进行局部搜索，生成新一代种群。

步骤 10：输出最优个体。

2.2　算法实施策略与特点

在 Memetic 算法架构中，各个环节均存在多种实施策略和较宽的探讨空间，采用不同的策略便构成不同的 Memetic 算法模型。

2.2.1　算法实施策略

1. 初始种群产生策略

初始种群一般是随机产生的，也可利用优化问题的先验知识人为加入一些优秀个体。例如，若已知最优个体在某区域的概率较大，可在该区域内选取较多的个体加入初始种群。初始种群的选择应确保种群的多样性。产生初始种群后，Memetic 算法会对初始种群中的每一个体进行局部搜索，用每个个体邻域内的最优个体替换原有个体，从而形成新的初始种群。

2. 全局搜索策略

全局搜索策略即图 2.2 中的遗传操作，可采用 Monte Carlo 算法、遗传算法、进化策略、进化规划、模拟退火算法等现成的进化算法，也可采用蚁群算法、微粒子群算法等热门的仿生智能算法，还可针对具体的优化问题或结合所使用的局部搜索策略研究新的进化算子。总之，不管采用何种搜索策略，应确保子代能够继承父体的主要特征，同时又能尽可能多地探索到未知的区域。

3. 局部搜索策略

局部搜索的过程也就是确定局部区域优秀个体的过程，是 Memetic 算法区别于其他算法的重要标志，在这一过程中，可充分利用已有知识库，从而提高算法的搜索能力。其关键问题在于以下几点：

(1) 确定局部搜索邻域。对于连续系统，可选取当前个体为中心，选取距离一定的欧氏空间；对于离散系统，可选取球形、立方体等空间结构作为个体的邻域空间。邻域空间取得越大，整体算法的优化效率就越高，但同时也使算法的计算时间延长。

(2) 选择局部搜索策略。针对不同的函数优化问题或者组合优化问题，可采用爬山法、单纯形优化法、贪婪算法、牛顿或类牛顿法、内点法、共轭梯度法、导引式局部搜索(Guided Local Search，GLS)等，当然，也可采用一些局部的启发式算法，在选择不同的局部搜索策略时，应综合考虑算法的复杂度及效率问题。

(3) 优化局部搜索位置。在算法流程中，局部搜索放在什么位置执行局部搜索操作是算法设计过程中需要确定的一项内容。有些算法让每个个体在执行完全局搜索后再逐个进行局部搜索，也有些算法将局部搜索分别安排在交叉和变异操作之后，即每一代的进化过程进行两次局部优化。

4. 新种群产生策略

新种群的产生即为遗传算法中的选择操作。为了保证种群的多样性，可采用轮盘赌选择、截断选择、锦标赛选择等方法选出相对较优的个体形成新的种群。

2.2.2 算法特点

Memetic 算法是一种结合了遗传机制和局部搜索的随机优化算法，相对于传统的遗传算法，主要特点如下：

（1）Memetic 算法继承了遗传算法的基本操作，具有较强的全局搜索能力，能够扩大算法的寻优范围，避免陷入局部最优。

（2）Memetic 算法基于 meme 理论的局部搜索策略，可改善种群结构，及早剔除不良个体，增强算法的局部寻优能力，进而加快算法的求解速度。

（3）Memetic 算法将局部搜索策略提升到了非常重要的位置，不仅以 meme 代表局部搜索，将其视为与基因等同的概念，而且在进化中独立增加了局部搜索环节。

（4）Memetic 算法在搜索策略上有较大变通，全局搜索阶段的进化算子和局部搜索时的个体学习可采用多种组合，各种常规或者智能的优化算法都能纳入 Memetic 算法的框架。

2.3 算法收敛性

如前所述，采用不同的全局及局部搜索策略将会构成不同的 Memetic 算法，文献[14]提出了一种自适应 Memetic 算法[15]，采用 Markov 链理论分析算法的全局收敛特性。

首先，建立自适应 Memetic 算法的 Markov 链模型。设 S 是长度为 l 的二进制字符串的集合，因此 S 中可能出现的字符串的总数有 $N_r=2^l$。若种群规模为 N，则等价类空间（或 Markov 状态的总数）$N_{\text{Total}}=(N+N_r-1)$或$(N_r-1)$。

将 Memetic 算法看作一个离散时间的 Markov 链$\{\varepsilon(t);\ t=0,\ 1,\ 2,\ \cdots\}$以及一个有限状态空间 $\boldsymbol{S}=[S_1,\ S_2,\ \cdots,\ S_{N_{\text{Total}}}]$，设 t 时刻的转移概率矩阵 $\boldsymbol{P}(t)$ 中的元素为

$$p_{ij}(t)=P(\varepsilon(t)=S_j\mid\varepsilon(t-1)=S_i) \tag{2.3.1}$$

式中，$i,\ j=1,\ 2,\ \cdots,\ N_{\text{Total}}$。

初始概率分布为

$$v_i(t)=P(\varepsilon(0)=S_j)\quad v_i(0)\geqslant 0,\ \sum_{i=1}^{N}v_i(0)=1 \tag{2.3.2}$$

Memetic 算法执行交叉、变异和选择操作，种群产生概率性的变化，分别用随机矩阵 $\boldsymbol{P}_{\text{c}}$、$\boldsymbol{P}_{\text{m}}$、$\boldsymbol{P}_{\text{s}}$ 表示交叉、变异和选择矩阵。除标准的进化算子外，Memetic 算法还将在每个决策点采用不同的 meme 改善种群中的每个个体。这里，将此局部改进过程视为一个 $N_{\text{Total}}\times N_{\text{Total}}$ 的转移矩阵 $\boldsymbol{P}_{\text{l}}$，表示所有执行 Lamarckian 学习过程的个体的状态转移。显然，$\boldsymbol{P}_{\text{l}}$ 每行中至少有一个元素为正实数。

综上，自适应 Memetic 算法可看作一个 $N_{\text{Total}}\times N_{\text{Total}}$ 的转移概率矩阵 $\boldsymbol{P}$，且

$$\boldsymbol{P}=\boldsymbol{P}_{\text{l}}\boldsymbol{P}_{\text{c}}\boldsymbol{P}_{\text{m}}\boldsymbol{P}_{\text{s}} \tag{2.3.3}$$

这里，$\boldsymbol{P}$ 囊括了 Memetic 算法的所有算子，包括交叉、变异、依适应度的概率选择及 Lamarckian 学习机制。在式(2.3.3)中，$\boldsymbol{P}_{\text{c}}$、$\boldsymbol{P}_{\text{m}}$、$\boldsymbol{P}_{\text{s}}$ 均与时间 t 无关，而考虑到所采用的自适应 Memetic 算法的不同策略，$\boldsymbol{P}_{\text{l}}$ 有可能与时间 t 相关，也可能无关。

研究算法收敛性，首先分析局部水平的自适应 Memetic 算法[15]。因为 meme 的选择是基于前一代或者相邻的文化进化的，$\boldsymbol{P}_{\text{l}}$ 依赖于时间且随决策点的不同而变化，所以，这种

形式的自适应 Memetic 算法不能保证全局收敛。

由于在基本的 Meta-Lamarckian 策略中，meme 的选择采用了依适应度的概率选择，同时，贪婪选择策略使算法总是选择最优个体，所以，转移矩阵 $\boldsymbol{P}_1$ 是齐次的，不依赖于迭代次数 t。此外，采用了这些策略的全局水平自适应 Memetic 算法同样以概率 1 收敛。当 $t\to\infty$ 时，最佳 meme 被选择的概率将会趋于 1，显然这种设想是合理的，即 $\lim\limits_{t\to\infty}\boldsymbol{P}_1(t)$ 收敛于一个常数矩阵。

文献[14]表明，自适应 Memetic 算法构成的 Markov 链是不可约的，且是非周期的，具有唯一正常返状态，具有全局收敛性。

2.4　案例 2——基于 Memetic 算法的多模盲均衡算法

在通信系统中，为了有效地消除有限带宽和多径传播等引起的码间干扰，接收端需要引入盲均衡技术。在盲均衡技术中，常模盲均衡算法(Constant Modulus blind equalization Algorithm，CMA)可使均衡器输出信号星座点尽可能分布在一个半径为 R_C(信号的统计模值)的圆上，从而不断调整均衡器的权向量。但是，对于具有不同模值的高阶 QAM 和 APSK 信号，其星座点分布在不同半径的圆上，采用 CMA 均衡会使输出信号星座点趋于同一个圆上，误差较大甚至导致算法无效。为了有效解决这一问题，研究人员开发了许多类型的多模盲均衡算法(Multi-Modulus blind equalization Algorithm，MMA)[16]。其中，有两类 MMA 较为典型：第一类是对均衡器输入信号的实部和虚部分别进行均衡；第二类是以输出判决信号的模值作为圆的半径，把信号星座分成多个区域，每个区域都有各自的误差函数，以便将剩余误差控制在较小的范围内[17]。该类 MMA 利用判决方式选择模值，计算复杂度小于第一类。这两类 MMA 均能有效解决相位旋转问题，但仍与 CMA 一样存在局部收敛且收敛速度较慢、收敛后均方误差较大的问题[18]。为了解决这一问题，研究人员将遗传算法(Genetic Algorithm，GA)引入了盲均衡算法中，取得了较好效果，然而，遗传算法的收敛速度仍较慢。而 Memetic 算法[17]是一种结合遗传机制和局部搜索的优化算法，它采用与遗传算法类似的运算流程，但加入了局部搜索，使得每次迭代后的所有个体都能达到局部最优，实现了全局进化和局部开发能力的平衡，性能上优于遗传算法。

本节尝试将 Memetic 和第二类 MMA 相结合，提出一种基于 Memetic 算法的多模盲均衡算法(Multi-Modulus blind equalization Algorithm based on Memetic Algorithm，MA-MMA)[19-21]，该算法利用 Memetic 快速搜索到一组适用于 MMA 算法的全局最优解，并以此作为 MMA 的最优初始化权向量进行迭代。

2.4.1　判决多模盲均衡算法

与 CMA 相比，MMA 相当于在 CMA 的基础上加入了一个判决器，用以决定误差函数中模值的选取，如图 2.6 所示。$\boldsymbol{y}(k)$ 为均衡器的接收信号，$\boldsymbol{w}_D(k)$ 为横向滤波器的权向量，$z(k)$ 为横向滤波器的输出，$z(k)$ 通过非线性系统得到估计信号 $\hat{z}(k)$，$e_D(k)$ 为误差信号，R_J 为采样模值，R_D 为判决模值，虚线框内为 MMA。

MMA 以 LMS 算法为模型，将横向滤波器的输出信号 $z(k)$ 通过一个非线性系统

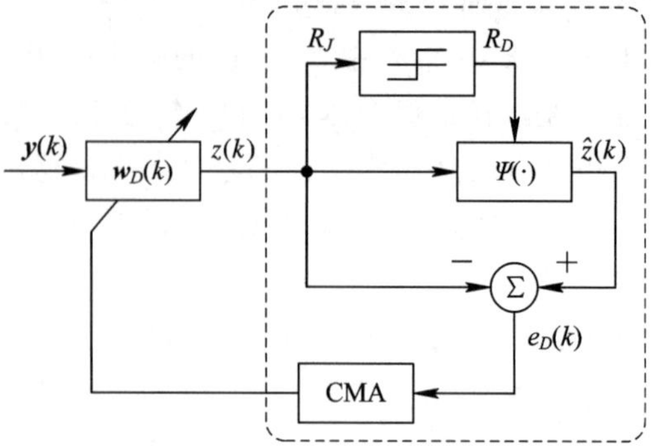

图 2.6　MMA 盲均衡算法框架

$\Psi(\cdot)$，得到估计信号 $\hat{z}(k)$，以此代替期望信号 $d(k)$，进而得到算法的误差函数 $e_D(k)$。此外，为了使横向滤波器的权系数趋于收敛，非线性函数 $\Psi(\cdot)$需满足的条件为

$$\hat{z}(k) = \Psi[z(k)] = z(k)[1 + R_D^2 - |z(k)|^2] \tag{2.4.1}$$

式中，R_D 是对 R_J 的判决结果，R_J 为

$$R_J = \frac{E[|z(k)|^4]}{E[|z(k)|^2]} \tag{2.4.2}$$

由图 2.6 知，MMA 横向滤波器输出信号为

$$z(k) = \boldsymbol{w}^{\mathrm{T}}(k)\boldsymbol{y}(k) \tag{2.4.3}$$

式(2.4.1)与式(2.4.3)相减，得误差信号 $e_D(k)$为

$$e_D(k) = \hat{z}(k) - z(k) = z(k)[R_D^2 - |z(k)|^2] \tag{2.4.4}$$

因此，MMA 的代价函数为

$$J_{\mathrm{MMA}}(k) = E[|e_D(k)|^2] = E\{[R_D^2 - |z(k)|^2]^2\} \tag{2.4.5}$$

由该代价函数的随机梯度，可以得到 MMA 的权向量迭代公式。根据式(2.4.3)、式(2.4.4)和式(2.4.5)，$J_{\mathrm{MMA}}(k)$的随机梯度为

$$\hat{\nabla} J_{\mathrm{MMA}}(k) = \frac{\partial J_{\mathrm{MMA}}(k)}{\partial \boldsymbol{w}_D(k)} = 4e_D(k)\boldsymbol{y}^*(k) \tag{2.4.6}$$

那么，权向量的迭代公式为

$$\begin{aligned}\boldsymbol{w}_D(k+1) &= \boldsymbol{w}_D(k) - \mu_D \cdot \hat{\nabla} J_{\mathrm{MMA}}(k) \\ &= \boldsymbol{w}_D(k) - \mu_D e_D(k)\boldsymbol{y}^*(k)\end{aligned} \tag{2.4.7}$$

式中，μ_D 为 MMA 的迭代步长。

MMA 根据判决模值 R_D 调整误差函数，这里以 32APSK 信号为例。APSK 星座图可以被视为具有不同电平幅度的相移键控(PSK)信号的集合[22-24]，它又被称为星形 QAM，如图 2.7 所示。图 2.7 中，输入信号星座点分布在三个半径不同的圆上，其半径对应于信号的模值；虚线所示的两个同心圆是判决器的判决边界条件。两个判决圆将星

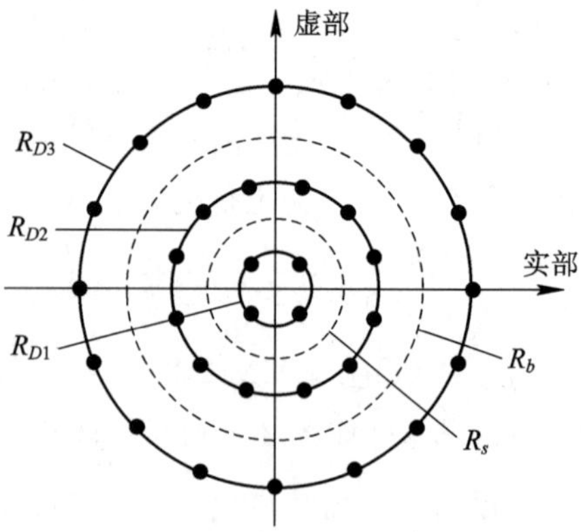

图 2.7　32APSK 信号的模值

座空间分成了三个区域，分别对应于三个误差函数。

设接收信号是 32APSK 信号，星座图中 R_D 所在圆的半径按从小到大排列分别为 R_{D1}、R_{D2}、R_{D3}，判决圆的半径从小到大排列分别为 R_s、R_b。

横向滤波器输出信号 $z(k)$输入判决器，通过计算 R_J，比较其与判决边界条件的关系，选取这一段信号的判决模值为

$$R_D=\begin{cases} R_{D1} & R_J<R_s \\ R_{D2} & R_s<R_J<R_b \\ R_{D3} & R_J>R_b \end{cases} \tag{2.4.8}$$

将式(2.4.8)代入式(2.4.4)，得 32APSK 的误差函数为

$$e_D(k)=\begin{cases} z(k)[R_{D1}^2-|z(k)|^2] & R_J<R_s \\ z(k)[R_{D2}^2-|z(k)|^2] & R_s<R_J<R_b \\ z(k)[R_{D3}^2-|z(k)|^2] & R_J>R_b \end{cases} \tag{2.4.9}$$

对于不同的调制方式，判决器的判决规则也不尽相同。MMA 能否有效地均衡，主要取决于算法中的判决条件，即 R_s、R_b 的选取。

虽然 MMA 具有运算复杂度低、对于高阶多模信号收敛速度快等优点，但由于其存在模型误差，故收敛后的剩余误差较大，不利于信号的追踪[25]。

2.4.2 Memetic 算法架构

Memetic 算法是一类启发式的智能优化算法[26]，它通过某一个数学函数进行启发式搜索，以寻求问题的最优解。

1. 遗传算法伪代码

遗传算法是模拟生物在遗传和进化过程中形成的一种非确定性的拟自然算法[4, 27]。它从代表问题可能潜在解集的一个种群开始，经过编码、初始化种群、计算适应度值后，借助自然遗传学的遗传算子，组合交叉和变异，从而产生新一代种群，其伪代码如下：

```
Begin
    t:=0;
    X(t):=InitialPop();
  while(stopping criteria not met)do
        X'(t): =Recombine(X(t));
    X'(t):=Mutate(X(t));
        X'(t):=Select(X'(t));
        EvaluateFitness(X'(t));
        X(t+1):=SelectNewPop(X(t), X'(t));
        t:= t+1;
end
```

遗传算法的整个计算过程模拟了自然环境中生物的进化过程，新生的种群总比前一代更加适应于环境，末代种群中的最优个体经过解码即可作为问题的近似最优解。

2. 模因算法流程

MA 模拟了人类文明的发展过程，采用与遗传算法相似的操作流程，并在此基础上通

过局部邻域搜索使每次迭代的所有个体都能达到局部最优。而在更加多样化的背景下，MA 通常可以被定义为进化与个人学习的联合算法，其流程如图 2.8 所示。

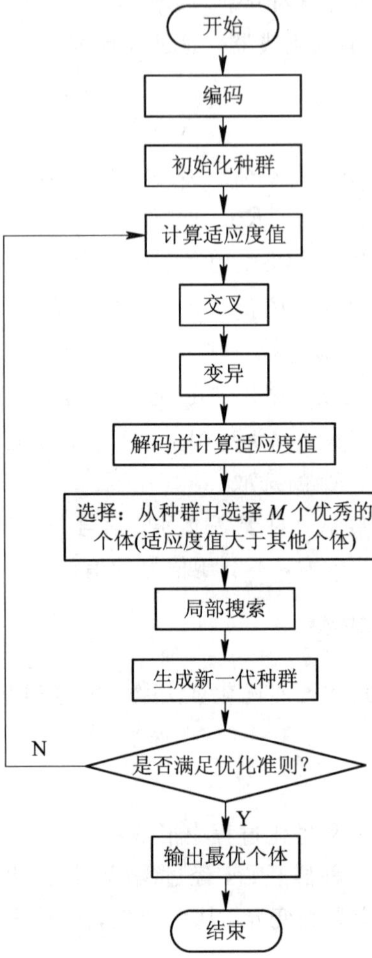

图 2.8 MA 流程

MA 算法实现步骤如下[14]：

步骤 1：编码。采用二进制编码。

步骤 2：初始化种群。随机产生初始种群，包含 N 个个体，记为 $\boldsymbol{X}=[\boldsymbol{X}_1, \boldsymbol{X}_2, \cdots, \boldsymbol{X}_N]$。

步骤 3：计算适应度值。

步骤 4：交叉。按照交叉概率 p_c 任意选取两个体进行杂交运算，产生新一代群体中的两个新个体。

$$\begin{cases}\boldsymbol{X}'_1 = \text{rand}_1\boldsymbol{X}_1 + (1-\text{rand}_1)\boldsymbol{X}_2 \\ \boldsymbol{X}'_2 = \text{rand}_2\boldsymbol{X}_2 + (1-\text{rand}_2)\boldsymbol{X}_1\end{cases} \tag{2.4.10}$$

式中，$\boldsymbol{X}_1$ 和 $\boldsymbol{X}_2$ 为随机选取的两个父体，$\boldsymbol{X}'_1$和 $\boldsymbol{X}'_2$为交叉运算后产生的子代对应新个体，rand_1 和 rand_2 为[0，1]上的随机数。

步骤 5：变异。交叉运算完成后，在新的种群中按照变异概率 p_m 从中选取若干个体，变异操作公式为

$$\boldsymbol{X}' = \begin{cases} \boldsymbol{X} + (\boldsymbol{X}_{\max} - \boldsymbol{X})(\text{rand} \times g_t)^2 & \text{sgn} = 0 \\ \boldsymbol{X} - (\boldsymbol{X} - \boldsymbol{X}_{\min})(\text{rand} \times g_t)^2 & \text{sgn} = 1 \end{cases} \tag{2.4.11}$$

式中：种群进化标识 $g_t = t/T_{\max}$，其中 t 为种群当前的进化代数，$T_{\max}$ 为种群的最大进化代数；$\boldsymbol{X}$ 为选中的变异个体；$\boldsymbol{X}'$ 为变异后的个体；rand 为[0，1]上的随机数；sgn 随机选取 0 或 1；$\boldsymbol{X}_{\max}$ 和 $\boldsymbol{X}_{\min}$ 分别为参数取值的上下限。

步骤 6：解码并计算适应度值，记为 $\text{fit}(\boldsymbol{X})$。

步骤 7：选择。从当前种群中选取 M 个优秀(适应度值高)的个体，使它们可以进入下一次迭代，而适应度值低的个体则被淘汰。每个个体被选择的概率与其适应度值成正比，即第 i 个个体被选择的概率 p_i 为

$$p_i = \frac{\text{fit}(\boldsymbol{X}_i)}{\sum \text{fit}(\boldsymbol{X}_i)} \qquad i = 1, 2, \cdots, M \tag{2.4.12}$$

式中，$\text{fit}(\boldsymbol{X}_i)$ 为第 i 个个体的适应度值。

步骤 8：局部搜索。对种群中的所有个体采用单纯法进行局部搜索，生成亲一代种群。

步骤 9：判断当前适应度值是否满足优化准则，若满足则输出最优解，否则转入步骤 4。

2.4.3 基于 Memetic 算法的判决多模盲均衡算法

将 Memetic 算法引入 MMA 中，以搜索全局最优的 MMA 均衡器初始权向量，从而提高盲均衡器的收敛速度和减小稳态剩余误差，使均衡具有良好且稳定的效果。MA-MMA 均衡器的基带等效模型[26]如图 2.9 所示，$\boldsymbol{a}(k)$ 为发送信号，$\boldsymbol{w}_0(k)$ 为高斯白噪声。

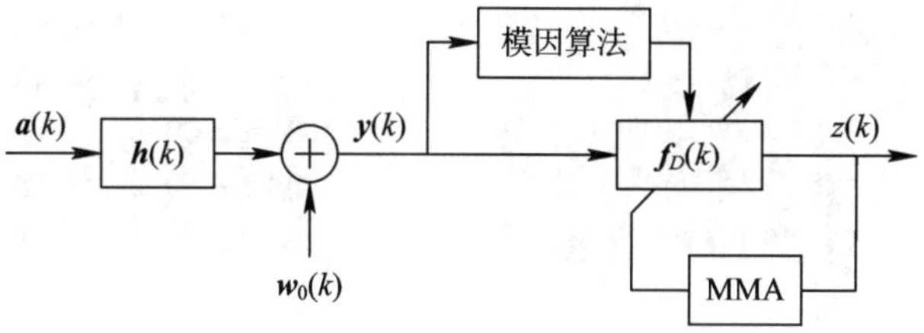

图 2.9　MA-MMA 基带等效模型

在 Memetic 算法中，设随机产生的初始种群为 $\boldsymbol{X} = [\boldsymbol{X}_1, \boldsymbol{X}_2, \cdots, \boldsymbol{X}_N]$，其中每个个体 $\boldsymbol{X}_i (1 \leqslant i \leqslant N)$ 对应均衡器的一个权向量，经过多次局部搜索和全局进化，最终找到最优向量，这个过程类似于盲均衡算法通过多次迭代，寻找代价函数最小值时的最优权向量。

MA-MMA 的核心是将 MMA 代价函数的倒数作为 MA 的适应度函数，即

$$\text{fit}(\boldsymbol{X}_i) = \frac{1}{J_{\text{MMA}}(\boldsymbol{Y})} \qquad i = 1, 2, \cdots, N \tag{2.4.13}$$

式中，$\boldsymbol{X}_i$ 表示种群中的第 i 个个体。

MA-MMA 通过搜索适应度函数的全局极大值点来寻找种群中最佳的个体，并将它作为 MMA 的初始权向量。

2.4.4 仿真实验与结果分析

在 64QAM 和 32APSK 两种调制方式下，对 MA-MMA 进行仿真实验验证，并将其与

CMA、MMA 和 GA-MMA 进行比较。

种群总数 $N=50$，二进制位数 $L=20$，最大进化代数 $T_{\max}=50$，个体被选择的概率 $p_s=0.9$，交叉概率 $p_c=0.7$，变异概率 $p_m=0.01$。信道 $\boldsymbol{h}=[0.9656\quad -0.0906\quad 0.0578\quad 0.2368]$，接收信噪比 SNR=30 dB，均衡器采用 11 阶横向抽头结构，CMA 和 MMA 的中心抽头系数初始化为 1，其他抽头系数初始化为 0，所有仿真的迭代次数为 10 000，Monte Carlo 实验次数均为 2000。

【实验 2.1】 在 64QAM 调制下，CMA 和 MMA 的迭代步长均为 1×10^{-6}，MA-MMA 和 GA-MMA 的迭代步长均为 1×10^{-7}，仿真结果如图 2.10 所示。

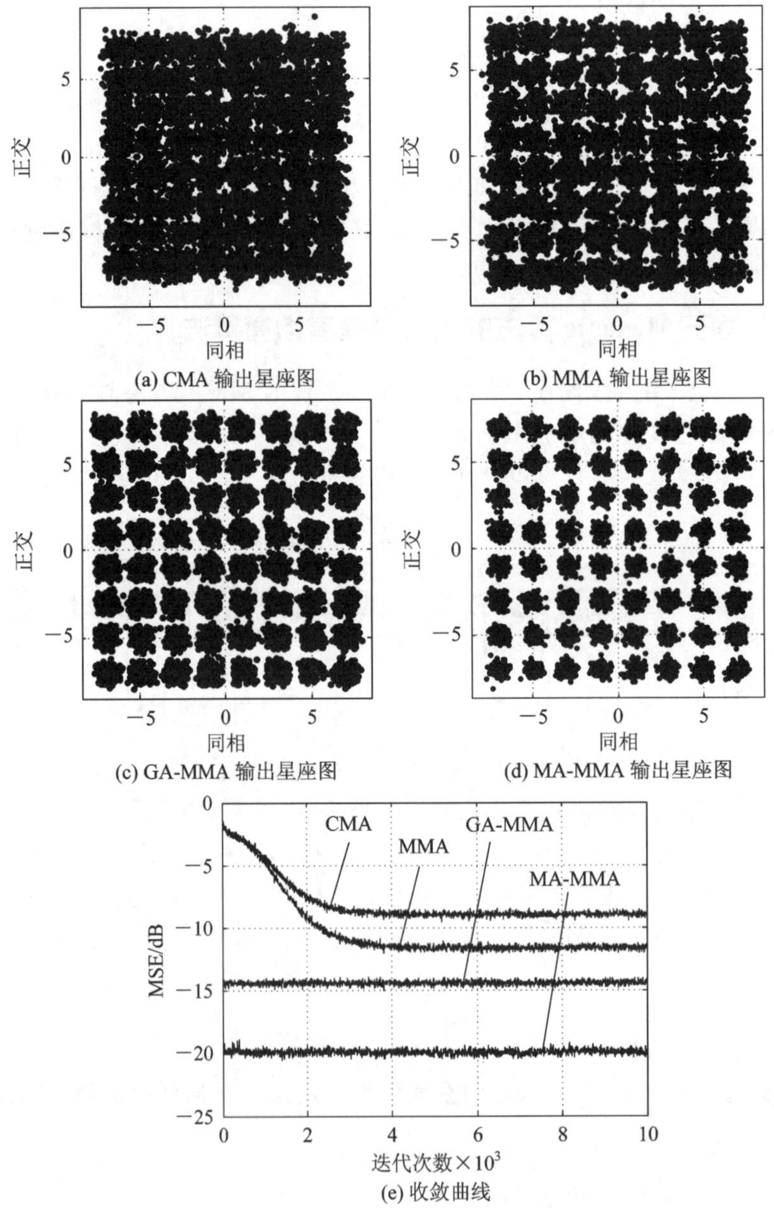

图 2.10 64QAM 仿真结果

【实验 2.2】 在 32APSK 调制下，CMA 和 MMA 的迭代步长均为 1×10^{-5}，MA-MMA 和GA-MMA 的迭代步长均为 5×10^{-6}，仿真结果如图 2.11 所示。

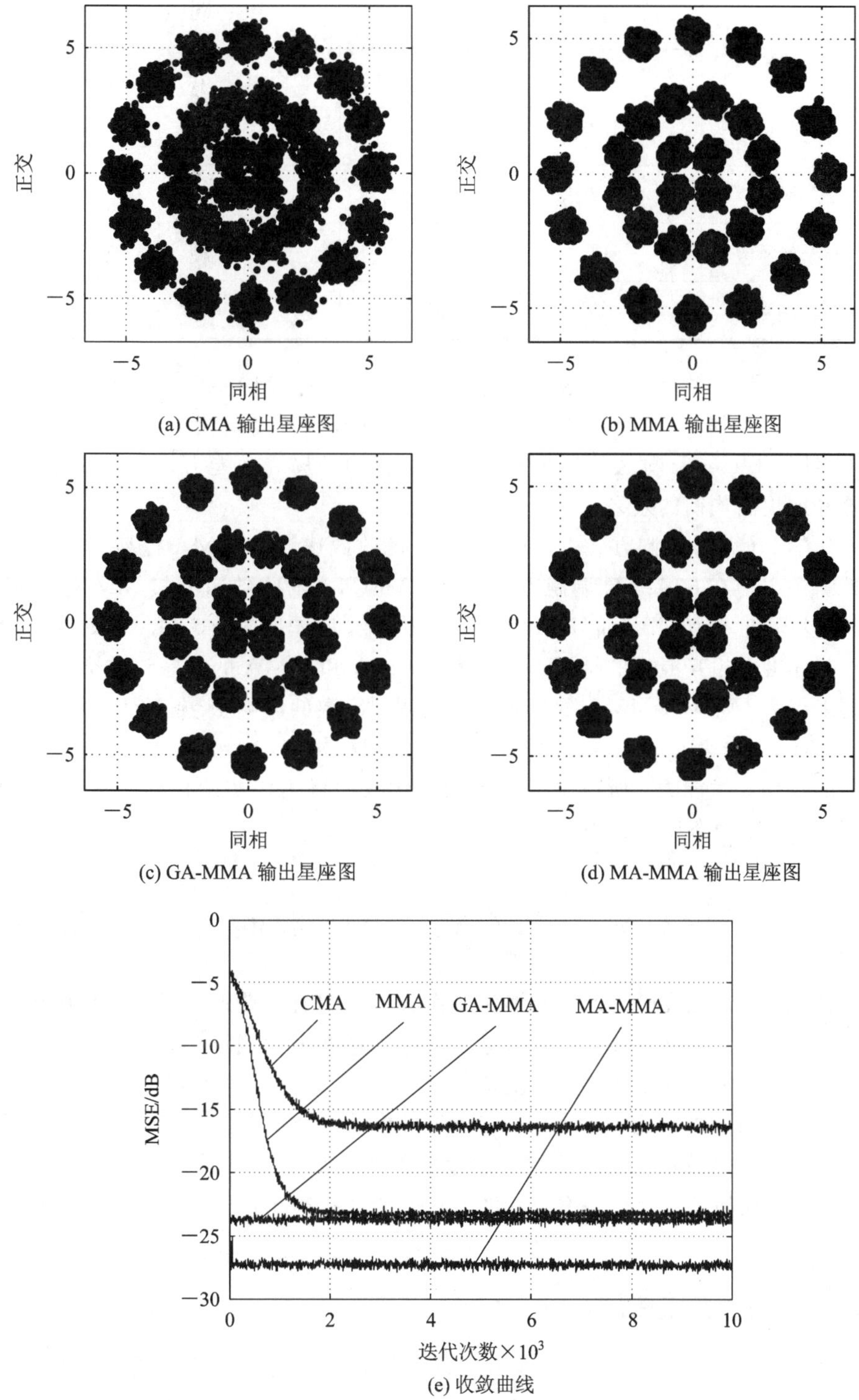

(a) CMA 输出星座图
(b) MMA 输出星座图
(c) GA-MMA 输出星座图
(d) MA-MMA 输出星座图
(e) 收敛曲线

图 2.11　32APSK 仿真结果

两个实验在相同的信噪比下，收敛迭代次数与稳态误差统计表如表 2.1 所示。

表 2.1 不同调制方式下，各算法的收敛迭代次数与稳态误差统计值

算法	64QAM		32APSK	
	稳态误差/dB	收敛迭代次数	稳态误差/dB	收敛迭代次数
CMA	−9	4000	−17	2200
MMA	−12	4000	−23	1800
GA-MMA	−14	300	−24	100
MA-MMA	−20	300	−27	100

图 2.10 与图 2.11 及表 2.1 表明，在两种调制方式下，MA-MMA 及 GA-MMA 的均衡性能均明显高于 MMA。MA-MMA 比 GA-MMA 的收敛速度略快，但稳态误差明显更小。仿真结果表明，Memetic 算法比遗传算法具有更强的全局寻优能力，将它引入盲均衡算法中能够更好地提高均衡的效果。

综上，在 64QAM 调制方式下，MA-MMA 的收敛速度较 MMA 提高了 10 余倍，稳态误差降低了 8 dB；在 32APSK 调制方式下，MA-MMA 的收敛速度较 MMA 提高了 20 余倍，稳态误差降低了 10 dB。而且，MA-MMA 输出星座图明显比 CMA 和 MMA 清晰且紧凑，基本没有出现相互混叠的情况。这是因为 CMA 和 MMA 的稳态误差会随调制阶数的提高而越来越大，而 MA-MMA 的稳态误差受调制阶数的影响很小。所以对于高阶多模信号，MA-MMA 的优势十分明显。此外，与 GA-MMA 相比，由于 Memetic 算法比遗传算法具有更强的全局寻优能力，所以最终得到的最优权向量用作初始化权向量后，MA-MMA 的收敛速度更快、稳态误差更小。

2.5 案例 3——基于 Memetic 算法的频率分配新策略

在现代战争中，无线通信设备能够保证作战信息的有效获取、部队的合成指挥以及部队之间的协同作战。大量的敌我方无线电子设备出现在现代战场中，再加上民用无线通信设备，使现代战场中的电磁环境十分复杂[28]。

合理地管理有限的电磁频谱资源，有利于指控通信、情报侦察、预警探测、武器制导和导航定位等系统的高效运转[29]。频谱资源管理需要解决的关键问题之一是如何为无线设备分配频谱资源，提高频谱的利用率。为此，文献[30]用 Memetic 算法设计了一种新颖的频率分配策略。

2.5.1 模因算法原理

模因算法流程如图 2.12 所示。其中，局部搜索中包含了对种群的评估操作。该图表明，模因演算法和遗传算法的区别在于，所有通过遗传算子生成的新个体在被放入种群前都要进行局部搜索，从而完成个体在局部区域的学习过程。

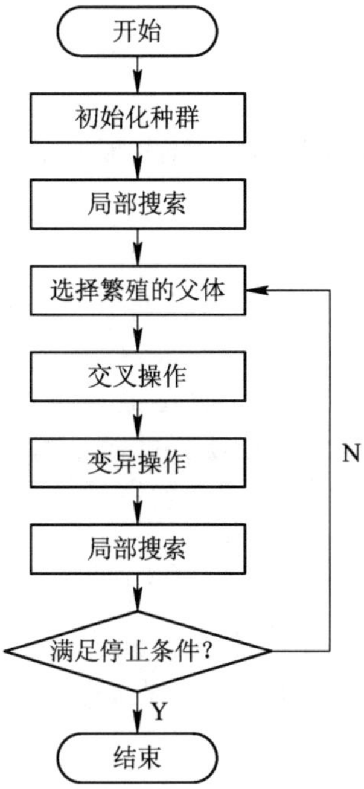

图 2.12　模因算法流程

2.5.2 频率分配问题

频率分配问题是指为无线设备的每个收发信道分配频率，并且满足一定的约束条件和需求特性。一般来讲，有两类频率分配问题：第一类称为固定频谱频率分配问题(Fixed Spectrum Frequency Assignment Problem，FS-FAP)，即在给定可用频谱范围的基础上，从收发信道之间的干扰程度的角度尽可能高效地分配频率；第二类称为最小跨度频率分配问题(Minimum Span FAP，MS-FAP)，它主要以最小化分配方案中使用的频谱跨度范围为目标(使分配方案中使用的最大与最小频率之间的间隔最小)。文献[30]研究了最小频率分配问题(Minimum Interference FAP，MI-FAP)，它属于第二类频率分配问题，其优化目标是在给定可用频谱范围的基础上最小化收发信道之间的干扰程度。

在求解 MI-FAP 时需要考虑三类电磁兼容约束(Electromagnetic Compatibility Constraints，EMC)，即同信道约束(Co-Channel Constraint，CCC)、相邻信道约束(Adjacent-Channel Constraint，ACC)和共址约束(Co-Site Constraint，CSC)[31-33]。CCC 是指同一设备的不同信道不能使用相同的频率，且不同设备的信道若不满足设备间的同频复用最小地理间隔距离，也不能使用相同的频率；ACC 是指为避免干扰，两个信道应该间隔最小频率距离；CSC 是指为了保证同一设备的信道正常工作，该设备的两个信道应该间隔最小频率距离。

假设一共有 N 台无线设备，表示为 $S=\{s_1, s_2, \cdots, s_N\}$，需求向量 $\boldsymbol{D}=[d_1, d_2, \cdots, d_N]$，其中 d_i 表示设备 s_i 的信道数目，可用的频点数目为 M，按照频率大小从低到高排序，并且按序标记为 1，2，…，M，则 EMC 可以用规模为 $N\times N$ 的非负矩阵 $\boldsymbol{C}$ 表示。矩阵 $\boldsymbol{C}$ 的对角线元素 c_{ii} 表示同一设备的任一对信道间的约束，其余元素 c_{ij}(其中 $i\neq j$)表示设备间任一对信道间的约束。

综上，MI-FAP 由三元组(S, D, C)确定，其中 S 表示无线设备，D 表示信道需求，而 $\boldsymbol{C}$ 表示 EMC 矩阵。若用 $M'=\{1, 2, \cdots, M\}$表示可选用的频点，A_i 为 M'的子集，表示分配到设备 s_i 的频点。求解目标则为找到一种频率分配方案 $A=\{A_1, A_2, \cdots, A_N\}$，使其满足的条件为

$$|A_i| = d_i \qquad 1 \leqslant i \leqslant N \tag{2.5.1}$$

$$a \text{ 和 } a' \text{ 满足约束 } c_{ij}\text{；} a \in A_i \text{ 和 } a' \in A_j\text{，且 } 1 \leqslant i \neq j \leqslant N \tag{2.5.2}$$

$$a \text{ 和 } a' \text{ 满足约束 } c_{ij}\text{；} a, a' \in A_i \text{ 且 } a \neq a' \tag{2.5.3}$$

式中，$|A_i|$表示集合 A_i 中的频点数目。满足上述条件的分配方案称为可行分配方案。MI-FAP 的优化目标是找到一种相互间干扰程度最小的可行分配方案，优化目标形式化描述为

$$\min J = \sum_{i=1}^{N}\sum_{k=1}^{M}\sum_{j=1}^{N}\sum_{l=1}^{M} p(i, k)\varepsilon(i, k, j, l)p(j, l) \tag{2.5.4}$$

式中，$\varepsilon(i, k, j, l)$非负，其值根据干扰程度来确定，无干扰时取值为零，且

$$p(i, k) = \begin{cases} 1, & \text{若频点 } k \text{ 分配到了设备 } i \\ 0, & \text{否则} \end{cases} \tag{2.5.5}$$

可以看出，当不存在任何干扰时，$I=0$。

2.5.3 基于 Memetic 算法的频率分配策略

要解决的频率分配问题以 MI-FAP 为基础。此外，除每台设备都有信道数目的需求外，每个信道还有工作方式(记为方式 W_1 和方式 W_2)和用途(记为用途 U_1 和用途 U_2)的需求之分。如果一个频道对应一个频率点或者一个频率集合，并且对应一种工作方式和用途，那么，实际要做的工作就是为每台设备每个信道分配一个频道，并且满足电磁兼容约束条件。还需要注意的一个需求条件是每台设备用于 U_1 的信道都使用相同的频道。类似地，将可用的频道编号并且依次标记为 1，2，…，M。这样，如果把这里的频道对应于MI-FAP 中的频点可以发现，该问题同 MI-FAP 实质是相同的，只是除需要满足上一节提到的三类约束以外，还需要满足工作方式和用途的约束要求。

1. 编码方式

一个个体用正整数序列表示，代表一种频道分配方案，它通过顺序连接分配给每台设备每个信道的频道号获得。在连接分配给同一设备的信道频道号时，按照 W_1U_1 频道、W_2U_1 频道、W_1U_2 频道和 W_2U_2 频道的顺序进行，且需要注意每台设备的 U_1 频道都相同。编码方式如图 2.13 所示，其中编码长度为 $\sum_{i=1}^{N} d_i$。例如，如果需求向量 $\boldsymbol{D}=[2, 1, 3, 4]$，则编码(6，10，6，6，13，8，6，16，27，20)表示频道 6、10 分给设备 1，频道 6 分给设备 2，频道 6、13、8 分给设备 3，频道 6、16、27、20 分给设备 4。其中每个设备都有频道 6，说明需求中要求每个设备都有一个 U_1 用途的信道。

2. 初始化方法

种群中的每一个个体都通过随机的方式生成。根据需求，一个个体的每位数值从相应的频道号范围内随机选取。例如，若第一台设备需要一个 W_1U_2 以及一个 W_2U_1 频道，那

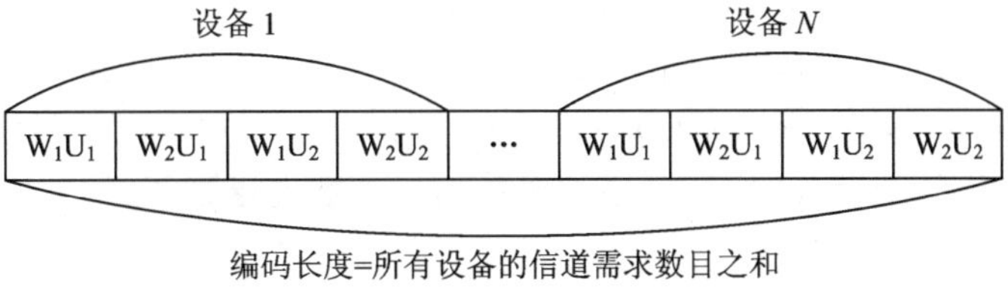

图 2.13 个体编码方式

么该个体头两位数值就可以分别从 W_1 频道以及 W_2 频道中随机选取，并且将选出的用于 U_1 的频道分配给该个体上对应 U_1 信道的其他所有编码位。若种群规模为 N(为方便后面的交叉操作，设其为偶数)，则按上述方式随机生成 N 个个体。需要注意的是，利用先验知识指导初始化过程，即初始化时保证每台设备分配的频道号各不相同，并且在后面的所有操作中，都要保证满足该要求。此外，在以后的操作中，还需要保证每个设备的 U_1 频道都相同。

3. 适应度评估

评估一个个体适应度时，首先需要根据输入信道的数目、用途、工作方式需求对个体进行解码，从而获得相对应的分配方案，然后根据实际的信道间干扰规则计算该分配方案的干扰程度，即式(2.5.4)中的 J。在计算一对信道间干扰程度 $\varepsilon(i, k, j, l)$时，设 ε_0 表示无干扰、ε_1 表示轻微干扰、ε_2 表示一般干扰、ε_3 表示较大干扰以及 ε_4 表示严重干扰，并令 $\varepsilon_0=0$，$\varepsilon_1=1$，$\varepsilon_2=10$，$\varepsilon_3=100$，$\varepsilon_4=1000$。为了将该问题转换成最大化问题，将个体适应度函数定义为

$$\text{fit} = \frac{1}{G+1} \tag{2.5.6}$$

式中，正常数 G 可以避免分母为零。这样，个体的适应度值越大，则其对应的分配方案的干扰程度就越小，最优值 $1/G$ 在无干扰 $J=0$ 时取得。

4. 选择操作

采用轮盘赌选择算法。为了保证算法收敛，使用精英保留策略，即在选择操作进行之前用上一代的最优个体替换待选择种群中的最差个体。

5. 交叉操作

对于选择出的 N 个个体，随机配对，得到 $N/2$ 对待交叉个体。对于每一对个体，生成[0, 1]上的随机数 rand，若 rand $>p_c$，则直接将该两个个体复制到生成的种群中，否则，进行交叉操作得到两个新个体，并将它们放入生成的种群中，此处 p_c 表示交叉概率。假设待交叉的个体分别为 a 和 b，则具体操作步骤如下：

步骤 1：复制 a 获得副本 a'。依次检查 a'中的每一位(即 i 从 1 遍历至个体编码长度)，如果第 i 位的值 $a'(i)$出现在 b 的第 j 位并且 $i \neq j$ 时，则交换 $a'(i)$和 $a'(j)$对应的值，且若 a'中 U_1 信道编码位发生变化，还需更新 a'所有 U_1 信道编码位信息。

步骤 2：复制 b 获得副本 b'。依次检查 b'中的每一位(即 i 从 1 遍历至个体编码长度)，如果第 i 位的值 $b'(i)$出现在 a 的第 j 位并且 $i \neq j$ 时，则交换 $b'(i)$和 $b'(j)$对应的值，且若 b'中 U_1 信道编码位发生变化，还需更新 b'所有 U_1 信道编码位信息。

步骤 3：生成第一个个体 a''。对于 a''的每一位 $a''(i)$，生成一个[0, 1]内的随机数 rand，若 rand >0.5，则令 $a''(i)=a'(i)$；否则，令 $a''(i)=b(i)$。最终 a''中 U_1 信道编码位数值以该

个体第一个设备的 U_1 信道编码位信息为准进行更新。

步骤 4：按照上述方式生成第二个个体 b''。对于 b''的每一位 $b''(i)$，生成一个[0，1]内的随机数 rand，若 rand>0.5，则令 $b''(i)=b'(i)$；否则，令 $b''(i)=a(i)$。最终 b''中 U_1 信道编码位数值以该个体第一个设备的 U_1 信道编码位信息为准进行更新。

a''和 b''即为所得的生成个体，按照上述方式对每一对待交叉个体进行交叉操作得到 N 个生成个体。

6. 变异操作

对于交叉得到的 N 个个体，按概率对它们采取变异操作，以期产生新的优良结构。设变异概率为 p_m，对于每一个个体，生成[0，1]上的随机数 rand，若 rand>p_m，则不采取任何操作；否则，对其进行如下操作。

步骤 1：随机选择该个体的某一位。

步骤 2：随机选择与步骤 1 所选位工作方式(指 W_1 或 W_2)相同的某一位。

步骤 3：若步骤 2 中不存在符合要求的位，同时步骤 1 已经执行了 10 次，则变异操作结束；否则，返回步骤 1。

步骤 4：若所选两位均为 U_2 频道，则交换两位对应数值，结束变异操作；若所选一位是 U_1 频道，另一位是 U_2 频道，则交换两位对应数值以后，还需更新该个体所有对应 U_1 信道的编码位上的数值，结束变异操作；若所选两位均为 U_1 频道，则同样结束变异操作。

7. 局部搜索

在交叉和变异以后，在得到的 N 个个体中对适应度值排在前 10%的个体进行局部搜索，提高搜索效率，加快找到最优解的进程。对每一个对应的分配方案存在干扰的个体 a，操作步骤如下：

步骤 1：选择 a 对应的分配方案中干扰程度最大的一个设备。

步骤 2：随机选择已分配给该设备的一个 U_2 频道，随机选择一个与该频道工作方式相同的频道，且该频道与该设备已有频道均不相同。

步骤 3：评估。若用步骤 2 中后者频道替换前者频道后，该个体的适应度值增大，则执行此替换操作，并结束对该个体的局部搜索操作；否则，返回步骤 2。若步骤 2 已执行了 10 次，则执行步骤 4。

步骤 4：随机选择 a 对应的分配方案中存在干扰的两台设备看，若不存在满足条件的两台设备，则结束局部搜索。

步骤 5：从两台设备中分别随机选择一个 U_2 信道，且选出的两个信道具有相同的工作方式。若不存在满足条件的两个信道，即步骤 4 已执行了 10 次，则结束局部搜索；否则，返回步骤 4。

步骤 6：评估。若交换步骤 5 中两个信道对应的频道后，个体的适应度值增大，则执行此交换操作，并结束对该个体的局部搜索操作；否则，返回步骤 4。若步骤 4 已执行了 10 次，则结束局部搜索。

8. 停止条件

按照图 2.12 所示流程，局部搜索中实际上还包含了一次种群的评估操作，这样，完成一次选择、交叉、变异和局部搜索称为一次算法迭代，可以设定算法停止条件，以便当找到了最优分配方案(无干扰)或者已经进行了规定次数的迭代时停止算法。算法停止时，最后的种群中适应度值最大的个体表示的分配方案则为求得的分配方案。

2.5.4 仿真实验与结果分析

测试时，设备数目分别设为 10、20、30、40、50 和 100，且设备的地理位置随机分布。可分配的频道一共有 255 个，它们的工作方式包括 W_1 和 W_2，已根据一定的算法在规定的频段内生成，而且已经依次从 1 至 255 编号。每台设备的信道需求统一设定为 1 个 W_1U_1 信道、1 个 W_2U_1 信道、1 个 W_1U_2 信道以及 1 个 W_2U_2 信道，即每个设备 4 个信道。

1. 参数设置

种群大小 $N=30$，交叉概率 $p_c=0.80$，变异概率 $p_m=0.20$，适应度常数 $G=3.0$。需要注意的是，这里的参数都是根据经验设定的，针对不同的问题，存在最优的参数配置。对于每个实例，算法运行 10 次，在后面的结果展示中只列出优化效果最好的那次运行得到的分配方案，若多个方案的效果相同，则随机展示一种方案。每次运行时，算法都从不同的随机初始种群开始运行，直到找到无干扰的最优解或者迭代次数达到 500 代停止。

2. 有效性验证

在所有实例上的每次算法运行，都找到了最优解，即没有相互干扰的分配方案。以下针对每个实例只列出某一次运行得到的最终分配方案。由于空间限制，这里只列出了 50 台设备时的最终分配结果，如表 2.2 所示。其中，表中第 2、3 列分别表示分配给每台设备的 W_1 和 W_2 工作方式且用于 U_1 用途信道的频道，因此每台设备的该两列结果相同，而后两列则分别表示分配给每台设备的 W_1 和 W_2 工作方式且用于 U_2 用途信道的频道。

表 2.2　50 个设备某次运行分配结果

设备号	分配的频道			
1	220	194	171	187
2	220	194	173	25
3	220	194	57	79
4	220	194	184	159
5	220	194	100	36
6	220	194	184	229
7	220	194	46	170
8	220	194	137	131
9	220	194	50	65
10	220	194	130	97
11	220	194	149	107
12	220	194	207	188
13	220	194	178	75

续表一

设备号	分配的频道			
14	220	194	253	94
15	220	194	144	126
16	220	194	118	94
17	220	194	134	117
18	220	194	40	76
19	220	194	182	196
20	220	194	152	237
21	220	194	190	37
22	220	194	169	92
23	220	194	89	140
24	220	194	58	47
25	220	194	23	109
26	220	194	193	115
27	220	194	128	106
28	220	194	248	132
29	220	194	31	81
30	220	194	160	95
31	220	194	227	141
32	220	194	179	47
33	220	194	174	108
34	220	194	203	30
35	220	194	78	63
36	220	194	69	185
37	220	194	72	163
38	220	194	65	175
39	220	194	104	189
40	220	194	105	119
41	220	194	82	238
42	220	194	166	93
43	220	194	204	83
44	220	194	87	48
45	220	194	29	218
46	220	194	150	157

续表二

设备号	分配的频道			
47	220	194	171	129
48	220	194	121	42
49	220	194	137	123
50	220	194	200	70

表 2.2 表明，算法成功找到了满足 EMC 的无相互干扰的分配方案，从而验证了算法的有效性。若以算法迭代的次数来衡量找到最优解耗费的时间，则当设备数目分别为 10、20、30、40、50 和 100 时，算法分别迭代了 1 次、3 次、8 次、14 次、17 次和 93 次找到最优解，说明在可用的频道数目一定的情况下，设备数目越多则需要越长的时间找到最优解。

图 2.14 为 100 台设备找到的当前最优分配方案的干扰程度的演化曲线。该图表明，算法迭代了 39 次就找到了不含严重干扰的分配方案。此外，50 次迭代以前，干扰程度随着搜索的进行迅速降低，这实际是算法的交叉以及变异算子起主要作用的阶段，该阶段的目标是搜索到可能存在最优解的潜在区域。从第 50 次迭代开始，干扰程度随着搜索的进行"相对连续地"逐步减小，这是局部搜索算子在已找到的潜在区域内更细致搜索导致的结果。

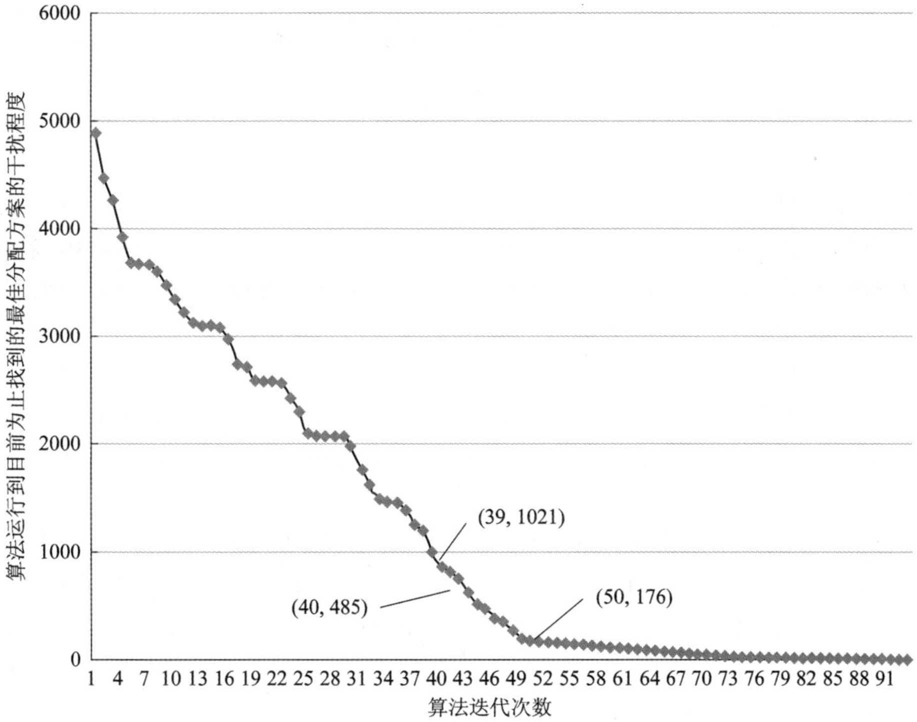

图 2.14 100 台设备时算法找到的当前最优分配方案的干扰程度随迭代次数的演化曲线

表 2.3 列出了 100 台设备时算法某一次运行中，每一次迭代中每一步算子操作消耗的平均 CPU 时间以及各操作所占比例。该表表明，评估每个个体的适应度消耗了最多的时间，其次是局部搜索和交叉操作。仔细分析算法流程可以发现，每个个体上的操作实际上

是独立的，而交叉时每一对个体之间的操作也是相互没有影响的，因此，为了缩短算法运行时间，可以考虑将交叉、局部搜索以及评估这三步操作分别并行化。

表 2.3 100 台设备时算法每一次迭代中每一步操作消耗的平均时间以及所占比例

步 骤	时间/s	百分比/%
选择	0.032(0.004)	0.1
交叉	20.362(3.121)	12.4
变异	0.000(0.000)	0.0
局部搜索	49.095(63.289)	19.9
评估	94.588(33.701)	57.6

综上，在极其复杂的电磁环境中，如何管理、规划好各用频设备的频率需求已经越发显得重要和关键。这里的频率分配问题的新策略能够有效求解实际频率分配问题，但也存在一些地方值得改进。例如，可以通过并行化来缩短每次迭代消耗的 CPU 时间，而当需求规模逐步增大时，也可以考虑使用基于合作型协同演化的技术来减少算法找到最优分配方案的迭代次数。

参考文献 2

[1] MOSCATO P. On evolution, search, optimization, genetic algorithms and martial arts: towards memetic algorithms[R]. Pasadena, CA: CalTech, 1989.

[2] MOSCATO P, NORMAN M. A memetic approach for the travelling salesman problem implementation of a computational ecology for combinatorial optimization on message passing systems[C]//Proceedings of International Conference on Parallel Computing and Transport Applications, China. Atlantis Press , 1992: 1-10.

[3] MOSCATO P, NORMAN M. A memetic approach for the travelling salesman problem: implementation of a computational ecology for combinatorial optimization on message passing systems[J]. Parallel Computing and Transputer Applications, 1992, 28(1): 177- 186.

[4] DAWKINS R. The selfish gene[M]. Oxford : Oxford university press, 2016.

[5] BLACKMORE S J. The meme machine[M]. Oxford: Oxford Paperbacks, 2000.

[6] MOSCATO P. On evolution, search, optimization, genetic algorithms and martial arts: Towards memetic algorithms [M]. Pasadena: California Institute of Technology, 1989.

[7] NGUYEN Q H, ONG Y S, KRASNOGOR N. A study on the design issues of memetic algorithm [C]//2007 IEEE Congress on Evolutionary Computation. Singapore. 2007: 2390-2397.

[8] RADCLIFFE N J, SURRY P D. Formal memetic algorithms[C]//AISB Workshop on Evolutionary Computing, Heidelberg. Berlin Heidelberg: Springer, 1994: 1-16.

[9] ONG Y S, KEANE A. Meta-Lamarckian learning in memetic algorithm[J]. IEEE Transactions on Evolutionary Computation, 2004, 8(2): 99-110.

[10] ONG Y S, LIM M H, CHEN X S. Research frontier: Memetic computation-past, present & future[J]. IEEE Computational Intelligence Magazine, 2010, 5(2): 24-36.

[11] HART W, KRASNOGOR N, SMITH J. Special issue on "memetic algorithms" [J]. Evolutionary Computation, 2004, 12(3): v-vi.

[12] 段海滨，张祥银，徐春芳. 仿生智能计算[M]. 北京：科学出版社，2011.

[13] 李士勇，李研，林永茂. 智能优化算法与涌现计算[M]. 北京：清华大学出版社，2019.

[14] ISHIBUCHI H, YOSHIDA T, MURATA T. Balance between genetic search and local search in memetic algorithms for multiobjective permutation flowshop scheduling[J]. IEEE transactions on evolutionary computation, 2003, 7(2): 204-223.

[15] ONG Y S, LIM M H, ZHU N, et al. Classification of adaptive memetic algorithms: a comparative study[J]. IEEE Transactions on Systems, Man, and Cybernetics, Part B (Cybernetics), 2006, 36(1): 141-152.

[16] YANG J, WERNER J J, DUMONT G A. The multimodulus blind equalization and its generalized algorithms[J]. IEEE Journal on selected areas in communications, 2002, 20(5): 997-1015.

[17] GAO Y, QIU X. A new variable step size CMA blind equalization algorithm[C]// 2012 24th Chinese Control and Decision Conference (CCDC), Taiyuan, China. IEEE, 2012: 315-317.

[18] YUAN J T, LIN T C. Equalization and carrier phase recovery of CMA and MMA in blind adaptive receivers[J]. IEEE Transactions on Signal Processing, 2010, 58(6): 3206-3217.

[19] DEVI S, JADHAV D G, PATTNAIK S S. Memetic algorithm and its application to function optimization and noise removal [C]//2011 World Congress on Information and Communication Technologies, Barcelona, Spain. IEEE, 2011: 748-753.

[20] 郭业才，彭舒，张苗青，等. 基于模因算法的多模盲均衡算法[J]. 数据采集与处理，2016，31(6)：1127-1131.

[21] 张苗青. 通信信道盲均衡器的设计与实现[D]. 南京：南京信息工程大学，2016.

[22] MA Y, ZHANG Q T, SCHOBER R, et al. Diversity reception of DAPSK over generalized fading channels[J]. IEEE Transactions on Wireless Communications, 2005, 4(4): 1834-1846.

[23] HAGER C, AMAT A G, ALVARADO A, et al. Design of APSK constellations for coherent optical channels with nonlinear phase noise[J]. IEEE transactions on communications, 2013, 61(8): 3362-3373.

[24] 郭业才，吴彬彬，张冰龙. 坐标变换并行软切换盲均衡算法及其 DSP 实现[J]. 数据采集与处理，2014，29(2)：186-190.

[25] 郭业才. 模糊小波神经网络盲均衡理论、算法与实现[M]. 北京：科学出版社. 2011(12)：48-52.

[26] LIN G，ZHU W. An Efficient Memetic Algorithm for the Max-Bisection Problem [J]. IEEE Transactions on Computers，2013，63(6)：1365-1376.

[27] 郭业才，张冰龙，吴彬彬. 基于 DNA 遗传优化的正交小波常模盲均衡算法[J]. 数据采集与处理，2014，29(3)：366-371.

[28] 李楠，张雪飞. 战场复杂电磁环境构成分析[J]. 装备环境工程，2008，5(1)：16-19.

[29] 古邦伦. 电磁频谱管理中的频率分配技术研究[D]. 长沙：国防科学技术大学，2006.

[30] SMITH D H，TAPLIN R K，HURLEY S. Frequency assignment with complex co-site constraints[J]. IEEE Transactions on Electromagnetic Compatibility，2001，43(2)：210-218.

[31] DORNE R，HAO J K. An evolutionary approach for frequency assignment in cellular radio networks[C]//Proceedings of 1995 IEEE International Conference on Evolutionary Computation. Piscataway，New Jersey，USA. IEEE，1995 (2)：539-544.

[32] 于江，张磊，沈刘平，等. 一种基于遗传算法的战场频率分配方法[J]. 电讯技术，2011，51(7)：90-96.

[33] 杨振宇. 基于自然计算的实值优化算法与应用研究[D]. 合肥：中国科学技术大学博士学位论文，2010.

第3章　雁群优化算法

【内容导读】 在简述雁群飞行这种常见而又神奇的自然现象基础上，阐释了雁群飞行理论——规则和假设，分析了基于雁群飞行理论的雁群优化(GSO)算法原理，并给出了算法实现性能测试的过程。通过基于改进雁群算法的二维OTSU多阈值图像分割算法案例分析，阐释了如何将雁群优化算法应用于二维OTSU多阈值图像分割的过程，分析了将雁群优化算法用于解决实际问题的详细方法与步骤，以飨读者。

雁群一字形和V字形编队飞行是一种常见而又神奇的自然现象，如图3.1所示。国内外学者对这一群体智能现象进行了长期的探索和研究，并取得不少的成果。从目前研究成果来看，主要有能量节省和视觉交流两种假说。

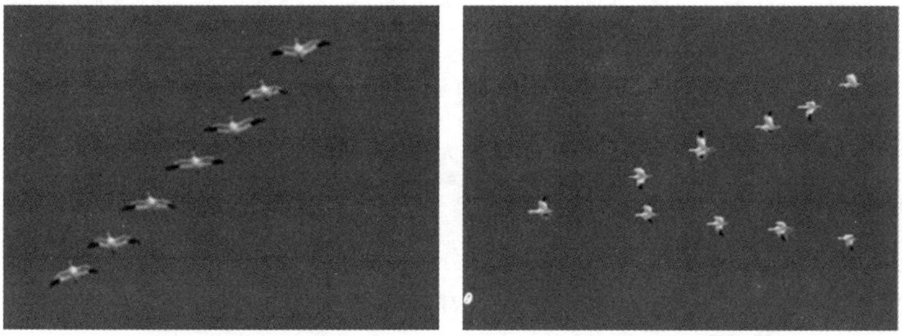

(a) 一字形编队飞行　　(b) V字形编队飞行

图3.1　大雁一字形和V字形编队飞行

1. 能量节省假说

在雁群V字形飞行的过程中，大雁在拍动翅膀时，尾部会引发涡旋气流(涡流)，而这些气流的流动处于上升的方向，如果后面紧邻的大雁刚好处在这些气流中，则这些大雁会节省很多的体力，从而能飞行更远的距离[1]。不同角度下观察大雁飞行原理和不同风速下提升力示意图如图3.2所示[1]。此假说是由德国的空气动力学家Wieselsberger首次提出的。此后Lissman等人利用空气动力学理论首次对雁群结队飞行进行一个模拟估算：在顺风条件下，一个由25只大雁组成的雁群的协作飞行方式要比孤雁单独飞行时增加大约70%的飞行距离，并且人字形的最佳省力夹角为120°。在他们的模拟估算中，没有给出具体的计算公式，也没有指出计算的详细过程，而是采用简单的模型，即假设这些大雁的翅膀与飞机的机翼相同，不考虑机翼和翅膀间的本质区别。但是此后的理论研究表明，大雁结队飞行的能量节省率远小于此模拟估计值[2]。后续研究者们又分别从几何学和动力学角度阐述雁群飞行中的涡流原理及其作用，对雁群飞行时的能量节省假说进行详细的分析和验证[3-6]。此外，Andersson 等人通过实际观测方法来验证雁群飞行时的能量节省假说[7]。

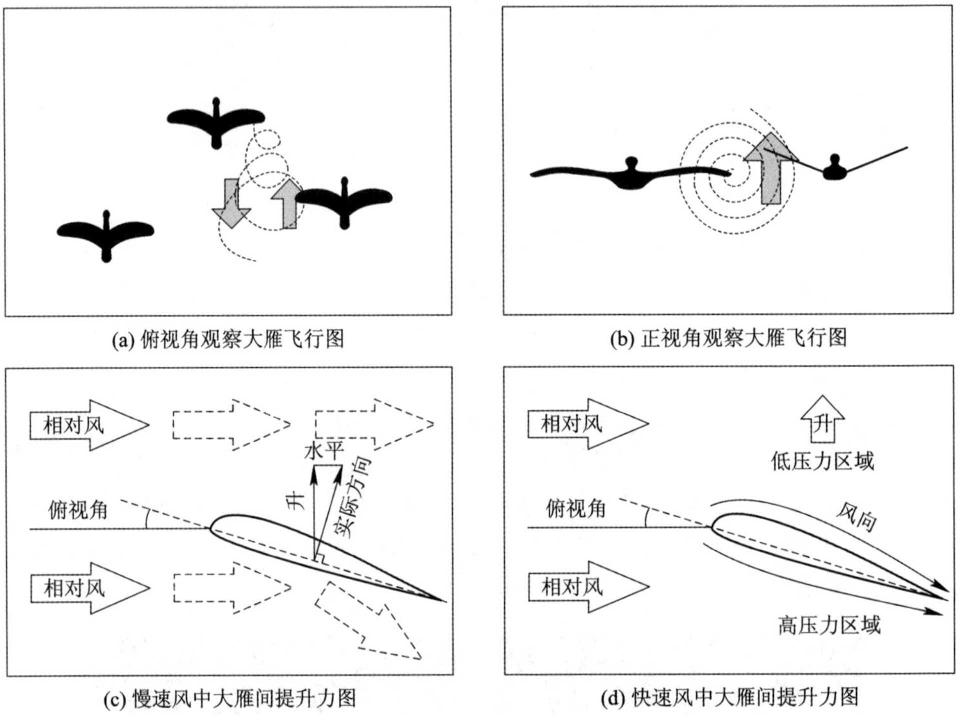

(a) 俯视角观察大雁飞行图 (b) 正视角观察大雁飞行图

(c) 慢速风中大雁间提升力图 (d) 快速风中大雁间提升力图

图 3.2 大雁飞行图

2. 视觉交流假说

雁群在长途飞行时有两件重要的事情，分别是信息交流和躲避天敌的进攻。雁群结队飞行时采用一定的角度，使每一只大雁都能看见整个编队，从而能够更好地调整自己在队形中的位置，避免相互碰撞，同时又可以进行相互交流。结队飞行有利于共同防御天敌的进攻，提高整体生存概率，因此每只大雁都可以获得雁群整体的经验信息，实现更高的群体合作效率。在此启示的基础上，日本经济学家赤松要最早提出雁行模式[8]，体现出雁群内信息交流和共享的重要性。文献[9]、[10]对“雁行模式”理论的实质进行了详细分析，指出了“雁行模式”发展的局限性，提出了经济发展的启示，并将雁群理论应用到国家创新体系中的信息保障系统。

虽然上述假设都得到相关的研究和分析，但是还没有形成合理及完善的雁群理论及相关算法，目前对雁群智能飞行的研究还处于探索和研究的阶段。

通过分析雁群结队飞行的群体智能现象及借鉴前人的研究成果，作者认为能量节省假说更为合理。根据空气动力学原理，除头雁外，在每一只大雁飞行的过程中会产生涡流，后面相邻大雁正好处于此位置上，有利于节省飞行体力，从而有助于整个群体的省力飞行，因此这种飞行方式会增加雁群的飞行距离。在此理论研究的基础上，本章归纳和提出雁群飞行的五项规则和假设，构建出一个较为合理的雁群理论框架，然后将雁群结队飞行特性中所蕴藏的基本原理应用到群体智能计算领域，在简化粒子群优化(Simple Particle Swarm Optimization，SPSO)算法的基础上实现一种类似于粒子群优化算法、蚁群算法和人工鱼群算法等基于仿生学原理的群体智能算法，即雁群优化(Geese Swarm Optimization，GSO)算法，最后通过实验验证雁群飞行理论的合理性和正确性。

3.1 雁群飞行理论的规则和假设

3.1.1 规则和假设

简化粒子群优化算法以雁群结队飞行时的能量节省假说为核心思想，给出雁群飞行的五条规则和假设。

1. 强壮规则和假设：大雁结队飞行时，从头雁到尾雁的强壮程度逐步减小

因为没有前面的空气涡流可以利用，所以雁群中最强壮的大雁作为头雁，其劳动强度最大，其他大雁产生涡流有利于后面紧邻大雁的省力飞行，因此雁群按照大雁的强壮程度进行排序飞行。当头雁疲劳时则退后到雁群的尾部，原来排在第二位的大雁此时在雁群中最强壮，所以由其充当头雁带领大家继续飞行，其后大雁相继都向前移动。

2. 视野规则和假设：大雁飞行时的视野有限，只能看见前方的部分大雁

要借用前面大雁飞行时产生的空气涡流，大雁需要一直跟随在前一只大雁的斜后方，大雁飞行的“一字形”队伍实际上是一个斜阵。虽然有研究表明，大雁的视野范围有128°，大雁结队飞行时可以看见整个队伍，飞行队伍的角度在20°～120°之间变化。然而，当前大雁为了利用涡流，只需要看见视野前方部分队伍即可。

3. 全局规则和假设：每只大雁飞行时根据视野前方内所有大雁的状态进行自身位置调整

在雁群呈斜阵形飞行时，位置靠前的大雁对雁群队伍有引导作用，当前大雁在其前方大雁的指引下，通过对自身状态调整来保持队形的完整性以便达到整体最优，这也是大雁综合利用视野前方大雁产生的涡流的综合效应，所以全局假设是视野假设的自然延伸。

4. 局部规则和假设：大雁根据前面最靠近自己的那只大雁快速调整自己的位置

当前大雁为了快速和有效地利用前面大雁产生的涡流，所以要根据前面大雁的状态快速调整自己的飞行位置，因为前面大雁产生的涡流最直接、最有效和最有利用价值。局部假设是全局假设的细节体现。

5. 简单规则和假设：大雁采用简单有效的方法调整自己的状态

在雁群飞行过程中，除头雁外，其他所有大雁对自己位置的调整都是一个动态过程。根据群体智能的五项基本原则，假设大雁采用一种简单有效的方法，以便快速和实时地调整自己以达到一个局部最优或次优位置。

根据以上给出的雁群飞行规则和假设，雁群中每只大雁都能感知到自身、群体状态(即群体全局极值)和前一大雁的状态(即个体极值)，这与粒子群优化算法的基本思想非常相似，因此本章将雁群飞行理论与SPSO相结合，给出一种基于雁群飞行理论的GSO算法及更多的其他实现形式，并对其进行深入分析和验证。

3.1.2 基于雁群飞行理论的 GSO 原理

基于雁群飞行理论的雁群优化(GSO)算法思想的具体实现[11]如下。GSO 随机初始化一个粒子种群 M，其中，第 i 粒子在 N 维空间中位置表示为 $X_i=[x_{i1}, x_{i2}, \cdots, x_{iN}]$，速度为 $\mathbf{V}_i=[V_{i1}, V_{i2}, \cdots, V_{iN}]$，该粒子的个体极值和全局极值分别表示为 $\mathbf{pbest}_i=\{\mathrm{pbest}_{i1}, \mathrm{pbest}_{i2}, \cdots, \mathrm{pbest}_{iN}\}$及 $\mathbf{gbest}=[\mathrm{gbest}_1, \mathrm{gbest}_2, \cdots, \mathrm{gbest}_N]$。首先 GSO 根据强壮规则和假设将算法中的粒子在每次迭代过程中进行排序，以便得到按照粒子优异强度(及粒子适应度)统一排列的雁群队列；然后根据视野、全局及简单规则和假设来计算每一只大雁感受到的群体最优值(即有多个全局极值)。根据群体智能中的五条规则和假设，采用简单平均方法计算视野内大雁的个体极值，将其作为当前大雁感受到的全局极值，即

$$\mathrm{gbest}_i(k) = \frac{1}{i}\sum_{m=1}^{i}\mathrm{pbest}_{im}(k) \tag{3.1.1}$$

最后根据视野、局部及简单规则和假设来调整大雁自己的个体最优值。这里同样采用一种简单方法更新自己的个体极值，即直接采用前一只大雁的个体极值作为当前大雁的个体极值，即

$$\mathbf{pbest}_i(k) = \mathbf{pbest}_{(i-1)}(k) \tag{3.1.2}$$

根据以上雁群飞行理论，GSO 中第 i 粒子的速度更新公式为

$$\mathbf{V}_i(k+1) = w(k)\times\mathbf{V}_i(k) + c_1\times r_1\times(\mathbf{pbest}_{i-1}(k) - \mathbf{X}_i(k)) + c_2\times r_2\times(\mathbf{gbest}(k) - \mathbf{X}_i(k)) \tag{3.1.3}$$

GSO 中粒子位置的更新公式为

$$\mathbf{X}_i(k+1) = \mathbf{X}_i(k) + \mathbf{V}_i(k+1) \tag{3.1.4}$$

权重系数 w 的更新公式为

$$w(k) = w_{\max} - \frac{(w_{\max} - w_{\min})}{\mathrm{iter}_{\max}}\times\mathrm{iter} \tag{3.1.5}$$

其他变量则与 GPSO 中的相同。

3.1.3 基于雁群飞行理论的 GSO 分析

现分别修改 GSO 的个体极值和全局极值，提出基于 SPSO 思想的 Gbest 版 GSO(即 GGSO)、Pbest 版 GSO(PGSO)和完全版 GSO 三种雁群优化算法，各自算法对应的粒子迁移图如图 3.3 所示[11]。下面以三个粒子为例进行说明，参照图 3.3 的二维码图，其中蓝色粒子代表当前粒子的个体极值，红色粒子代表当前粒子的全局极值，绿色代表当前粒子的位置，黄色粒子代表粒子迁移后的位置。

1. Gbest 版 GSO(GGSO)

将雁群飞行理论中的第 2、3 与 5 条规则和假设应用到 SPSO 中，利用式(3.1.1)来更新算法中的全局极值，而 GGSO 的个体极值更新方式与 SPSO 中的保持相同，则 GGSO 的速度更新公式为

$$\mathbf{V}_i(k+1) = w(k)\times\mathbf{V}_i(k) + c_1\times r_1\times(\mathbf{pbest}_i(k) - \mathbf{X}_i(k)) + c_2\times r_2\times(\mathbf{gbest}(k) - \mathbf{X}_i(k)) \tag{3.1.6}$$

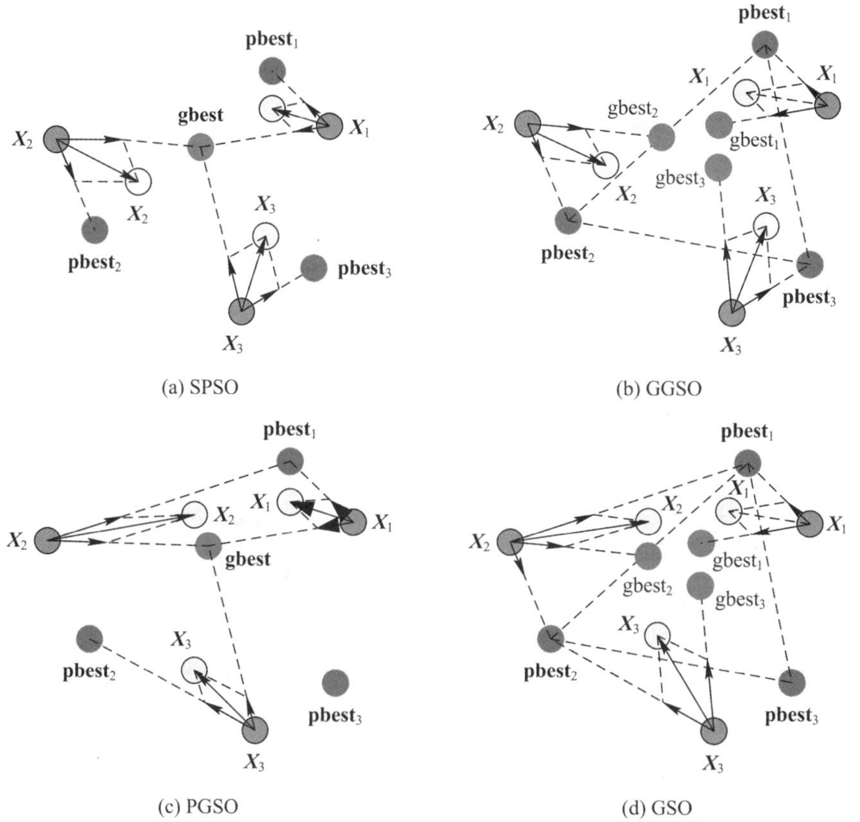

图 3.3　粒子迁移示意图[11]

GGSO 中个体极值保持不变，全局极值由一个变多个，粒子迁移示意图如图 3.3(a)和图3.3(b)所示。GGSO 理论分析如下：

(1) 单极值函数。在测试单极值函数时，SPSO 和 GGSO 都可以以概率 1 收敛到函数全局极值 **gbest**。*SPSO* 在初始阶段及第 k+1 次迭代时，**gbest**($k+1$)为当前函数的最优极值，体现函数下降的最优方向，如图 3.4(a)所示；其他所有粒子迭代时会向该最优极值聚集，并快速向全局极值 **gbest** 逼近，如图 3.4(b)所示。而 GGSO 在迭代时多个极值 $gbest_i(k)$不同的粒子在迭代过程中会向不同的全局极值集中，如图 3.4(c)所示，因而粒子的集中程度和收敛速度等都不如 SPSO，如图 3.4(d)所示。因此测试单极值函数时，SPSO 算法比 GGSO 算法的性能好。

(2) 多极值函数。在测试多极值函数时，SPSO 和 GGSO 在迭代过程中，个体极值 **pbest** 和全局极值 **gbest** 位于某个局部极值区域是一个大概率事件。*SPSO* 在迭代过程中所有粒子向唯一的全局极值 **gbest** 聚集，如图 3.5(a)和图 3.5(b)所示，且粒子集中的程度大于 GGSO，因此 SPSO 不容易跳出该局部极值区域，最终导致 SPSO 的收敛精度不高。而 GGSO 具有多个不同的全局 $gbest_i$ 极值，这些极值在一定程度上偏离局部极值，如图 3.5(c)所示。粒子在迭代时可以有效地保持粒子多样性和分散性，能以较高的概率跳出这些局部极

值区域，如图 3.5(d)所示。因此，测试多极值函数时，GGSO 的寻优精度要优于 SPSO。

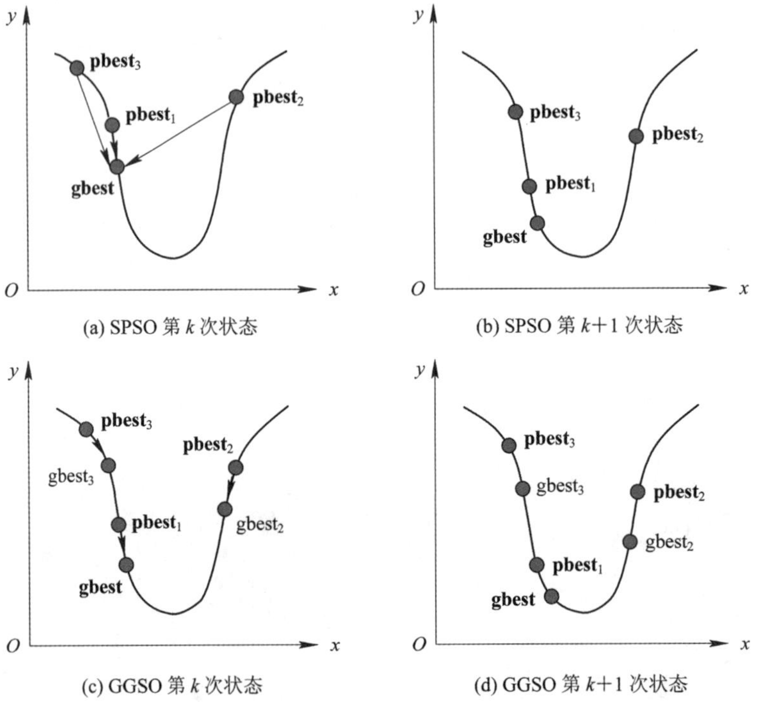

(a) SPSO 第 k 次状态　(b) SPSO 第 k+1 次状态

(c) GGSO 第 k 次状态　(d) GGSO 第 k+1 次状态

图 3.4　测试单极值函数时粒子迭代过程全局极值状态[11]

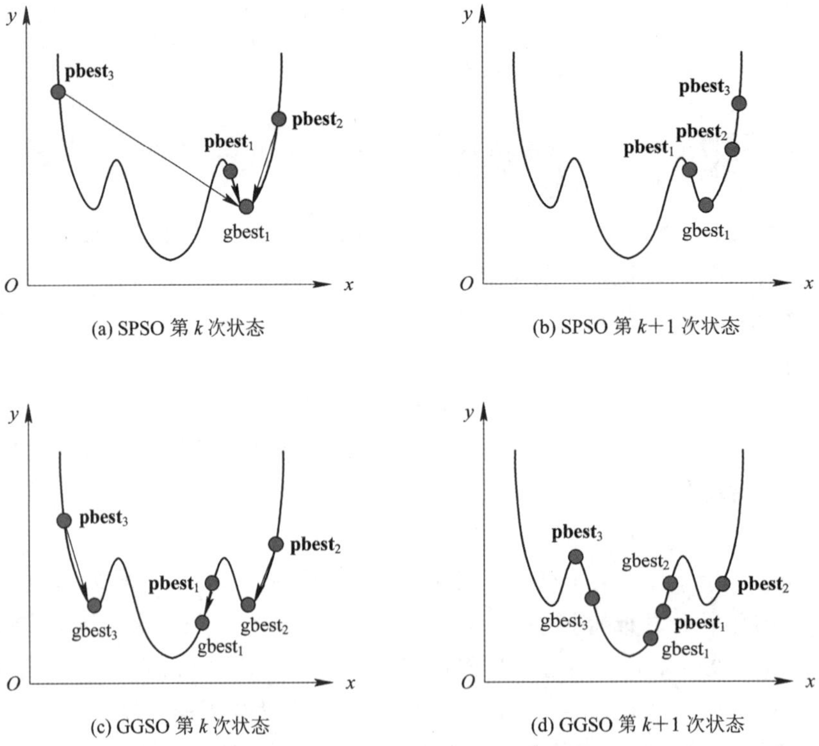

(a) SPSO 第 k 次状态　(b) SPSO 第 k+1 次状态

(c) GGSO 第 k 次状态　(d) GGSO 第 k+1 次状态

图 3.5　测试多极值函数时粒子迭代过程全局极值状态[11]

2. Pbest 版 GSO(PGSO)

PGSO 应用雁群飞行理论中的第 2、4 及 5 条规则和假设，利用式(3.1.2)来更新算法的个体极值，而其全局极值与 SPSO 中的更新方式相同，则 PGSO 的速度更新公式为

$$\boldsymbol{V}_i(k+1)=w(k)\times\boldsymbol{V}_i(k)+c_1\times r_1\times(\mathbf{pbest}_{(i-1)}(k)-\boldsymbol{X}_i(k))+c_2\times r_2\times(\mathbf{gbest}(k)-\boldsymbol{X}_i(k)) \tag{3.1.7}$$

PGSO 中全局极值保持不变，而个体极值则采用排序后前一个粒子的个体极值。SPSO 和 PGSO 中粒子迁移示意图如图 3.3(a)和图 3.3(c)所示。PGSO 理论分析如下：

(1) 单极值函数。与 GGSO 中的分析相同，SPSO 和 PGSO 在粒子迭代过程中所有粒子都向着函数的全局极值 **gbest** 快速集中，而 PGSO 的粒子集中度要高于 SPSO。因为 PGSO 中当前粒子的个体极值 $\mathbf{pbest}_{(i-1)}$ 更新为前一个较好粒子的个体极值 $\mathbf{pbest}_i$，增加了粒子朝着有利方向跃迁的能力和趋势，如图 3.6(a)和图 3.6(b)所示，所以 PGSO 向全局极值逼近的速度及精度要优于 SPSO。

(2) 多极值函数。SPSO 和 PGSO 在粒子迭代过程中会以极大概率陷入函数的局部极值区域。在迭代过程中，SPSO 的粒子向唯一的全局极值 **gbest** 和自身的个体极值 **pbest** 聚集，所以粒子聚集程度过于集中，不容易跳出该局部极值，导致 SPSO 的最终收敛精度不高。但是 PGSO 利用比自身更优秀的粒子信息 $\mathbf{pbest}_{(i-1)}$ 来更新其个体极值 $\mathbf{pbest}_i$。当某些粒子不在这些局部极值区时，这些粒子迭代后可以吸引部分粒子逃离该局部极值区，如图 3.6(c)和图3.6(d)所示，因此 PGSO 的收敛精度及收敛速度在一定程度上要优于 SPSO。

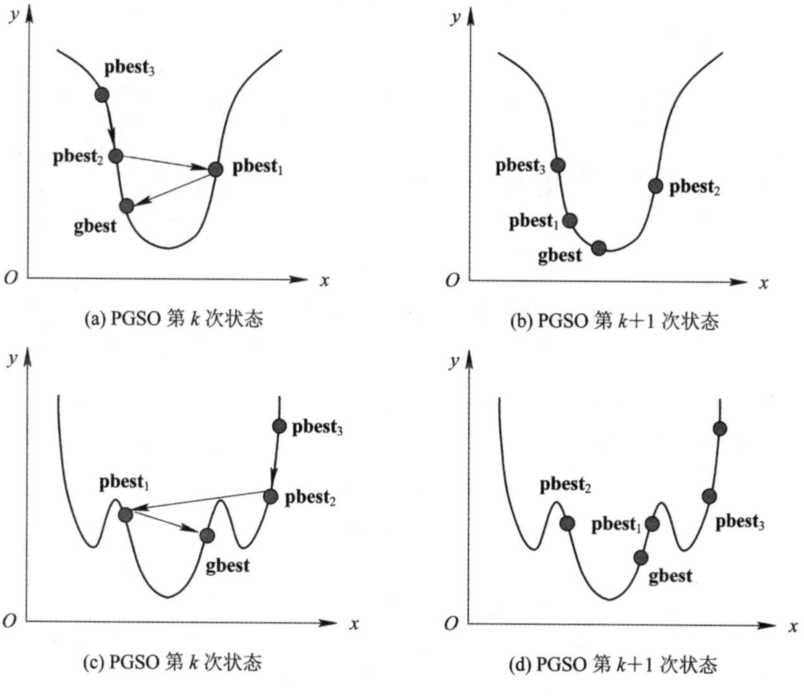

图 3.6　粒子迭代过程全局极值状态[11]

3. 完全版 GSO

GSO 将第 2～5 条规则和假设应用到 SPSO 中，利用式(3.1.1)和式(3.1.2)来更新粒

子的全局极值和个体极值，则该算法的速度更新公式与式(3.1.1)相同。GSO 中个体极值采用前一个粒子的个体极值，而全局极值由一个变多个。SPSO 和 GSO 的粒子迁移示意图如图 3.3(a)和图 3.3(d)所示。GSO 理论分析如下：

(1) 单极值函数。在测试单极值函数时，SPSO 和 GSO 都可以收敛到函数最优极值，但是 GSO 综合了 GGSO 和 PGSO 的各自优点，在粒子迭代过程中具有多个全局极值，有利于保持粒子的多样性和发散性。同时，GSO 的个体极值采用了排序后前一个粒子的个体极值，利用更优粒子的信息来提高粒子向着函数全局极值逼近的精度及收敛速度，因此 GSO 的收敛精度及速度要优于 SPSO。

(2) 多极值函数。在测试多极值函数时，SPSO 和 GSO 的个体极值 **pbest** 和全局极值 **gbest** 在迭代过程中均可能位于某一个局部极值区。SPSO 中所有粒子会向唯一的全局极值 gbest 集中，导致粒子多样性不足，因此 SPSO 不容易跳出该局部极值区域。而 GSO 利用 GGSO 的优点，具有多个全局极值，有效地保持粒子的多样性和发散性，从而能以较大的概率跳出局部极值区，因此 GSO 的寻优精度要优于 SPSO。

3.1.4 GSO 的实现

GSO 实现流程如图 3.7 所示，具体实现步骤如下：

步骤 1：初始化粒子种群、初始位置和初始速度等参数，将每个粒子的初始位置设置为其初始的个体极值，并从这些粒子的个体极值中选择最好的个体极值作为初始群体的全局极值。

步骤 2：利用基准测试函数来计算所有粒子对应的适应度值。

步骤 3：按照大雁的强壮程度(粒子适应度好坏)来进行粒子群排序，并且选出最佳适应度值的粒子作为头雁。

步骤 4：计算式(3.1.1)和式(3.1.2)来分别更新粒子群内的当前粒子的全局极值和个体极值，然后对其他粒子都进行相同操作。

步骤 5：根据式(3.1.3)和式(3.1.4)来更新当前粒子的速度和位置，然后对其他粒子都进行该操作。

步骤 6：判断终止条件是否满足(收敛次数达到最大收敛次数或误差小于或等于最小误差阈值)。如果满足，则算法迭代结束；否则，转入步骤 2 进行下一次循环迭代。

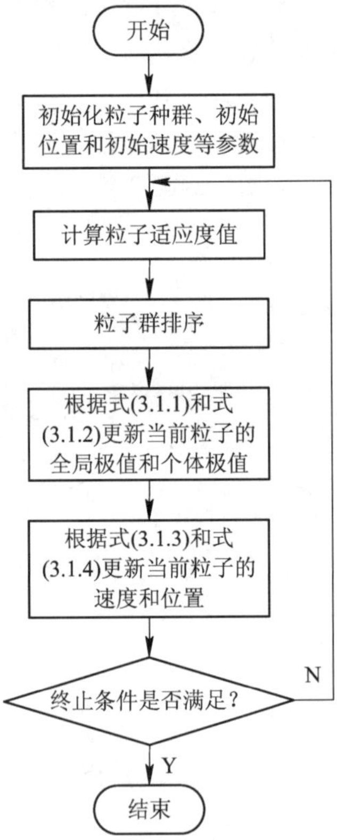

图 3.7 GSO 流程

3.1.5 性能测试

1. 固定维数和迭代次数时算法测试

在给定的维数和迭代次数条件下，初始参数如表 3.1 所示。利用平均最优解、最优解、标准差和优异比率四个评价指标来评价 GSO 的算法性能。其中，优异比率为 50 次实验中

GPSO 和 GSO 分别相对 SPSO 较优时的统计次数比例。固定维数和迭代次数时算法的实验结果如表 3.1 所示。

表 3.1　固定维数和迭代次数的实验结果[11]

测试函数	优化算法	平均最优解	最优解	标准差	优异比率
Sphere	SPSO	0.0072	0.0025	0.0032	—
	GPSO	0.0023	0.0008	0.0009	96%
	GSO	0.0015	0.0007	0.0005	98%
Rosenbrock	SPSO	43.9151	24.6327	27.2534	—
	GPSO	32.7593	23.8218	9.4606	80%
	GSO	29.1398	22.9442	8.4338	84%
Rastrigin	SPSO	36.6122	15.2921	10.8477	—
	GPSO	13.5285	5.4284	3.7324	100%
	GSO	12.1994	4.4802	3.5772	100%
Schaffer	SPSO	0.0675	0.0372	0.0182	—
	GPSO	0.0369	0.0097	0.0081	72%
	GSO	0.035	0.0097	0.0075	76%

表 3.1 表明，GSO 的各项性能指标相对 SPSO 都有显著提高，并且都优于 GPSO。因此在给定维数和迭代次数的条件下，GSO 的收敛精度、全局寻优能力及鲁棒性等性能指标在统计意义上均优于 SPSO 和 GPSO 两种算法。

2. 函数维数变化时性能测试

为了测试 GSO 在函数维数变化时的性能稳定性，现选择 Rastrigin 函数为基准测试函数，维数由 10 逐步增加到 60，其余参数不变。实验结果如表 3.2 所示。

表 3.2　不同维数下的实验结果[11]

维数	优化算法	平均最优解	最优解	标准差	优异比率
10	SPSO	11.8608	3.9799	5.3098	—
	GPSO	3.8216	0.0029	1.9001	90%
	GSO	3.7417	0.0009	1.2494	96%
20	SPSO	22.5642	10.2689	7.8373	—
	GPSO	7.9210	2.1138	2.9808	94%
	GSO	7.7999	1.1875	2.7981	100%
30	SPSO	36.5358	15.6704	10.7830	—
	GPSO	12.6839	7.1656	3.8396	96%
	GSO	12.3268	5.6748	3.6707	100%

续表

维数	优化算法	平均最优解	最优解	标准差	优异比率
40	SPSO	50.7564	30.8489	13.2902	—
	GPSO	19.4039	13.1695	4.2438	100%
	GSO	18.6864	11.2551	4.1538	100%
50	SPSO	74.2434	50.4452	14.9805	—
	GPSO	27.2866	20.0864	6.2065	100%
	GSO	26.9908	18.8208	3.8042	100%
60	SPSO	94.6528	52.6575	16.8783	—
	GPSO	38.6373	22.4616	7.6600	100%
	GSO	36.4467	21.7782	7.5649	100%

表 3.2 表明，三种算法中，当 Rastrigin 基准函数维数变化时，GSO 的平均最优解、最优解及标准差等统计量基本上都是最小的，并且 GSO 的优异比率最大。这再次验证了 GSO 在函数维数变化时仍具有相对稳定的优越性。

3. 对理论极值点坐标的逼近性能

为了比较各种算法对于理论极值对应的坐标点的逼近性能，这里选用 Rosenbrock 函数(其理论极值坐标都为 1)。参数设置为：迭代次数为 3000，粒子维数为 10，其余参数不变。实验结果如表 3.3 所示。

表 3.3 实验所得极值点坐标[11]

SPSO	GPSO	GSO
0.999 511 478 276 660	1.000 416 856 957 390	1.000 042 768 586 688
0.998 235 043 955 473	1.000 552 172 825 315	1.000 009 304 035 881
0.998 554 825 187 479	0.999 975 563 703 972	0.999 991 225 837 351
0.998 349 493 155 217	1.000 025 709 311 269	1.000 001 544 167 762
0.996 572 000 479 445	0.999 946 152 325 172	0.999 999 197 977 196
0.994 408 034 912 402	0.999 758 477 083 763	1.000 007 356 361 983
0.990 085 229 464 227	1.000 017 979 333 948	1.000 016 655 520 809
0.981 814 348 458 756	0.999 997 681 150 690	1.000 046 898 704 028
0.964 014 887 686 245	1.000 003 908 308 079	1.000 069 546 791 860
0.929 348 647 681 174	1.000 046 989 644 773	1.000 140 724 231 441

表 3.3 表明，GPSO 和 GSO 对于理论极值及其对应的坐标逼近都很好，每一维数据与理论值(全为 1)的误差都非常小。GSO 的逼近效果稍好于 GPSO。

4. 算法收敛速度和收敛趋势对比

为了观察 GSO 的收敛速度和收敛趋势，将算法迭代过程中的当前全局极值以曲线方式进行显示。实验时迭代次数为 1000，粒子维数为 30，其余实验参数保持不变。SPSO、GPSO 和 GSO 三种算法迭代时的曲线如图 3.8 所示。

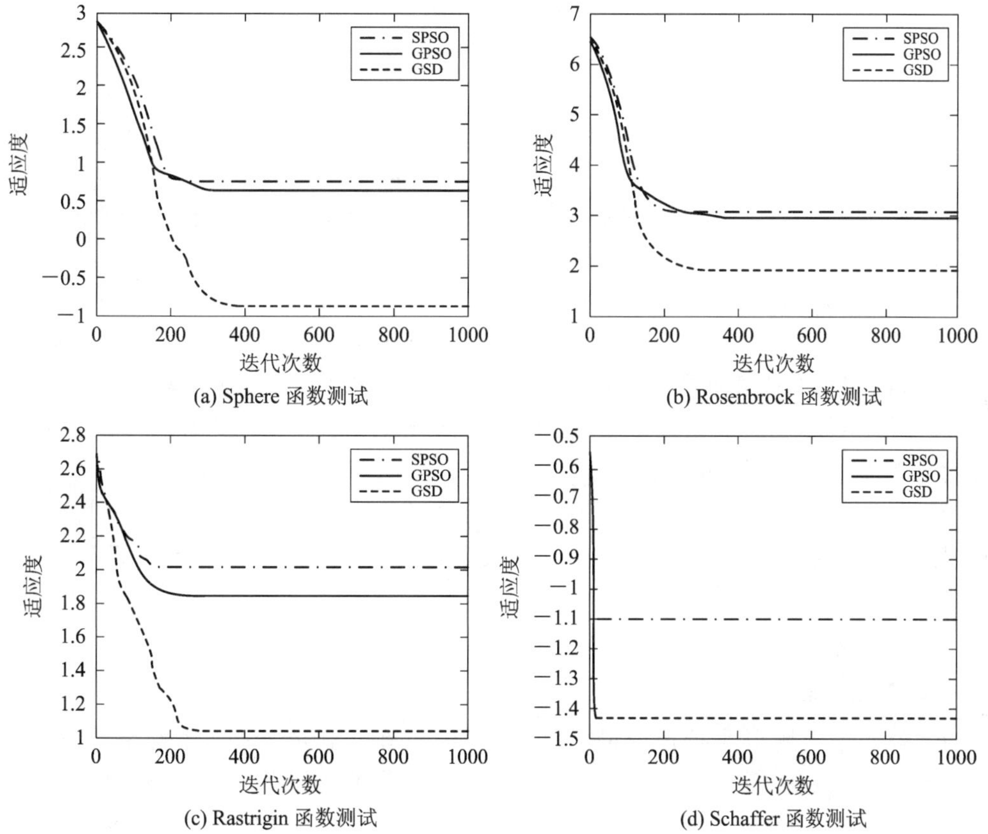

图 3.8 三种算法的适应度曲线图[11]

图 3.8 表明，在初始迭代阶段，SPSO、GPSO 和 GSO 三种算法的下降速度很快，说明这三种算法都能很快从初始位置进入某些极值点区域。但是，随着迭代次数的增加，SPSO 和 GPSO 可能陷于某一局部极值点，但跳不出该局部极值区域因而收敛精度不能进一步提高，而 GSO 还能进行向更优的极值点逼近，从而接近最优极值点。所以 GSO 适应度值曲线随着算法迭代次数的逐步增加时始终处在 SPSO 和 GPSO 两种算法曲线的下方，表明 GSO 的收敛趋势和收敛精度优于 SPSO 和 GPSO 两种算法。此外在给定相同的收敛精度时，GSO 适应度曲线对应的迭代次数最小，表明 GSO 的收敛速度快于 SPSO 和 GPSO。

5. 第 3、4 条规则和假设的性能验证

在雁群规则和假设中，根据第 3 条规则和假设修改 SPSO 中的全局极值部分，根据第 4 条规则和假设修改 SPSO 中的个体极值部分，而 GPSO 只修改 SPSO 的个体极值部分，而 GPSO 的全局极值与 SPSO 相同。为了分析单独使用第 3、4 条规则和假设的算法性能，这里分别进行实验。Rastrigin 测试函数采用默认参数，实验结果如表 3.4 所示。

表 3.4 第 3、4 条规则和假设的影响实验[11]

规则	优化算法	平均最优解	最优解	标准差	优异比率
仅第 3 条规则和假设	SPSO	37.3096	18.6962	10.2504	—
	GPSO	48.0027	15.2145	22.8932	34%
	GSO	14.3516	2.9932	5.5277	98%
仅第 4 条规则和假设	SPSO	37.238	21.9243	8.9809	—
	GPSO	22.8587	11.5966	8.8924	92%
	GSO	22.0462	9.8606	7.9582	92%

表 3.4 表明，仅采用第 3 条规则和假设时，GSO 要优于 SPSO，而 GPSO 结果反而比 SPSO 结果差；仅采用第 4 条规则和假设时，GSO 与 GPSO 的原理完全相同，都优于 SPSO。针对 SPSO 陷于局部极值的缺点，采用第 3 条规则和假设后 GSO 算法计算得到多个全局最优极值，避开使用单一全局极值的风险，而这个单一的全局极值往往是某一局部极值，从而减弱其他粒子向单一极值逼近的趋势，同时与其全局极值点相差不太远。采用第 4 条规则和假设，GSO 具有从局部极值跃迁到稍好局部极值的能力和趋势，随着算法多次迭代跃迁的效果形成累加，最终 GSO 能很好地逼近到理论极值点附近。实际上，第 4 条规则和假设与文献[12]中提到的 LBEST 模式的原理类似。而 GPSO 在单独采用第 3 条规则和假设时的算法性能要比 SPSO 差，其主要原因正如上文指出的 GPSO 缺陷，GPSO 同样可以避开 SPSO 的单一全局极值的风险，但其计算的加权方式存在不合理性，因此其计算得到的加权极值与全局极值点相差太远，性能反而变差。

6. GSO 原理的正确性验证

为了验证基于雁群飞行理论的 GSO 分析的正确性和可行性，下面采用 Sphere 和 Rastrigin 两个函数进行测试，对 SPSO、GGSO、PGSO 和 GSO 四种算法进行实验验证，实验参数与固定维数和迭代次数算法测试参数的相同。四种优化算法的实验结果如表 3.5 所示。

表 3.5 四种优化算法性能比较表[11]

测试函数	优化算法	平均最优解	最优解	标准差	优异比率
Sphere	SPSO	0.0067	0.0021	0.0029	—
	GGSO	0.0143	0.0023	0.0084	16%
	PGSO	0.0017	0.0003	0.0006	100%
	GSO	0.0015	0.0007	0.0005	100%
Rastrigin	SPSO	36.9923	14.8527	10.2412	—
	GGSO	13.3157	8.1358	3.3181	100%
	PGSO	22.1641	10.1336	9.1800	94%
	GSO	11.2496	4.8041	2.9805	100%

表 3.5 表明：

(1) 在基于雁群飞行原理的雁群优化算法中，利用 Rastrigin 函数寻优时，由于 GGSO

具有多个全局极值，更容易跳出函数的局部极值区域，所以在寻优中 GGSO 具有更好的收敛效果，GGSO 的平均最优解、最优解、标准差及优异比率都要优于 SPSO；利用 Sphere 函数寻优时，PGSO 采用当前粒子的前一个粒子的个体极值来更新其个体极值，具有从局部极值跃迁到稍好局部极值的能力和趋势，加快收敛速度，所以 PGSO 的寻优性能要好于 SPSO。

(2) 利用单极值 Sphere 函数测试 GGSO 时，性能变差。由于在应用雁群优化算法时，需要预先知道测试函数的极值类型，虽然这一点在实际应用中往往是未知的，但是可以对函数的极值类型进行预判，即若 GGSO 性能比 SPSO 差，且优异比率指标小于 50%，则函数属于单极值类型的概率较大。同样，若 PGSO 的性能比 GGSO 的差，则说明 GGSO 的改进更符合函数的实际情况，即函数属于多极值函数类型的可能性较高，反之亦然。

(3) 对于两种类型的测试函数，GSO 性能优于 SPSO、GGSO 和 PGSO 等算法，表明 GSO 的鲁棒性较好，同时表明 GSO 中的两部分改进的效果是相加关系，相互促进，有效综合了 GGSO 和 PGSO 各自算法的优势。上述实验表明，GPSO 中的两部分改进的效果是相反关系。

综上，在雁群飞行理论指导下，借助标准粒子群优化算法实现了一种雁群优化算法。实验表明 GSO 在所有测试性能指标上都明显地优于 SPSO，表明雁群飞行规则和假设是合理的和有效的，具有实际可操作性。

3.2 案例 4——基于改进的雁群优化算法的二维 OTSU 多阈值图像分割

阈值分割是一种传统的图像分割方法，优势在于简单，易于计算，是图像分割领域的经典方法之一。其分割的基本原理是将图像像素以某一阈值为分界线，划分为目标区域和背景区域。该方法适用于目标和背景属于不同灰度级范围的图像。OTSU 算法是当前被广泛认可的一种有效的阈值选择算法。由于其阈值选择相对合理，分割效果良好，在各个领域多有应用[3]。OTSU 算法结合了阈值分割和聚类思想，其理论依据为：通过计算找到一个最佳的阈值，这个阈值能够使前景像素和背景像素之间的差异最大化，即类间方差最大。传统的 OTSU 算法虽然计算简单，但只考虑像素的灰度值，而不考虑其空间分布，图像中涉及的灰度级越多，分割的合理性也就越低。改进的 OTSU 算法，如二维 OTSU 算法[14]，不仅增加了对邻域像素的考虑，也提升了时间性能，然而它并没有克服传统 OTSU 算法计算复杂度高、计算量大、耗时长等缺点。

本章结合雁群优化算法继续对 OTSU 算法进行改进。

3.2.1 改进的雁群优化算法

由 3.1.2 节可知，GSO 算法与其他群体智能算法相比，具有结构简单、参数较少、搜索能力强的优点。然而，对于一些复杂的高维优化问题，该算法也存在收敛速度慢、容易陷入局部最优的问题。

1. Cubic 混沌映射

GSO 随机初始化种群，存在降低种群多样性的风险。而混沌映射生成的混沌序列具有遍历性、非线性和不可预测性等特征。混沌映射初始化种群有助于提高初始解的多样性，增加解空间覆盖率，并增强个体之间的差异性。

不同的混沌映射的搜索能力在收敛速度和精度上存在差异，经过比较和分析，这里引入 Cubic 混沌映射[15]的种群初始化操作。Cubic 混沌映射的公式为

$$r(k+1) = ur^3(k) + (1-u)r(k) \tag{3.2.1}$$

图 3.9 展示了 Cubic 产生 1000 个序列数值的分布图，该图比普通随机数产生的序列数值的分布要更加均匀，将其引入种群的初始化操作中，能为算法提供一个高质量的搜索空间，有利于提高算法的收敛精度。

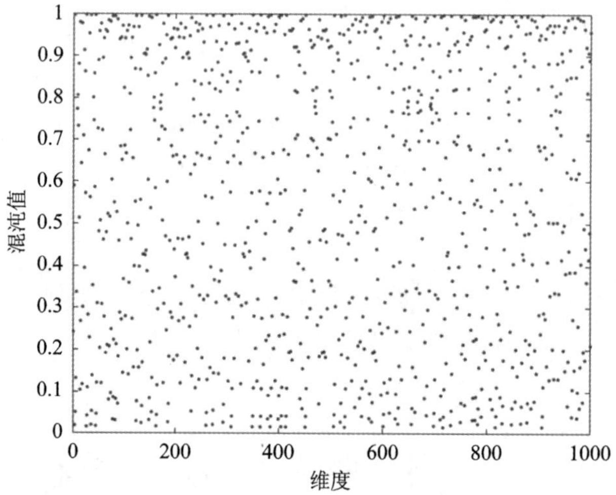

图 3.9 Cubic 序列数值分布图

2. 竞争学习机制

GSO 处理复杂多峰优化问题的能力较差，容易陷入局部最优。针对该现象，现引入一种竞争学习机制[16]来指导大雁的飞行，避免种群因缺乏多样性而陷入局部最优。竞争学习机制的核心是将种群分类。

先求出所有大雁的适应度值，并进行递增排序，再根据适应度值的平均值和标准差对雁群进行分组。平均值和标准差的具体计算公式为

$$\bar{f} = \frac{\sum_{i=1}^{M} f_i}{M} \tag{3.2.2}$$

$$\sigma = \sqrt{\frac{1}{M}\sum_{i=1}^{M}(f_i - \bar{f})} \tag{3.2.3}$$

式中，f_i 是第 i 个大雁的适应度值，M 为大雁个数，$\bar{f}$ 为大雁适应度值的平均值，σ 为大雁适应度值的标准差。

在划分子群时，将适应度值高于平均值加上标准差的个体划分为“优选区”。这表示它们在适应度上表现出色，可能接近全局最优解。适应度值低于平均值减去标准差的个体被划分为“疏离区”。这表示它们在适应度上表现较差，可能远离最优解。剩下的大雁则被划分为“合理区”，它们在适应度上表现良好，但不一定是最优解。

不同的子群，有不同的更新机制。在优选区，大雁距离种群最优位置较近，为了避免陷

入局部最优，需要增强全局探索能力。因此，采用改进的柯西公式设计了自我变异的更新机制。变异后的柯西公式，即优选区大雁的更新公式为

$$x_{ij}^{p}(t+1)=x_{ij}^{p}(t)\cdot(1+n(t)\cdot C(0,1)) \tag{3.2.4}$$

$$n(t)=\frac{t_{\max}-t}{t_{\max}} \tag{3.2.5}$$

上两式中，$n(t)$为控制变异步长的参数，$C(0, 1)$是由柯西分布函数产生的随机数，x_{ij}^{p}表示优选区大雁的位置，t 为当前迭代次数，$t_{\max}$为最大迭代次数。

合理区的大雁可能在局部最优解附近，这意味着它们已经接近了可能的解决方案。在合理区，个体按照 GSO 原来的更新方式继续搜索空间，以进一步提高自身的适应度。

疏离区的大雁距离种群最优位置较远，为了加快向可能的全局最优解逼近的速度，该区域的大雁主要是向优选区大雁进行学习。疏离区大雁更新公式为

$$x_{ij}^{A}(t+1)=c_1 x_{ij}^{A}(t)+c_2(x_{ij}^{A}(t)-x_{kj}^{p}(t))+c_3\alpha(\bar{f}-x_{ij}^{A}(t)) \tag{3.2.6}$$

式中，c_1、c_2 和 c_3 为加速因子。与合理区的更新公式相比较，式(3.2.6)的第二和第三部分不同。第二部分中 $x_{kj}^{p}(t)$为优选区的大雁，这部分表示疏离区个体以优选区个体为学习对象进行状态更新；第三部分引入新的参数 α(α 为一个较小的正数)，这部分表示粒子更新过程还受粒子中心位置的牵制，作用是控制粒子的更新范围，增强算法的收敛性。

3. 正余弦策略

在 GSO 的位置更新中，引进正余弦算法(Sine-Cosine Algorithm，SCA)[17]，通过利用正余弦模型振荡变化特性分别对前半部分和后半部分大雁的位置进行作用，维持大雁个体多样性，进而提高 GSO 的全局搜索能力。

受 SCA 中的搜索机制和位置更新公式的启发，引入非线性权重因子 w，更新公式为

$$w=w_{\min}+(w_{\max}-w_{\min})\cdot\sin\left(\frac{\pi}{2}\cdot\frac{t}{t_{\max}}\right) \tag{3.2.7}$$

将适应度值较高的前半部分雁群和适应度值较低的后半部分雁群分别引入正弦和余弦模型，则得到新的位置更新公式为

$$\boldsymbol{X}_{ij}(t+1)=\begin{cases}(1-w)\cdot\boldsymbol{X}_{ij}(t)+w\cdot\sin(r_1)\cdot|\,r_2\cdot\boldsymbol{X}_{\text{best}}-\boldsymbol{X}_{ij}(t)\,| & i<N/2\\(1-w)\cdot\boldsymbol{X}_{ij}(t)+w\cdot\cos(r_1)\cdot|\,r_2\cdot\boldsymbol{X}_{\text{best}}-\boldsymbol{X}_{ij}(t)\,| & i\geqslant N/2\end{cases} \tag{3.2.8}$$

式中：$w_{\max}$是 w 的最大值；$w_{\min}$是 w 的最小值；t 为当前迭代次数；$t_{\max}$为最大迭代次数；$\boldsymbol{X}_{ij}(t)$为在目前迭代数目 t 下，第 i 只大雁在 j 维位置；$\boldsymbol{X}_{\text{best}}$为目前全局最优位置；$r_1$ 为$[0, 2\pi]$的随机数，决定大雁的移动距离；r_2 为$[0, 2\pi]$的随机数，用来控制最优个体对大雁后一位置的影响。

引入正弦因子后，非线性权重因子 w 呈现一种在$[w_{\min}, w_{\max}]$之间振荡式的总体增加的趋势。改进后的非惯性权重 w 可以使进入者在当前最优位置附近更仔细、更准确地进行探索，增强局部探索能力。权重因子 w 用于调整种群个体的位置更新对此时个体信息的依赖度。在寻优前期，较小的 w 降低了全局最优对当前解位置影响，提升了算法全局寻优能力。在后期，较大的 w 降低对个体位置更新的依赖度，向全局最优靠拢，加快了算法的收敛速度。

4. 蝴蝶搜索策略

为了解决雁群优化算法在后期陷入局部最优的问题，现引入蝴蝶(BOA)算法的全局搜索和局部搜索机制[18]，增加GSO算法的多样性，增强算法的全局搜索能力，从而更好地应对复杂的优化问题。

BOA算法是一种元启发式算法，该算法模拟了蝴蝶的觅食和交配行为。BOA与其他元启发式方法不同的主要特征之一是，每只蝴蝶都有自己独特的气味(香气)。香气的公式为

$$f_i = cI^a \tag{3.2.9}$$

式中，f_i是香气的感知强度；c表示感觉模态；I是刺激强度；a是依赖于模态的幂指数，a解释了不同程度的吸收，a、c的取值范围都为(0, 1)。

在处理复杂的优化问题时，蝴蝶算法通过其全局搜索和局部搜索策略，可以提高算法的全局搜索能力和局部搜索精度。因此，引入蝴蝶算法的全局搜索和局部搜索机制来帮助GSO算法调整大雁的飞行状态。以下是改进的全局搜索阶段公式：

$$\boldsymbol{X}_i(t+1) = w \cdot \boldsymbol{X}_i(t) + (r^2 \times \mathbf{gbest} - w \cdot \boldsymbol{X}_i(t)) \times f_i \tag{3.2.10}$$

式中，$\boldsymbol{X}_i(t)$表示t迭代中第i个蝴蝶的解，r表示[0, 1]中的随机数，**gbest**是目前迭代中所有解中的最优解，w为权重系数(计算公式与式(3.2.5)相同)。

局部搜索阶段的公式为

$$\boldsymbol{X}_i(t+1) = w \cdot \boldsymbol{X}_i(t) + (r^2 \times \boldsymbol{X}_i(k) - w \cdot \boldsymbol{X}_j(t)) \times f_i \tag{3.2.11}$$

式中，$\boldsymbol{X}_i(k)$和$\boldsymbol{X}_j(t)$分别是从解空间随机选择的第i只蝴蝶和第j只蝴蝶。

以上改进后的算法，称为混沌蝴蝶搜索竞争学习正余策略雁群优化(Chaotic mapping Butterfly search strategy Learning mechanism Sine-cosine Geese Swarm Optimization, CBLSGSO)算法。

5. 性能测试

下面算法都是在相同的实验条件下执行的，以保证实验的可用性和公平性。实验是在MatLab R2021b平台上进行的，使用的是搭载英特尔酷睿i5处理器和8 GB内存、运行Windows 11操作系统的联想电脑。

1) 基准函数测试

为了测试所提出算法的性能，这里选择了13个基准函数和CEC2021优化函数测试集来验证函数的优化能力。基准测试函数如表3.6所示，其中，$f_1 \sim f_6$是单峰函数，$f_7 \sim f_{11}$是复多峰函数，f_{12}和f_{13}是定维函数。CEC2021优化测试函数如表3.7所示。下面将本节所述CBLSGSO算法与雁群优化(GSO)算法、灰狼优化(GWO)算法[19]、粒子群(PSO)算法[20]、鲸鱼(WOA)算法[21]、麻雀搜索(SSA)算法[22]、人工蜂群(ABC)算法[23]、蛇优化(SO)算法[24]、甲虫天线搜索(BAS)算法[25]和花卉污染(FPA)算法[26]等算法进行比较，以验证其有效性。

这里采用了度量平均值(mean)、标准偏差值(std)、最大值(max)和最小值(min)4个评价指标。每个算法种群数量为50个，每个算法独立运行30次，以减少随机条件的影响，结果如表3.8所示。此外，13个基准函数迭代次数为500次，CEC2021优化函数测试集迭代次数为800次，算法的统计结果如表3.9所示。

表 3.6　13 个测试函数

测试功能	x 范围	最小值
$f_1(x)=\sum_{i=1}^{n}x_i^2$	[−100，100]	0
$f_2=\sum_{i=1}^{n}\lvert x_i\rvert+\prod_{i=1}^{n}\lvert x_i\rvert$	[−10，10]	0
$f_3(x)=\sum_{i=1}^{n}\left(\sum_{j-1}^{i}x_j\right)^2$	[−100，100]	0
$f_4(x)=\max_i\{\lvert x_i\rvert,1\leqslant i\leqslant n\}$	[−100，100]	0
$f_5(x)=\sum_{i=1}^{n-1}[100(x_{i+1}-x_i^2)^2+(x_i-1)^2]$	[−30，30]	0
$f_6=\sum_{i=1}^{n}ix_i^4+\text{random}[0,1)$	[−1.28，1.28]	0
$f_7(x)=\sum_{i=1}^{n}[x_i^2-10\cos(2\pi x_i)+10]$	[−5.12，5.12]	0
$f_8=-20\exp\left(-0.2\sqrt{\frac{1}{n}\sum_{i=1}^{n}x_i^2}\right)-\exp\left(\frac{1}{n}\sum_{i=1}^{n}\cos(2\pi x_i)\right)+20+e$	[−32，32]	0
$f_9(x)=\frac{1}{4000}\sum_{i=1}^{n}x_i^2-\prod_{i=1}^{n}\cos\left(\frac{x_i}{\sqrt{i}}\right)+1$	[−600，600]	0
$f_{10}(x)=\frac{\pi}{n}\{10\sin(\pi y_1)+\sum_{i=1}^{n-1}(y_i-1)^2[1+10\sin^2(\pi y_{i+1})]+(y_n-1)^2\}+\sum_{i=1}^{n}u(x_i,10,100,4)$ $y_i=1+\frac{x_i+1}{4}$ $u(x_i,a,k,m)=\begin{cases}k(x_i-a)^m & x_i>a\\0 & -a<x_i<a\\k(-x_i-a)^m & x_i<-a\end{cases}$	[−50，50]	0
$f_{11}(x)=0.1\{\sin^2(3\pi x_i)+\sum_{i=1}^{n}(x_i-1)^2[1+\sin^2(3\pi x_i+1)]+(x_n-1)2[1+\sin^2(2\pi x_n)]\}+\sum_{i=1}^{n}u(x_i,5,100,4)$	[−50，50]	0
$f_{12}(x)=\left(\frac{1}{500}+\sum_{j=1}^{25}\frac{1}{j+\sum_{i=1}^{2}(x_i-a_{ij})^6}\right)^{-1}$	[−65，65]	1
$f_{13}(x)=\sum_{i=1}^{11}\left[a_i-\frac{x_1(b_i^2+b_1x_2)}{b_i^2+b_1x_3+x_4}\right]^2$	[−5，5]	0.0003

表 3.7 CEC2021 优化测试函数

函数类型	序号	函　　数	f_i^*
单峰函数	1	变换和旋转弯曲 Cigar(CEC2017 f_1)	100
基础函数	2	变换和旋转 Schwefel's 函数(CEC2014 f_2)	1100
	3	变换和旋转 Lunacek bi-Rastrigin 函数(CEC2017 f_3)	700
	4	扩展的 Rosenbrock's 和 Griewangk's 函数(CEC2017 f_4)	1900
混合函数	5	混合函数 1(N=3) (CEC2014 f_5)	1700
	6	混合函数 2(N=4) (CEC2017 f_6)	1600
	7	混合函数 3(N=5) (CEC2014 f_7)	2100
合成函数	8	合成函数 1(N=3) (CEC2017 f_8)	2200
	9	合成函数 2(N=4) (CEC2017 f_9)	2400
	10	合成函数 3(N=5) (CEC2017 f_{10})	2500
搜索范围：$[-100, 100]^D$			

表 3.8 基准函数优化结果比较

函数	算法	最小值	平均值	最大值	标准偏差值
f_1	CBLSGSO	0	1.9e-291	3.8e-290	0
	GSO	211.377	452.0302	857.4427	170.7199
	GWO	3.2e-61	6.27e-59	2.72e-58	8.56e-59
	SSA	6.04e-09	9.51e-09	1.46e-08	2.17e-09
	PSO	434.9129	670.9829	1008.759	164.9949
	SO	13.609 34	16.989 28	20.092 06	1.908 864
	WOA	7.8e-154	2.9e-140	5.5e-139	1.2e-139
	ABC	36 376.79	52 137.9	59 116.25	6816.906
	FPA	775.0465	1138.09	1475.125	188.6258
	BAS	46 861.91	61 589	76 748.39	6682.224
f_2	CBLSGSO	6.9e-155	9.2e-131	1.7e-129	3.9e-130
	GSO	6.4743	10.4689	18.1119	2.7729
	GWO	2.21e-35	1.95e-34	4.93e-34	1.16e-34
	SSA	0.002 349	0.335 718	1.700 59	0.470 298
	PSO	10.685 63	17.109 17	24.371 34	3.491 267
	SO	1.583 79	1.798 238	1.977 22	0.113 847
	WOA	3.52e-97	4.96e-88	7.83e-87	1.78e-87
	ABC	1 705 035	5.85e+08	4.2e+09	1.08e+09
	FPA	23.274 21	36.478 75	56.4616	7.667 025
	BAS	101.766	115.7604	127.9981	7.301 499

续表一

函数	算法	最小值	平均值	最大值	标准偏差值
f_3	CBLSGSO	1.12e-302	9.6e-233	1.9e-231	0
	GSO	604.6875	1447.848	3838.077	851.8599
	GWO	6.08e-22	2.82e-16	2.77e-15	7.57e-16
	SSA	13.165 81	69.679 14	198.3621	52.947 04
	PSO	2708.293	6632.682	10 533.16	1874.586
	SO	692.8206	1309.554	2081.222	371.1686
	WOA	4805.324	12 434.85	29 542.97	6377.993
	ABC	38 486.94	67 305.08	94 030.44	12 092.46
	FPA	841.9242	1206.182	1815.276	253.4284
	BAS	66 407.84	120 733.6	227 480.1	38 096.78
f_4	CBLSGSO	7.06e-147	4.9e-124	8.5e-123	1.9e-123
	GSO	4.8162	8.4767	11.1183	1.7384
	GWO	9.11e-16	6.28e-15	1.96e-14	5.9e-15
	SSA	0.505 149	2.981 908	8.550 383	2.251 46
	PSO	8.014 939	10.470 07	13.329 11	1.555 629
	SO	1.887 895	2.542 548	3.011 738	0.309 994
	WOA	0.431 307	39.377 62	87.560 09	28.231 04
	ABC	69.163 59	78.732 28	82.904 22	3.520 081
	FPA	18.898 78	22.631 35	27.694 36	2.381 841
	BAS	79.162 18	85.3707	88.959 84	2.852 553
f_5	CBLSGSO	24.797 42	25.5368	26.104 61	0.401 886
	GSO	2152.165	18 150.11	84 353.33	18 952.99
	GWO	25.583 82	26.607 05	27.192 17	0.536 426
	SSA	23.812 55	113.635	1305.904	284.1649
	PSO	9874.998	35 604.61	85 667.74	17 552.51
	SO	184.733	541.6064	2034.511	497.4663
	WOA	25.905 04	26.670 88	27.119 33	0.345 487
	ABC	1.2e+08	1.51e+08	1.81e+08	16 315 352
	FPA	59 921.57	184 127.2	408 879.2	94 746.42
	BAS	1.3e+08	2.21e+08	3e+08	42 347 225

续表二

函数	算法	最小值	平均值	最大值	标准偏差值
f_6	CBLSGSO	1.11e-05	7.04e-05	0.000 222	5.23e-05
	GSO	0.008 755	0.062 25	0.1521	0.0321
	GWO	0.000 132	0.000 567	0.001 087	0.000 313
	SSA	0.020 184	0.051 659	0.097 144	0.021 332
	PSO	1.140 494	3.095 794	8.401 877	1.729 71
	SO	0.0105	0.019 815	0.030 162	0.005 155
	WOA	1.03e-05	0.001 138	0.002 777	0.000 784
	ABC	44.230 18	71.350 34	98.479 82	14.223 39
	FPA	0.074 77	0.223 368	0.438 151	0.092 742
	BAS	21.687 72	43.3701	58.532 45	10.771 07
f_7	CBLSGSO	0	0	0	0
	GSO	116.0399	151.6961	176.6833	17.3524
	GWO	0	3.13e-14	1.14e-13	3.9e-14
	SSA	16.9143	40.544 53	58.702 49	12.304 29
	PSO	49.215 12	69.917 45	94.917 52	12.233 39
	SO	34.017 76	47.352 98	64.129 77	7.1321 82
	WOA	0	0	0	0
	ABC	350.9512	386.4909	409.492	17.374 09
	FPA	146.7115	161.8162	207.614	15.605 44
	BAS	310.0926	353.6173	386.2921	21.690 57
f_8	CBLSGSO	8.88e-16	8.88e-16	8.88e-16	0
	GSO	4.9906	6.2165	8.2503	1.0169
	GWO	1.15e-14	1.65e-14	2.22e-14	2.92e-15
	SSA	2.17e-05	1.657 818	2.738 897	0.711 207
	PSO	5.400 179	6.837 157	8.638 844	0.857 067
	SO	2.242 972	2.383 691	2.490 092	0.054 369
	WOA	8.88e-16	3.55e-15	7.99e-15	2.54e-15
	ABC	19.818 82	20.233 48	20.546 77	0.1959 71
	FPA	6.226 871	7.806 053	11.311 96	1.338 543
	BAS	19.736 47	20.279 49	20.443 32	0.163 149

续表三

函数	算法	最小值	平均值	最大值	标准偏差值
f_9	CBLSGSO	0	0	0	0
	GSO	2.5824	5.4108	8.2718	1.6401
	GWO	0	0	0	0
	SSA	2.7e-08	0.011 939	0.044 278	0.011 117
	PSO	4.951 382	8.426 479	23.474 25	3.958 706
	SO	1.137 755	1.172 685	1.191 093	0.014 465
	WOA	0	0.0028	0.056 001	0.012 522
	ABC	409.0744	483.0377	519.2816	27.687 64
	FPA	8.136 47	11.544 14	19.534 97	2.666 364
	BAS	435.281	545.2907	627.4195	46.4433
f_{10}	CBLSGSO	6.25e-06	0.000 125	0.000 554	0.000 119
	GSO	1.7896	4.7453	7.7572	1.7925
	GWO	0.005 446	0.024 364	0.059 327	0.015 959
	SSA	0.473 164	3.465 965	9.331 741	2.458 708
	PSO	1.949 525	3.988 355	6.374 729	1.317 979
	SO	0.060 471	0.145 322	0.612 151	0.160 484
	WOA	0.000 144	0.000 831	0.006 403	0.001 35
	ABC	2.29e+08	3.17e+08	4.46e+08	70 236 059
	FPA	7.499 619	20.846 42	36.421 17	6.175 871
	BAS	2.88e+08	5.28e+08	6.78e+08	1.06e+08
f_{11}	CBLSGSO	0.000 752	0.006 595	0.0138	0.005 24
	GSO	17.5945	30.8207	85.0082	14.8119
	GWO	1.43e-05	0.267 626	0.810 34	0.178 905
	SSA	5.01e-10	0.003 846	0.010 987	0.005 377
	PSO	12.307 21	39.563 77	123.5485	24.966 13
	SO	0.523 591	0.661 107	0.782 239	0.075 573
	WOA	0.006 067	0.056 107	0.172 878	0.051 826
	ABC	4.96e+08	6.74e+08	8.76e+08	99 121 573
	FPA	829.0046	25836.18	150 158.5	35 621.91
	BAS	6.2e+08	9.07e+08	1.27e+09	1.76e+08

续表四

函数	算法	最小值	平均值	最大值	标准偏差值
f_{12}	CBLSGSO	0.998 004	1.097 209	2.982 105	0.443 659
	GSO	0.998 007	2.5882	4.9504	1.1219
	GWO	0.998 004	2.569 752	10.763 18	2.946 269
	SSA	0.998 004	0.998 004	0.998 004	1.61e-16
	PSO	0.998 004	1.055 071	1.992 031	0.221 74
	SO	0.998 004	2.130 02	10.763 18	2.360 512
	WOA	0.998 004	1.246 115	2.982 105	0.633 712
	ABC	1.100 921	4.558 59	14.097 92	3.392 933
	FPA	0.998 004	0.998 004	0.998 004	1.16e-09
	BAS	0.998 004	6.674 089	25.677 33	6.504 215
f_{13}	CBLSGSO	0.000 307	0.000 308	0.000 316	1.89e-06
	GSO	0.000 314	0.000 926	0.002 404	0.000 314
	GWO	0.000 307	0.005 505	0.020 363	0.008 809
	SSA	0.000 307	0.000 739	0.001 223	0.000 279
	PSO	0.000 307	0.000 732	0.001 491	0.000 353
	SO	0.000 506	0.000 756	0.001 133	0.000 133
	WOA	0.000 308	0.000 62	0.001 268	0.000 32
	ABC	0.006 924	0.018 939	0.036 899	0.008 293
	FPA	0.000 333	0.000 463	0.000 607	7.64e-05
	BAS	0.000 828	0.007 271	0.030 898	0.008 882

表 3.9　CEC2021 测试结果比较

函数	算法	最小值	平均值	最大值	标准偏差值
f_1	CBLSGSO	3.60e-132	7.62e-97	1.52e-95	3.41e-96
	GSO	6 188 546	54 651 183	1.15e+08	29 675 706
	GWO	1.29e-41	3.54e-38	2.45e-37	6.23e-38
	SSA	1.959 765	857.6442	6029.783	1545.749
	PSO	4 504 773	50 210 549	1.91e+08	48 660 804
	SO	627 498	933 603.6	1 326 634	217 872.6
	WOA	6.13e-58	5.55e-50	4.78e-49	1.29e-49
	ABC	8033.237	17 637.33	44 588.93	10 111.09
	FPA	82 654 916	1.94e+08	3.35e+08	66 807 099
	BAS	5.3e+09	1.08e+10	1.68e+10	3.47e+09

续表一

函数	算法	最小值	平均值	最大值	标准偏差值
f_2	CBLSGSO	0	0	0	0
	GSO	206.9907	1018.2391	1555.8759	320.5158
	GWO	0	3.710 258	17.638 36	5.516 096
	SSA	0.312 272	579.8727	1658.376	381.8461
	PSO	194.5243	859.0634	1373.084	327.4843
	SO	7.734 192	73.445 08	262.3244	74.977 85
	WOA	0	151.0793	874.1262	297.9212
	ABC	300.2465	629.2087	1156.742	248.7739
	FPA	800.3438	1046.564	1258.022	107.6634
	BAS	2160.751	2505.037	2966.184	258.3501
f_3	CBLSGSO	0	0	0	0
	GSO	38.1068	51.0354	69.1595	10.2142
	GWO	1.58e-30	21.658 24	55.798 23	18.395 77
	SSA	13.929 42	29.653 36	51.737 55	10.947 34
	PSO	6.365 224	27.600 56	58.9378	15.580 86
	SO	26.845 14	37.225 53	46.4148	6.319 129
	WOA	0	1.48e-31	1.77e-30	4.04e-31
	ABC	17.305 22	30.703	39.775 65	6.144 707
	FPA	61.305 24	84.4811	108.2355	10.786 21
	BAS	260.5463	436.9444	548.6395	84.539 63
f_4	CBLSGSO	0	0	0	0
	GSO	2.9711	4.7068	8.5199	1.7208
	GWO	0	0.723 549	3.397 544	0.891 019
	SSA	0.773 481	1.573 107	4.945 616	0.932 523
	PSO	0.666 808	2.532 969	6.600 372	1.851 893
	SO	1.087 026	2.369 921	3.844 67	0.681 934
	WOA	0	0.017 867	0.357 337	0.079 903
	ABC	0.355 917	1.496 605	3.086 93	0.628 536
	FPA	5.954 319	9.801 489	15.139 81	2.2723
	BAS	5142.097	57 949.13	213 538.9	51 382.28

续表二

函数	算法	最小值	平均值	最大值	标准偏差值
f_5	CBLSGSO	1.74e-24	9.10e-20	9.52e-19	2.06e-19
	GSO	940.9914	10 207.32	334 433.46	9692.759
	GWO	1.59e-23	1.102 268	4.381 292	1.588 352
	SSA	371.8277	3762.268	16 049.54	3314.72
	PSO	6.816 391	85.193 91	330.7804	88.864 26
	SO	876.5228	2005.059	6866.65	1396.443
	WOA	3.80e-53	4.04e-16	7.59e-15	1.69e-15
	ABC	265.1827	757.7928	1131.475	250.8668
	FPA	650.4548	1010.44	1322.169	191.6164
	BAS	270 817.8	20 304 000	92 868 078	22 736 290
f_6	CBLSGSO	0	2.81e-06	3.82e-05	8.54e-06
	GSO	3.0532	39.0396	116.3014	33.1805
	GWO	0.044 491	1.327 283	5.373 927	1.570 535
	SSA	0.730 836	20.337 75	176.7389	38.397 85
	PSO	1.023 509	10.354 25	44.686 01	11.293 23
	SO	2.158 862	9.447 392	43.232 82	9.127 361
	WOA	0.003 208	0.146 431	1.260 919	0.281 74
	ABC	4.573 891	60.846 39	239.1658	62.623 44
	FPA	28.329 89	66.108 56	115.5837	25.468 97
	BAS	422.8005	618.0202	782.8445	109.4027
f_7	CBLSGSO	3.29e-97	5.62e-06	3.39e-05	9.85e-06
	GSO	379.2944	2474.676	10 951.62	2672.507
	GWO	0.006 648	0.483 428	3.146 451	0.850 837
	SSA	37.307 42	1939.401	9062.788	2329.737
	PSO	0.667 598	22.061 33	123.0484	35.886 12
	SO	129.2887	714.7634	1973.33	420.9791
	WOA	0.000 411	0.136 697	1.135 554	0.275 381
	ABC	45.121 83	184.1803	528.3002	144.3109
	FPA	174.3276	335.8499	488.3289	94.014 29
	BAS	207 880.5	5 702 105	20 236 174	5 358 591

续表三

函数	算法	最小值	平均值	最大值	标准偏差值
f_8	CBLSGSO	0	0	0	0
	GSO	171.4743	404.3049	860.9325	213.5254
	GWO	0	0	0	0
	SSA	32.490 21	164.3222	592.0733	136.0125
	PSO	33.310 73	109.0607	255.0084	62.650 62
	SO	35.112 36	152.9896	346.5538	112.4291
	WOA	0	129.0788	1309.106	397.3406
	ABC	21.368 43	477.0899	1072.931	368.5163
	FPA	794.5261	1059.377	1347.872	120.6807
	BAS	1748.717	2300.206	2811.87	289.2251
f_9	CBLSGSO	9.51e-122	4.40e-87	8.79e-86	1.97e-86
	GSO	18.669 02	51.285 24	71.094 58	13.8133
	GWO	8.88e-15	1.73e-14	3.55e-14	7.33e-15
	SSA	6.03e-05	3.655 367	51.085 96	11.390 68
	PSO	7.459 772	27.964 02	57.379 27	12.631 63
	SO	9.404 413	10.453 86	11.165 08	0.475 166
	WOA	3.39e-65	1.02e-14	1.78e-14	4.35e-15
	ABC	0.527 657	2.648 596	9.657 984	2.803 41
	FPA	64.015 36	75.407 45	87.811 16	7.672 464
	BAS	369.1838	649.4094	836.2865	124.8034
f_{10}	CBLSGSO	5.23e-113	1.71e-05	9.28e-05	2.91e-05
	GSO	72.119 89	95.647 94	129.8747	15.343 82
	GWO	48.700 05	51.642 25	76.9184	6.057 054
	SSA	48.627 56	56.317 56	104.8755	15.9461
	PSO	68.405 39	89.627 88	113.3537	11.766 89
	SO	39.234 77	51.514 01	82.1966	7.680 993
	WOA	0.037 114	0.070 671	0.114 61	0.021 437
	ABC	48.293 68	49.060 71	50.142 44	0.439 159
	FPA	64.015 36	75.407 45	87.811 16	7.672 464
	BAS	176.8657	732.1786	1485.807	344.2159

表 3.8 表明，在 13 个基准函数测试中，CBLSGSO 算法的大多数测试性能都显著优于

原始 GSO 算法和其他算法，并且在 f_1、f_7 和 f_9 上也获得了理论最优值。详细分析结果如下：CBLSGSO 算法在 f_1、f_2、f_3、f_4、f_7、f_9、f_{10} 上测试性能优于其他算法。CBLSGSO 算法在 f_5 中比 WOA 算法略差，在 f_6 中比 WOA 算法略差，性能均排在第二的位置。但是，CBLSGSO 算法的平均值和标准偏差值比另外两个算法都要小，这说明 CBLSGSO 算法不容易受到输入数据的波动影响，具有更好的稳定性和一致性。在 f_8 中，CBLSGSO 算法与 WOA 算法表现相似。在 f_{11} 中比 SSA 算法和 WOA 算法表现略差，性能排在第三的位置，其标准偏差值和平均值的表现依然较好。最后，在 f_{12}、f_{13} 中每个算法的表现相差较小，ABC 算法的表现较差。

CBLSGSO 算法在 CEC2021 优化测试函数中表现很好，如表 3.9 所示。CBLSGSO 算法在 9 个测试函数上表现最好，在 f_2、f_3、f_4、f_6、f_8 中达到了理论最优值。在 f_5 中表现比 WOA 算法差一些，但是标准偏差值较小。总体而言，CBLSGSO 算法的精度明显优于其他几种优化算法。

此外，CBLSGSO 算法与其他算法在 13 个基准函数上的收敛曲线如图 3.10 所示。图 3.10 表明，CBLSGSO 算法的曲线具有最快的下降和收敛速度。其中，当迭代次数小于 500 时，f_7 和 f_9 的收敛曲线中断，这表明算法跳跃并收敛到 0（对数不能取 0），这与表 3.8 所示的值一致。f_5 的收敛曲线表明，CBLSGSO 算法、GWO 算法和 WOA 算法在这个函数中的收敛精度相似，但是 CBLSGSO 算法的收敛速度明显快于另外两个算法。f_6、f_{10}、f_{11} 和 f_{13} 的收敛曲线表明 CBLSGSO 算法比其他算法具有更快的收敛速度（小于 100 次迭代）和准确性。

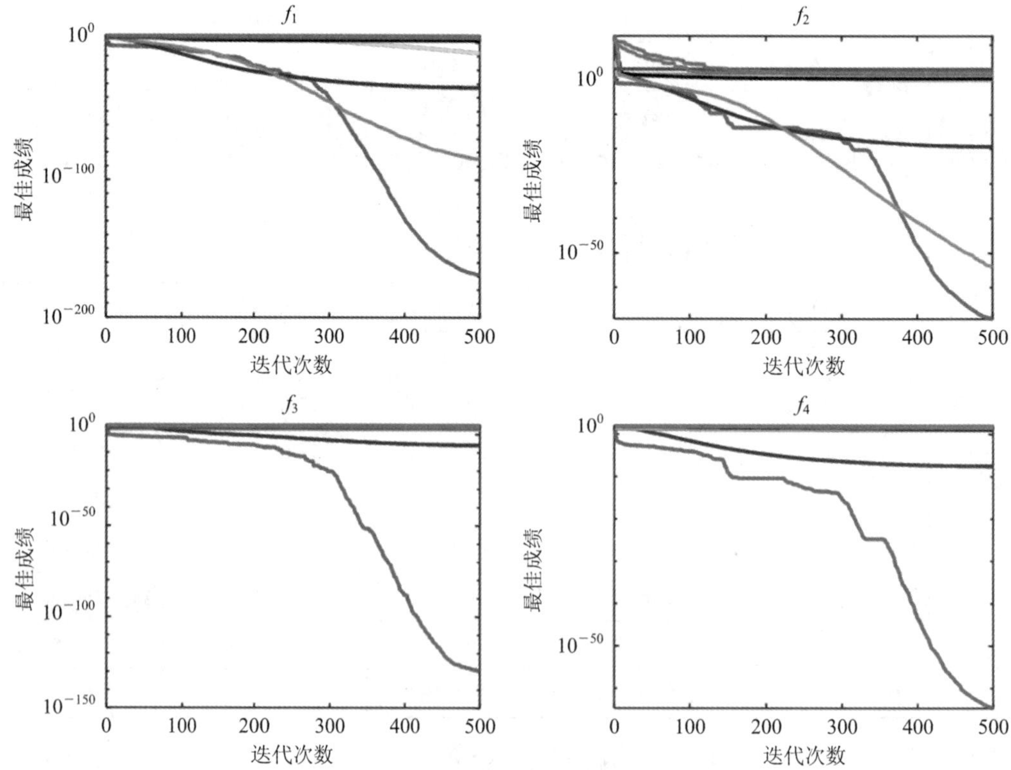

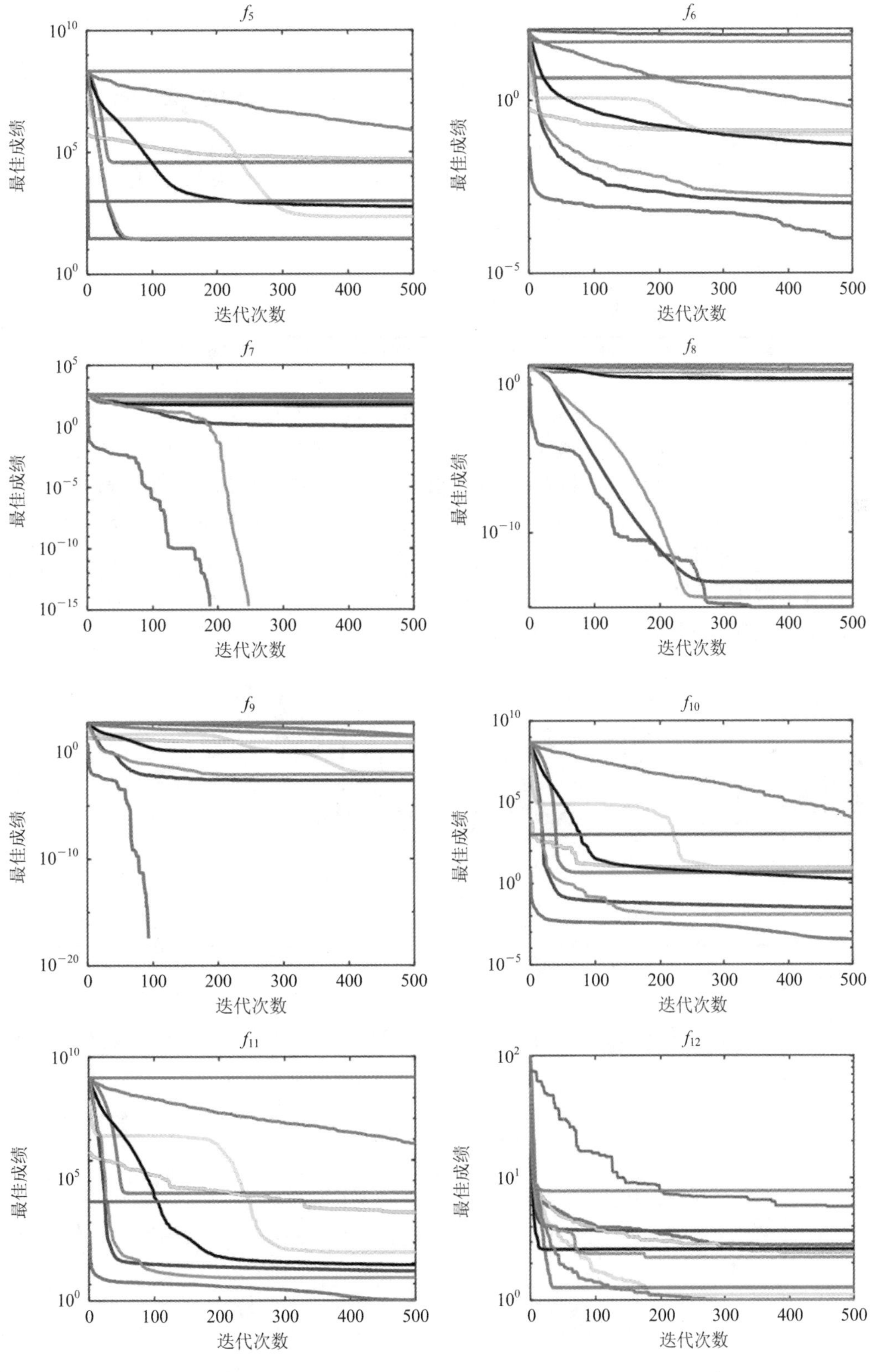

f_5
f_6
f_7
f_8
f_9
f_{10}
f_{11}
f_{12}
最佳成绩
迭代次数
0
100
200
300
400
500
10^{10}
10^5
10^0
10^{-5}
10^{-10}
10^{-15}
10^{-20}
10^2
10^1

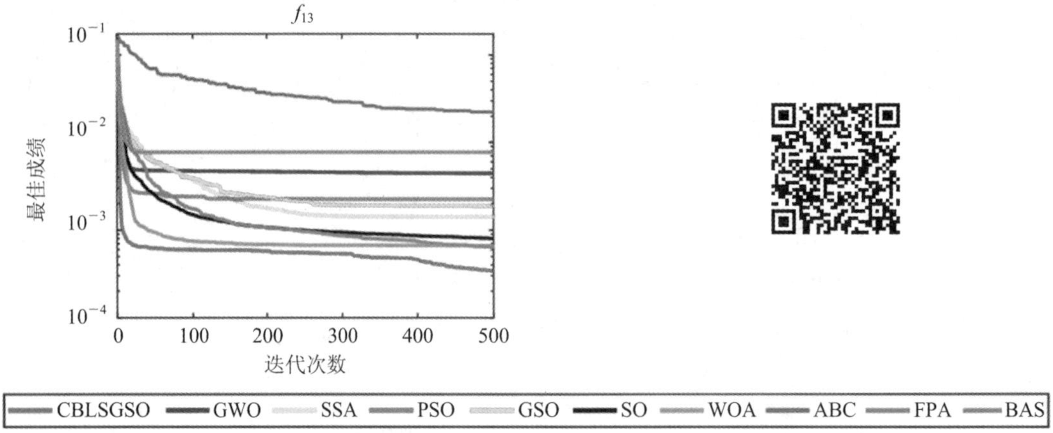

图 3.10 13 个基准函数的收敛曲线

CBLSGSO 算法与其他算法在 CEC2021 优化函数测试集上的收敛曲线如图 3.11 所示。图 3.11 表明，CBLSGSO 算法具有良好的收敛效果，可以快速找到最准确的解，尤其是在 f_2、f_3、f_4 和 f_8 的函数中，均达到了理论最优解。可以看出，灵活的搜索机制使算法能够在优化过程中快速找到最优解。

总的来说，CBLSGSO 算法比图 3.10 和图 3.11 中的其他算法具有更快的收敛速度，并且下降范围具有突变性，可以有效地跳出局部最优。

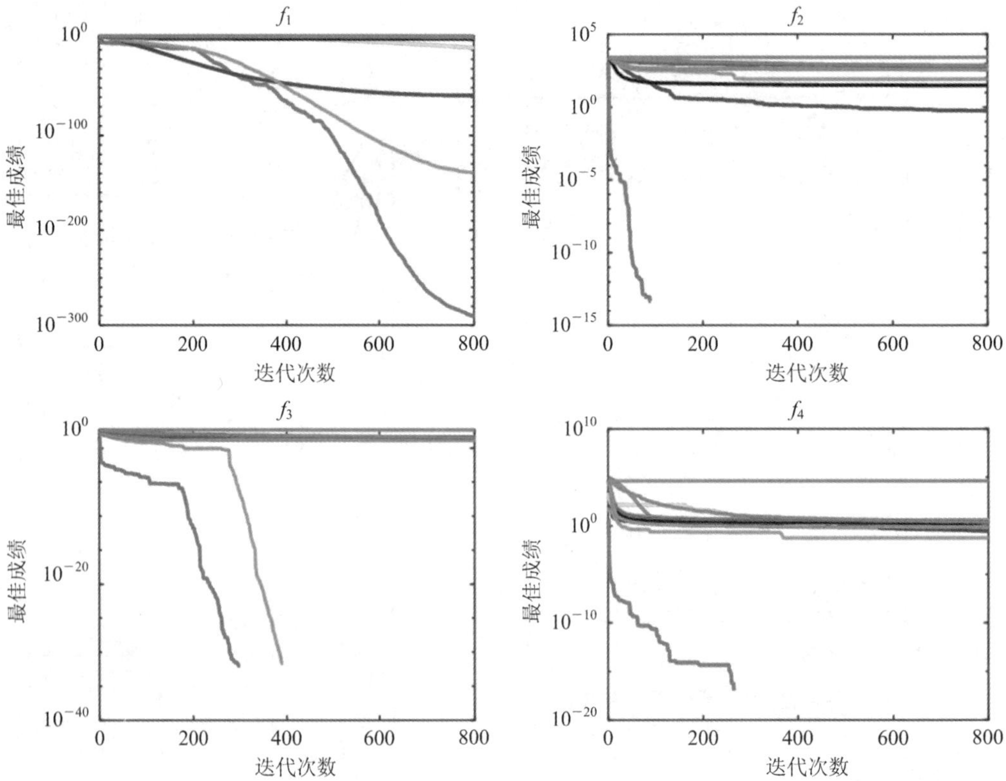

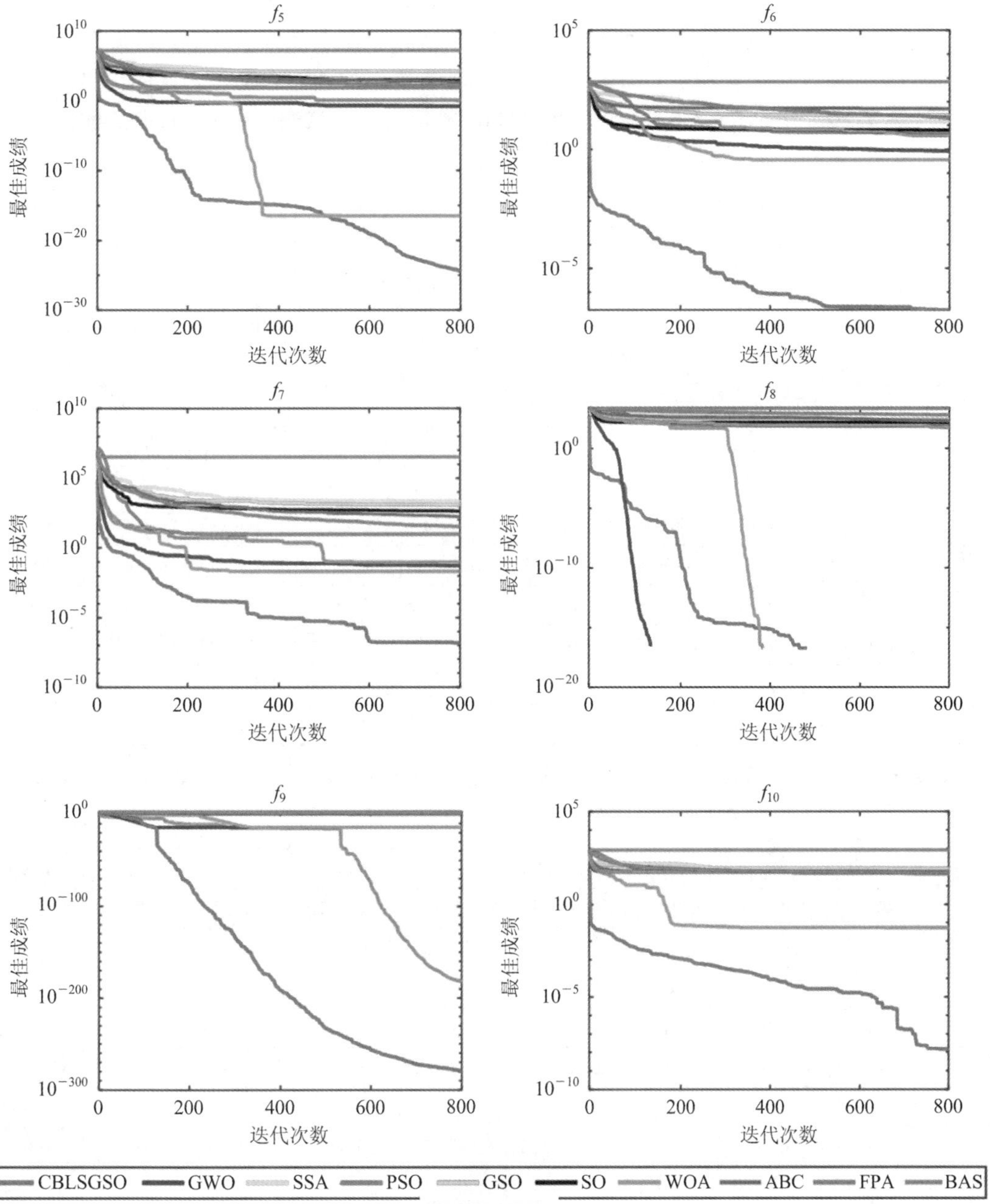

图 3.11　CEC2021 优化函数测试集的收敛曲线

2）统计检验

仅根据平均值和标准偏差值来评价一个算法的性能往往不够准确。为了体现算法改进的鲁棒性和公平性，这里利用统计检验来评估所提出改进算法相比于其他算法的优越性。下面采用 Wilcoxon 统计检验在 5％的显著水平下进行测试。

表 3.10 与表 3.11 显示了使用 Wilcoxon 符号秩检验得到的 p 值。p 值小于 0.05，说明 CBLSGSO 具有比其他算法更好的性能。表 3.10 表明，在全部函数上，p 值远小于 0.05。换句话说，在所比较的算法中，CBLSGSO 算法具有更好的性能和不可否认的优势。

表 3.10　在 Wilcoxon 上检验 CBLSGSO 算法与其他算法的 p 值(基准函数)

函数	算　法								
	GWO	SSA	PSO	GSO	SO	WOA	ABC	BAS	AHA
f_1	4.25e-06	4.25e-06	4.25e-06	4.25e-06	4.25e-06	4.25e-06	4.25e-06	4.25e-06	4.25e-06
f_2	2.59e-30	2.59e-30	2.59e-30	2.59e-30	2.59e-30	2.59e-30	2.59e-30	2.59e-30	2.59e-30
f_3	1.39e-132	1.40e-132	1.40e-132	1.39e-132	1.40e-132	1.39e-132	1.40e-132	1.40e-132	1.40e-132
f_4	1.39e-132	1.40e-132	1.40e-132	1.39e-132	1.40e-132	1.39e-132	1.40e-132	1.40e-132	1.40e-132
f_5	1.27e-4	1.27e-4	1.27e-4	1.27e-4	1.27e-4	1.27e-4	1.27e-4	1.27e-4	1.27e-4
f_6	1.38e-132	1.40e-132	1.40e-132	1.38e-132	1.40e-132	1.38e-132	1.40e-132	1.40e-132	1.40e-132
f_7	9.33e-134	9.30e-134	9.30e-134	9.33e-134	9.30e-134	9.33e-134	9.30e-134	9.30e-134	9.30e-134
f_8	2.33e-115	2.30e-115	2.30e-115	2.33e-115	2.30e-115	2.33e-115	2.30e-115	2.30e-115	2.30e-115
f_9	9.48e-34	9.48e-34	9.48e-34	9.48e-34	9.48e-34	9.48e-34	9.48e-34	9.48e-34	9.48e-34
f_{10}	1.39e-132	1.40e-132	1.40e-132	1.39e-132	1.40e-132	1.39e-132	1.40e-132	1.40e-132	1.40e-132
f_{11}	1.39e-132	1.40e-132	1.40e-132	1.39e-132	1.40e-132	1.39e-132	1.40e-132	1.40e-132	1.40e-132
f_{12}	1.75e-68	1.75e-68	1.75e-68	1.75e-68	1.75e-68	1.75e-68	1.75e-68	1.75e-68	1.75e-68
f_{13}	1.39e-132	1.40e-132	1.40e-132	1.39e-132	1.40e-132	1.39e-132	1.40e-132	1.40e-132	1.40e-132

表 3.11　在 Wilcoxon 上检验 CBLSGSO 算法与其他算法的 p 值(CEC2021 测试)

函数	算　法								
	GWO	SSA	PSO	GSO	SO	WOA	ABC	AHA	BAS
f_1	9.47e-10	9.47e-10	9.47e-10	9.47e-10	9.47e-10	9.47e-10	9.47e-10	9.47e-10	9.47e-10
f_2	6.08e-51	6.08e-51	6.08e-51	6.08e-51	6.08e-51	6.08e-51	6.08e-51	6.08e-51	6.08e-51
f_3	6.06e-51	6.06e-51	6.06e-51	6.06e-51	6.06e-51	6.06e-51	6.06e-51	6.06e-51	6.06e-51
f_4	6.08e-51	6.08e-51	6.08e-51	6.08e-51	6.08e-51	6.08e-51	6.08e-51	6.08e-51	6.08e-51
f_5	6.08e-51	6.08e-51	6.08e-51	6.08e-51	6.08e-51	6.08e-51	6.08e-51	6.08e-51	6.08e-51
f_6	6.08e-51	6.08e-51	6.08e-51	6.08e-51	6.08e-51	6.08e-51	6.08e-51	6.08e-51	6.08e-51
f_7	6.08e-51	6.08e-51	6.08e-51	6.08e-51	6.08e-51	6.08e-51	6.08e-51	6.08e-51	6.08e-51
f_8	1.29e-17	1.29e-17	1.29e-17	1.29e-17	1.29e-17	1.29e-17	1.29e-17	1.29e-17	1.29e-17
f_9	1.92e-16	1.92e-16	1.92e-16	1.92e-16	1.92e-16	1.92e-16	1.92e-16	1.92e-16	1.92e-16
f_{10}	6.08e-51	6.08e-51	6.08e-51	6.08e-51	6.08e-51	6.08e-51	6.08e-51	6.08e-51	6.08e-51

3）消融实验

为了研究多种策略叠加起来对 GSO 的影响，这里用基准函数 $f_1 \sim f_6$ 进行了消融实验。其中种群设置为 50，最大迭代次数为 200，实验结果如图 3.12 所示。“CGSO”表示使用 Cubic 初始化的 GSO 算法，“CBGSO”表示使用 Cubic 初始化和蝴蝶搜索策略的 GSO 算法，“CBLGSO”表示使用 Cubic 初始化、蝴蝶搜索策略和竞争学习策略的 GSO 算法，“CBLSGSO”表示使用 Cubic 初始化、蝴蝶搜索策略、竞争学习策略和正余弦策略的 GSO 算法。

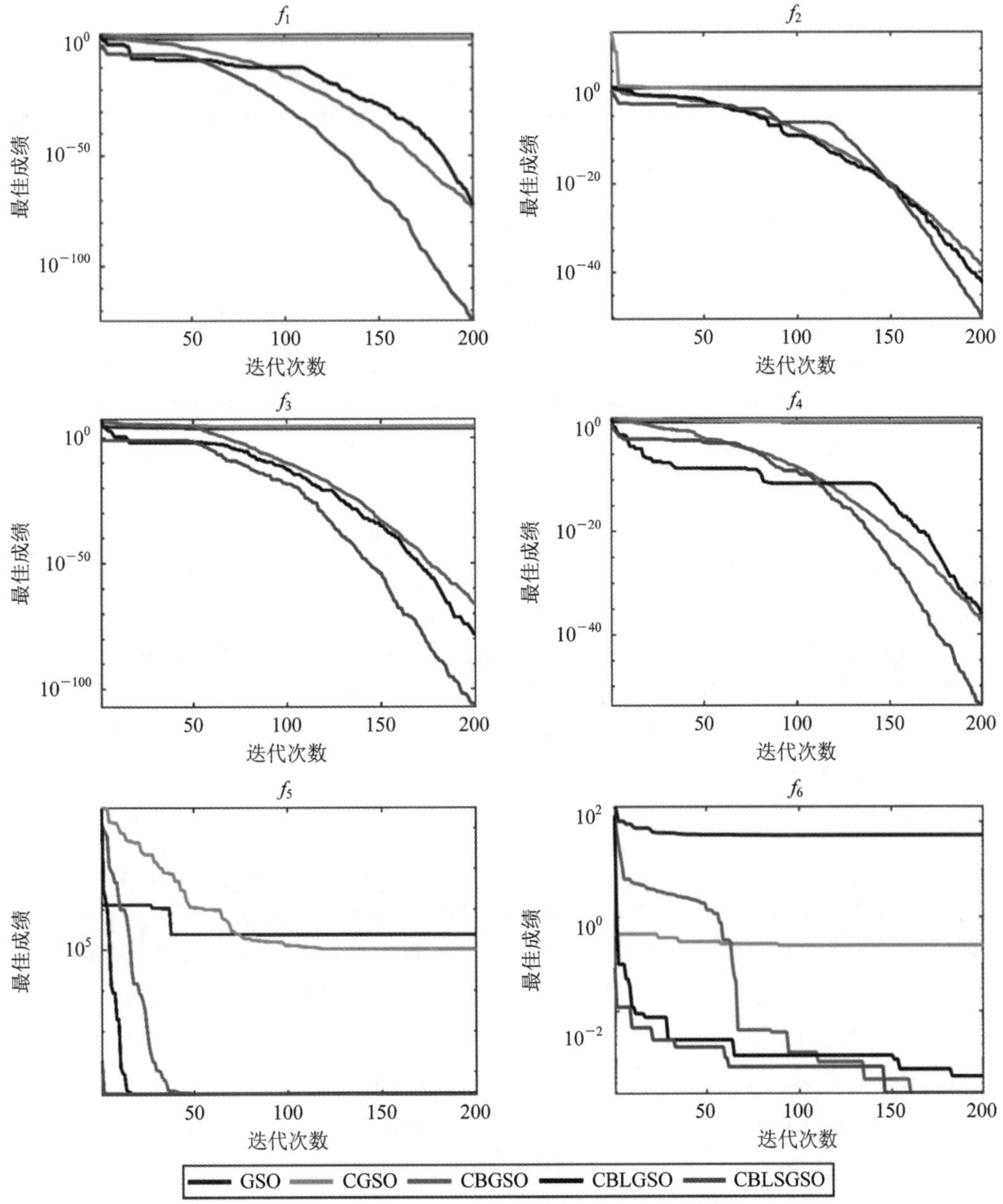

图 3.12　GSO、CGSO、CBGSO、CBLGSO 和 CBLSGSO 的收敛曲线

从 f_2、f_3、f_5 的收敛曲线可以看出，CBLSGSO 算法的收敛速度比 CBLGSO 算法的收敛速度快，而且 CBLGSO 算法比 CBGSO 算法收敛速度快，CBGSO 算法比 CGSO 算法收敛速度快，且前者比后者的收敛精度高。f_1、f_4、f_6 的收敛曲线中，CBLGSO 算法比 CBGSO 算法前期的收敛速度快，但是后期的收敛精度较差，而 CBLSGSO 算法在收敛速度

和收敛精度上表现得最好。以上分析说明，蝴蝶策略无论是前期全局搜索还是后期局部搜索都大大改善了 GSO 算法的收敛速度和精度；竞争学习策略在早期引入更多的多样性、更强烈的竞争和相互作用使得算法更早地趋于寻找潜在的解决方案，算法在前期收敛速度较快；正余弦策略在动态调整学习率方面的优势，有助于提高算法后期的收敛速度和精度。

综上所述，将几个策略结合起来，GSO 算法能获得最佳效果。

3.2.2 二维 OTSU 多阈值图像分割

图像在计算机科学和人工智能领域具有重要的信息价值，值得人们去研究和探索。在许多图像处理问题中，图像分割是一个关键步骤。分割最关键的技术之一是将原始图像分割成具有特定特性的区域并提取相关对象的技术。根据输入图像的特征，可将图像划分为不同的区域，在同一区域内显示连续性或相似性，在不同区域之间显示明显的变化。多阈值图像分割(Multilevel Threshold Image Segmentation，MTIS)是图像分割领域中最关键的方法之一，许多研究人员提出了各种 MTIS 方法。

Ouadfel 和 Taleb Ahmed[27]应用花朵授粉(FP)和社会蜘蛛优化(SSO)算法来实现图像的多阈值分割。Sathya 和 Kayalvizhi[28]针对多级阈值问题提出了一种改进的细菌觅食(MBF)算法。Yue 和 Zhang[29]将 BA 和入侵杂草优化器(IWO)相结合，提出了一种混合蝙蝠算法(IWBA)，并将其应用于图像分割。Wang[30]等人将混合策略改进的鲸鱼算法(WOA)应用于多阈值图像分割。文献[31]将改进的人工蜂群算法应用于多级阈值图像分割，解决了计算量大、计算时间长的问题。下面介绍基于改进的雁群优化算法的二维 OTSU 多阈值图像分割。

1. 实验设计

实验中，选取 baboon、camera、couple、house1、house2、lena、peppers 和 plane 共 8 张图像来测试图像分割效果。所有这些图像都具有(256×256)的分辨率，并且被认为是 PNG 格式。为了验证本节提出的算法用于图像分割的性能，这里选取了 WOA、PSO、GWO、SSA、ABC、BAS 和 FPA 等算法进行对比实验。为了公平比较，所有算法的总体规模为 30，每个算法运行 20 次。

本实验中，采用 m 表示图像的多个阈值级别。这里主要考虑了六种不同的阈值水平：2 阈值水平、3 阈值水平、4 阈值水平、5 阈值水平、8 阈值水平和 12 阈值水平。

2. 图像评估指标

在图像分割中，常用峰值信噪比(PSNR)、结构相似性指数(SSIM)和特征相似指数(FSIM)来评价图像分割质量。

(1) PSNR 是最常见、应用最广泛的图像客观评价指标。PSNR 的值越大，图像的失真越小，图像的分割效果越好。MSE 表示当前图像 X 和参考图像 Y 的均方误差，H 和 W 分别表示图像的高度和宽度。PSNR 的计算公式为

$$\mathrm{MSE} = \frac{1}{H \times W}\sum_{i=1}^{H}\sum_{j=1}^{W}(X(i, j) - Y(i, j))^2 \tag{3.2.12}$$

$$\mathrm{PSNR} = 10\lg\left(\frac{255^2}{\mathrm{MSE}}\right) \tag{3.2.13}$$

式中 $X(i, j)$、$Y(i, j)$分别表示图像 X 和图像 Y 的像素值。

(2) SSIM从图像亮度、对比度和结构三个方面测量图像相似性。SSIM的值范围为[0, 1]，值越大，图像失真越小。SSIM的计算公式为

$$\mathrm{SSIM}(X,Y)=\frac{(2\mu_X\mu_Y+C_1)(2\sigma_{XY}+C_2)}{(\mu_X^2+\mu_Y^2+C_1)(\sigma_X^2+\sigma_Y^2+C_2)} \tag{3.2.14}$$

式中：μ_X是图像X的平均值；μ_Y是图像Y的平均值；σ_X^2是图像X的方差；σ_Y^2是图像Y的方差；σ_{XY}是图像X和Y的协方差；$C_1=(k_1L)^2$，$C_2=(k_2L)^2$，是用来维持稳定的常数，L是像素值的动态范围。

(3) FSIM是SSIM的一种变体，是基于低层视觉特性相似的特征相似度评价方法，其原理是图像中的所有像素不具有相同的重要性。一些特殊的像素，比如物体边缘的像素，在定义物体结构时比其他背景区域的像素更重要。因此，在计算中应该对这些像素给予更多的权重，以突出图像的重要特征。FSIM的定义[53]为

$$\mathrm{FSIM}=\frac{\sum_{x\in\omega}S_L(x)\mathrm{PC_m}(x)}{\sum_{x\in\omega}\mathrm{PC_m}(x)} \tag{3.2.15}$$

式中，ω表示整个图像，$S_L(x)$表示分割图像和原始图像之间的相似性，$\mathrm{PC_m}(x)$为相位一致性特性函数。

3. 实验结果分析

为了进一步验证本节所提算法在图像分割中的优势，这里用SSIM、FSIM和PSNR对实验结果进行了分析和讨论。表3.12、表3.13和表3.14给出了用于8张图像的8种方法的PSNR、SSIM和FSIM。图3.13和图3.14为阈值为12时，CBLSGSO与其他算法的图像分割结果。图3.15和图3.16为CBLSGSO算法在多个阈值下的分割结果。

表3.12 CBLSGSO算法与其他算法的PSNR

名称	m	CBLSGSO	WOA	PSO	GWO	SSA	ABC	BAS	FPA
baboon	2	18.2185	18.1100	17.8400	17.9000	18.1700	18.0900	18.0400	18.1500
	3	20.2889	19.1926	18.6628	19.8113	20.2116	18.0423	17.9032	20.2693
	4	23.0385	21.2169	19.6721	22.2169	21.9242	22.3594	18.8283	22.7876
	5	24.0368	23.7064	23.9715	22.4806	22.746	22.0416	22.3381	23.9712
	8	28.5102	23.4359	24.1053	23.099	26.0136	15.1127	25.575	27.19
	12	31.4758	25.1003	25.7037	26.0365	28.7708	25.2880	26.6712	28.1889
camera	2	15.1399	14.8964	14.5166	14.3453	15.1370	14.6390	15.0227	14.9975
	3	18.0128	17.787	17.3902	17.6184	17.6709	17.5191	17.8419	17.8516
	4	21.7035	21.6994	20.3228	19.5384	21.589	20.7154	19.4065	21.3801
	5	25.3617	25.0354	23.5081	22.8807	24.2603	23.8715	21.6918	24.6822
	8	28.1782	27.5427	27.2708	25.6029	26.9024	24.0986	24.4039	27.8029
	12	29.0176	27.8416	25.4776	24.3624	25.3181	26.2126	24.0335	228.1457
couple	2	18.0148	17.8481	17.9730	17.3531	17.9908	17.8333	17.8478	17.9117
	3	19.7742	19.5509	18.5502	17.4630	18.9300	17.2155	19.4421	19.6108
	4	23.0017	20.3744	21.5751	17.1326	21.7716	20.4131	19.838	22.2866
	5	24.3832	23.2444	21.5932	23.8327	24.344	22.3313	22.4673	23.2439
	8	27.4605	23.2198	21.7482	23.4495	25.5293	22.9153	23.394	25.8564
	12	29.1867	26.1709	24.0368	24.1456	25.6201	27.1378	25.5427	28.4091

续表

名称	m	CBLSGSO	WOA	PSO	GWO	SSA	ABC	BAS	FPA
house1	2	15.5756	15.5777	15.1078	15.0333	15.2752	15.1491	15.2681	15.0381
	3	21.4646	20.5608	17.0004	19.317	21.3263	20.6078	19.1631	21.1709
	4	22.8644	22.198	18.5278	20.2775	22.3921	21.9876	21.0973	21.2239
	5	24.6561	21.4090	20.4527	23.0685	23.1067	21.3103	21.9463	23.0970
	8	27.5493	25.3982	23.6738	22.3959	23.6162	24.6267	24.6187	25.2781
	12	29.0373	27.2656	26.7633	26.3944	28.8693	26.035	25.4533	26.7927
house2	2	15.5539	15.3824	15.1029	15.1789	15.1847	15.2500	15.2208	14.9917
	3	19.7327	18.4276	17.6309	18.9951	19.0439	18.3854	18.2941	19.2017
	4	26.0412	24.4512	21.0409	21.8147	22.8974	22.6184	20.3279	23.0672
	5	23.7332	21.2848	21.4869	22.2037	22.6345	21.0448	22.2767	22.7898
	8	29.866	26.0317	22.5211	24.4797	26.3929	27.0795	25.751	27.5507
	12	30.5141	27.7489	24.4583	26.8305	28.6813	27.5874	26.4254	27.6731
lena	2	17.3015	17.2456	16.1367	16.8719	17.0926	16.9814	16.9618	16.7845
	3	20.2775	18.6449	17.693	18.3218	19.7883	19.6229	19.4923	19.1206
	4	22.2094	21.1322	20.2802	20.3516	21.5923	20.786	19.5736	21.6112
	5	24.9505	22.7381	21.5605	22.8307	23.2092	21.5457	21.2766	21.0126
	8	26.4362	25.2097	23.6864	22.1892	26.6694	23.5418	22.7208	25.0384
	12	31.3022	26.2214	24.9135	25.0186	27.9915	24.7901	25.601	26.7695
peppers	2	16.2968	16.2037	15.8017	14.9700	16.1772	16.1122	16.2157	16.1168
	3	21.4183	19.7069	20.3116	20.6357	20.2076	19.664	18.7714	20.2884
	4	22.2044	20.9335	20.9978	21.0078	21.1918	21.5505	21.3032	21.3371
	5	24.2625	23.8217	21.7371	21.9889	23.9843	20.8131	20.0574	22.5821
	8	25.8087	22.6387	23.7554	22.3256	22.7847	22.1505	21.2071	23.8631
	12	29.6766	23.4631	24.0799	24.5334	25.6829	23.4151	26.3018	26.0924
plane	2	14.2919	14.0933	13.5633	14.0031	14.0930	13.9929	14.0933	13.9724
	3	21.3974	21.0406	19.9536	19.3999	20.988	21.1726	20.3824	20.1806
	4	25.336	23.6965	23.2461	23.5266	24.1588	22.337	23.0374	23.9505
	5	24.9563	23.8145	22.9257	22.1175	23.5698	23.5025	23.4812	24.0315
	8	27.6838	25.8909	23.5186	25.8909	26.9541	24.1915	25.7478	25.1918
	12	30.4496	27.5569	24.8449	24.3168	27.3585	25.7931	26.1058	27.0646

表 3.13　CBLSGSO 与其他算法的 SSIM

名称	m	CBLSGSO	WOA	PSO	GWO	SSA	ABC	BAS	FPA
baboon	2	0.3565	0.3403	0.3333	0.3359	0.2819	0.3465	0.3502	0.3403
	3	0.5891	0.5614	0.5808	0.5506	0.5618	0.56623	0.5472	0.5614
	4	0.6681	0.5772	0.5557	0.5261	0.6034	0.6453	0.6244	0.6295
	5	0.6936	0.7066	0.6802	0.6741	0.6704	0.6319	0.6923	0.7018
	8	0.8316	0.8182	0.6998	0.6991	0.7884	0.7675	0.7695	0.8224
	12	0.8994	0.8391	0.7321	0.8146	0.8554	0.8328	0.8461	0.8374
camera	2	0.6153	0.6029	0.6009	0.5507	0.6075	0.5704	0.5832	0.6054
	3	0.6734	0.6658	0.6534	0.6536	0.6358	0.641	0.6554	0.6264
	4	0.7408	0.7369	0.6117	0.7324	0.7068	0.7395	0.7062	0.7011
	5	0.8088	0.7858	0.7807	0.7904	0.7723	0.8031	0.7914	0.7945
	8	0.8745	0.8609	0.8161	0.7906	0.8546	0.829	0.6863	0.8795
	12	0.8985	0.7927	0.8545	0.8198	0.8652	0.8884	0.8603	0.8394
couple	2	0.4803	0.4701	0.4679	0.463	0.4715	0.4793	0.4408	0.4568
	3	0.6045	0.5797	0.5621	0.5754	0.5716	0.5981	0.5821	0.5846
	4	0.6812	0.5954	0.6727	0.5849	0.6525	0.6669	0.6096	0.659
	5	0.7289	0.704	0.6637	0.6848	0.7167	0.6921	0.6005	0.7035
	8	0.8138	0.7184	0.6157	0.7184	0.7877	0.7763	0.7425	0.7893
	12	0.8688	0.7731	0.8024	0.7985	0.7776	0.8408	0.8052	0.8453
house1	2	0.4991	0.4798	0.4304	0.4711	0.47544	0.4823	0.4772	0.4736
	3	0.7009	0.6219	0.5235	0.6219	0.6894	0.6611	0.6642	0.6869
	4	0.7308	0.7138	0.6259	0.7025	0.7074	0.7097	0.7259	0.7183
	5	0.7533	0.7124	0.6276	0.7216	0.7409	0.6818	0.7177	0.7246
	8	0.8128	0.7818	0.7692	0.7843	0.7663	0.7418	0.7631	0.8005
	12	0.8747	0.8443	0.838	0.825	0.8459	0.8131	0.7996	0.8327
house2	2	0.6438	0.6279	0.5044	0.6023	0.6081	0.6238	0.6211	0.6149
	3	0.6782	0.6438	0.665	0.6358	0.654	0.6459	0.6148	0.6952
	4	0.7932	0.7847	0.6951	0.709	0.7856	0.7797	0.6911	0.765
	5	0.7379	0.6374	0.6993	0.7155	0.7236	0.7007	0.7516	0.7725
	8	0.8448	0.7975	0.8125	0.8156	0.7988	0.8061	0.7782	0.8159
	12	0.8707	0.8448	0.8396	0.8647	0.8495	0.8412	0.7977	0.8518
lena	2	0.5817	0.5712	0.5326	0.5219	0.5728	0.5546	0.5616	0.5647
	3	0.6392	0.6084	0.6007	0.5311	0.6137	0.6241	0.6184	0.6162
	4	0.6915	0.6312	0.6496	0.6771	0.6781	0.6472	0.6662	0.6773
	5	0.7429	0.7022	0.7149	0.6943	0.7221	0.7036	0.7195	0.7059
	8	0.8264	0.7919	0.7385	0.7244	0.8136	0.7695	0.7665	0.7916
	12	0.8881	0.8339	0.8195	0.7956	0.8429	0.8105	0.8408	0.8416

续表二

名称	m	CBLSGSO	WOA	PSO	GWO	SSA	ABC	BAS	FPA
peppers	2	0.5622	0.5217	0.5045	0.5126	0.5452	0.5356	0.5266	0.5274
	3	0.6833	0.6714	0.659	0.6767	0.6796	0.6426	0.6659	0.6721
	4	0.6893	0.6768	0.6424	0.6686	0.6795	0.6488	0.6799	0.6531
	5	0.7246	0.6954	0.7109	0.6925	0.7233	0.687	0.6925	0.7114
	8	0.7717	0.7647	0.7519	0.7472	0.7523	0.6897	0.6963	0.7516
	12	0.8549	0.8024	0.8164	0.8067	0.8266	0.8017	0.819	0.8241
plane	2	0.5043	0.4973	0.5019	0.4939	0.4982	0.4965	0.4792	0.4941
	3	0.7932	0.7644	0.7655	0.7564	0.7789	0.7629	0.7415	0.7803
	4	0.8436	0.8281	0.8142	0.8194	0.8397	0.8052	0.7844	0.8327
	5	0.8596	0.8374	0.8253	0.8247	0.8064	0.8094	0.8173	0.8093
	8	0.894	0.8623	0.8561	0.8076	0.8389	0.8269	0.8483	8.8339
	12	0.9039	0.8698	0.8679	0.8453	0.8779	0.8561	0.8603	0.8725

表 3.14　CBLSGSO 与其他算法的 FSIM

名称	m	CBLSGSO	WOA	PSO	GWO	SSA	ABC	BAS	FPA
baboon	2	0.4274	0.4141	0.4221	0.4177	0.3515	0.4317	0.4241	0.4215
	3	0.6323	0.6291	0.6147	0.6093	0.6181	0.6109	0.5983	0.618
	4	0.7371	0.6671	0.6435	0.6192	0.6863	0.7048	0.7315	0.7042
	5	0.7482	0.6615	0.6651	0.6891	0.6682	0.7425	0.7065	0.7217
	8	0.8726	0.8549	0.7128	0.7566	0.8238	0.8205	0.7949	0.866
	12	0.9257	0.8661	0.8205	0.8604	0.8769	0.8238	0.8426	0.8802
camera	2	0.6787	0.6699	0.672	0.6443	0.6724	0.6659	0.6715	0.669
	3	0.7362	0.7107	0.6899	0.6869	0.7009	0.7142	0.6976	0.6991
	4	0.7625	0.7663	0.7412	0.7458	0.7545	0.7397	0.7477	0.7567
	5	0.8154	0.8058	0.7807	0.7808	0.8015	0.8126	0.7843	0.7847
	8	0.8806	0.8772	0.8002	0.8283	0.8573	0.8748	0.7667	0.8586
	12	0.9133	0.8809	0.86	0.877	0.8753	0.9036	0.8839	0.8992
couple	2	0.5491	0.5324	0.5166	0.5017	0.5387	0.5149	0.5321	0.5381
	3	0.6366	0.628	0.6269	0.6074	0.5816	0.5981	0.5821	0.5846
	4	0.7094	0.6497	0.6872	0.6921	0.6747	0.6971	0.6481	0.6805
	5	0.7618	0.7389	0.6791	0.7134	0.7217	0.7426	0.6527	0.7167
	8	0.8544	0.7375	0.6725	0.7515	0.8037	0.8184	0.7698	0.8071
	12	0.8857	0.7831	0.8247	0.8092	0.8014	0.8397	0.777	0.8507

续表

名称	m	CBLSGSO	WOA	PSO	GWO	SSA	ABC	BAS	FPA
house1	2	0.5866	0.5753	0.5533	0.5763	0.5686	0.5679	0.5707	0.5549
	3	0.7021	0.6644	0.6017	0.6493	0.6915	0.6631	0.6892	0.6918
	4	0.7452	0.7203	0.6468	0.7274	0.7141	0.7255	0.7075	0.7157
	5	0.7868	0.7359	0.6247	0.7216	0.7449	0.6818	0.7277	0.7638
	8	0.8569	0.8183	0.7919	0.8124	0.7991	0.7229	0.8204	0.8134
	12	0.9003	0.8161	0.8472	0.8457	0.8636	0.8569	0.8373	0.8421
house2	2	0.6581	0.6239	0.5869	0.623	0.6023	0.6066	0.6175	0.6274
	3	0.6917	0.6802	0.6573	0.6476	0.6715	0.659	0.6971	0.6638
	4	0.7985	0.7655	0.7562	0.709	0.7791	0.7702	0.7297	0.7638
	5	0.8006	0.7147	0.7716	0.7117	0.7226	0.7007	0.784	0.7725
	8	0.8679	0.798	0.8219	0.816	0.8055	0.8374	0.7993	0.8159
	12	0.8992	0.8597	0.8534	0.8669	0.8632	0.866	0.8059	0.841
lena	2	0.6097	0.6046	0.6246	0.5997	0.6056	0.6033	0.5942	0.6013
	3	0.7049	0.6884	0.6465	0.601	0.7009	0.6959	0.6816	0.6973
	4	0.7616	0.7124	0.7206	0.7285	0.733	0.7069	0.7052	0.7368
	5	0.7653	0.7343	0.732	0.7376	0.7451	0.7452	0.7413	0.7230
	8	0.8531	0.8266	0.7689	0.7705	0.8384	0.7919	0.7838	0.8184
	12	0.9119	0.8444	0.8561	0.8351	0.8783	0.8437	0.8143	0.8486
peppers	2	0.6056	0.5961	0.5969	0.5967	0.5873	0.5964	0.5897	0.5985
	3	0.7075	0.6877	0.6942	0.6897	0.6996	0.6924	0.6789	0.6982
	4	0.7266	0.7078	0.6991	0.6911	0.7107	0.6817	0.7018	0.7003
	5	0.7345	0.7398	0.7033	0.695	0.729	0.6977	0.6921	0.6956
	8	0.8136	0.7846	0.7748	0.7846	0.7963	0.7158	0.7237	0.7763
	12	0.8803	0.8192	0.8389	0.8012	0.8481	0.8416	0.8327	0.8381
plane	2	0.5791	0.5206	0.5643	0.5141	0.5397	0.5449	0.5315	0.5493
	3	0.7192	0.7063	0.7009	0.6988	0.6996	0.7051	0.599	0.7065
	4	0.7924	0.7529	0.7253	0.7479	0.7793	0.7721	0.7612	0.7604
	5	0.8164	0.7627	0.791	0.7923	0.7972	0.77994	0.7667	0.7899
	8	0.8763	0.8279	0.8373	0.8328	0.8566	0.8169	0.8507	0.8526
	12	0.9145	0.8365	0.8788	0.8216	0.8686	0.8507	0.8596	0.8692

表 3.12～表 3.14 表明，当阈值很小时(例如，m=2、3 和 4)，每个算法的分割结果差

距很小，几乎相同；当阈值较大时(例如，$m=5$、8 和 12)，分割结果的数值差异是明显的。这表明，阈值的增加导致算法之间的分割结果差异扩大。

表 3.12 表明，除单个奇异值外，CBLSGSO 算法的分割结果在所有算法中是最好的，这表明 CBLSGSO 算法在 PSNR 方面具有优势。表 3.12 表明，CBLSGSO 算法在大多数实验中表现出较为优越的性能，特别是在图像 plane 的实验中取得了显著的优势。表 3.14 表明，在 8 张图像的 6 个阈值实验中，CBLSGSO 算法的数值是最好的，其中当 $m=12$ 时，baboon、camera、house1 和 plane 的 FSIM 值达到 0.9 以上，这说明图像的结构和特征得到了良好的保留。

图 3.13 和图 3.14 表明，CBLSGSO 算法相较于其他算法呈现更为清晰、细致的分割效果。其他算法的分割图像或多或少出现了边缘模糊或断裂，亮度失真、对比度低和欠分割等现象。图 3.15 和图 3.16 表明，当阈值较小时，CBLSGSO 算法也能保持相对准确的分割效果，随着阈值的增加，分割细节也逐渐细化。

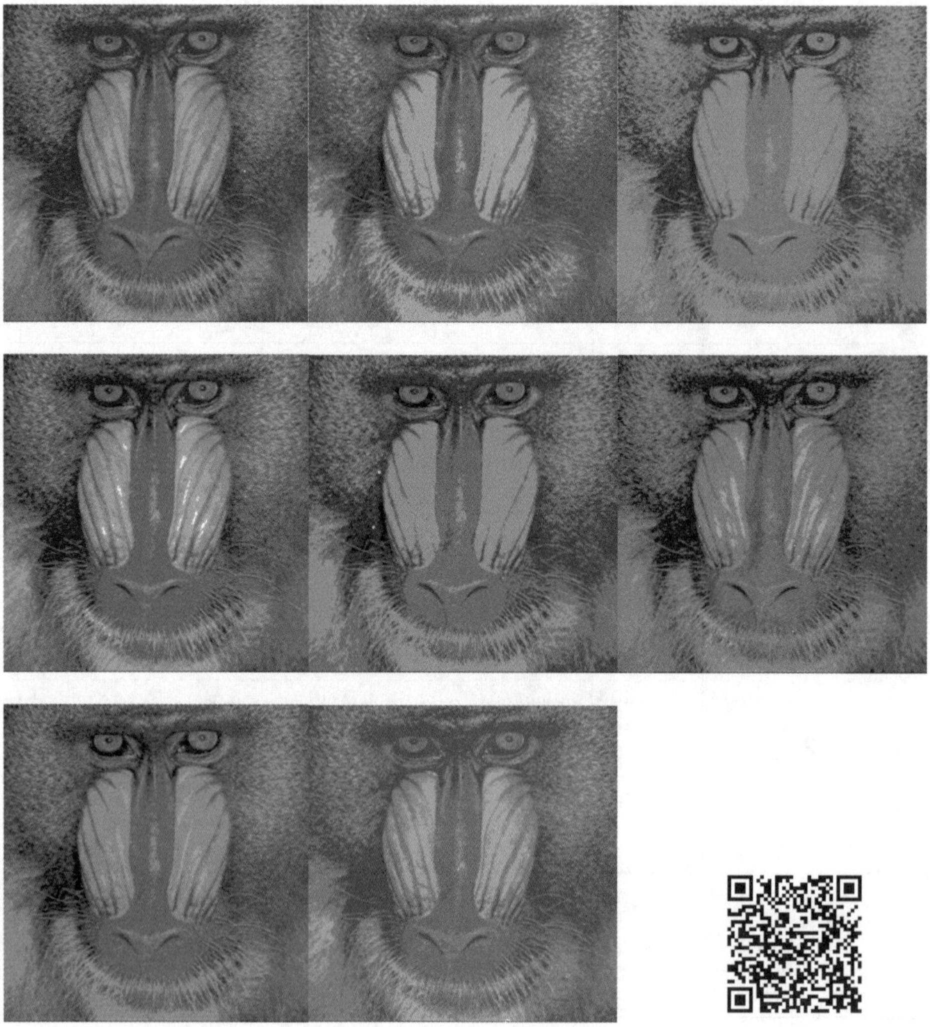

图 3.13　$m=12$ 时，对 baboon 分割的结果(依次是 CBLSGSO、ABC、BAS、FPA、GWO、PSO、SSA、WOA)

图 3.14　$m=12$ 时，对 lena 分割的结果(依次是 CBLSGSO、ABC、BAS、FPA、GWO、PSO、SSA、WOA)

图 3.15　$m=2$、3、4、5、8、12 时，CBLSGSO 算法的分割结果

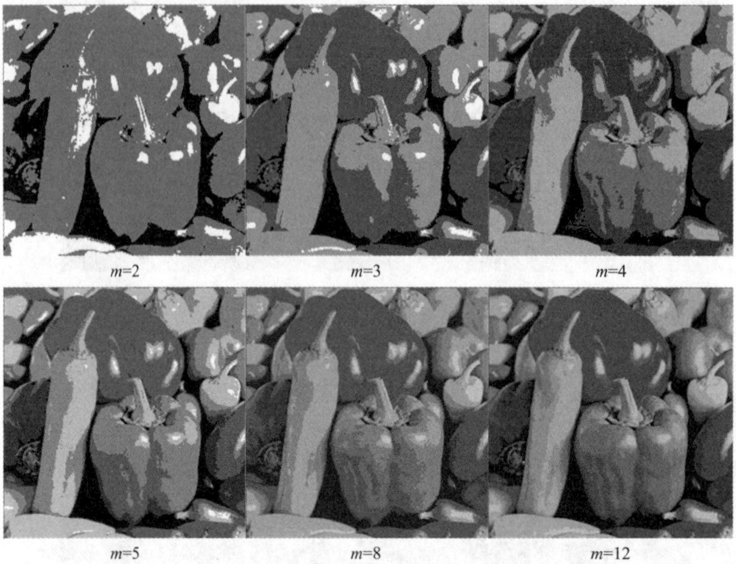

图 3.16 $m=2$、3、4、5、8、12 时，CBLSGSO 算法的分割结果

参考文献 3

[1] BAJEC I L, HEPPNER F H. Organized flight in birds[J]. Animal Behaviour, 2009, 78(4): 777-789.

[2] LISSAMAN P B S, SHOLLENBERGER C A. Formation flight of birds[J]. Science, 1970, 168(3934): 1003-1005.

[3] BADGEROW J P. An analysis of function in the formation flight of Canada geese [J]. The Auk, 1988, 105(4): 749-755.

[4] HAINSWORTH F R. Precision and dynamics of positioning by Canada geese flying in formation[J]. Journal of Experimental Biology, 1987, 128(1): 445-462.

[5] SEILER P, Pant A, HEDRICK J K. A systems interpretation for observations of bird V-formations[J]. Journal of theoretical biology, 2003, 221(2): 279-287.

[6] SEILER P, PANT A, HEDRICK K. Analysis of bird formations [C]. // Proceedings of the 41st IEEE Conference on Decision and Control, Las Vega, Nevada USA. IEEE, 2002(1): 118-123.

[7] ANDERSSON M, WALLANDER J. Kin selection and reciprocity in flight formation? [J]. Behavioral Ecology, 2004, 15(1): 158-162.

[8] 金仁淑. 日本对东亚直接投资"雁行模式"再思考[J]. 日本学论坛，2003 (1)：33-39.

[9] 胡俊文. 论"雁行模式"的理论实质及其局限性[J]. 现代日本经济，2000，110(2)：1-5.

[10] 王丽华，王翠萍. 论国家创新体系中信息保障系统的雁行模式[J]. 图书情报工作，

2003 (12)：1-5.

[11] 庄培显. 雁群飞行理论及雁群优化算法研究[D]. 厦门：华侨大学，2013.

[12] EBERHART R C, KENNEDY J. A new optimizer using particle swarm theory[C] //Proceedings of the Sixth International Symposium on Micro Machine and Human Science, Nagoya, Japan. IEEE, 1995：39-43.

[13] DU Y, YUAN H, JIA K, et al. Research on threshold segmentation method of two-dimensional Otsu image based on improved sparrow search algorithm[J]. IEEE Access, 2023(11)：70459-70469.

[14] LIU M J, ZHUANG R, GUO X F, et al. Application of improved Otsu threshold segmentation algorithm in mobile phone screen defect detection[C] //2020 Chinese Control And Decision Conference (CCDC), Hefei, China. IEEE, 2020：4919-4924.

[15] PALACIOS A. Cycling chaos in one-dimensional coupled iterated maps [J]. International Journal of Bifurcation and Chaos, 2002, 12(08)：1859-1868.

[16] ZHANG Y, WANG L, ZHOU H B, et al. Design and application of particle swarm optimization algorithm based on competitive learning [J]. Computer Measurement and Control, 2021, (8)：182-189.

[17] SHADRAVAN S, NAJI H R, BARDSIRI V K. The sailfish optimizer：a novel nature-inspired metaheuristic algorithm for solving constrained engineering optimization problems [J]. Engineering Applications of Artificial Intelligence, 2019(80)：20-34.

[18] ARORA S, SINGH S. Butterfly optimization algorithm：a novel approach for global optimization[J]. Soft computing, 2019(23)：715-734.

[19] LI L G, SUN L J, GUO J, et al. Modified discrete grey wolf optimizer algorithm for multilevel image thresholding[J]. Computational intelligence and neuroscience, 2017, 2017(1)：3295769.

[20] DHIEB M, MASMOUDI S, MESSAOUD M B, et al. 2-D entropy image segmentation on thresholding based on particle swarm optimization (PSO)[C] //2014 1st International Conference on Advanced Technologies for Signal and Image Processing (ATSIP), Sousse, Tunisia. IEEE, 2014：143-147.

[21] ABDEL-BASSET M, CHANG V, MOHAMED R. HSMA_WOA：A hybrid novel Slime mould algorithm with whale optimization algorithm for tackling the image segmentation problem of chest X-ray images[J]. Applied soft computing, 2020(95)：106642.

[22] HU C A, WANG F Q, ZHU D L. Improved sparrow search algorithm and its application in infrared image segmentation[J]. Infrared Technology, 2023(06)：605-612

[23] CUEVAS E, SENCIÓN F, ZALDIVAR D, et al. A multi-threshold segmentation approach based on artificial bee colony optimization[J]. Applied Intelligence, 2012(37)：321-336.

[24] 权浩迪，刘勇国，傅聃，等. 多策略改进的蛇优化算法[J]. 计算机技术与发展，2024，34 (05)：117-125.

[25] 杨青青，邓敏仪，彭艺. 基于改进甲虫搜索算法的城市无人机路径规划[J]. 系统仿真学报，2023，35(12)：2527-2536.

[26] 刘晓波. 基于迁移学习的花卉图像分类模型与算法研究[D]. 太原：中北大学，2021.

[27] OUADFEL S, TALEB-AHMED A. Social spiders optimization and flower pollination algorithm for multilevel image thresholding：a performance study[J]. Expert Systems with Applications, 2016(55)：566-584.

[28] SATHYA P D, KAYALVIZHI R. Modified bacterial foraging algorithm based multilevel thresholding for image segmentation[J]. Engineering Applications of Artificial Intelligence, 2011, 24(4)：595-615.

[29] YUE X F, ZHANG H B. Improved hybrid bat algorithm with invasive weed and its application in image segmentation[J]. Arabian Journal for Science and Engineering, 2019(44)：9221-9234.

[30] WANG C Z, TU C K, WEI S W, et al. MSWOA：A mixed-strategy-based improved whale optimization algorithm for multilevel thresholding image segmentation[J]. Electronics, 2023, 12(12)：2698.

[31] GAO H, FU Z, PUN C M, et al. A multi-level thresholding image segmentation based on an improved artificial bee colony algorithm[J]. Computers & Electrical Engineering, 2018(70)：931-938.

第4章 蝙蝠算法

【内容导读】 从微型蝙蝠回声定位、蝙蝠运动规律出发，分析了基本蝙蝠算法的原理、框架和实现流程，讨论了蝙蝠算法的特点及其收敛性，对变异的蝙蝠算法、量子蝙蝠算法、混合蝙蝠算法等改进算法进行了探讨；给出了记忆方式的速度更新公式，阐释了三角翻转法，分析了记忆型三角翻转蝙蝠算法的原理及收敛性；分析了DNA遗传蝙蝠算法及基于DNA遗传蝙蝠算法的分数间隔多模盲均衡算法、基于双蝙蝠群体智能优化的多模盲均衡算法。

蝙蝠算法(Bat Algorithm，BA)[1]是一种群体智能优化算法，它采用频率调谐的技术来增强种群的多样性，利用迭代过程中脉冲响度和脉冲发射频率的适时变化来实现全局搜索和局部搜索的自动切换，从而平衡全局搜索和局部搜索对算法寻优性能的影响。正是上述独特优点，使该算法受到众多学者的广泛关注，有关蝙蝠算法的研究成果也逐年出现。

4.1 基本蝙蝠算法

下面首先简要介绍有关微型蝙蝠回声定位原理的一些基本常识。

4.1.1 微型蝙蝠回声定位

世界上大约存在1000种不同种类的蝙蝠，它们的体型千差万别，有小到只有1.5～2 g重的大黄蜂蝙蝠，也有大到翼幅约2 m、重约1 kg的巨型蝙蝠。在蝙蝠种类中，使用回声定位最为普遍的是微型蝙蝠。

微型蝙蝠的典型特征就是使用回声定位来发现猎物、避免障碍物和定位夜晚栖息的裂缝。它们能够发射出一种非常强的脉冲声波，并倾听从周围物体反射回来的回音；它们会依据猎物种类的不同采取不同的捕食策略，因此它们发射出去的脉冲也呈现不同的属性。大多数蝙蝠使用短且高频的信号去扫描大约一个八度音阶，每个脉冲的频率范围为[25 kHz，150 kHz]，且持续时间只有千分之几秒(最长约为8～10 ms)。通常情况下，微型蝙蝠能够在一秒时间内连续发送10到20个这样的声波，当锁定了其正在找寻的猎物时，它们发射脉冲的频率便能够快速增加到大约200个脉冲每秒。由于声音在空气中的传播速度 v 大约为340 m/s，而波长 $\lambda=v/f$，因此，在固定频率 f 下，取值范围在[25 kHz，150 kHz]的频率对应的声波波长的取值范围为[2 mm，14 mm]。有趣的是，这些波长的长度和蝙蝠要捕食猎物的大小相当。

4.1.2 基本蝙蝠算法原理

基于上述蝙蝠回声定位原理，基本蝙蝠算法采用了三个理想化的规则[2]：

(1) 所有蝙蝠都使用回声定位去感知距离，并且能够以一种不为人所知的方式分辨出食物或者猎物与背景障碍物。

(2) 蝙蝠在位置 x_i 处以速度 $\boldsymbol{v}_i$ 和频率 $f_{\min}$ 进行随意飞行，通过改变波长 λ 和响度 A^i 来实现其对猎物的搜索。同时，它们可以根据猎物与自己的距离来自动调节发射的脉冲波长(或频率)，并调整脉冲发射的速率 r，$r\in[0, 1]$。

(3) 假定响度的变化过程是从最大值(正值) $A_{\max}$ 逐渐变化到最低恒值 $A_{\min}$。

4.1.3 蝙蝠运动

假设在一个 D 维搜索空间中，第 i 只蝙蝠在第 k 代蝙蝠的位置为 $\boldsymbol{x}_i(k)$，速度为 $\boldsymbol{v}_i(k)$，且当前蝙蝠种群最好的位置为 $\boldsymbol{x}_{\text{best}}$，则关于 $\boldsymbol{x}_i(k)$ 和 $\boldsymbol{v}_i(k)$ 的更新公式为

$$f_i = f_{\min} + (f_{\max} - f_{\min})\beta \qquad (4.1.1)$$

$$\boldsymbol{v}_i(k) = \boldsymbol{v}_i(k-1) + (\boldsymbol{x}_i(k) - \boldsymbol{x}_{\text{best}}) f_i \qquad (4.1.2)$$

$$\boldsymbol{x}_i(k) = \boldsymbol{x}_i(k-1) + \boldsymbol{v}_i(k) \qquad (4.1.3)$$

式中，$\beta\in[0, 1]$，是一个均匀分布的随机数。

初始化时，每个蝙蝠的频率可以在 $[f_{\min}, f_{\max}]$ 区间上随机均匀产生。

对于局部搜索，一旦从现有的最优解集中随机选择出一个当前最优解 $\boldsymbol{x}_{\text{old}}$，则每只蝙蝠新待定的位置就在其附近就近产生，即

$$\boldsymbol{x}_{\text{new}}(k) = \boldsymbol{x}_{\text{old}}(k) + \varepsilon A(k) \qquad (4.1.4)$$

式中，$\varepsilon\in[-1, 1]$，是一个任意的数字；$A(k)=\langle A_i(k)\rangle$，是所有蝙蝠在该时刻的平均响度。

另外，为保证算法在全局搜索和局部搜索之间达成一种良好的平衡关系，要求脉冲发射的响度 A_i 和速率 r_i 要随着迭代而更新，更新公式为

$$A_i(k+1) = \alpha A_i(k) \qquad (4.1.5)$$

$$r_i(k+1)=r_i(0)[1-\exp(-\gamma k)] \qquad (4.1.6)$$

式中，α 和 γ 是常量。对于任何 $0<\alpha<1$ 和 $\gamma>0$，当 $k\to\infty$ 时，有 $A_i(k)\to 0$，$r_i(k)\to r_i(0)$。

假设求函数 $J(x)$ 的最小值，种群大小为 N，第 i 只蝙蝠的位置为 $\boldsymbol{x}_i$，其中，$\boldsymbol{x}_i=(x_{i1}, x_{i2}, \cdots, x_{iD})$，$i=1, 2, \cdots, N$。基本蝙蝠算法的实现流程如图 4.1 所示。

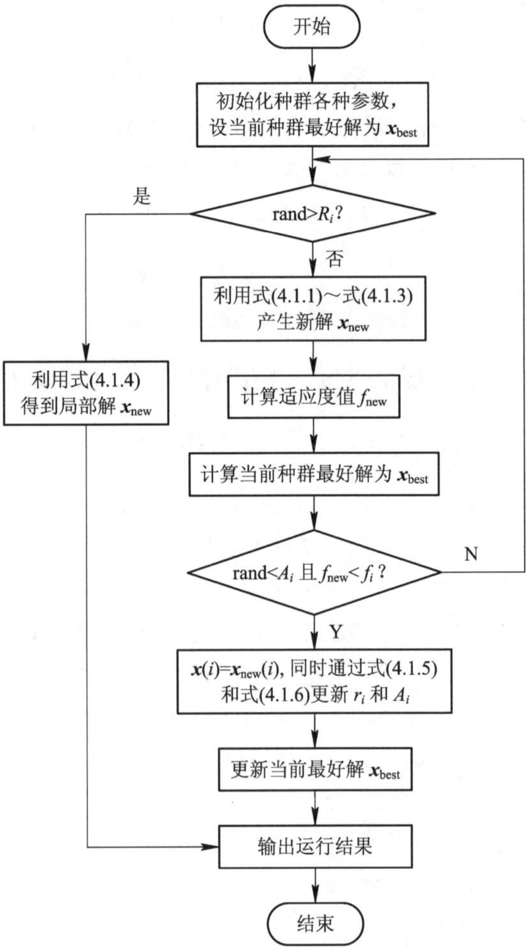

图 4.1 基本蝙蝠算法流程

4.1.4 变异的蝙蝠算法

基本蝙蝠算法具有许多优点，但任何事物都有两面性，若优点利用不当，也会成为缺点。例如，该算法的一个主要优点是在算法运行的前期就能通过将全局优化转换到局部优化实现快速收敛，但这种优点会导致算法过早处于停滞阶段。为充分利用该优点，进而提高算法的性能，很多学者对基本蝙蝠算法进行了改进，得到了各种变异的蝙蝠算法。

1. 模糊逻辑蝙蝠算法[3]

将模糊逻辑的概念引入蝙蝠算法，形成模糊蝙蝠算法。

2. 多目标蝙蝠算法[4]

通过加权求和方式，将多目标函数优化问题转化成单目标函数优化问题，然后使用基本蝙蝠算法来求解被转化后的单目标函数优化问题，最后将所得的解代入原多目标函数优化问题的各子目标函数，求出的结果作为多目标函数优化问题的解。这便是多目标蝙蝠算法。将上述过程反复运行多次，即可得到待求多目标函数优化问题的 Pareto 最优解及 Pareto 前沿。

3. *K*-均值蝙蝠算法[5]

将 K-均值技术与蝙蝠算法相结合，形成 K-均值蝙蝠算法。

4. 混沌蝙蝠算法[6]

结合列维飞行、混沌遍历以及蝙蝠算法自身的特点，形成一种能够研究和解决动态生物系统的参数估计问题的混沌蝙蝠算法。

5. 二进制蝙蝠算法[7]

用 S 型函数作用于每只蝙蝠当前速度的每个变量，将所得结果(0 或者 1)作为该蝙蝠当前位置相应分量的值，以便解决分类和特征提取问题。这便是二进制蝙蝠算法。

6. 微分算子和列维飞行的蝙蝠算法[8]

结合微分算子、列维飞行和蝙蝠算法各自的优点，形成混合蝙蝠算法，即微分算子和列维飞行的蝙蝠算法，用于解决函数优化问题。

7. 改进蝙蝠算法[9]

首先引入列维飞行特征，然后给出响度和脉冲发射速率的微妙变化与列维飞行之间的优良组合方式，形成一种改进蝙蝠算法，用于求解 70 个不同的测试函数。该算法显示出较好的性能。

8. 蝙蝠和声混合算法[10]

充分利用和声搜索算法和蝙蝠算法各自的优势，形成蝙蝠和声混合算法。

当然，蝙蝠算法的改进版本还很多，这里不再一一赘述[11-12]。

4.1.5 蝙蝠算法特点

蝙蝠算法具有理解简单和操作实现灵活的优点，其应用领域也很广泛。那么，为什么蝙蝠算法会如此有效呢？主要原因如下。

1. 频率调谐

蝙蝠算法使用回声定位和频率调谐来解决问题。尽管在现实中，回声定位并不直接用来模拟实实在在的函数问题，但频率的变化被应用于算法之中。这种特点可以为算法提供一些类似于粒子群算法与和声搜索算法所展现出的功能，因此，蝙蝠算法拥有其他群体智能算法拥有的一些优点。

2. 自动缩放

与其他算法相比，蝙蝠算法一个很突出的优点就是能够自动将算法的寻优区域缩放到能够产生比当前解性能更好的解所在的区域，伴随着这种缩放进程的是从全局搜索到更集中的局部搜索的自动转换，这种功能使蝙蝠算法在算法寻优的初始阶段就拥有比其他算法更快的收敛速度。

3. 参数动态控制

许多启发式算法的参数在算法运行前均已通过某种方式(如实验手段)确定好了，参数在算法运行的过程中一般保持不变，可以理解这种设置参数的方法是静态的，然而，蝙蝠算法的参数设置方法却是动态的，响度 A 和脉冲发射速率 R 会随迭代进行有针对性的改变。当算法寻优的结果接近全局最优解时，这种参数控制方式给算法提供了一种由全局搜索向局部搜索自动转换的途径。

4.1.6 蝙蝠算法收敛性分析

本节利用特征方程方法，对蝙蝠算法进行收敛性分析，并给出相应的参数选取方法[12-14]。

式(4.1.2)和式(4.1.3)体现了算法的全局搜索能力，式(4.1.4)体现了算法的局部搜索能力。所以本节讨论以式(4.1.2)和式(4.1.3)为基础的全局搜索能力。讨论蝙蝠算法的收敛性，以两种形式的速度：

$$\boldsymbol{v}_i(k+1) = w\boldsymbol{v}_i(k) + (\boldsymbol{x}_i(k) - \boldsymbol{x}_{\text{best}})f_i \tag{4.1.7}$$

$$\boldsymbol{v}_i(k+1) = w\boldsymbol{v}_i(k) + (\boldsymbol{x}_{\text{best}} - \boldsymbol{x}_i(k))f_i \tag{4.1.8}$$

进行构造。

不难发现，式(4.1.2)是式(4.1.7)的一种特殊情况，即当 $w=1$ 时。

首先由(4.1.7)和式(4.1.3)进行分析，这里定义为模式 1。

式(4.1.7)和式(4.1.3)表明，尽管 $\boldsymbol{v}(k)$ 和 $\boldsymbol{x}(k)$ 是多维变量，但每一维之间均相互独立，故可以简化为一维对算法进行分析。为简化计算，假设整个种群当前最优解的位置不变，记为常数 b，f_i 为常数，$r_1 \geqslant 0$。于是，式(4.1.7)和式(4.1.3)可简化为

$$v(k+1) = wv(k) + r_1(x(k) - b) \tag{4.1.9}$$

$$x(k+1) = x(k) + v(k+1) \tag{4.1.10}$$

由式(4.1.9)和式(4.1.10)得

$$x(k+2) - (1 + r_1 + w)x(k+1) + wx(k) = -r_1 b \tag{4.1.11}$$

这是一个二阶常系数非齐次差分方程。现采用特征方程方法解该方程。

首先解式(4.1.11)的特征方程：$\lambda^2 - (1 - r_1 + w)\lambda + w = 0$。记 $\Delta = (1 + r_1 + w)^2 - 4w$。因为 $r_1 \geqslant 0$，所以 $\Delta \geqslant (1+w)^2 - 4w = (1-w)^2 \geqslant 0$。当且仅当 $w=1$ 时，$r_1=0$，$\Delta=0$；其他情况，$\Delta > 0$，所以只需考虑如下两种情况：

(1) 当 $\Delta=0$ 时，$\lambda=\lambda_1=\lambda_2=1$，此时 $x(n)=A_0+A_1 n$。A_0、A_1 为待定系数，由 $x(0)$ 和

$v(0)$确定，经计算得到

$$\begin{cases} A_0 = x(0) \\ A_1 = \dfrac{(1+r_1-w)x(0)+2wv(0)-2r_1 b}{1+r_1+w} \end{cases} \tag{4.1.12}$$

(2) 当 $\Delta>0$ 时，$\lambda_{1,2}=\dfrac{1+r_1+w\pm\sqrt{\Delta}}{2}$，此时 $x(n)=A_0+A_1\lambda_1(n)+A_2\lambda_2(n)$。$A_0$、$A_1$ 和 A_2 为待定系数，由 $x(0)$和 $v(0)$确定，经计算得

$$\begin{cases} A_0 = x(0)-A_1-A_2 \\ A_1 = \dfrac{\lambda_2 x(0)-(1+\lambda_2)x(1)+x(2)}{(\lambda_2-\lambda_1)(1-\lambda_1)} \\ A_2 = \dfrac{\lambda_1 x(0)-(1+\lambda_1)x(1)+x(2)}{(\lambda_1-\lambda_2)(1-\lambda_2)} \end{cases} \tag{4.1.13}$$

式中

$$x(1)=(1+r_1)x(0)+wv(0)-r_1 b$$

$$x(2)=[1+(r_1+w+2)r_1]x(0)+(1+r_1+w)wv(0)-(r_1+w+2)r_1 b$$

若 $k\to\infty$时，$x(k)$有极限，趋于有限值，表示迭代收敛。由此可知，若要求上面两种情况的 $x(k)$收敛，其条件是：$0<\lambda_1<1$ 且 $0<\lambda_2<1$。

显然，当 $\Delta=0$ 时，收敛区域为空集。

当 $\Delta>0$ 时，收敛区域必须满足

$$\begin{cases} (1+r_1+w)^2-4w>0 \\ \left|\dfrac{1+r_1+w\pm\sqrt{\Delta}}{2}\right|<1 \\ r_1\geqslant 0 \end{cases} \tag{4.1.14}$$

将式(4.1.14)展开，得

$$\begin{cases} -3-w-r_1<\sqrt{\Delta}<1-w-r_1 \\ -1+w+r_1<\sqrt{\Delta}<3+w+r_1 \end{cases} \Leftrightarrow \begin{cases} -3<w+r_1<1 \\ \sqrt{\Delta}<1-w-r_1 \\ \sqrt{\Delta}<3+w+r_1 \end{cases} \tag{4.1.15}$$

将式(4.1.15)展开得 $r_1<0$，这与 $r_1\geqslant 0$ 矛盾，所以，当 $\Delta>0$ 时，收敛区域为空集。

综上所述，式(4.1.7)和式(4.1.3)结合时，即模式 1 收敛区域为空集，从而说明基本蝙蝠算法的速度和位置更新方式无法保证算法的收敛速度，具有很大的局限性。

接着分析式(4.1.8)和式(4.1.3)结合的情况，这里定义为模式 2。采用同样的方法可解得模式 2 的收敛区域为：$w<1$，$r_1\geqslant 0$ 和 $2w-r_1+2>0$ 所围成的区域。该区域与文献[13]用同样方法分析带有惯性因子的粒子群算法的粒子收敛区域一致，从这个方面来说，粒子群算法是蝙蝠算法的一种特殊形式。

4.1.7 模式与参数选取

参数的选取是影响算法性能和效率的关键，收敛性的讨论为算法提供了选取参数的依据。基本蝙蝠算法中 $w=1$，r_1 取(0, 1)之间的随机数。很显然，基本蝙蝠算法参数的选取并不可取，特别是当 $w=1$ 时，算法无法保证具有较好的收敛性，更何况基本蝙蝠算法的速

度和位置的更新方程即模式 1 存在很大的局限性。这里使用模式 2 作为蝙蝠算法的速度和位置更新方程。

参考收敛区域，这里给出参数选取方法如下：首先 w 取介于$(-1, 1)$之间的随机数，接着 r_1 取$(0, 2+2w)$之间的随机数。

4.2 记忆型蝙蝠算法

增强蝙蝠算法的全局收敛性，可以防止蝙蝠陷入局部最优，最终搜索到最优位置。这对蝙蝠算法的性能来说是至关重要的。因此，很多学者针对蝙蝠算法的全局收敛性做了大量改进研究，开发了许多改进的蝙蝠算法。例如，文献[15]不仅根据对不同个体采用不同的搜索模式，还根据蝙蝠前后期搜索影响，提出了一种具有记忆特征的改进蝙蝠算法[16]，从而提高了算法的性能。

当速度更新方式采用记忆方式及混合方式时，标准蝙蝠算法能以概率 1 收敛到全局极值点，而当采用无记忆方式时则无法保证蝙蝠算法的全局收敛性。因此，从全局收敛性角度来看，记忆方式与混合方式差别不大，故本节仅讨论记忆方式在全局搜索模式中的蝙蝠算法[17]。

4.2.1 记忆方式的速度更新公式

记忆方式的速度更新公式为

$$\boldsymbol{v}_i(k+1)=\boldsymbol{v}_i(k)+(\boldsymbol{x}_i(k)-\boldsymbol{p}_i(k))\cdot fr_i(k) \tag{4.2.1}$$

对于速度 $\boldsymbol{v}_i(k)$而言，$\boldsymbol{v}_i(k)$与位置 $\boldsymbol{x}_i(k)$唯一的不同之处在于它没有适应度值，二者之间的定义域完全相同，因而可以将速度与位置等同对待。图 4.2(a)所示为记忆方式的速度更新公式的搜索示意。由于仅需关注 $\boldsymbol{v}_i(k)$、$\boldsymbol{x}_i(k)$、$\boldsymbol{p}(k)$及 $\boldsymbol{v}_i(k+1)$，故可将图 4.2(a)中不需要的位置删除，调整为图 4.2(b)。显然，以 $\boldsymbol{x}_i(k)$为起点，式(4.2.1)可以视为从向量$\boldsymbol{p}(k)-\boldsymbol{v}_i(k)$经由 $\boldsymbol{x}_i(k)-\boldsymbol{v}_i(k)$顺时针旋转到向量 $\boldsymbol{v}_i(k+1)-\boldsymbol{v}_i(k)$。由于 $f(\boldsymbol{p}(k))\leqslant f(\boldsymbol{x}_i(k))$，因此该旋转的前一部分相当于跳出局部极值点 $\boldsymbol{p}(k)$的吸引域，继续旋转可以到达 $\boldsymbol{v}_i(k+1)$。虽然 $\boldsymbol{x}_i(k+1)$的适应度值不清楚，但是依照 $\boldsymbol{v}_i(k+1)$与 $\boldsymbol{p}(k)$点的距离来看，至少可以认为 $\boldsymbol{v}_i(k+1)$跳出 $\boldsymbol{p}(k)$吸引域的概率要大于 $\boldsymbol{x}_i(k)$的概率，从而能在一定程度上改善算法的全局搜索性能。

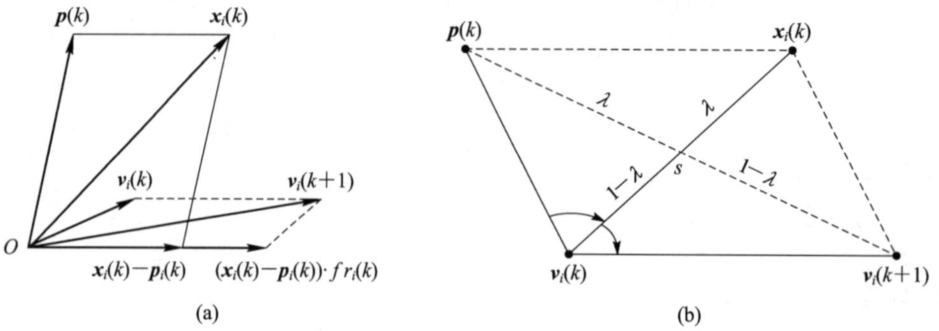

图 4.2 记忆方式的速度更新的搜索示意

现主要分析频率 $fr_i(k)$ 的几何意义。考察向量 $\boldsymbol{x}_i(k)-\boldsymbol{v}_i(k)$ 与向量 $\boldsymbol{v}_i(k+1)-\boldsymbol{p}(k)$ 的交点 s，在图 4.2(b)中，点 s 将向量 $\boldsymbol{x}_i(k)-\boldsymbol{v}_i(k)$ 分为两部分，其中向量 $(\boldsymbol{s}-\boldsymbol{v}_i(k))$ 占其中原先长度的 $(1-\lambda)$ 份。由于 $\boldsymbol{x}_i(k)-\boldsymbol{p}(k)$ 平行于 $\boldsymbol{v}_i(k+1)-\boldsymbol{v}_i(k)$［可参照图 4.2(a)］，因此三角形 $p(k)x_i(k)s$ 相似于三角形 $v_i(k+1)v_i(k)s$。按照相似性理论，有

$$\frac{|p(k)s|}{|sx_i(k)|}=\frac{|sv_i(k+1)|}{|v_i(k)s|} \tag{4.2.2}$$

式中，$|p(k)s|$ 表示向量 $\overrightarrow{p(k)s}$ 的长度，$|sv_i(k+1)|$ 表示向量 $\overrightarrow{sv_i(k+1)}$ 的长度，$|sx_i(k)|$ 表示 $\overrightarrow{sx_i(k)}$ 的长度，$|v_i(k)s|$ 表示向量 $\overrightarrow{v_i(k)s}$ 的长度。上式可以调整为

$$\frac{|sx_i(k)|}{|v_i(k)s|}=\frac{|p(k)s|}{|sv_i(k+1)|}=\frac{\lambda}{1-\lambda} \tag{4.2.3}$$

从而有

$$\frac{|\boldsymbol{x}_i(k)-\boldsymbol{s}|}{|\boldsymbol{s}-\boldsymbol{v}_i(k)|}=\frac{|\boldsymbol{s}-\boldsymbol{p}(k)|}{|\boldsymbol{v}_i(k+1)-\boldsymbol{s}|}=\frac{\lambda}{1-\lambda} \tag{4.2.4}$$

即

$$\boldsymbol{s}=(1-\lambda)\boldsymbol{x}_i(k)+\lambda\boldsymbol{v}_i(k)=(1-\lambda)\boldsymbol{p}(k)+\lambda\boldsymbol{v}_i(k+1) \tag{4.2.5}$$

式(4.2.5)等价于

$$(1-\lambda)\boldsymbol{x}_i(k)+\lambda\boldsymbol{v}_i(k)=(1-\lambda)\boldsymbol{p}(k)+\lambda\boldsymbol{v}_i(k+1) \tag{4.2.6}$$

整理可得

$$\boldsymbol{v}_i(k+1)=\boldsymbol{v}_i(k)+\frac{1-\lambda}{\lambda}(\boldsymbol{x}_i(k)-\boldsymbol{p}(k)) \tag{4.2.7}$$

若取 $fr_i(k)=\frac{1-\lambda}{\lambda}\geqslant 0$，则式(4.2.7)可以重写为

$$\boldsymbol{v}_i(k+1)=\boldsymbol{v}_i(k)+(\boldsymbol{x}_i(k)-\boldsymbol{p}(k))\cdot fr_i(k) \tag{4.2.8}$$

显然，频率 $fr_i(k)$ 的几何意义相当于两截向量的长度之比(如 $\overrightarrow{v_i(k)s}$ 与 $\overrightarrow{sx_i(k)}$ 的长度之比)。

4.2.2 三角翻转法

1. 基于对称方式的三角翻转法

图 4.2(b)对式(4.2.1)的解释实际上就是优化算法中的三角翻转法[1]，它是一种利用 3 个不同位置的信息进行有效搜索的优化算法。

假设有 3 个已知位置，按照其适应度值排序依次为 $\boldsymbol{x}_{\text{best}}$、$\boldsymbol{x}_{\text{mid}}$、$\boldsymbol{x}_{\text{worst}}$，即

$$f(\boldsymbol{x}_{\text{best}}(k))<f(\boldsymbol{x}_{\text{mid}}(k))<f(\boldsymbol{x}_{\text{worst}}(k)) \tag{4.2.9}$$

显然，它们构成一个三角形，且随着不同的排列方式，一共有 6 种情形，如图 4.3 所示。

下面依次分析这 6 种情形。图 4.3(a)可视为一个启发式搜索过程。例如，向量 $\boldsymbol{x}_{\text{worst}}-\boldsymbol{x}_{\text{best}}$ 以点 $\boldsymbol{x}_{\text{best}}$ 为中心，顺时针旋转到向量 $\boldsymbol{x}_{\text{mid}}-\boldsymbol{x}_{\text{best}}$ 的位置，其终点从 $\boldsymbol{x}_{\text{worst}}$ 移动到 $\boldsymbol{x}_{\text{mid}}$，由于 $f(\boldsymbol{x}_{\text{mid}}(k))<f(\boldsymbol{x}_{\text{worst}}(k))$，因此明显改善了算法性能。显然，按照这个方式，继续旋转可能会进一步改善算法性能，如继续旋转至点 $\boldsymbol{x}'$，但如何计算这个点呢？为此，不妨设 $\boldsymbol{x}'$ 为 $\boldsymbol{x}_{\text{worst}}$ 的对称点，因而 $\boldsymbol{x}_{\text{worst}}$ 与 $\boldsymbol{x}'$ 关于向量 $\boldsymbol{x}_{\text{mid}}-\boldsymbol{x}_{\text{best}}$ 的中点对称，即

$$\frac{\boldsymbol{x}_{\text{worst}}+\boldsymbol{x}'}{2}=\frac{\boldsymbol{x}_{\text{best}}+\boldsymbol{x}_{\text{mid}}}{2} \tag{4.2.10}$$

整理可得

$$\boldsymbol{x}'=\boldsymbol{x}_{\text{best}}+(\boldsymbol{x}_{\text{mid}}-\boldsymbol{x}_{\text{worst}}) \tag{4.2.11}$$

类似地，图 4.3(c)表示以 $\boldsymbol{x}_{\text{mid}}$ 为中心的向量顺时针旋转，其终点从 $\boldsymbol{x}_{\text{worst}}$ 移动到 $\boldsymbol{x}_{\text{best}}$，显然也改善了算法性能，因此，也可以选择继续旋转，其迭代公式为

$$\boldsymbol{x}'=\boldsymbol{x}_{\text{mid}}+(\boldsymbol{x}_{\text{best}}-\boldsymbol{x}_{\text{worst}}) \tag{4.2.12}$$

图 4.3(e)则表示以 $\boldsymbol{x}_{\text{worst}}$ 为中心的向量顺时针旋转，其终点从 $\boldsymbol{x}_{\text{mid}}$ 移动到 $\boldsymbol{x}_{\text{best}}$，显然也改善了算法性能。因此，也可以继续旋转，其迭代公式为

$$\boldsymbol{x}'=\boldsymbol{x}_{\text{worst}}+(\boldsymbol{x}_{\text{best}}-\boldsymbol{x}_{\text{mid}}) \tag{4.2.13}$$

而其余 3 种情形，即图 4.3(b)、图 4.3(d)、图 4.3(f)则可以认为提高了算法跳出局部极值点的概率。例如，在图 4.3(b)中，向量终点从 $\boldsymbol{x}_{\text{mid}}$ 经 $\boldsymbol{x}_{\text{worst}}$ 移动到 $\boldsymbol{x}'$，可以提高算法跳出 $\boldsymbol{x}_{\text{mid}}$ 吸引域的概率；而图 4.3(d)与图 4.3(f)则相当于增加跳出 $\boldsymbol{x}_{\text{best}}$ 吸引域的概率。因此，按照点对称的方式，在这 3 种情形下的迭代公式为

$$\boldsymbol{x}'=\boldsymbol{x}_{\text{best}}+(\boldsymbol{x}_{\text{worst}}-\boldsymbol{x}_{\text{mid}}) \tag{4.2.14}$$

$$\boldsymbol{x}'=\boldsymbol{x}_{\text{mid}}+(\boldsymbol{x}_{\text{worst}}-\boldsymbol{x}_{\text{best}}) \tag{4.2.15}$$

$$\boldsymbol{x}'=\boldsymbol{x}_{\text{worst}}+(\boldsymbol{x}_{\text{mid}}-\boldsymbol{x}_{\text{best}}) \tag{4.2.16}$$

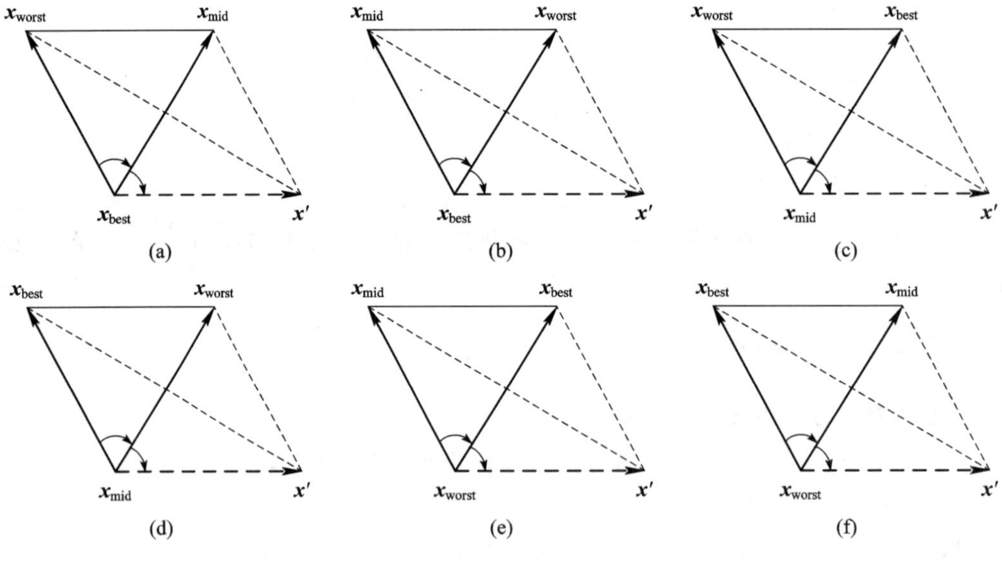

图 4.3 对称的 6 种排列方式

2. 基于比例方式的三角翻转法

上述的翻转，其结果与原先的点是对称的，是否可以采用比例变换呢？首先对图 4.3(a)采用比例变换，见图 4.4(a)。此时，得

$$(1-\lambda)\boldsymbol{x}_{\text{mid}}+\lambda\boldsymbol{x}_{\text{best}}=(1-\lambda)\boldsymbol{x}_{\text{worst}}+\lambda\boldsymbol{x}' \tag{4.2.17}$$

整理，得

$$\boldsymbol{x}'=\boldsymbol{x}_{\text{best}}+\frac{1-\lambda}{\lambda}(\boldsymbol{x}_{\text{mid}}-\boldsymbol{x}_{\text{worst}}) \tag{4.2.18}$$

取 $fr_i(k)=\frac{1-\lambda}{\lambda}$，显然，$f_i(k)\in(0,\ +\infty)$，且式(4.2.18)重写为

$$x' = x_{\text{best}} + (x_{\text{mid}} - x_{\text{worst}}) \cdot fr_i(k) \tag{4.2.19}$$

图 4.4(c)及图 4.4(e)可以表示启发式搜索方式，其公式为

$$x' = x_{\text{mid}} + (x_{\text{best}} - x_{\text{worst}}) \cdot fr_i(k) \tag{4.2.20}$$

$$x' = x_{\text{worst}} + (x_{\text{best}} - x_{\text{mid}}) \cdot fr_i(k) \tag{4.2.21}$$

而剩余的图 4.4(b)、图 4.4(d)、图 4.4(f)，则用于提高算法的全局搜索性能、增加算法跳出局部极值点的概率。其公式分别为

$$x' = x_{\text{best}} + (x_{\text{worst}} - x_{\text{mid}}) \cdot fr_i(k) \tag{4.2.22}$$

$$x' = x_{\text{mid}} + (x_{\text{worst}} - x_{\text{best}}) \cdot fr_i(k) \tag{4.2.23}$$

$$x' = x_{\text{worst}} + (x_{\text{mid}} - x_{\text{best}}) \cdot fr_i(k) \tag{4.2.24}$$

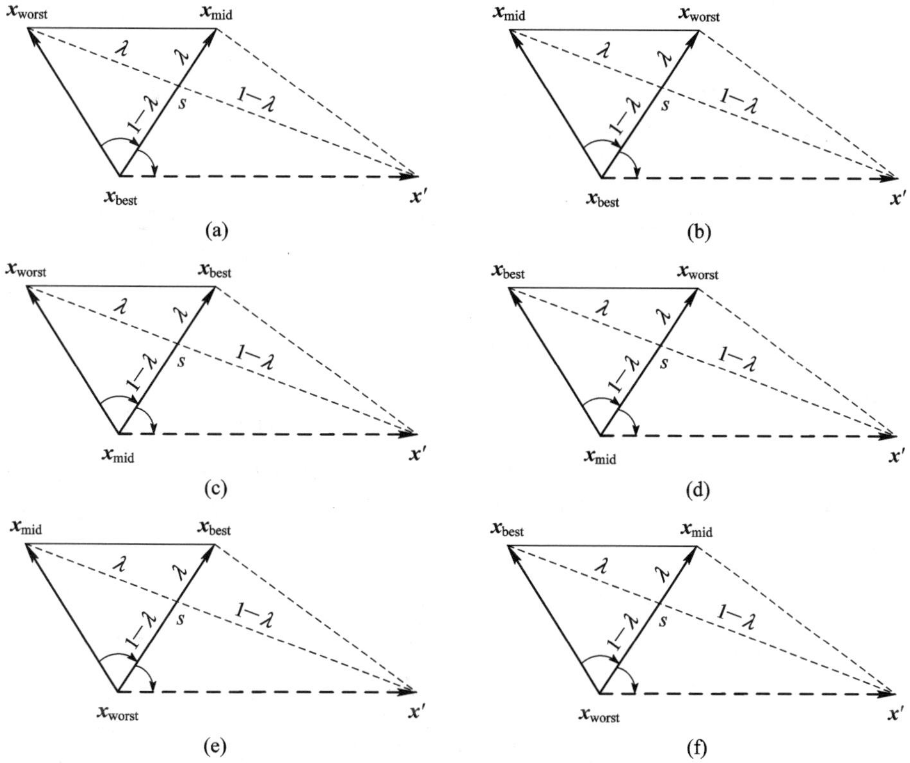

图 4.4　比例变换的 6 种排列方式

4.2.3 记忆型三角翻转蝙蝠算法

1. 记忆型三角翻转蝙蝠算法原理

在记忆型蝙蝠算法中，式(4.2.1)相当于式(4.2.22)～式(4.2.24)中的一个，其不同之处在于 $v_i(k)$ 的适应度值。若 $f(v_i(k))<f(p(k))<f(x_i(k))$，则式(4.2.1)等价于式(4.2.22)；若 $f(p(k))<f(v_i(k))<f(x_i(k))$成立，则式(4.2.1)等价于式(4.2.23)；若 $f(p(k))<f(x_i(k))<f(v_i(k))$，则式(4.2.1)等价于式(4.2.24)。

因此从三角翻转的角度来看，记忆方式的速度更新公式(式(4.2.1))的本质是：以较大

的概率跳出局部极值点，从而增加搜索到全局极值点的概率。那么，是否可以将包含启发式搜索的式(4.2.19)～式(4.2.21)也引入速度更新公式中，以便在保证算法全局收敛性的基础上改善算法的局部搜索性能。由于算法不计算 $\boldsymbol{v}_1(k)$的适应度值，因此引入下面3种不同的速度更新方式。

(1) 速度三角翻转方式：

$$\boldsymbol{v}_i(k+1)=\boldsymbol{v}_i(k)+(\boldsymbol{v}_m(k)-\boldsymbol{v}_u(k))\cdot fr_i(k) \tag{4.2.25}$$

(2) 位置三角翻转方式：

$$\boldsymbol{v}_i(k+1)=\boldsymbol{v}_i(k)+(\boldsymbol{x}_m(k)-\boldsymbol{x}_u(k))\cdot fr_i(k) \tag{4.2.26}$$

(3) 混合三角翻转方式在算法迭代过程中，以50%的概率选择式(4.2.25)，以另外的50%概率选择式(4.2.26)。

式(4.2.25)和式(4.2.26)中，$\boldsymbol{x}_m(k)$及$\boldsymbol{x}_u(k)$为群体中随机的两个个体的位置，而$\boldsymbol{v}_m(k)$及$\boldsymbol{v}_u(k)$为群体中随机选择的两个个体的速度。这样，每个翻转方式都可以包含图4.4中的6种情形。

式(4.2.26)明显为式(4.2.1)的扩展模式，当$\boldsymbol{x}_m(k)=\boldsymbol{x}_i(k)$，且$\boldsymbol{x}_u(k)=\boldsymbol{p}(k)$时，式(4.2.26)就会变成式(4.2.1)，且

$$|\boldsymbol{x}(k)-\boldsymbol{p}(k)|\leqslant \max\{|\boldsymbol{x}_m(k)-\boldsymbol{x}_u(k)|\} \tag{4.2.27}$$

若令$M_{i,k,k+1}$表示式(4.2.26)及式(4.1.3)计算的点$\boldsymbol{x}_i(k+1)$支撑集的第n维分量，而$M'_{i,n,k+1}$表示式(4.2.1)及式(4.1.3)计算得到的点$\boldsymbol{x}_i(k+1)$支撑集的第n维分量，则

$$M_{i,n,k+1}=x_{in}(k)+v_{in}(k)+(x_{mn}(k)-x_{un}(k))\cdot fr_i(k) \tag{4.2.28}$$

若令$u(k)=\max\{x_{\max n}(k)-x_{un}(k)\}$，由于$\boldsymbol{x}_m(k)$及$\boldsymbol{x}_u(k)$具有任意性，有

$$M_{i,n,k+1}=[x_{in}(k)+v_{in}(k)-u(k)\cdot fr_{\max},\ x_{in}(k)+v_{in}(k)+u(k)\cdot fr_{\max}]$$

即$M_{i,k,k+1}$为以$x_{in}(k)+v_{in}(k)$为中心，长度为$2u(k)\cdot fr_{\max}$的线段，而

$$M'_{i,n,k+1}=x_{in}(k)+v_{in}(k)+(x_{in}(k)-p_n(k))\cdot fr_i(k) \tag{4.2.29}$$

为线段$[x_{in}(k)+v_{in}(k)+(x_{in}(k)-p_n(k))\cdot fr_{\min},\ x_{in}(k)+v_{in}(k)+(x_{in}(k)-p_n(k))\cdot fr_{\max}]$，因此

$$\begin{aligned}M_{i,n,k+1}&=[x_{in}(k)+v_{in}(k)-u(k)\cdot fr_{\max},\ x_{in}(k)+v_{in}(k)+u(k)\cdot fr_{\max}]\\&\supseteq[x_{in}(k)+v_{in}(k)+(x_{in}(k)-p_n(k))\cdot fr_{\min},\ x_{in}(k)+v_{in}(k)+\\&\quad(x_{in}(k)-p_n(k))\cdot fr_{\max}]\\&=M'_{i,n,k+1}\end{aligned}$$

因而式(4.2.26)的支撑集不小于式(4.2.1)的支持集，即式(4.2.26)的全局搜索能力大于式(4.2.1)的全局搜索能力。

【注4.1】 现考虑群体历史最优位置$\boldsymbol{p}(k)$(设其位于蝙蝠g)的更新方式，若$\boldsymbol{p}(k)$恰好为一个局部极值点，则其三角翻转得到的较优解的概率较小，因此，不妨让该位置在整个定义域内随机产生，即

$$\boldsymbol{x}_g(k+1)=\boldsymbol{x}_{\min}+(\boldsymbol{x}_{\max}-\boldsymbol{x}_{\min})\cdot \text{rand} \tag{4.2.30}$$

式中，rand表示介于(0，1)且满足均匀分布的随机数。这样，按照式(4.2.30)，位置$\boldsymbol{p}(k)$能以一定概率得到全局极值点，从而进一步改善算法的全局搜索性能。

为了方便，称上述改进的蝙蝠算法为记忆型三角翻转蝙蝠算法，其流程如下。

步骤1：初始化参数$\boldsymbol{x}_i(0)$、$\boldsymbol{v}_i(0)$、$A(0)$、$r(0)$及$fr_i(0)$。

步骤 2：计算各蝙蝠的适应度值，记 $\boldsymbol{p}(0)$ 为初始种群中性能最优位置，即 $f(\boldsymbol{p}(k))=\min\{f(\boldsymbol{x}_i(0))\,|\,i=1,2,\cdots,N\}$，令 $k=0$。

步骤 3：按照速度三角翻转方式、位置三角翻转方式或混合三角翻转方式，计算各蝙蝠在第 $k+1$ 代的速度。

步骤 4：对于蝙蝠个体 i，产生一个介于(0，1)且满足均匀分布的随机数 rand_1，若 $\text{rand}_1<r_i(k)$，则按照式(4.1.3)计算该蝙蝠的新位置 $\boldsymbol{x}_i(k+1)$；否则，按照式(4.1.4)计算新位置 $\boldsymbol{x}_i(k+1)$。

步骤 5：对于群体历史最优位置所在的蝙蝠，让其位置按照式(4.2.30)进行随机选择。

步骤 6：计算新位置 $\boldsymbol{x}_i(k+1)$ 的适应度值。

步骤 7：若 $f(\boldsymbol{x}_i(k+1))<f(\boldsymbol{x}_i(k))$，则更新位置 $\boldsymbol{x}_i(k+1)$，并按照式(4.1.7)、式(4.1.8)更新响度及脉冲发射速率。

步骤 8：更新群体历史最优位置 $\boldsymbol{p}(k+1)$。

步骤 9：如果结束条件成立，则终止算法，并输出所得到的最优解 $\boldsymbol{p}(k+1)$；否则，转入步骤 3。

2. 收敛性证明

为了便于分析收敛性，先给出两个引理。

【引理 4.1】 对于概率空间($\mathbb{R}^N$, B, μ_k)，设 $\boldsymbol{z}$ 为随机优化算法已有的解，D 为该算法产生新解的算子，$\boldsymbol{\xi}$ 为算法随机产生的解，则对于目标函数 f，若 $f(D(\boldsymbol{z},\boldsymbol{\xi}))\leqslant f(\boldsymbol{z})$，则

$$f(D(\boldsymbol{z},\boldsymbol{\xi})\leqslant f(\boldsymbol{\xi})$$

【引理 4.2】 对于目标函数的定义域 E 的任意 Borel 子集 A，若 $L(A)>0$，则

$$\prod_{n=0}^{\infty}(1-\mu_n(A))=0$$

其中，$L(A)$ 表示集合 A 的 Lebesgue 测度，而 $\mu_n(A)$ 表示由 μ_n 产生集合 A 的概率。

若在记忆型三角翻转蝙蝠算法(TMBA)中，每只蝙蝠的当前位置都为该蝙蝠搜索到的最优位置，则定义函数为

$$D(\boldsymbol{\pi}(\tau),\boldsymbol{p}(k+1))=\begin{cases}\boldsymbol{p}(k) & f(\boldsymbol{p}(k+1))\geqslant f(\boldsymbol{p}(k))\\ \boldsymbol{p}(k+1) & f(\boldsymbol{p}(k+1))<f(\boldsymbol{p}(k))\end{cases}$$

显然，该函数满足引理 4.1。

按照注 4.1，群体历史最优位置 $\boldsymbol{p}(k)\boldsymbol{x}(k)$ 的支撑集为定义域 E，故对于任何 Borel 子集 A，若 $L(A)>0$，则

$$u_n(A)=\frac{L(A)}{L(E)}=c>0$$

从而，有

$$\prod_{n=0}^{\infty}(1-\mu_n(A))=\prod_{n=0}^{\infty}(1-c)=\lim_{n\to 0}(1-c)^n=0$$

从而满足引理 4.2，由此证明如下结果。

【定理 4.1】 记忆型三角翻转蝙蝠算法以概率 1 收敛于全局极值点。

显然，上述证明过程主要使用式(4.2.30)，且无须考虑边界条件。

4.3 量子蝙蝠算法

量子进化计算是近年来智能计算领域的一个重要的研究热点，是量子理论与进化计算相结合的产物。它充分利用量子计算中量子比特、叠加态等理论，用量子位编码表示个体，用量子门更新来实现进化操作，具有较好的性能。目前，将量子理论与智能算法相结合已成为一种比较热门的研究方法，涌现出了量子遗传算法[18]、量子粒子群算法[19]、量子蚁群算法[18]和量子竞争决策算法[20]等。

本节将量子的相关理论融入蝙蝠算法中，讨论量子蝙蝠算法(Quantum Bat Algorithm, QBA)。

4.3.1 初始种群的产生

在量子蝙蝠算法中，直接采用量子位的概率幅作为蝙蝠当前位置的编码。考虑到种群初始化时编码的随机性，采用的编码方案为

$$\boldsymbol{X}_i=\begin{bmatrix}\begin{vmatrix}\cos(\theta_{i1})\\\sin(\theta_{i1})\end{vmatrix}\begin{vmatrix}\cos(\theta_{i2})\\\sin(\theta_{i2})\end{vmatrix}\begin{matrix}\cdots\\\cdots\end{matrix}\begin{vmatrix}\cos(\theta_{iD})\\\sin(\theta_{iD})\end{vmatrix}\end{bmatrix}\tag{4.3.1}$$

式中，$\theta_{ij}=2\pi\times\text{rand}$，rand 为(0, 1)之间的随机数；$i=1, 2, \cdots, N$，$N$ 是种群规模；$j=1, 2, \cdots, D$，D 是空间维数。由此可见，种群中每个蝙蝠占据遍历空间中的两个位置，它们分别对应量子态$|0\rangle$和$|1\rangle$的概率幅为

$$X_{ic}=(\cos(\theta_{i1}), \cos(\theta_{i2}), \cdots, \cos(\theta_{iD}))\tag{4.3.2}$$

$$X_{is}=(\sin(\theta_{i1}), \sin(\theta_{i2}), \cdots, \sin(\theta_{iD}))\tag{4.3.3}$$

式中，称 X_{ic}为余弦位置，称 X_{is}为正弦位置。

4.3.2 解空间的变换

量子位的每个概率幅对应解空间的一个优化变量。假设蝙蝠 $\boldsymbol{X}_i$ 上第 j 个量子位为$[\beta_{ij}\eta_{ij}]^{\mathrm{T}}$，量子位上元素的取值区间为$[-1, 1]$，与之对应的解空间变量为$[X_{ijc}\quad X_{ijs}]^{\mathrm{T}}$，令变量的元素取值区间为$[a_j, b_j]$，则根据等比例关系，得

$$\frac{X_{ijc}-a_j}{b_j-a_j}=\frac{\beta_{ij}-(-1)}{1-(-1)}$$

$$\frac{X_{ijs}-a_j}{b_j-a_j}=\frac{\eta_{ij}-(-1)}{1-(-1)}$$

整理，得

$$X_{ijc}=0.5\times[b_j(1+\beta_{ij})+a_j(1-\beta_{ij})]\tag{4.3.4}$$

$$X_{ijs}=0.5\times[b_j(1+\eta_{ij})+a_j(1-\eta_{ij})]\tag{4.3.5}$$

显然，每个蝙蝠对应优化问题的两个解：量子态$|0\rangle$的概率幅 β_{ij} 对应于 X_{ijc}，量子态$|1\rangle$的概率幅 η_{ij} 对应于 X_{ijs}。

4.3.3 蝙蝠状态的更新

在 QBA 中，蝙蝠位置的移动由量子旋转门实现。因此，普通的 BA 算法中蝙蝠移动速

度的更新转换为量子旋转门转角的更新，蝙蝠位置的更新转换为蝙蝠量子位概率幅的更新。不失一般性，设整个种群目前搜索到的最优位置为

$$\boldsymbol{x}_g = \{\cos(\theta_{g1}), \cos(\theta_{g2}), \cdots, \cos(\theta_{gD})\} \tag{4.3.6}$$

基于以上假设，蝙蝠状态更新规则如下。

(1) 蝙蝠 $\boldsymbol{X}_i$ 在进行全局搜索时，其上量子位辐角增量的更新公式为

$$\Delta\theta_{ij}(k+1) = \Delta\theta_{ij}(k) + F(i) \times (\Delta\theta_g) \tag{4.3.7}$$

式中，

$$\Delta\theta_g = \begin{cases} 2\pi + \theta_{gi} - \theta_{ij} & \theta_{gi} - \theta_{ij} < -\pi \\ \theta_{gi} - \theta_{ij} & -\pi \leqslant \theta_{gi} - \theta_{ij} \leqslant \pi \\ \theta_{gi} - \theta_{ij} - 2\pi & \theta_{gi} - \theta_{ij} > \pi \end{cases}$$

$F(i)$表示第 i 只蝙蝠的收缩因子。

(2) 蝙蝠 $\boldsymbol{X}_i$ 在进行局部搜索时，其上量子位辐角相对于当前最优相位的增量的更新公式为

$$\Delta\theta_{ij}(k+1) = \exp(-(\tau \times k/T_{\max})^2) \times \mathrm{mean}(A) \times \mathrm{rand} \tag{4.3.8}$$

式中，τ 为常数，$T_{\max}$ 为最大迭代次数，mean(A)为当前各只蝙蝠响度的平均值，rand 为[−1，1]的随机数。

(3) 基于量子旋转门的量子位概率幅更新公式为

$$\begin{aligned}\begin{bmatrix}\cos(\theta_{ij}(k+1)) \\ \sin(\theta_{ij}(k+1))\end{bmatrix} &= \begin{bmatrix}\cos(\Delta\theta_{ij}(k+1)) & -\sin(\Delta\theta_{ij}(k+1)) \\ \sin(\Delta\theta_{ij}(k+1)) & \cos(\Delta\theta_{ij}(k+1))\end{bmatrix}\begin{bmatrix}\cos(\theta_{ij}(k)) \\ \sin(\theta_{ij}(k))\end{bmatrix} \\ &= \begin{bmatrix}\cos(\theta_{ij}(k)) + \Delta\theta_{ij}(k+1) \\ \sin(\theta_{ij}(k)) + \Delta\theta_{ij}(k+1)\end{bmatrix}\end{aligned} \tag{4.3.9}$$

蝙蝠 $\boldsymbol{X}_i$ 更新后的两个新位置分别为

$$\widetilde{X}_{ic} = \{\cos(\theta_{i1}(k) + \Delta\theta_{i1}(k+1)), \cdots, \cos(\theta_{iD}(k) + \Delta\theta_{iD}(k+1))\} \tag{4.3.10}$$

$$\widetilde{X}_{is} = \{\sin(\theta_{i1}(k) + \Delta\theta_{i1}(k+1)), \cdots, \sin(\theta_{iD}(k) + \Delta\theta_{iD}(k+1))\} \tag{4.3.11}$$

不难发现，量子旋转门是通过改变描述蝙蝠位置的量子位的相位来实现蝙蝠的两个位置的同时移动。因此，在群体规模不变的情况下，采用量子位编码能够扩展搜索的遍历性，有利于提高算法的优化效率。

4.3.4 变异处理

为了增加种群的多样性，避免算法的早熟收敛，这里引入量子非转门来实现变异操作。具体的操作方式如下：

$$\begin{bmatrix}0 & 1 \\ 1 & 0\end{bmatrix}\begin{bmatrix}\cos(\theta_{ij}) \\ \sin(\theta_{ij})\end{bmatrix} = \begin{bmatrix}\sin(\theta_{ij}) \\ \cos(\theta_{ij})\end{bmatrix} = \begin{bmatrix}\cos\left(\dfrac{\pi}{2} - \theta_{ij}\right) \\ \sin\left(\dfrac{\pi}{2} - \theta_{ij}\right)\end{bmatrix} \tag{4.3.12}$$

令变异概率为 p_{m}，每个蝙蝠在(0，1)之间设定一个随机数 rand；若 rand$<p_{\mathrm{m}}$，则用量子非门对换该蝙蝠的两个概率幅，而其转角向量仍保持不变。

综上所述，量子蝙蝠算法流程如图 4.5 所示。

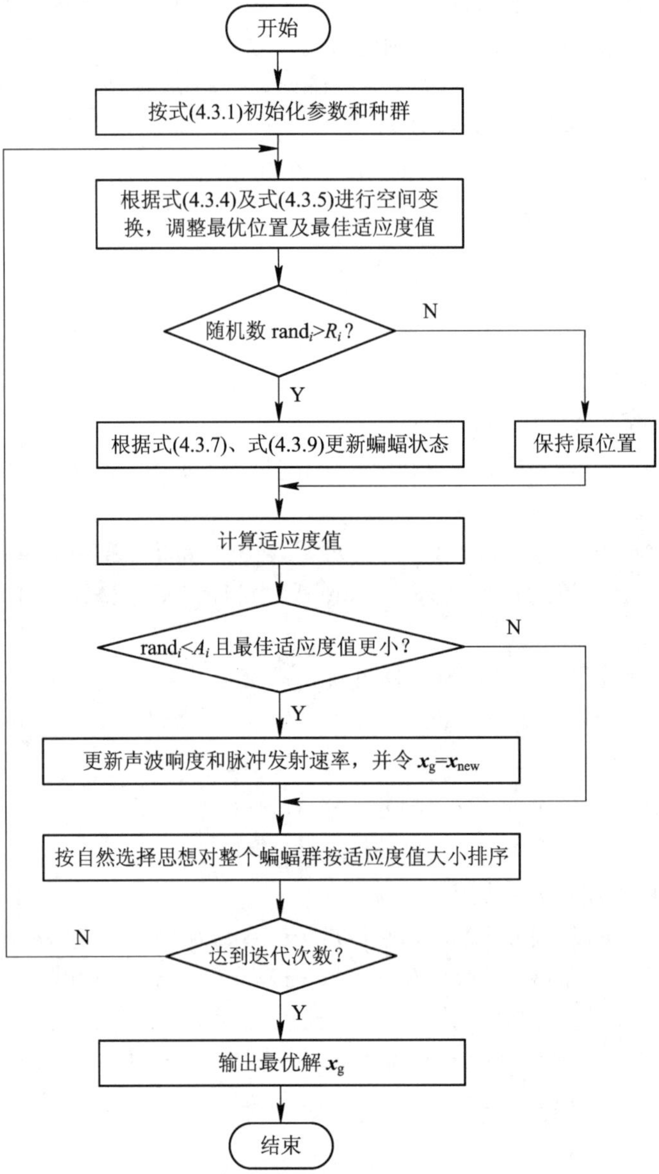
开始
按式(4.3.1)初始化参数和种群
根据式(4.3.4)及式(4.3.5)进行空间变换，调整最优位置及最佳适应度值
随机数 $rand_i > R_i$？
N
Y
根据式(4.3.7)、式(4.3.9)更新蝙蝠状态
保持原位置
计算适应度值
$rand_i < A_i$ 且最佳适应度值更小？
N
Y
更新声波响度和脉冲发射速率，并令 $\boldsymbol{x}_g = \boldsymbol{x}_{new}$
按自然选择思想对整个蝙蝠群按适应度值大小排序
达到迭代次数？
N
Y
输出最优解 $\boldsymbol{x}_g$
结束

图 4.5　量子蝙蝠算法流程

量子蝙蝠算法采用量子位对蝙蝠的位置进行编码，用量子旋转门实现对蝙蝠最优位置的搜索，用量子非门实现蝙蝠的变异以避免早熟收敛。通过对典型复杂函数的实验和与其他算法的比较，验证算法能够有效避免局部最优，全局寻优能力强。

4.4　混合蝙蝠算法

在许多应用环境里，会经常遇到有多个目标优化问题。多目标优化与单目标优化不同，多目标优化的最优解并不是单一的，而是有多个，它们被称为 Pareto 最优解集。在没有特别说明（如偏好）的情况下，不能说 Pareto 最优解集中的某一个解优于另外一个解。这就要

求问题的解决者尽可能多地求解出更多的 Pareto 最优解。多目标优化问题的数学模型为

$$\begin{cases} \min\ y = J(\boldsymbol{x}) = \{J_1(\boldsymbol{x}),\ J_2(\boldsymbol{x}),\ \cdots,\ J_m(\boldsymbol{x})\} \\ \text{s.t.}\ \ g_i(\boldsymbol{x}) \leqslant 0 \qquad i = 1,\ 2,\ \cdots,\ p \\ h_n(\boldsymbol{x}) = 0 \qquad n = 1,\ 2,\ \cdots,\ q \\ \boldsymbol{x} \in [\boldsymbol{x}_{\min},\ \boldsymbol{x}_{\max}] \end{cases} \tag{4.4.1}$$

式中，$\boldsymbol{x}$ 是决策变量，y 是目标函数集。

传统的方法是首先将多目标转化成单目标，再按求解单目标的方式进行求解，最后将这些不同的解组合到一块，在其中找出最优解。但这种方法需要运行多次，而且期望每次运行能得到不同的解。此外，这种方法具有局限性，因为它会受权重设置的影响。近年来，蝙蝠算法的出现，为这类问题的研究提供了新的视野。因为蝙蝠算法有两个独特性：自动缩放和参数控制，可利用这种独特性来自动控制算法的全局搜索和局部搜索进程。

在现实的音乐演奏过程中，每一个音乐师均想通过改变音乐的调子来寻找一种和谐美妙的曲调。受这个现象启发，Geem 等于 2001 年首次提出和声搜索(Harmony Search，HS)算法[21]，该算法是一种新型的元启发式算法。HS 能够在合理的时间搜索到性能更好的解分布的区域[22]。同时，由于该算法需要的控制参数较少，因此实现简单、鲁棒性好，具有并行计算的能力[23]。在本节中，将使用 HS 来指导算法的全局搜索进程。

差分进化(Differential Evolution，DE)算法[24]是一种简单但功能非常强大的算法，它的提出者 Storn 和 Price 首先将其用来求解复杂的连续非线性函数的优化问题。由于其简单、易实现和收敛快，DE 算法已经在机械工程、传感器网络、调度和模式识别等领域得到了广泛的关注和应用，并取得了较好的成果[25]。本节将使用 DE 算法来指导算法的局部优化进程。

这里将 HS 和 DE 相结合，给出的用于求解多目标函数优化的蝙蝠算法，称为和声搜索与差分进化混合蝙蝠算法(Harmony search and Differential evolution based Hybrid Bat Algorithm，HDHBA)。

4.4.1 和声搜索算法与差分进化算法

和声搜索算法是受乐队演奏音乐时每个演奏者在演奏过程中不断地对现奏音乐的音调进行调整现象的启发而提出的，其基本步骤就是：首先产生 HM 个初始解，并放入和声记忆库中；然后对每个解的各个分量分别以概率 HMCR 在和声记忆库内进行搜索，以 1−HMCR 的概率在记忆库外进行搜索(在记忆库内进行搜索时，当随机搜索到某一分量后，则便对该分量以概率 PAR 进行扰动)；最后，将搜索到的各个分量对应组成一个新解的对应分量，并将新解与记忆库中的最差解进行比较(如果其优于记忆库中的最差解，则用其替换库中最差解；否则，保持记忆库不变)。如此循环，直到满足终止条件为止。

HS 中需要定义 HMCR、PAR 和 bw 等 3 个参数，在基本的和声搜索算法中，HMCR、PAR 和 bw 的取值都是固定的。然而，如何选择算法的参数一直是和声搜索算法研究的一个难点，因为参数选择对算法的收敛性、寻优能力、收敛速度等都有很大的影响[26]。鉴于此，这里采用一种动态自适应改变 PAR 和 bw 取值的方法，具体更新公式[27]为

$$\mathrm{PAR}(k) = \mathrm{PAR}_{\min} + \frac{\mathrm{PAR}_{\max} - \mathrm{PAR}_{\min}}{T_{\max}} \times k \tag{4.4.2}$$

$$\mathrm{bw}(k)=\mathrm{bw}_{\max}\exp\left\{\frac{\ln\left(\frac{\mathrm{bw}_{\min}}{\mathrm{bw}_{\max}}\right)}{T_{\max}}\times k\right\} \tag{4.4.3}$$

式中，$\mathrm{PAR}_{\min}$和$\mathrm{PAR}_{\max}$分别代表PAR的最小值和最大值，$\mathrm{bw}_{\min}$和$\mathrm{bw}_{\max}$分别代表bw的最小值和最大值。

DE的原理与遗传算法十分相似，进化流程与遗传算法相同，均是通过变异、交叉和选择三个操作来实现种群的进化。选择策略通常为锦标赛选择，交叉方式与遗传算法大体相同，但在变异操作上，DE使用了差分策略，即利用种群中的个体间的差分向量对个体进行扰动，从而实现个体的变异。下面简述DE的变异操作、交叉操作和选择操作。

假设种群个数为N，决策变量的维数为D，当前的迭代次数为k，第i个个体为$\boldsymbol{x}_i(k)$。

1）变异操作

对于每个个体位置$\boldsymbol{x}_i(k)$而言，其变异个体位置为

$$\boldsymbol{x}_i(k+1)=\boldsymbol{x}_{r1}(k)+F(\boldsymbol{x}_{r2}(k)-\boldsymbol{x}_{r3}(k)) \tag{4.4.4}$$

式中，$r1\neq r2\neq r3$均是$\{1, 2, \cdots, N\}$中的随机整数；F表示放缩因子，是一个服从高斯分布的随机数，用来控制$\boldsymbol{x}_{r2}(k)-\boldsymbol{x}_{r3}(k)$对$\boldsymbol{v}_i(k+1)$的影响程度。

本节采用的变异操作公式为

$$\boldsymbol{v}_i(k+1)=\boldsymbol{x}_i(k)+F(\boldsymbol{b}_{r1}(k)-\boldsymbol{x}_{w1}(k))+F(\boldsymbol{b}_{r2}(k)-\boldsymbol{x}_{w2}(k)) \tag{4.4.5}$$

式中，$\boldsymbol{x}_i(k)$表示第k代第i个个体位置，$\boldsymbol{b}_{r1}(k)$和$\boldsymbol{b}_{r2}(k)$表示第k代当前Pareto最优解集互不相同的两个解，$\boldsymbol{x}_{w1}(k)$和$\boldsymbol{x}_{w2}(k)$表示第k代群体中互不相同的两个个体位置。

2）交叉操作

DE采用均匀交叉的策略来实现差分变异，具体实施方案为

$$u_{ji}(k+1)=\begin{cases}v_{ji}(k+1) & 若\ \mathrm{rand}(0, 1)\leqslant \mathrm{CR}\\ x_{ji}(k) & 若\ \mathrm{rand}(0, 1)>\mathrm{CR}\end{cases}, j=n \tag{4.4.6}$$

式中，$\mathrm{CR}\in[0, 1]$，是一个参数；$\mathrm{rand}(0, 1)\in[0, 1]$，是一个随机数；$k\in[1, N]$，是一个随机整数。式(4.4.6)可以确保$\boldsymbol{u}_i(k+1)$中至少有一个元素属于$\boldsymbol{v}_i(k+1)$。

为了充分利用蝙蝠算法中有关的信息，这里对式(4.4.6)重新定义为

$$u_{ji}(k+1)=\begin{cases}v_{ji}(k+1) & 若\ \mathrm{rand}(0, 1)<R(j)\\ x_{ji}(k) & 若\ \mathrm{rand}(0, 1)\geqslant R(j)\end{cases}, j=n \tag{4.4.7}$$

式中，$R(j)$为个体j当前的脉冲发射速率。

3）选择操作

选择操作很简单，如果$\boldsymbol{u}_i(k+1)$好于$\boldsymbol{x}_i(k)$，则令$\boldsymbol{x}_i(k+1)=\boldsymbol{u}_i(k+1)$；否则，$\boldsymbol{x}_i(k+1)=\boldsymbol{x}_i(k)$。

4.4.2 混合蝙蝠算法

基于蝙蝠算法框架的由和声搜索和差分算法组成的混合算法求解多目标优化问题的流程如图4.6所示。

步骤1：初始化。给出相关参数的取值以及产生初始种群$\boldsymbol{X}$。

步骤2：按照非支配排序遗传算法(Non-dominated Sorting Genetic Algorithm, NSGA)[12]进行非支配排序，并确定当前种群的Pareto最优解集。

步骤 3：判断停止条件是否满足，如满足，转步骤 9；否则，转入步骤 4。

步骤 4：利用自适应和声搜索算法进行全局搜索，得到第一个待定种群 $\boldsymbol{X}_{SHA}$。

步骤 5：利用差分算法进行局部寻优，得到第二个待定种群 $\boldsymbol{X}_{DE}$。

步骤 6：将 $\boldsymbol{X}$、$\boldsymbol{X}_{SHA}$ 和 $\boldsymbol{X}_{DE}$ 进行合并，按照 NSGA 中的方法进行非支配排序，并按所得的优劣顺序来确定新的种群 $\boldsymbol{X}$，并更新当前种群的 Pareto 最优解集。

步骤 7：判断新的种群每个个体是否也是前一代种群中的个体。如果不是(N)，进入步骤 8；否则(Y)，不更新该个体的脉冲响度和脉冲发射速率，进入步骤 3。

步骤 8：原先个体得到改善则按照式(4.1.5)和式(4.1.6)对该个体的脉冲响度和脉冲发射速率进行更新操作。

步骤 9：输出结果。

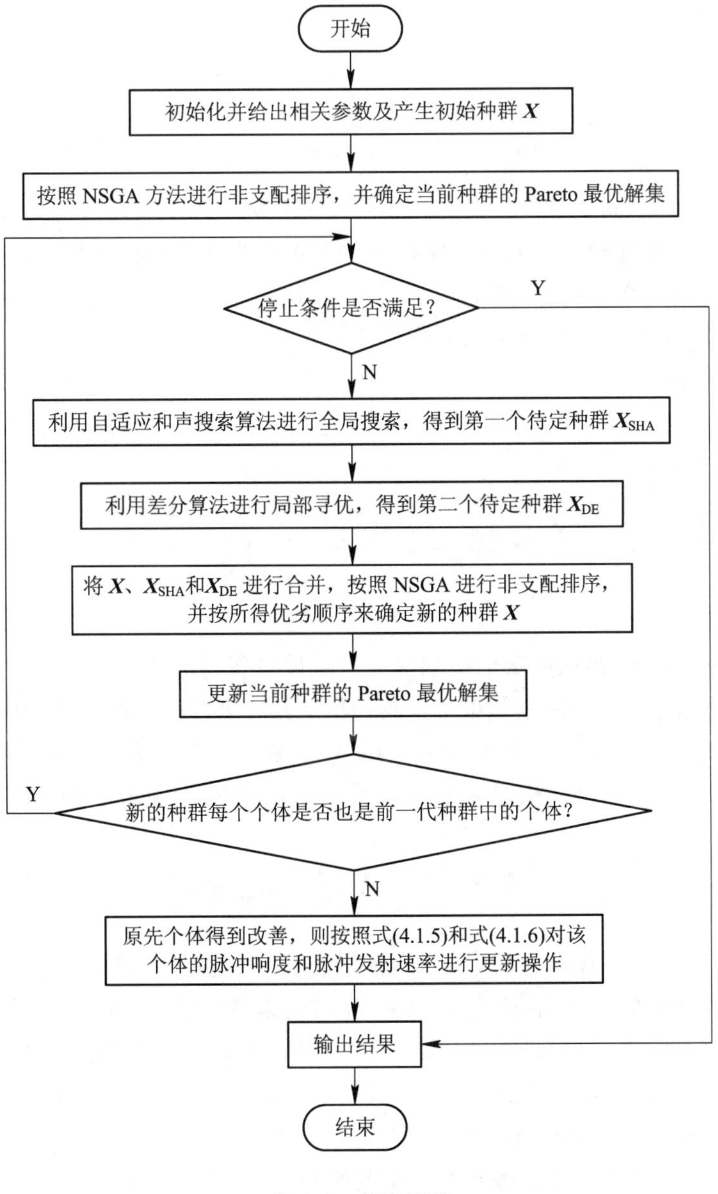

图 4.6　算法流程

4.4.3 评价指标

与单目标优化不同，评判多目标优化的指标包含两个方面：

(1) 保证算法的收敛性，即在目标空间中求得的近似 Pareto 最优解集应与真实的 Pareto 最优解集尽可能接近；

(2) 维护进化群体的多样性，使求得的近似 Pareto 最优解集在目标空间中具有较好的分布特性(如均匀分布)，且分布范围尽可能广。

这两个目标用一个度量指标来反映是无法满足要求的，因此许多文献也相继提出了很多度量指标。这里，为了验证 HDHBA 的性能，引入了两个性能度量指标，并通过这些度量指标的值来与其他算法进行比较。引入的两个度量指标如下。

1) 收敛指标 χ

收敛指标 χ 定义为

$$\chi = \frac{\sum_{i=1}^{N} d_i}{N} \tag{4.4.8}$$

式中，N 为算法最终获得的非支配集的大小，d_i 是算法最终获得的非支配集中的个体 i 与真实的 Pareto 最优解集中距离最近个体在目标空间中的欧几里得距离。χ 的值越小，收敛性越好。显然，当 $\chi=0$ 时，则说明算法最终获得的非支配集与真实 Pareto 最优解集完全重合，也就是说算法最终获得的非支配集就是真实的 Pareto 最优解集。

2) 多样性指标 Δ

多样性指标是用来衡量算法最终获得的非支配解集中个体的分布均匀性及扩展程度。该指标定义为

$$\Delta = \frac{\sum_{m=1}^{M} d_m^e + \sum_{i=1}^{N-1} |d_i - \bar{d}|}{\sum_{m=1}^{M} d_m^e + (N-1)\bar{d}} \tag{4.4.9}$$

式中，d_m^e 是真实 Pareto 最优解集的极端解与算法最终所得的非支配解集中第 m 个目标函数值为边界值的边界解之间的欧几里得距离；d_i 是算法最终所得的非支配解集中相邻两个点之间的欧几里得距离；$\bar{d}$ 为这些距离的平均值。Δ 越小，算法所得非支配集的多样性就越好。其中，$\Delta=0$ 时，是一种理想的分布，这时 $d_m^e=0$，且所有的 $d_i=\bar{d}$。

4.5 DNA 遗传蝙蝠算法

类似于 GA，DNA-GA 以解的串集搜索最优解的方式使其拥有其他算法无可比拟的全局搜索能力，而 BA 的回声定位特性又使搜索过程避免陷入局部最优。因此，利用 DNA-GA 对蝙蝠的位置 $\boldsymbol{x}_i(k)$ 进行编码、交叉、变异、解码等一系列操作优化 BA 的搜索过程，可以达到以更快的速度搜索到全局最优位置的目的。此算法称为 DNA 遗传蝙蝠算法(DNA Genetic Bat Algorithm，DNA-GBA)[25-27]。

DNA-GBA 的适应度函数为蝙蝠个体位置的函数，定义为

$$J_{\text{DNA-GBA}}(k)=J_{\text{DNA-GBA}}(\boldsymbol{x}_i(k)) \tag{4.5.1}$$

DNA-GBA 的实现架构如下：

步骤 1：参数初始化。随机产生一个蝙蝠种群，蝙蝠个体数量为 N，频率范围为 $[f_{\min}, f_{\max}]$，最大响度为 $A(0)$，最大脉冲发射速率为 $r(0)$，响度衰减系数为 α，脉冲发射速率增加系数为 γ，置换交叉概率为 p_z，转位交叉概率为 p_c，变异概率为 p_m，维数为 D，搜索精度为 tol，最大迭代次数为 $T_{\max}$，各蝙蝠个体的位置向量为 $\boldsymbol{x}_i$。

步骤 2：计算适应度值。根据式(4.5.1)计算各位置向量的适应度值并将适应度值从大到小排列，其中，前一半对应的蝙蝠个体组成优质种群，后一半对应的蝙蝠个体组成劣质种群。适应度值最大的位置向量为当前全局最优位置向量 $\boldsymbol{x}_{\text{best}}$。

步骤 3：调整频率 f_i，利用式(4.1.2)、式(4.1.3)对所有蝙蝠的速度和位置向量进行更新，得到蝙蝠群更新后的位置向量 $\boldsymbol{x}_i(k)$。

步骤 4：产生一个服从均匀分布的随机脉冲发射速率 rand_1，将 rand_1 与第 i 只蝙蝠的脉冲发射速率 r_i 进行比较。若 $\text{rand}_1>r_i$，利用式(4.1.4)对处于当前最优位置的蝙蝠个体随机扰动产生一个新的位置向量，将其替代第 i 只蝙蝠的当前位置向量并继续搜索猎物。

步骤 5：产生一个服从均匀分布的随机响度 rand_2，将 rand_2 与第 i 只蝙蝠的响度 A_i 进行比较，若 $\text{rand}_2<A_i$ 且 $J_{\text{DNA-GBA}}(\boldsymbol{x}_i(k))>J_{\text{DNA-GBA}}(\boldsymbol{x}_{\text{best}})$，则用第 i 只蝙蝠的当前位置向量 $\boldsymbol{x}_i(k)$ 替代当前最优位置向量 $\boldsymbol{x}_{\text{best}}$，并利用式(4.1.5)与式(4.1.6)对 A_i 及 r_i 分别进行更新。

步骤 6：DNA 碱基编码。采用 DNA 碱基编码方式对各蝙蝠个体的位置向量进行编码，得到位置向量 DNA 序列。

步骤 7：置换交叉操作。产生一个随机数 $\text{rand}_3\in(0, 1)$，与置换交叉概率 p_z 比较，若 $\text{rand}_3<p_z$，则执行置换交叉操作。

步骤 8：转位交叉操作。产生一个随机数 $\text{rand}_4\in(0, 1)$，与转位交叉概率 p_c 比较，若 $\text{rand}_4<p_c$，则执行转位交叉操作。

步骤 9：变异操作。产生一组与蝙蝠个体位置向量 DNA 序列维数相同的(0, 1)上的随机数，这组随机数中的元素与位置向量 DNA 序列中的元素一一对应，将所有随机数分别与变异概率 p_m 比较，若随机数小于 p_m，则执行变异操作。

步骤 10：解码。将经交叉、变异后得到的所有蝙蝠个体的位置向量 DNA 序列解码，用解码得到的位置向量计算适应度函数值，从小到大排列并划分优质种群和劣质种群。

步骤 11：选取当前全局最优位置向量 $\boldsymbol{x}_{\text{best}}$。适应度值最大的位置向量即为当前全局最优位置向量。

步骤 12：达到最大迭代次数或搜索精度，则输出全局最优位置向量 $\boldsymbol{x}_{\text{best}}$，否则转至步骤 3 继续搜索。

4.6 案例 5——基于 DNA 遗传蝙蝠算法的分数间隔多模盲均衡算法

多模盲均衡算法(Multi-Modulus Algorithm，MMA)可以在不使用独立载波恢复系统的情况下同时实现盲均衡和载波相位恢复[28]。与常模盲均衡算法(Constant Modulus Algorithm，CMA)相比，MMA 收敛速度更快，稳态误差更小，可以有效地均衡多模信号。分数间隔均衡器(Fractionally Spaced Equalizer，FSE)对信号进行过采样[29-30]，有效减小了盲均衡器的权长，获取了更多信道信息，有利于补偿信道失真，并恢复输入信号。将 FSE 与 MMA 相结合，形成的分数间隔多模盲均衡算法（Fractionally Spaced Multi-Modulus Algorithm，FS-MMA）可以减小稳态误差并减少计算量[31-32]。蝙蝠算法（Bat Algorithm，BA）是一种基于种群的随机全局寻优算法，通过改变蝙蝠发出的超声波的频率、脉冲发射速率、响度来搜寻全局最优位置[33-34]，并利用自身特有的回声定位特性使搜索过程避免陷入局部搜索，提高了搜索全局最优位置的成功率。将搜索所得全局最优位置向量同时作为 MMA 初始权向量的实部与虚部，与普通 MMA 的中心抽头初始权向量相比，该全局最优位置向量能使 MMA 尽快达到收敛状态，且稳态误差受调制阶数的影响大大减小。因此，用搜索所得最优位置向量优化初始权向量，可以极大地加快收敛速度，减小稳态误差。

为了进一步加快收敛速度并减小稳态误差，本节利用 DNA 遗传算法（DNA Genetic Algorithm，DNA-GA）[35]优化 BA 的蝙蝠位置寻优过程，得到 DNA 遗传蝙蝠算法（DNA Genetic Bat Algorithm，DNA-GBA）；利用 DNA-GBA 对分数间隔多模盲均衡算法的权向量进行初始优化，得到一种基于 DNA 遗传蝙蝠算法的分数间隔多模盲均衡算法（DNA Genetic Bat Algorithm based Fractionally Spaced Multi-Modulus Algorithm，DNA-GBA-FS-MMA）[35-36]。

4.6.1 分数间隔多模盲均衡算法

分数间隔的主要思想是对接收信号进行过采样，从而得到更多更为详细的信道信息以补偿信道失真，有效减小盲均衡器的权长，降低稳态误差和计算量。为了简化计算并减小稳态误差，将分数间隔均衡器(FSE)与 MMA 有机结合，得到的分数间隔多模盲均衡算法(FS-MMA)[29]原理如图 4.7 所示，图 4.7(b)为图 4.7(a)中的多模模块。图中 $\boldsymbol{a}(k)$为发射信号序列，$\boldsymbol{h}_m(k)$为第 m 个子信道，$\boldsymbol{v}_m(k)$为第 m 条支路的加性高斯白噪声，$\boldsymbol{y}_{m\text{Re}}(k)$和 $\boldsymbol{y}_{m\text{Im}}(k)$分别为多模模块 m 输入信号 $\boldsymbol{y}_m(k)$的实部与虚部，$w_{m\text{Re}}(k)$和 $w_{m\text{Im}}(k)$分别为多模模块 m 权向量 $\boldsymbol{w}_m(k)$的实部与虚部，$z_{m\text{Re}}(k)$和 $z_{m\text{Im}}(k)$分别为多模模块 m 输出信号 $z_m(k)$的实部与虚部，$e_{m\text{Re}}(k)$和 $e_{m\text{Im}}(k)$分别为多模模块 m 误差函数 $e_m(k)$的实部与虚部，$z(k)$为整个分数间隔多模盲均衡系统的输出信号。

图 4.7 中，信道冲激响应为

$$\boldsymbol{h}_m(k) = \boldsymbol{h}[(k+1)M - m - 1] \tag{4.6.1}$$

式中，$\boldsymbol{h}$ 为整个系统的信道。

盲均衡器的输入信号为

$$\boldsymbol{y}_m(k) = \boldsymbol{a}(k)\boldsymbol{h}_m(k) + \boldsymbol{v}_m(k) \tag{4.6.2}$$

将输入信号 $\boldsymbol{y}_m(k)$分为实部与虚部分别进行处理，得到均衡器输出信号的实部与虚部分别为

$$z_{m\text{Re}}(k) = \boldsymbol{w}_{m\text{Re}}(k) \cdot \boldsymbol{y}_{m\text{Re}}(k) \tag{4.6.3}$$

$$z_{m\text{Im}}(k) = \boldsymbol{w}_{m\text{Im}}(k) \cdot \boldsymbol{y}_{m\text{Im}}(k) \tag{4.6.4}$$

输出信号为

$$z_m(k) = z_{m\text{Re}}(k) + \text{j} \cdot z_{m\text{Im}}(k) \tag{4.6.5}$$

误差信号的实部与虚部分别为

$$e_{m\text{Re}}(k) = z_{m\text{Re}}(k)(z_{m\text{Re}}^2(k) - R_{\text{Re}}^2) \tag{4.6.6}$$

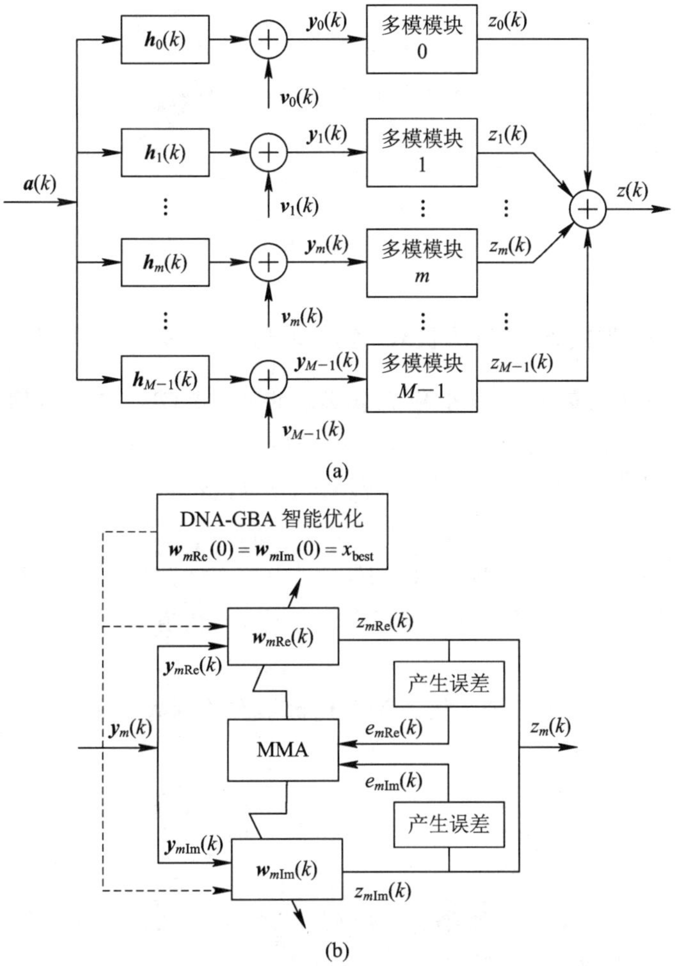

图 4.7　分数间隔多模盲均衡算法结构图

$$e_{m\mathrm{Im}}(k) = z_{m\mathrm{Im}}(k)(z_{m\mathrm{Im}}^2(k) - R_{\mathrm{Im}}^2) \tag{4.6.7}$$

式中，R_{Re}和R_{Im}分别为发射信号$\boldsymbol{a}(k)$的实部和虚部的统计模值，分别定义为

$$R_{\mathrm{Re}} = \frac{E[a_{\mathrm{Re}}^2(k)]}{E[a_{\mathrm{Re}}(k)]} \tag{4.6.8}$$

$$R_{\mathrm{Im}} = \frac{E[a_{\mathrm{Im}}^2(k)]}{E[a_{\mathrm{Im}}(k)]} \tag{4.6.9}$$

第 m 条路 MMA 的代价函数定义为

$$J_{m\mathrm{MMA}}(k) = J_{m\mathrm{Re}}(k) + J_{m\mathrm{Im}}(k) = E\{[z_{m\mathrm{Re}}^2(k) - R_{\mathrm{Re}}^2]^2\} + E\{[z_{m\mathrm{Im}}^2(k) - R_{\mathrm{Im}}^2]^2\} \tag{4.6.10}$$

按照最速下降法，有

$$\begin{cases} \dfrac{\partial J_{m\mathrm{Re}}(k)}{\partial \boldsymbol{w}_{m\mathrm{Re}}(k)} = 4e_{m\mathrm{Re}}(k)\boldsymbol{y}_{m\mathrm{Re}}(k) \\ \dfrac{\partial J_{m\mathrm{Im}}(k)}{\partial \boldsymbol{w}_{m\mathrm{Im}}(k)} = 4e_{m\mathrm{Im}}(k)\boldsymbol{y}_{m\mathrm{Im}}(k) \end{cases} \tag{4.6.11}$$

因此，多模模块 m 权向量实部 $\boldsymbol{w}_{m\mathrm{Re}}(n)$ 和虚部 $\boldsymbol{w}_{m\mathrm{Im}}(n)$ 的迭代公式分别为

$$\boldsymbol{w}_{m\mathrm{Re}}(k+1) = \boldsymbol{w}_{m\mathrm{Re}}(k) - 4\mu e_{m\mathrm{Re}}(k)\boldsymbol{y}_{m\mathrm{Re}}(k) \tag{4.6.12}$$

$$\boldsymbol{w}_{m\mathrm{Im}}(k+1) = \boldsymbol{w}_{m\mathrm{Im}}(k) - 4\mu e_{m\mathrm{Im}}(k)\boldsymbol{y}_{m\mathrm{Im}}(k) \tag{4.6.13}$$

式中，$\mu\in(0,1)$，为步长。

分数间隔多模盲均衡算法(FS-MMA)的输出信号为

$$z(k) = z_0(k) + z_1(k) + \cdots + z_m(k) + \cdots + z_{M-1}(k) = \sum_{m=0}^{M-1} z_m(k) \tag{4.6.14}$$

4.6.2 DNA 遗传蝙蝠算法优化分数间隔多模盲均衡算法

为进一步加快收敛速度并减小稳态误差，将 DNA-GBA 与 FS-MMA 相结合，用 DNA-GBA 搜索得到的最优位置向量作为 FS-MMA 每条支路多模模块初始权向量的实部与虚部，并对每条支路的输入信号分别进行均衡，之后将每条支路的输出信号相加得到系统的输出信号。这就是本节最终提出的基于 DNA 遗传蝙蝠算法的分数间隔多模盲均衡算法(DNA-GBA-FS-MMA)，其实现架构如下：

步骤 1：初始化参数。包括初始化运行次数为 runs，信道 $\boldsymbol{h}$，信噪比 SNR，均衡器抽头个数 L。

步骤 2：定义适应度函数。现采用 MMA 代价函数的倒数定义 DNA-GBA 的适应度函数，即

$$J_{\mathrm{DNA\text{-}GBA}}(\boldsymbol{x}_i(k)) = \frac{1}{J_{\mathrm{MMA}}(k)} = \frac{1}{E\{[z_{\mathrm{Re}}^2(k) - R_{\mathrm{Re}}^2]^2\} + E\{[z_{\mathrm{Im}}^2(k) - R_{\mathrm{Im}}^2]^2\}} \tag{4.6.15}$$

步骤 3：利用 DNA-GBA 搜索全局最优位置向量 $\boldsymbol{x}_{\mathrm{best}}$。按式(4.6.15)计算适应度函数，搜索过程对应 4.5 节步骤 1～步骤 12。

步骤 4：把全局最优位置向量 $\boldsymbol{x}_{\mathrm{best}}$ 作为 FS-MMA 所有支路多模模块初始权向量的实部与虚部，即 $\boldsymbol{w}_{m\mathrm{Re}}(0)=\boldsymbol{w}_{m\mathrm{Im}}(0)=\boldsymbol{x}_{\mathrm{best}}$，再利用式(4.6.12)与式(4.6.13)分别对 $\boldsymbol{w}_{m\mathrm{Re}}(k)$ 与 $\boldsymbol{w}_{m\mathrm{Im}}(k)$ 进行更新，以实现对各支路输入信号的有效均衡。各支路输出信号相加得到 DNA-GBA-FSE-MMA 的输出信号 $z(k)$。

4.6.3 仿真实验与结果分析

为了验证 DNA-GBA-FS-MMA 的性能，将 MMA、FS-MMA、BA-MMA、DNA-GBA-MMA、BA-FS-MMA 与 DNA-GBA-FS-MMA 进行对比，以 $T/4$ 分数间隔为例进行仿真实验。每个蝙蝠种群数中蝙蝠个体的数量 $n=20$，频率范围为$[0, 100]$，最大响度 $A(0)=1.5$，最大脉冲发射速率 $r(0)=0.25$，搜索精度 $\mathrm{tol}=10^{-5}$，维数 $d=11$，响度衰减系数 $\alpha=0.9$，脉冲发射速率增加系数 $\gamma=0.9$，置换交叉概率 $p_z=0.8$，移位交叉概率 $p_c=0.3$，变异概率 $p_m=0.2$，最大迭代次数 $T_{\max}=2000$，运行次数 runs=2000，信道 $\boldsymbol{h}=[\,0.9556\quad -0.0906\quad 0.0578\quad 0.2368\,]$，信噪比 SNR=25，均衡器抽头个数 $L=11$。

【实验 4.1】 采用 16QAM 调制信号，步长 $\mu_{\mathrm{MMA}}=\mu_{\mathrm{FS\text{-}MMA}}=0.02$，$\mu_{\mathrm{BA\text{-}MMA}}=$

$\mu_{\text{DNA-GBA-MMA}}=0.0005$，$\mu_{\text{BA-FS-MMA}}=\mu_{\text{DNA-GBA-FS-MMA}}=0.003$。仿真结果如图 4.8 所示。

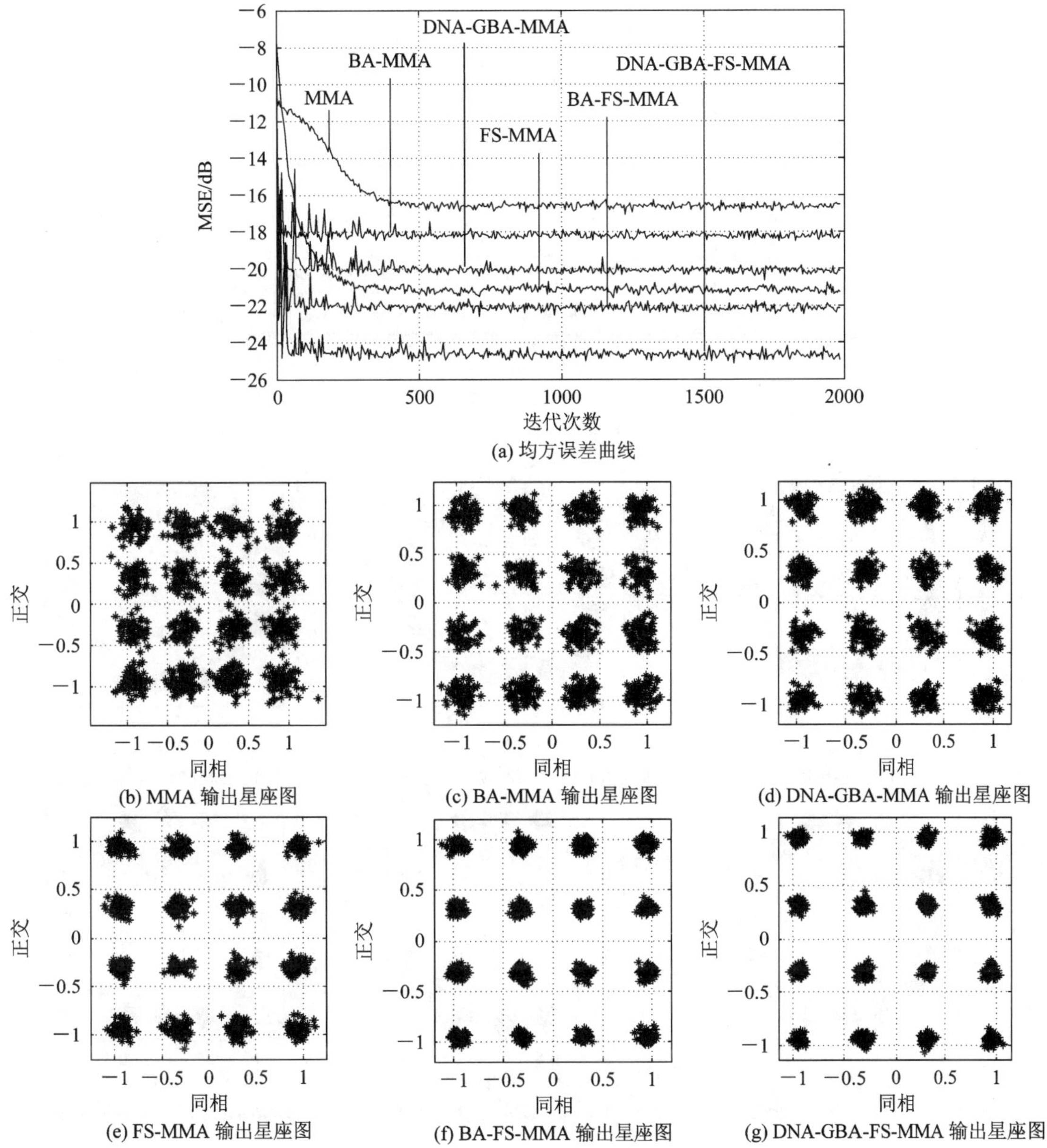

(a) 均方误差曲线

(b) MMA 输出星座图　(c) BA-MMA 输出星座图　(d) DNA-GBA-MMA 输出星座图

(e) FS-MMA 输出星座图　(f) BA-FS-MMA 输出星座图　(g) DNA-GBA-FS-MMA 输出星座图

图 4.8　16QAM 信号的均方误差曲线及星座图

图 4.8 表明，DNA-GBA-FS-MMA 和 BA-FS-MMA 迭代 200 次左右收敛，收敛速度比 BA-MMA 和 DNA-GBA-MMA 快了约 100 多次，比 FS-MMA 和 MMA 快了约 300 多次；DNA-GBA-FS-MMA 的稳态误差达到约 −24.5 dB，比 BA-FS-MMA 降低了 2.5 dB，比 FS-MMA 降低了 3.5 dB，比 DNA-GBA-MMA 降低了 4.5 dB，比 BA-MMA 降低了 6.5 dB，比 MMA 降低了 8 dB，且 DNA-GBA-FS-MMA 星座图的星座点最清晰、最紧凑。

【实验 4.2】 采用 16PSK 调制信号，步长 $\mu_{\text{MMA}}=\mu_{\text{FS-MMA}}=0.02$，$\mu_{\text{BA-MMA}}=\mu_{\text{DNA-GBA-MMA}}=0.0018$，$\mu_{\text{BA-FS-MMA}}=\mu_{\text{DNA-GBA-FS-MMA}}=0.0035$。仿真结果如图 4.9 所示。

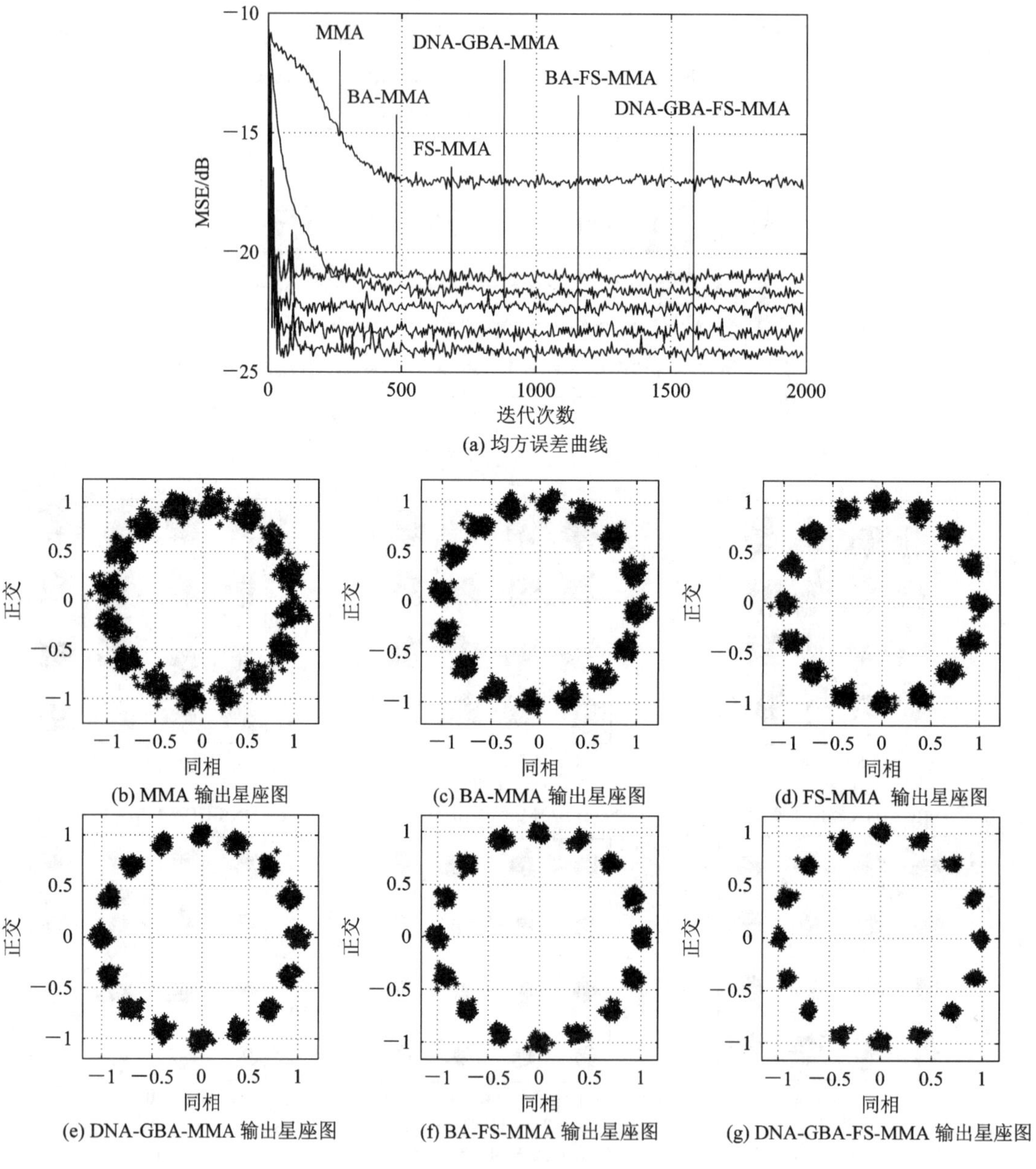

图 4.9　16PSK 信号的均方误差曲线及星座图

图 4.9 表明，DNA-GBA-FS-MMA、BA-FS-MMA、DNA-GBA-MMA 和 BA-MMA 均迭代 100 次左右收敛，收敛速度比 FS-MMA 和 MMA 快了约 500 次；DNA-GBA-FS-MMA 的稳态误差达到约 −24 dB，比 BA-FS-MMA 降低了 1 dB，比 DNA-GBA-MMA 降低了 2 dB，比 FS-MMA 降低了 3 dB，比 BA-MMA 降低了 3.5 dB，比 MMA 降低了 7.5 dB，且 DNA-GBA-FS-MMA 星座图的星座点最清晰、最紧凑。

【实验 4.3】　采用 16APSK 调制信号，步长 $\mu_{MMA}=\mu_{FS\text{-}MMA}=0.01$，$\mu_{BA\text{-}MMA}=\mu_{DNA\text{-}GBA\text{-}MMA}=0.0008$，$\mu_{BA\text{-}FS\text{-}MMA}=\mu_{DNA\text{-}GBA\text{-}FS\text{-}MMA}=0.001$。仿真结果如图 4.10 所示。

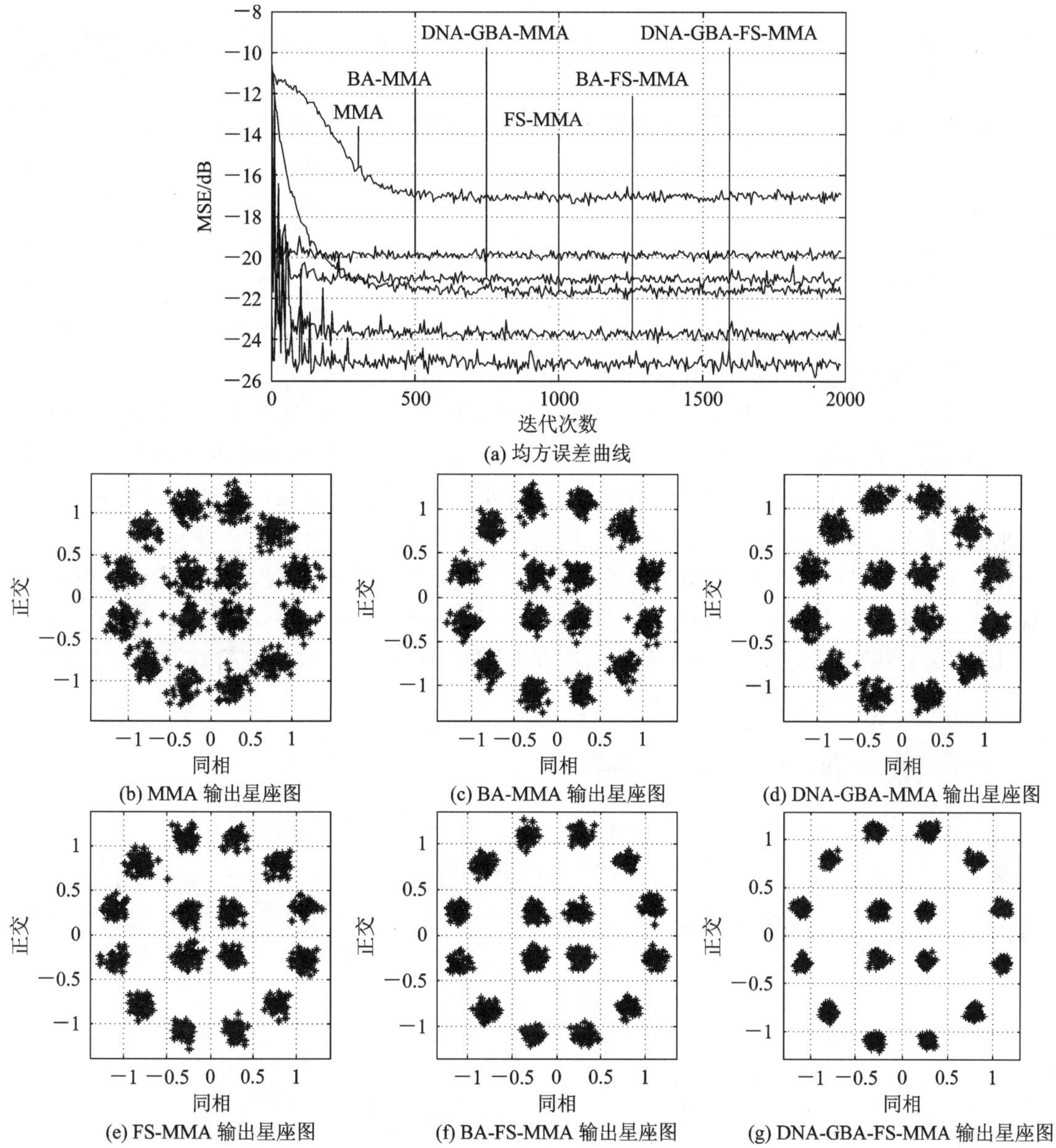

(a) 均方误差曲线

(b) MMA 输出星座图　(c) BA-MMA 输出星座图　(d) DNA-GBA-MMA 输出星座图

(e) FS-MMA 输出星座图　(f) BA-FS-MMA 输出星座图　(g) DNA-GBA-FS-MMA 输出星座图

图 4.10　16APSK 信号的均方误差曲线及星座图

图 4.10 表明，DNA-GBA-FS-MMA 和 BA-FS-MMA 迭代 200 次左右收敛，收敛速度比 BA-MMA 和 DNA-GBA-MMA 慢了约 150 次，比 FS-MMA 和 MMA 快了约 400 次；DNA-GBA-FS-MMA 的稳态误差达到约 −25 dB，比 BA-FS-MMA 降低了 1 dB，比 FS-MMA 降低了 3 dB，比 DNA-GBA-MMA 降低了 4 dB，比 BA-MMA 降低了 5 dB，比 MMA 降低了 8 dB，且 DNA-GBA-FS-MMA 星座图的星座点最清晰、最紧凑。

综上所述，与 MMA、BA-MMA 相比，DNA-GBA- MMA 的性能最优，也就是说，基于 DNA 遗传蝙蝠算法的分数间隔多模盲均衡算法性能最优；与 FS-MMA、BA-FS-MMA 相比，DNA-GBA-FS- MMA 的性能最优，也就是说，基于 DNA 遗传蝙蝠算法的分数间隔多模盲均衡算法(DNA-GBA-FS-MMA)性能最优。

4.7 案例6——基于双蝙蝠群智能优化的多模盲均衡算法

盲均衡算法是一种不需要发射训练序列，而仅依靠自身接收序列的统计特性调整均衡器权向量，使得输出序列接近于发送序列的自适应算法。其中，常模盲均衡算法(Constant Modulus Algorithm，CMA)具有复杂度低、稳定性好、实时性强等优点。然而，其收敛速度慢、易局部收敛和难以均衡高阶多模(Quadrature Amplitude Modulation，QAM)信号。而多模盲均衡算法(Multi-Modulus Algorithm，MMA)不仅具备CMA的优点，还可以有效均衡高阶多模QAM信号，并能进一步减小稳态误差，降低复杂度，加快收敛速度，纠正相位旋转[32]等，但仍存在局部收敛和误收敛。

蝙蝠算法(BA，Bat Algorithm)是一种基于种群的随机全局寻优算法，搜索空间中的每只蝙蝠都是寻优过程中的一个解，且对应着一个目标函数值，每只蝙蝠通过改变频率、发射脉冲速度、响度，跟随当前最优的蝙蝠继续搜索。BA除具有其他智能算法的主要优点，还具有回声定位特性，收敛速度快、寻优精度高[37-39]等特点。

本节将充分利用BA和MMA的优点，将两者有机结合起来，提出一种基于双蝙蝠群智能优化的多模盲均衡算法(Double Bat swarms intelligent optimization Algorithm based Multi-Modulus blind equalization Algorithm，DBA-MMA)[36]，并通过仿真验证了该算法的有效性。

4.7.1 双蝙蝠群多模盲均衡算法

传统的多模盲均衡算法结构如图4.11所示[40-41](除去虚线框部分)。

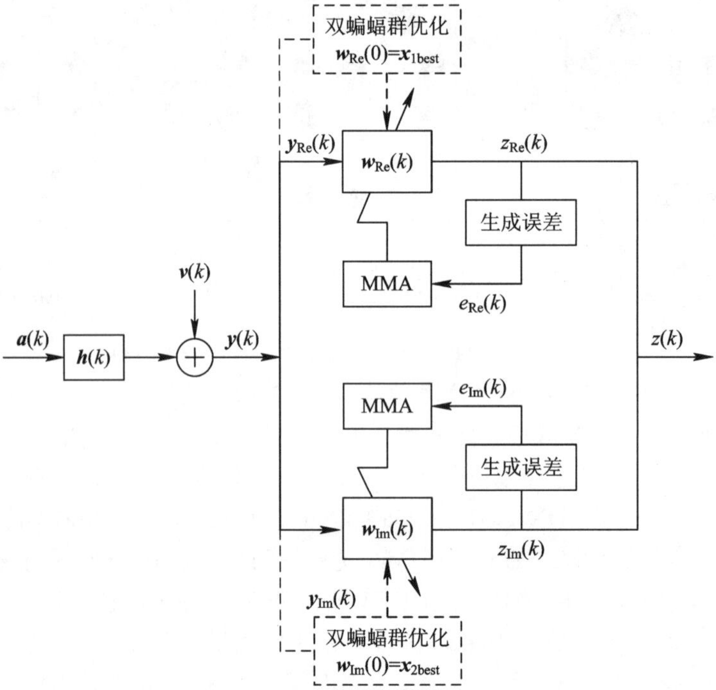

图4.11 盲均衡算法原理图

图 4.11 中，$\boldsymbol{a}(k)$是零均值独立同分布的发射信号；$\boldsymbol{h}(k)$是信道脉冲响应，等价于横向滤波器；$\boldsymbol{v}(k)$是加性高斯白噪声(Additive White Gaussian Noise，AWGN)；$\boldsymbol{y}(k)$是盲均衡器的输入信号，$\boldsymbol{y}_{\rm Re}(k)$是 $\boldsymbol{y}(k)$的实部，$\boldsymbol{y}_{\rm Im}(k)$是 $\boldsymbol{y}(k)$的虚部；$\boldsymbol{w}_{\rm Re}(k)$是盲均衡器权向量 $\boldsymbol{w}(k)$的实部，$\boldsymbol{w}_{\rm Im}(k)$是 $\boldsymbol{w}(k)$的虚部；$z(k)$是盲均衡器的输出信号，$z_{\rm Re}(k)$是 $z(k)$的实部，$z_{\rm Im}(m)$是 $z(k)$的虚部；$e_{\rm Re}(k)$是误差函数 $e(k)$的实部，$e_{\rm Im}(k)$是 $e(k)$的虚部。

图 4.11 中，

$$\boldsymbol{y}(k) = \boldsymbol{h}^{\rm T}(k)\boldsymbol{a}(k) + \boldsymbol{v}(k) \tag{4.7.1}$$

$$\boldsymbol{y}(k) = \boldsymbol{y}_{\rm Re}(k) + {\rm j}\cdot\boldsymbol{y}_{\rm Im}(k) \tag{4.7.2}$$

$$z_{\rm Re}(k) = \boldsymbol{w}_{\rm Re}(k)\cdot\boldsymbol{y}_{\rm Re}(k) \tag{4.7.3}$$

$$z_{\rm Im}(k) = \boldsymbol{w}_{\rm Im}(k)\cdot\boldsymbol{y}_{\rm Im}(k) \tag{4.7.4}$$

$$z(k) = z_{\rm Re}(k) + {\rm j}\cdot z_{\rm Im}(k) \tag{4.7.5}$$

$$e_{\rm Re}(k) = z_{\rm Re}(k)(z_{\rm Re}^2(k) - R_{\rm Re}^2) \tag{4.7.6}$$

$$e_{\rm Im}(k) = z_{\rm Im}(k)(z_{\rm Im}^2(k) - R_{\rm Im}^2) \tag{4.7.7}$$

式中，$R_{\rm Re}^2$和 $R_{\rm Im}^2$分别为发射信号实部和虚部的统计模值[42]，分别定义为

$$R_{\rm Re}^2 = \frac{E[a_{\rm Re}^4(k)]}{E[a_{\rm Re}^2(k)]} \tag{4.7.8}$$

$$R_{\rm Im}^2 = \frac{E[a_{\rm Im}^4(k)]}{E[a_{\rm Im}^2(k)]} \tag{4.7.9}$$

CMA 对常模信号具有很好的均衡效果，但由于常模信号只有一个模值，收敛后所有信号星座点均收敛于一个半径为模值 R 的圆上。而多模 QAM 信号具有多个模值，信号星座点是分布在半径为不同模值的圆上，采用 CMA 均衡高阶多模 QAM 信号时，收敛后会将分布在不同半径圆上的信号星座点收敛到同一个圆上，从而导致均衡失效。而多模盲均衡算法(MMA)在均衡高阶多模 QAM 信号时，收敛后会将信号星座点均衡到不同模值对应的不同圆上，可以更有效地对多模信号进行均衡。以 64QAM 信号为例，其星座图如图 4.12 所示。

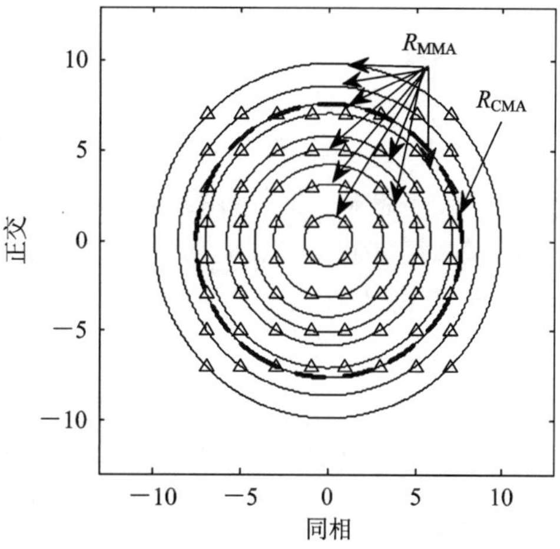

图 4.12 64QAM 信号的模值

信号点分别位于模值 $R_{\rm MMA}$对应的 6 个圆上，$R_{\rm CMA}$为 64QAM 信号的一个等价固定模值(图 4.12 中粗虚线圆，与 MMA 其中一个模值对应的圆重合)[41]。图 4.12 所示的 MMA 是将输入信号的实部与虚部先分别均衡，均衡之后再合并的多模盲均衡算法(MMA)。

MMA 的代价函数为

$$J_{\rm MMA}(k) = J_{\rm Re}(k) + J_{\rm Im}(k) = E\{[z_{\rm Re}^2(k) - R_{\rm Re}^2]^2\} + E\{[z_{\rm Im}^2(k) - R_{\rm Im}^2]^2\} \tag{4.7.10}$$

按照最速下降法，得

$$\frac{\partial J_{\mathrm{Re}}(k)}{\partial \boldsymbol{w}_{\mathrm{Re}}(k)}=4E\left[(z_{\mathrm{Re}}^{2}(k)-R_{\mathrm{Re}}^{2})\cdot z_{\mathrm{Re}}(k)\cdot\frac{\partial z_{\mathrm{Re}}(k)}{\partial \boldsymbol{w}_{\mathrm{Re}}(k)}\right]=4e_{\mathrm{Re}}(k)\boldsymbol{y}_{\mathrm{Re}}(k) \tag{4.7.11}$$

同理，得

$$\frac{\partial J_{\mathrm{Im}}(k)}{\partial \boldsymbol{w}_{\mathrm{Im}}(k)}=4e_{\mathrm{Im}}(k)\boldsymbol{y}_{\mathrm{Im}}(k) \tag{4.7.12}$$

所以，MMA 权向量 $\boldsymbol{w}(k)$的实部和虚部迭代公式分别为

$$\boldsymbol{w}_{\mathrm{Re}}(k+1)=\boldsymbol{w}_{\mathrm{Re}}(k)-4\mu e_{\mathrm{Re}}(k)\boldsymbol{y}_{\mathrm{Re}}(k) \tag{4.7.13}$$

$$\boldsymbol{w}_{\mathrm{Im}}(k+1)=\boldsymbol{w}_{\mathrm{Im}}(k)-4\mu e_{\mathrm{Im}}(k)\boldsymbol{y}_{\mathrm{Im}}(k) \tag{4.7.14}$$

MMA 具有较强的初始收敛能力和载波恢复能力等优点。另外，MMA 还具有纠正星座相位旋转的能力。但 MMA 也存在收敛速度慢、局部收敛、收敛后稳态误差大等缺陷。

4.7.2 双蝙蝠群智能优化多模盲均衡算法

BA 除具有类似粒子群算法的记忆特性，遗传算法的交叉、突变特性外，自身还具有回声定位这一特性。回声定位主要应用于蝙蝠的局部搜索过程，通过对局部最优位置进行随机扰动，避免搜索过程陷入局部最优。蝙蝠算法的诸多特性极大地加快了收敛速度，提高了寻优精度。MMA 的收敛速度慢、收敛后稳态误差大，而 BA 的收敛速度快、寻优精度高的特点恰好可以弥补 MMA 的缺陷。

将 BA 引入 MMA 中，利用蝙蝠的超声波探测、定位、捕食等行为，并用蝙蝠离猎物距离的远近作为衡量蝙蝠个体所处位置好坏的标准。蝙蝠离猎物越近，捕获猎物的概率越大，所处位置越好，对应位置的目标函数值也越小。蝙蝠搜索猎物和移动过程类比为用好位置代替差位置的过程，从而获取全局最优位置，即全局最优解。

用 MMA 的代价函数定义双蝙蝠群算法(DBA)的目标函数，可用于计算目标函数值。MMA 将均衡器输入信号分为实、虚部两部分处理；为获得最佳的均衡效果，这里利用两个不同的蝙蝠群体独立寻优，获得两个全局最优位置 $\boldsymbol{x}_{1\mathrm{best}}$和 $\boldsymbol{x}_{2\mathrm{best}}$，分别作为 MMA 的初始化权向量 $\boldsymbol{w}(0)$的实部 $\boldsymbol{w}_{\mathrm{Re}}(0)$和虚部 $\boldsymbol{w}_{\mathrm{Im}}(0)$，再对 $\boldsymbol{w}_{\mathrm{Re}}(k)$和 $\boldsymbol{w}_{\mathrm{Im}}(k)$进行更新，以实现对 $\boldsymbol{y}_{\mathrm{Re}}(k)$和 $\boldsymbol{y}_{\mathrm{Im}}(k)$的分别均衡。

蝙蝠种群 1 第 i 个个体的目标函数为

$$\begin{aligned}J_{\mathrm{DBA\_1}i}&=\min\{J_{\mathrm{MMARe\_1}}(\boldsymbol{x}_{1i}(k))+J_{\mathrm{MMAIm\_1}}(\boldsymbol{x}_{2j}(k))\}\\&=\min\{E\left[z_{\mathrm{Re\_1}i}^{2}(k)-R_{\mathrm{Re}}^{2}\right]^{2}+E\left[z_{\mathrm{Im\_2}j}^{2}(k)-R_{\mathrm{Im}}^{2}\right]^{2}\}\end{aligned} \tag{4.7.15}$$

式中，

$$\begin{cases}z_{\mathrm{Re\_1}i}(k)=\boldsymbol{x}_{1i}(k)\boldsymbol{y}_{\mathrm{Re}}(k)\\z_{\mathrm{Re\_2}j}(k)=\boldsymbol{x}_{2j}(k)\boldsymbol{y}_{\mathrm{Im}}(k)\end{cases}$$

对于种群 1 第 i 个个体，j 取遍种群 2 所有个体，$\boldsymbol{x}_{1i}(k)$为蝙蝠种群 1 第 i 个个体的位置向量，$\boldsymbol{x}_{2j}(k)$蝙蝠种群 2 第 j 个个体的位置向量。

蝙蝠种群 2 第 j 个个体的目标函数为

$$\begin{aligned}J_{\mathrm{DBA\_2}j}&=\min\{J_{\mathrm{MMARe\_2}}(\boldsymbol{x}_{1i}(k))+J_{\mathrm{MMAIm\_2}}(\boldsymbol{x}_{2j}(k))\}\\&=\min\{E\left[z_{\mathrm{Re\_1}i}^{2}(k)-R_{\mathrm{Re}}^{2}\right]^{2}+E\left[z_{\mathrm{Im\_2}j}^{2}(k)-R_{\mathrm{Im}}^{2}\right]^{2}\}\end{aligned} \tag{4.7.16}$$

对于种群 2 第 j 个个体，i 取遍种群 1 中所有个体。

当代最优解为

$$J_{\text{DBA}}(k)=\min(J_{\text{DBA\_1}i},\ J_{\text{DBA\_2}j}) \tag{4.7.17}$$

4.7.3 双蝙蝠群智能优化 MMA 初始权向量

定义式(4.7.15)～式(4.7.17)后，就可对 MMA 的初始权向量进行优化。优化架构如下：

步骤 1：初始化算法参数。随机产生蝙蝠种群 1 和种群 2，每个蝙蝠群中蝙蝠数量均为 N，频率范围均为$[f_{\min},\ f_{\max}]$，种群 1 最大响度为 $A_1(0)$，种群 2 最大响度为 $A_2(0)$，种群 1 最大脉冲发射速率为 $r_1(0)$，种群 2 最大脉冲发射速率为 $r_2(0)$，搜索精度均为 tol，维数均为 D，响度衰减系数均为 α，脉冲发射速率增加系数均为 γ，最大迭代次数均为 $T_{\max}$，运行次数均为 runs，信道为 $\boldsymbol{h}$，信噪比均为 SNR，实部与虚部权向量抽头个数均为 L，蝙蝠种群 1 中第 i 只蝙蝠个体的位置为 $\boldsymbol{x}_{1i}$，蝙蝠种群 2 中第 j 只蝙蝠个体的位置向量为 $\boldsymbol{x}_{2j}$。

步骤 2：计算目标函数值。按照式(4.7.15)～式(4.7.17)分别计算目标函数值并比较其大小。当目标函数值最小时，选取对应的两个蝙蝠个体的位置向量为当前全局最优位置向量 $\boldsymbol{x}_{1\text{best}}$ 和 $\boldsymbol{x}_{2\text{best}}$。

步骤 3：调整种群 1 的脉冲频率 f_{1i} 和种群 2 的脉冲频率 f_{2i}，利用式(4.1.2)与式(4.1.3)分别对两个种群中每个蝙蝠个体的速度和位置进行更新，得到种群 1 的 $\boldsymbol{x}_{1i}(k)$ 和种群 2 的 $\boldsymbol{x}_{2j}(k)$。

步骤 4：产生一个随机脉冲发射速率 rand_1，将其与种群 1 中第 i 只蝙蝠的脉冲发射速率 r_{1i} 进行比较，若 $\text{rand}_1>r_{1i}$，对种群 1 中处于当前最优位置的蝙蝠个体随机扰动产生一个新的位置，将新位置替代种群 1 中第 i 只蝙蝠的当前位置并继续搜索猎物。同理，产生一个随机脉冲发射速率 rand_2，将其与种群 2 中第 j 只蝙蝠的脉冲发射速率 r_{2j} 进行比较，若 $\text{rand}_2>r_{2j}$，对种群 2 中处于全局最优位置的蝙蝠个体随机扰动产生一个新的位置，将新位置替代种群 2 中第 j 只蝙蝠的当前位置并继续搜索猎物。

步骤 5：产生一个随机响度 rand_3，将其与种群 1 中第 i 只蝙蝠的响度 A_{1i} 进行比较，若 $\text{rand}_3<A_{1i}$ 且 $J_{\text{DBA\_1}i}(\boldsymbol{x}_{1i}(k))<J_{\text{DBA\_1}i}(\boldsymbol{x}_{1\text{bset}})$，则用种群 1 中蝙蝠个体 i 的当前位置向量 $\boldsymbol{x}_{1i}$ 及与 $\boldsymbol{x}_{1i}$ 对应的种群 2 中蝙蝠个体 j 的当前位置向量 $\boldsymbol{x}_{2j}$ 分别替代当前最优位置向量 $\boldsymbol{x}_{1\text{best}}$ 和 $\boldsymbol{x}_{2\text{best}}$，并利用式(4.1.5)与式(4.1.6)对 A_{1i} 及 r_{1i} 进行更新。同理，产生一个随机响度 rand_4，将其与种群 2 中第 j 只蝙蝠的响度 A_{2j} 进行比较，若 $\text{rand}_4<A_{2j}$ 且 $J_{\text{DBA\_2}j}(\boldsymbol{x}_{2j}(k))<J_{\text{DBA\_2}j}(\boldsymbol{x}_{2\text{best}})$，则用种群 2 中蝙蝠个体的当前位置向量 $\boldsymbol{x}_{2j}$ 及与 $\boldsymbol{x}_{2j}$ 对应的种群 1 中蝙蝠个体 i 的当前位置向量 $\boldsymbol{x}_{1i}$ 分别替代当前最优位置向量 $\boldsymbol{x}_{2\text{best}}$ 和 $\boldsymbol{x}_{1\text{best}}$，并利用式(4.1.5)与式(4.1.6)对 A_{2j} 及 r_{2j} 进行更新。

步骤 6：根据式(4.7.17)，选取当前全局最优位置向量 $\boldsymbol{x}_{1\text{best}}$ 和 $\boldsymbol{x}_{2\text{best}}$。

步骤 7：当达到最大迭代次数或搜索精度时，分别输出两个种群的全局最优位置向量；否则，转至步骤 3。

步骤 8：将全局最优位置 $\boldsymbol{x}_{1\text{best}}$ 和 $\boldsymbol{x}_{2\text{best}}$ 分别作为盲均衡器的最优初始权向量的实部和虚部，即 $\boldsymbol{w}_{\text{Re}}(0)=\boldsymbol{x}_{1\text{best}}$，$\boldsymbol{w}_{\text{Im}}(0)=\boldsymbol{x}_{2\text{best}}$，再利用式(4.7.13)与式(4.7.14)分别对 $\boldsymbol{w}_{\text{Re}}(k)$ 与 $\boldsymbol{w}_{\text{Im}}(k)$ 进行更新，就可对 $\boldsymbol{y}(k)$ 进行有效均衡。

以基于两蝙蝠群体独立优化获得的各自全局最优位置向量作为多模盲均衡算法的初始优化权向量，就得到了基于双蝙蝠群智能优化的多模盲均衡算法(DBA-MMA)。

4.7.4 仿真实验与结果分析

为了验证 DBA-MMA 的性能，下面以常模盲均衡算法(CMA)、多模盲均衡算法

(MMA)、粒子群多模盲均衡算法(PSO-MMA)、蝙蝠多模盲均衡算法(BA-MMA)为比较对象进行仿真实验。

每个蝙蝠种群数中蝙蝠个体的数量 $N=20$，频率范围为[0，100]，种群 1 最大响度 $A_1(0)=1.5$，种群 2 最大响度 $A_2(0)=1.5$，种群 1 最大脉冲发射速率 $r_1(0)=0.25$，种群 2 最大频度 $r_2(0)=0.25$，搜索精度 $\mathrm{tol}=10^{-5}$，维数 $D=11$，响度衰减系数 $\alpha=0.9$，脉冲发射速率增加系数 $\gamma=0.9$，最大迭代次数 $T_{\max}=2000$，运行次数 runs=2000，信道 $\boldsymbol{h}=[0.9556\quad -0.0906\quad 0.0578\quad 0.2368]$，信噪比 SNR=25，均衡器抽头个数 $L=11$。16QAM 为发射信号，步长 $\mu_{\mathrm{CMA}}=\mu_{\mathrm{MMA}}=0.025$，$\mu_{\mathrm{PSO\text{-}MMA}}=\mu_{\mathrm{BA\text{-}MMA}}=\mu_{\mathrm{DBA\text{-}MMA}}=0.005$。仿真结果如图 4.13 所示。

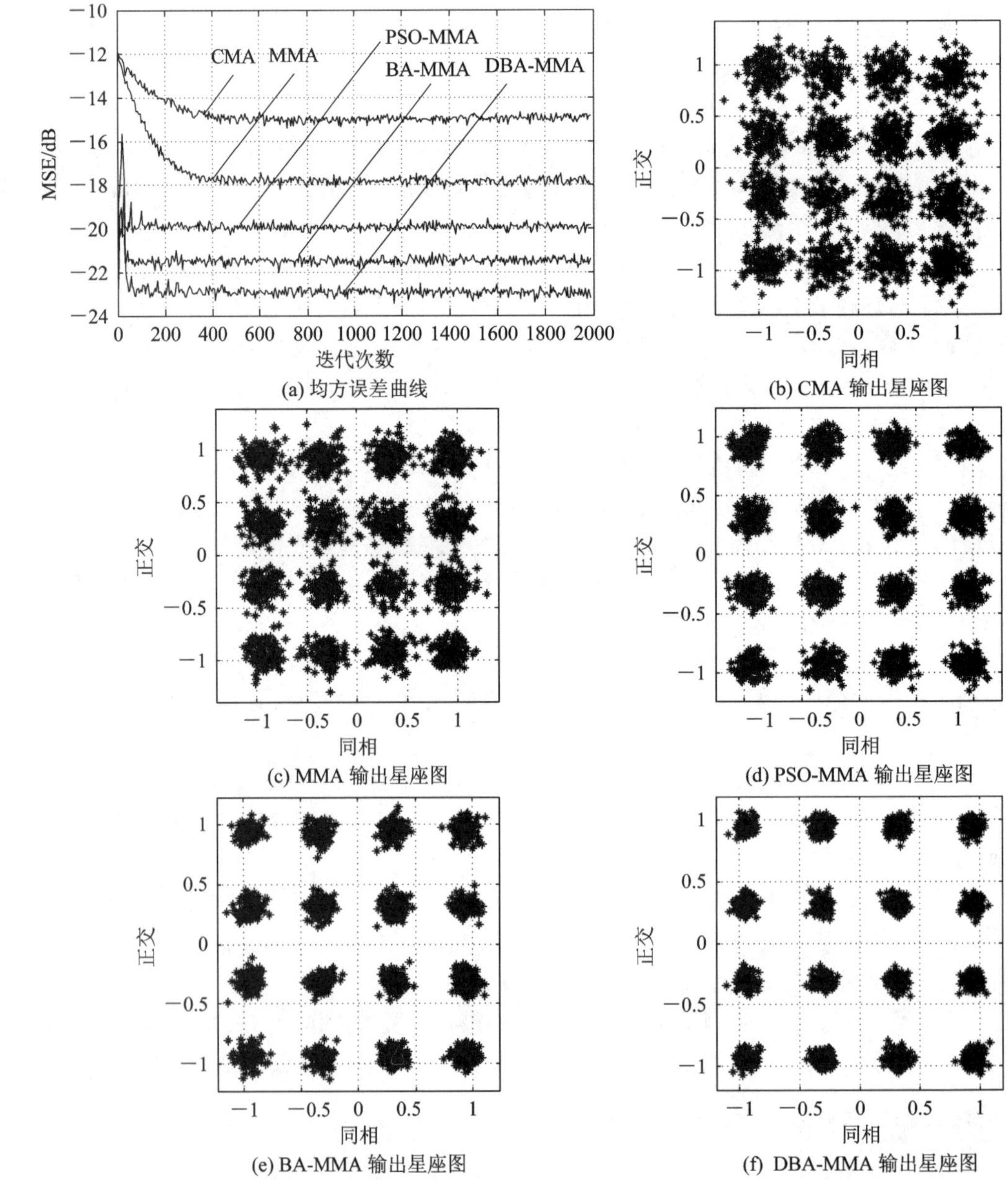

图 4.13　16QAM 信号的均方误差曲线及星座图

图 4.13 表明，与 CMA 和 MMA 需迭代 600 次才达到收敛状态相比，PSO-MMA、BA-MMA 和DBA-MMA 迭代 30 次左右即达到收敛状态，收敛速度极大提高。DBA-MMA 的均方误差达到−23 dB，比 CMA 降低了 8 dB，比 MMA 降低了 5 dB，比 PSO-MMA 降低了 3 dB，比 BA-MMA 降低了 1.5 dB，且对 16QAM 信号，DBA-MMA 具有最好的均衡效果，星座点最清晰，也最紧凑。

以 64QAM 为发射信号，分别以 $\mu_{CMA}=\mu_{MMA}=0.012$，$\mu_{PSO\text{-}MMA}=\mu_{BA\text{-}MMA}=\mu_{DBA\text{-}MMA}=0.0038$ 为步长，仿真结果如图 4.14 所示。

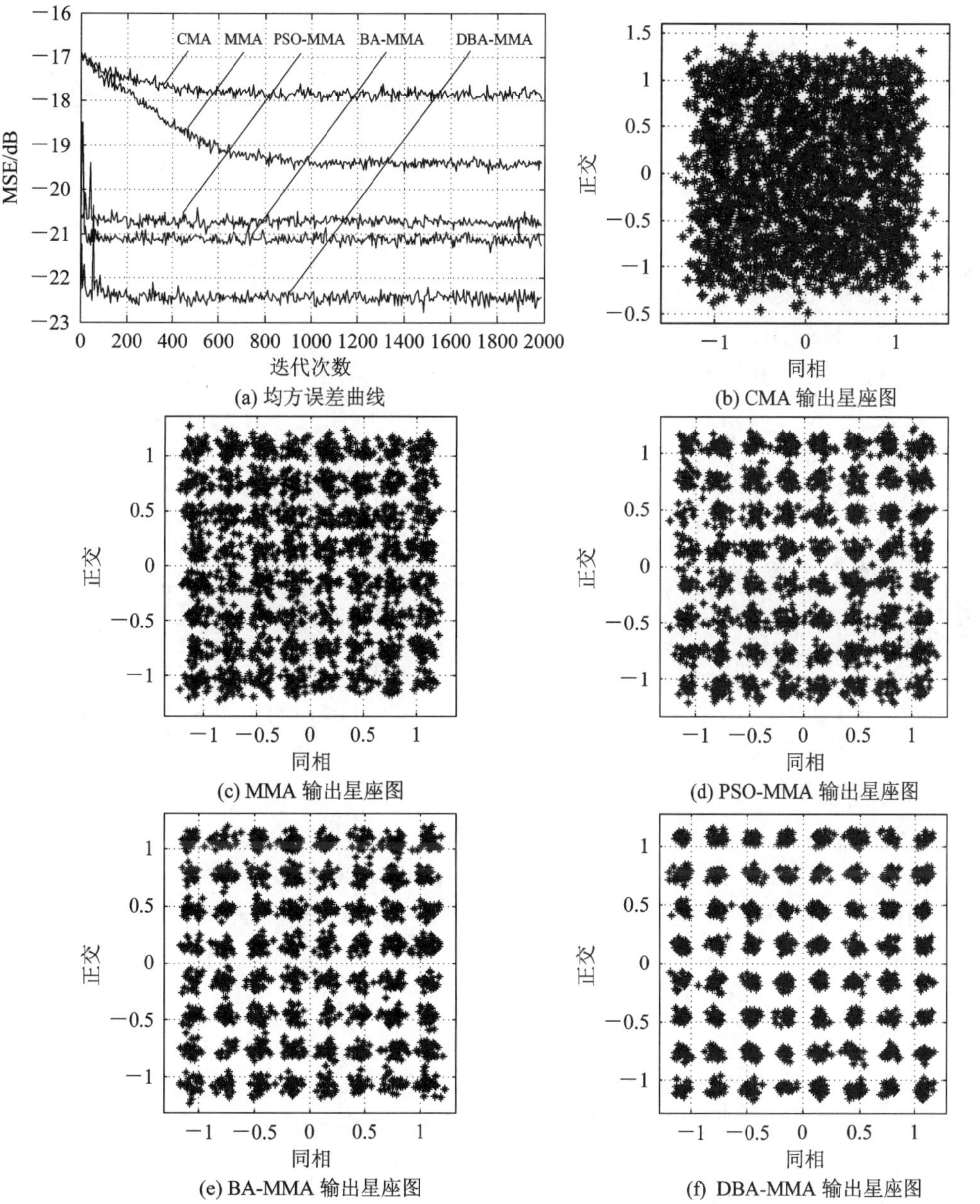

图 4.14 64QAM 信号的均方误差曲线及星座图

图 4.14 表明，与 CMA 和 MMA 需迭代 1000 次左右才达到收敛状态相比，PSO-MMA、

BA-MMA 和 DBA-MMA 迭代 80 次左右即达到收敛状态，收敛速度极大提高。DBA-MMA 的均方误差达到−22.5 dB，比 CMA 降低了 4.5 dB，比 MMA 降低了 3 dB，比 PSO-MMA 降低了 2 dB，比 BA-MMA 降低了 1.5 dB，且对于 64QAM 信号，DBA-MMA 具有最好的均衡效果，星座点最清晰，也最紧凑。

综上，将 BA 与 MMA 有机结合，提出的基于双蝙蝠群智能优化的多模盲均衡算法(DBA-MMA)弥补了 CMA、MMA 难以均衡高阶 QAM 信号的缺陷，加快了收敛速度，减小了均方误差，纠正了相位旋转。因此，本节提出的基于双蝙蝠群智能优化的多模盲均衡算法(DBA-MMA)是切实可行的。

参考文献 4

[1] YANG X S. A new metaheuristic bat-inspired algorithm[M]. Berlin, Heidelberg: Springer Berlin Heidelberg, 2010.

[2] YANG X S, HE X. Bat algorithm: literature review and applications [J]. International Journal of Bio-Inspired Computation, 2013, 5(3):141-149.

[3] KHAN K, NIKOV A, SAHAI A. A fuzzy bat clustering method for ergonomic screening of office workplaces[C] //Third international conference on software, services and semantic technologies S3T 2011. Berlin: Springer Berlin Heidelberg, 2011: 59-66.

[4] YANG X S. Bat algorithm for multi-objective optimisation[J]. International Journal of Bio-Inspired Computation, 2011, 3(5): 267-274.

[5] KOMARASAMY G, WAHI A. An optimized K-means clustering technique using bat algorithm[J]. European Journal of Scientific Research, 2012, 84(2): 263-273.

[6] LIN J H, CHOU C W, YANG C H, et al. A chaotic Levy flight bat algorithm for parameter estimation in nonlinear dynamic biological systems[J]. Computer and Information Technology, 2012, 2(2): 56-63.

[7] NAKAMURA R Y M, PEREIRA L A M, COSTA K A, et al. BBA: a binary bat algorithm for feature selection[C] //2012 25th SIBGRAPI conference on graphics, patterns and images, Ouro Preto, Brazil. IEEE, 2012: 291-297.

[8] XIE J, ZHOU Y Q, CHEN H. A novel bat algorithm based on differential operator and Lévy flights trajectory [J]. Computational Intelligence and Neuroscience, 2013(2013): 1-13.

[9] YILMAZ S, KUCUKSILLE E U. Improved bat algorithm (IBA) on continuous optimization problems[J]. Lecture Notes on Software Engineering, 2013, 1(3): 279-283.

[10] WANG G G, GUO L H. A novel hybrid bat algorithm with harmony search for global numerical optimization[J]. Journal of Applied Mathematics, 2013, 2013(1): 696491.

[11] 黄光球，赵魏娟，陆秋琴. 求解大规模优化问题的可全局收敛蝙蝠算法[J]. 计算机

应用研究，2013，30(5)：1323-1328.
[12] 李枝勇，马良，张惠珍．蝙蝠算法收敛性分析[J]．数学的实践与认识，2013，43(12)：182-190.
[13] 高尚，汤可宗，蒋新姿，等．粒子群优化算法收敛性分析[J]．科学技术与工程，2006，6 (12)：1625-1628.
[14] 蔡星娟．蝙蝠优化算法[M]．北京：电子工业出版社，2019.
[15] 王文，王勇，王晓伟．采用机动飞行的蝙蝠算法[J]．计算机应用研究，2014，31(10)：2962-2964.
[16] 王文，王勇，王晓伟．一种具有记忆性特征的改进蝙蝠算法[J]．计算机应用与软件，2014，31(11)：257-259.
[17] 吴华鹏．基于FPGA和DSP的信道模拟器设计与实现[D]．南京：南京信息工程大学硕士学位论文，2016.
[18] 李阳阳，焦李成，张丹，等．量子计算智能[M]．西安：西安电子科技大学出版社，2019.
[19] 王洪刚，马良．函数优化的量子群算法[J]．系统管理学报，2009，18(1)：96-99.
[20] 刘勇，马良，宁爱兵．函数优化的量子竞争决策算法[J]．计算机工程与应用，2010，46(21)：21-24.
[21] GEEM Z W, KIM J H, LOGANATHAN G V. A new heuristic optimization algorithm: harmony search[J]. simulation, 2001, 76(2): 60-68.
[22] PAN Q K, SUGANTHAN P N, TASGETIREN M F, et al. A self-adaptive global best harmony search algorithm for continuous optimization problems[J]. Applied Mathematics and Computation, 2010, 216(3): 830-848.
[23] WANG G, GUO L. A novel hybrid bat algorithm with harmony search for global numerical optimization [J]. Journal of Applied Mathematics, 2013, 2013(1): 1-21.
[24] STORN R, PRICE K. Differential evolution: a simple and efficient heuristic for global optimization over continuous spaces[J]. Journal of global optimization, 1997, 11(4): 341-359.
[25] PAN Q K, SUGANTHAN P N, WANG L, et al. A differential evolution algorithm with self-adapting strategy and control parameters[J]. Computers & Operations Research, 2011, 38(1): 394-408.
[26] 常虹，焦斌，顾幸生．自适应和声搜索算法及在数值优化中的应用[J]．控制工程，2012，19(3)：455-458.
[27] PAN Q K, SUGANTHAN P N, TASGETIREN M F, et al. A self-adaptive global best harmony search algorithm for continuous optimization problems[J]. Applied Mathematics and Computation, 2010, 216(3): 830-848.
[28] YUAN J T, TSAI K D. Analysis of the multi-modulus blind equalization algorithm in QAM communication systems[J]. IEEE Transactions on Communications, 2005, 53(9): 1427-1431.
[29] GUO Y C, DING X J, FAN K. Fractionally spaced combining with spatial

diversity blind equalization algorithm based on orthogonal wavelet transformation [C]//Intelligent Computing and Cognitive Informatics, Kuala Lumpur, Malaysia. 2010:321-324.

[30] 郭业才. 自适应盲均衡技术[M]. 合肥:合肥工业大学出版社, 2007.

[31] 郭业才, 张艳萍. 一种适用于高阶 QAM 信号的双模式多模盲均衡算法[J]. 系统仿真学报, 2008, 20(6): 1423-1426.

[32] WEN S Y, LIU F. A computationally efficient multi-modulus blind equalization algorithm[C]//Information Management and Engineering (ICIME). Chengdu, China. 2010: 685- 687.

[33] YANG X S. Nature-inspired metaheuristic algorithms[M]. 2nd ed. Frome, UK: Luniver Press, 2010: 97-104.

[34] 戴侃. DNA 遗传算法及在化工过程中的应用[D]. 杭州: 浙江大学硕士学位论文, 2012.

[35] 郭业才, 吴华鹏. 双蝙蝠群智能优化的多模盲均衡算法[J]. 智能系统学报, 2015, 10(5): 755-762.

[36] 郭业才, 吴华鹏, 王惠, 等. 基于 DNA 遗传蝙蝠算法的分数间隔多模盲均衡算法[J]. 兵工学报, 2015, 36(8): 1502-1508.

[37] 李煜, 马良. 新型全局优化蝙蝠算法[J]. 计算机科学, 2013, 40(9): 225-229.

[38] 刘长平, 叶长春, 刘满成. 来自大自然的寻优策略: 像蝙蝠一样感知[J]. 计算机应用研究, 2013, 30(5): 1320-1322.

[39] PARACHA K N, ZERGUINE A. A newton-Like algorithm for adaptive multi-modulus blind equalization [C]//International Workshop on Systems, Signal Processing and their Applications, Tipaza, Algeria. IEEE, 2011: 283-286.

[40] YUAN J T, CHAO J H, LIN T C. Effect of channel noise on blind equalization and carrier phase recovery of CMA and MMA [J]. IEEE Transactions on Communications, 2012, 60(11): 3274 -3285.

[41] YANG J, WERNER J J, DUMONT G A. The multi-modulus blind equalization and its generalized algorithms [J]. IEEE Journal on Selected Areas in Communications, 2002, 20(5): 997-1014.

[42] NI Y, DU X, XIAO R, et al. Multi-modulus blind equalization algorithm based on high-order QAM genetic optimization [C]//Natural Computation (ICNC), Chongqing, China. IEEE, 2012: 679-682.

第5章 猴群算法

【内容导读】 在基本猴群算法原理与架构基础上，分析了自适应猴群算法(自适应爬过程、视野望-跳过程、基于模式搜索机制的局部搜索、基于学习因子和小生境技术的空翻过程)、混沌猴群算法(混沌初始化、步长递减过程、参数递增混沌望过程、边缘跳过程)、离散猴群算法，给出了基于猴群算法优化的多模盲均衡算法和基于列维飞行复形猴群算法的多模盲均衡算法等案例。

猴群算法是 Zhao 和 Tang 于 2008 年提出的新兴智能优化算法[1-2]，该算法具有结构简单、全局寻优能力强、对优化问题的维数不敏感、参数少及易于实现等优点，引起了不少学者的关注，已在传感器优化布置、入侵检测、输电网扩展规划等领域得到成功应用。本章从猴群算法的基本原理、基本概念、参数设置等方面进行详细阐述，然后描述猴群算法的计算流程，分析猴群算法的优点和不足，为后续章节奠定基础。

5.1 基本猴群算法

5.1.1 算法原理

猴群算法(Monkey Algorithm，MA)[1-2]是受大自然中猴群爬山过程的启发而提出的一种启发式算法。作为一种群体智能优化算法，MA 的思想是：当对某个问题进行优化时，将该问题的可行域映射为所有猴子的活动区域，其中所有猴子构成一个共同探寻该目标区域最高山峰的一个猴群，每只猴子所在活动区域中的位置代表该优化问题的一个候选解。猴子通过攀爬、望-跳、空翻三种基本行动方式向较高的山峰不断行进。当猴子通过攀爬过程到达了一个山顶，自然会向四周眺望以寻找邻近的更高的山峰，如果发现身边有更高峰，则跳过去继续攀爬至山顶，此过程执行完后猴子已经找到了它初始位置附近区域范围内的最高山峰(局部最优)。接着，为了发现更高的山峰，避免被困在局部山顶，猴子必须空翻到更远的地方，在新的区域再次攀爬。这样，经过若干次进化后，猴子所在的最高位置即对应于全局最优解。

可见，猴群算法主要包括三个位置更新操作：攀爬过程，主要用来搜索每只猴子当前所在位置的局部最优解；望-跳过程，主要通过观察和跳跃来搜索邻近区域内比当前解更优的解，以加速寻优过程；空翻过程，目的在于转移猴群的分布区域，以避免搜索过程中算法陷入局部最优。

1. 基本概念

(1) 猴子：构成种群的元素，承载搜索信息的个体，其位置对应着优化问题的一个决策向量。

(2) 种群：由一定数量的猴子组成的集合。

(3) 种群规模：种群中猴子总数。

(4) 适应度值：用来评价猴子位置好坏(高低)的度量标准。

(5) 攀爬过程：种群内猴子的一种位置更新操作。根据具体的更新策略，猴群内部的猴子沿着特定的方向进行攀爬，从而到达自身附近区域的最优位置。

(6) 望-跳过程：种群内猴子的一种位置更新操作。根据具体的更新策略，猴子通过观察附近地形有目的地进行跳跃，以跳到邻域内的较高山峰。

(7) 空翻过程：种群内猴子的一种位置更新操作。为了防止猴子的视野被局限于某一座山峰，种群内的猴子以某个设定的位置为支点进行空翻，以跳出局部最优。

(8) 算法参数：MA 执行过程需要的控制参数包括种群中猴子总数 N、最大进化次数 T_{max}、攀爬过程的最大迭代次数 T_{cmax}、猴子的爬步长 a、望-跳过程的视野长度 b、猴子的空翻区间 $[c, d]$、所求解问题的维数等。

(9) 算法结束条件：

① 算法连续进化若干代，全局最优解依然没有刷新；

② 算法达到预定的最大进化次数。

算法在运行过程中上述两个结束条件中任意一个成立，算法就结束迭代。

2. 参数设置

参数设置是猴群算法搜索性能的一个关键因素。如果参数设置不够准确，则难以找到优化问题的最优解。

设置的参数如下：

(1) 种群中猴子总数 N。其值越大求解精度越高，相应的运行时间也越长。对猴群算法来说，其攀爬、望-跳和空翻三个位置更新操作使该算法能够对寻优空间进行充分搜索，猴群规模的减小可以通过增加进化代数来平衡。因此，参数 N 的设置需要结合算法的最大进化次数来考虑，一般不宜过大。

(2) 算法的最大进化次数 T_{max}。如果该值设置过大，那么算法复杂度增加，进而影响运行速度；若过小，则可能导致算法还未收敛就被迫停止，影响寻优精度。

(3) 攀爬过程的最大迭代次数 T_{cmax}。猴群算法的主要时间开销在于寻找局部最优解的攀爬过程，若 T_{cmax} 设置过大，则会影响算法运行速度；若太小，则可能会导致在指定迭代次数内猴子尚未爬到山顶。因此，此参数也需要合理设置。

(4) 猴子的爬步长 a。爬步长的大小对于每只猴子能否快速找到精确的局部最优解起着至关重要的作用。若 a 太小，将会降低猴子的攀爬速度，则可能导致在指定的迭代次数内无法爬到山顶；相反，若 a 太大，则在迭代后期会损失解的精度。

(5) 望-跳过程的视野长度 b。该参数需要根据具体的优化问题而定。通常，优化问题的可行域空间越大，b 也应该相应大一点。

(6) 猴子的空翻区间$[c, d]$。空翻区间决定了猴子在空翻过程中最大的翻越距离。同样，需要根据优化问题的可行域空间大小进行适度调整，较大的可行域空间对应于较大的空翻区间，从而最大限度地避免算法陷入局部最优。

5.1.2 算法架构

猴群算法首先从可行域中随机地产生一组初始解构成初始猴群，每个解对应于一只猴子；其次，每只猴子按照设定的迭代次数执行攀爬过程，希望到达自身所在区域的“山顶”；接着，每只猴子观察自己周围是否有比所在“山顶”更高的山峰，并根据观察结果跳到更高处；然后，每只猴子再次以新的起点执行攀爬操作，以达到新的“山顶”；最后，每只猴子以猴群的重心位置为支点执行空翻操作，并从当前搜索区域转移到新的搜索区域。在猴群的进化代数内依次执行上述操作直至满足停止条件。

为说明猴群算法的寻优机理，不失一般性，优化问题描述为

$$\begin{cases} \min J(x) \\ \text{s.t. } x \in [l, u] \end{cases} \tag{5.1.1}$$

式中：$[l, u] := \{x \in \mathbb{R}^D \mid l_d \leqslant x_d \leqslant u_d,\ d=1, 2, \cdots, D\}$，$D$ 是优化问题的维度，u_d 和 l_d 分别是第 k 维的上、下边界，x 是可行域范围内的变量，$J(x)$为问题的目标函数。

猴群算法解决式(5.1.1)问题的主要框架如下：

参数设置：N，$T_{\max}$，T_{cmax}，b，u，l。

算法步骤：

```
1: Initialize ()
2: iteration←1
3: While t < T_cmax do
4:      Climb(T_cmax, a)
5:      Watch-jump (b)
6:      Climb(T_cmax, a)
7:      Somersault(u, l)
8:      t←t +1
9: end While
```

从上述步骤可以看出：猴群算法的实现主要包括四个阶段，分别是猴子的初始化(Initialize)、攀爬过程(Climb)、望-跳过程(Watch-jump)以及空翻过程(Somersault)。

1. 初始化

定义正整数 N 为猴群规模，问题的维数为 D，第 i 只猴子为 $\boldsymbol{X}_i$，其中 $i=1, 2, \cdots, N$，其位置用 D 维空间的向量 $\boldsymbol{X}_i=(x_{i1}, x_{i2}, \cdots, x_{iD})$来表示，且此位置代表优化问题的一个可行解。

从可行域中随机产生 N 个可行解(猴子)作为猴群算法的初始种群。MA 的种群初始化过程如算法 5.1 所示。

算法 5.1　猴群算法的种群初始化过程

％ 初始化

1：for $i=1:N$ do　％对每个个体进行初始化并计算适应度值

2：　　for $j=1:D$ do

3：　　　　$x(i, j) \leftarrow \text{rand}(1) * (u_j - l_j) + l_j$　％随机初始化

4：　　end for

5：　　$p(i) \leftarrow f(x(i, ,))$　％计算每个个体的适应度值

6：end for

猴群算法的种群初始化过程的流程图如图 5.1 所示。

2. 攀爬过程

攀爬过程是一个通过迭代不断改变猴子所处的位置以改善其适应度值的过程。猴群算法为避免过多地使用目标函数的梯度信息，采用一种近似的方法，即用目标函数在当前点处的"伪梯度"代替经典优化算法中的梯度，设计猴子的攀爬过程。

设第 i 只猴子的当前位置为 $\boldsymbol{X}_i = (x_{i1}, x_{i2}, \cdots, x_{iD})$，其中 $i=1, 2, \cdots, N$，其攀爬过程描述如下：

步骤 1：以随机方式产生向量 $\boldsymbol{X}_i = (x_{i1}, x_{i2}, \cdots, x_{iD})$，其中，

$$\Delta x_{ij} = \begin{cases} a & \text{以 0.5 的概率} \\ -a & \text{以 0.5 的概率} \end{cases} \tag{5.1.2}$$

式中：$j=1, 2, \cdots, D$；控制参数 $a(a>0)$ 称为猴子爬步长，其数值根据具体所求问题而定。

步骤 2：计算

$$\boldsymbol{J}_i'(\boldsymbol{X}_i) = \frac{\boldsymbol{J}(\boldsymbol{X}_i + \Delta \boldsymbol{X}_i) - \boldsymbol{J}(\boldsymbol{X}_i - \Delta \boldsymbol{X}_i)}{2\Delta x_{ij}} \tag{5.1.3}$$

称向量 $\boldsymbol{J}_i'(\boldsymbol{X}_i) = (J_{i1}'(\boldsymbol{X}_i), J_{i2}'(\boldsymbol{X}_i), \cdots, J_{iD}'(\boldsymbol{X}_i))$ 为目标函数在 $\boldsymbol{X}_i$ 处的伪梯度。

步骤 3：令 $\boldsymbol{Y} = \{Y_1, Y_2, \cdots, Y_N\}$，计算 $Y_j = x_{ij} - a \cdot \text{sgn}(J_{ij}'(\boldsymbol{X}_i))$。

步骤 4：若 $\boldsymbol{Y}$ 位于可行域中，则用 $\boldsymbol{Y}$ 替换 $\boldsymbol{X}_i$，否则保持 $\boldsymbol{X}_i$ 不变。

步骤 5：重复执行步骤 1 至步骤 4，直到相邻两次迭代的目标函数值没有明显变化或者达到了设定的最大迭代次数 T_{cmax}。

猴群算法攀爬过程的步骤如算法 5.2 所示。

算法 5.2　攀爬过程算法

％攀爬过程

1：$k \leftarrow 0$

2：for $i=1:N$ do

3：　while$(k<T_{\text{cmax}})$ do

4：　　for $j=1:D$ do

5：　　　　$p \leftarrow \text{rand}(1)$

6：　　　　if $p>0.5$ then $\Delta x_{ij} \leftarrow a$

7：　　　　else $\Delta x_{ij} \leftarrow -a$

8：　　　　plus $x_{ij} \leftarrow x_{ij} + \Delta x_{ij}$

9：　　　　sub $x_{ij} \leftarrow x_{ij} - \Delta x_{ij}$

图 5.1　猴群算法种群初始化流程

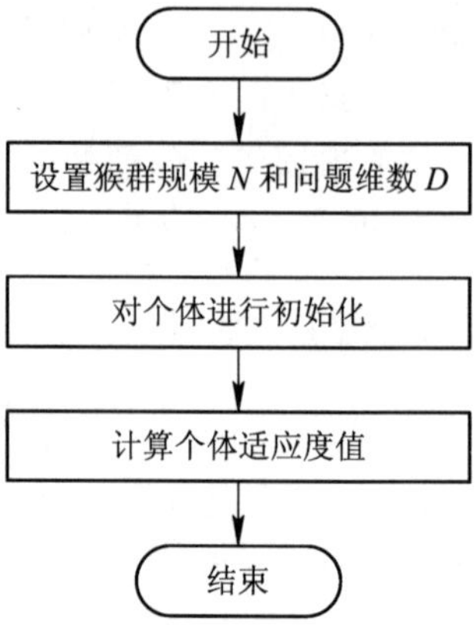

10:　　　　　%检查 plus x_{ij} 和 sub x_{ij} 是否越界，若是，则令其等于界限值

11:　　end for

12:　　　　ch←$\boldsymbol{J}$(plus x_{ij})−$\boldsymbol{J}$(sub x_{ij})

13:　　for　$j=1$：n do

14:　　　$J'_{ij} \leftarrow \dfrac{\text{ch}}{2*x_{ij}}$　　　%计算个体 $\boldsymbol{X}_i$ 第 j 维的伪梯度

15:　　　$Y_j = x_{ij} - a*\text{sgn}(J'_{ij}(\boldsymbol{X}_i))$　　%计算新个体 $\boldsymbol{Y}$，其中 a 为爬步长

16:　　end for

17:　　if($\boldsymbol{Y}$ 在可行域中)

18:　　　　$\boldsymbol{X}_i \leftarrow \boldsymbol{Y}$

19:　　$k \leftarrow k+1$

20:　end while

21:end for

猴群算法的攀爬过程的流程如图 5.2 所示。

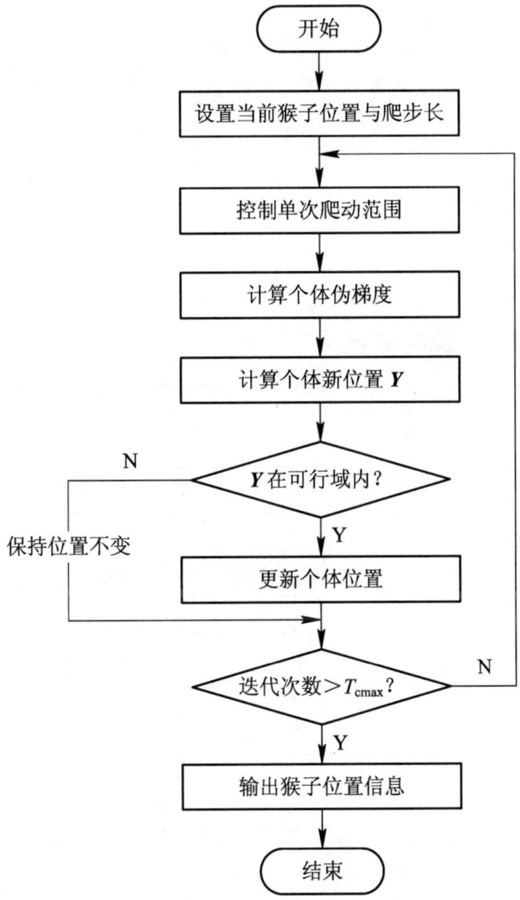

图 5.2　猴群算法的攀爬过程流程

3. 望-跳过程

执行攀爬过程之后，猴群中所有的猴子均到达了各自所在位置附近的山顶，即达到了

目标函数的局部最优解。“山顶”对应于局部最优解，此时，站在“山顶”的每只猴子都会向周围眺望，如果在临近区域发现更高的山峰，则从当前位置跳过去。

第 i 只猴子的望-跳步骤如下：

步骤 1：令 $\boldsymbol{Y}=(Y_1, Y_2, \cdots, Y_N)$，计算 $Y_j=\text{rand}(x_{ij}-b, x_{ij}+b)$，$j=1, 2, \cdots, D$。其中 b 为猴子望-跳过程的视野长度，此参数决定猴子从当前位置能够眺望的最远距离。

步骤 2：判断。若 $\boldsymbol{Y}$ 位于可行域中，且 $\boldsymbol{J}(\boldsymbol{Y})=\boldsymbol{J}(\boldsymbol{X}_i)$，则用 $\boldsymbol{Y}$ 替换掉 $\boldsymbol{X}_i$；否则重复执行步骤 1，直至找到满足条件的 $\boldsymbol{Y}$。

步骤 3：到达新的位置 $\boldsymbol{Y}$ 后，猴子 $\boldsymbol{X}_i$ 以 $\boldsymbol{Y}$ 为起点再次执行攀爬过程。

猴群算法望-跳过程的步骤如算法 5.3 所示。

算法 5.3　望-跳过程算法

```
%望-跳过程
for i=1:N do                          %对每个个体进行望-跳
  while(true)
    for  j =1:D do
        l←x_ij −b , u←x_ij +b         %b 为视野长度
        %检查 l 和 u 是否越界，若是，则令其等于界限值
        Y_j←l+rand(1) * (u−l)
    end for
    if J(Y)≤J(X_i) then X_i←Y
  end while
end for
```

猴群算法的望-跳过程的流程如图 5.3 所示。

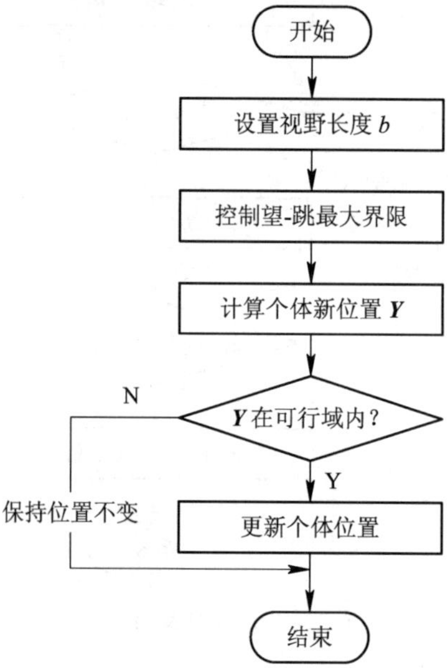
开始
设置视野长度 b
控制望-跳最大界限
计算个体新位置 Y
Y 在可行域内?
N
Y
保持位置不变
更新个体位置
结束

图 5.3　猴群算法的望-跳过程

4. 空翻过程

空翻过程的主要目的是改变猴子的搜索区域，防止算法陷入局部极值导致搜索停滞。以当前猴群的重心所在位置为翻越支点，以一定的步长空翻到一个新的搜索区域。

第 i 只猴子的空翻过程步骤如下。

步骤 1：设空翻步长控制系数 $\alpha=\mathrm{rand}[c, d]$，$[c, d]$称为空翻区间，$c$、$d$ 的大小根据实际问题设定。

步骤 2：令

$$Y_j = x_{ij} + \alpha(P_j - x_{ij}) \tag{5.1.4}$$

式中：$P_j = \dfrac{1}{N}\left(\sum_{i=1}^{N} x_{ij}\right)$，$j = 1, 2, \cdots, D$；$\boldsymbol{P} = (P_1, P_2, \cdots, P_N)$，为空翻的支点。

步骤 3：判断。若 $\boldsymbol{Y}$ 位于可行域中，则用 $\boldsymbol{Y}$ 替换掉 $\boldsymbol{X}_i$；否则转步骤 1 继续执行，直至找到可行的 $\boldsymbol{Y}$。

文献[2]和[3]指出，支点的选择不唯一，也可以由 $P_j = \dfrac{1}{N-1}\left(\sum_{i=1}^{N} x_{ij} - x_{ij}\right)$产生的 $\boldsymbol{P}$ 作为支点。

猴群算法的空翻过程的步骤如算法 5.4 所示。

算法 5.4 猴群算法空翻过程

```
%空翻过程
1: for  j =1:D do
2:      S(j)←x_1j + x_2j +…+ x_Nj
3: end for
4: for i=1:N do
5:      λ←c+rand(1)*(d−c)   %其中[c, d]为空翻区间
6:      for  j =1:D do
7:           P_j←(S(j)−x_ij)/(M−1)   %计算支点
8:           Y_j←x_ij +λ*(P_j−x_ij )
9:      end for
10:     if (Y 在可行域内) then   X_i←Y else   转至步骤 5
11: end for
```

猴群算法空翻过程的流程如图 5.4 所示。

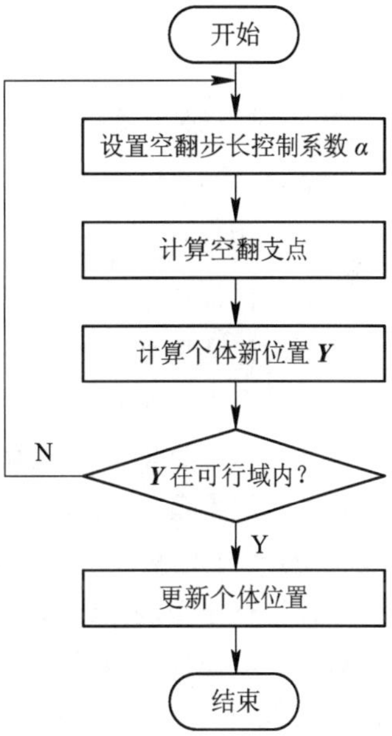

图 5.4 猴群算法空翻过程的流程

5. 算法总流程

经过以上四步，就完成了猴群算法的一次迭代，猴子的位置也得到了更新。当进化次数达到预先设定的最大值时算法停止执行，此时具有最优适应度值的猴子所在的位置即为求得的全局最优解。由此可见，猴群算法的结构简单，需要调整的参数较少，而且对函数的性态也没有要求。所以，该算法不仅可以用于求解一般函数的全局极值，还可以用于求解复杂函数的全局极值。

猴群算法总流程如图 5.5 所示。

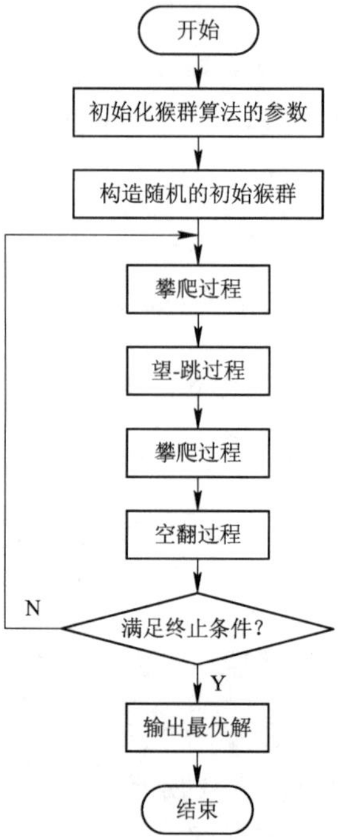

图 5.5　猴群算法总流程

5.1.3　猴群算法分析

由基本猴群算法的流程知，作为一种现代启发式优化算法，猴群算法的优点如下：

(1) 算法结构简单，需要调控的参数较少，易于实现；

(2) 对目标函数的性态没有要求，线性或非线性问题均可求解；

(3) 对优化问题的维度不敏感，能够用于求解高维复杂的优化问题；

(4) 适合求解多峰函数优化问题。

同样，基本猴群算法也存在着一些缺点：

(1) 求解精度不够高。猴群算法的关键步骤是攀爬、望-跳和空翻过程，在这三个位置更新过程中，猴子的更新步长具有很强的随机性，基本猴群算法的攀爬和望-跳过程难以对局部最优个体进行小范围精细搜索，因此，猴子不能有效地向最优解靠近，不利于提高求解精度。

(2) 收敛速度不够快。攀爬和望-跳过程中，移动步长的随机控制系数不能有效地引导个体向更优解方向移动，移动盲目性较大，不利于快速定位最优解所在的区域，且猴群中各个猴子只按照自己的方式独立运行，没有利用当前最优猴子携带的信息，难以实施有针对性地搜索，影响了算法的收敛速度和寻优精度。

(3) 容易产生早熟收敛。虽然空翻过程为猴子跳出局部最优解提供了较为有利的条件，但是猴子空翻的支点是群体位置的重心，以重心为支点的跳不能很好引导个体向最优解方向靠近，甚至可能导致处在较优位置上的猴子翻到一个差的位置上。因此，容易造成算法多次迭代仍然难以刷新最优解，导致进化停滞，出现早熟收敛现象。

此外，猴群算法的收敛性、复杂性等目前还缺乏严格的理论证明。

针对以上基本猴群算法存在的不足，目前已有改进的猴群算法。

5.2 自适应猴群算法

本节设计自适应猴群算法(Improved MA，IMA)来求解式(5.1.1)。

5.2.1 自适应的攀爬过程

猴群算法的优化过程包括攀爬、望-跳和空翻三个重要的位置更新步骤。初始化后，猴群中的猴子首先在各自邻近的小范围内通过不断攀爬寻找最优位置；接着，通过望-跳操作寻找附近区域内的更优位置；最后，空翻到另一个全新的区域继续前两个操作，直至满足终止条件。其中，攀爬过程是猴群算法局部寻优过程中非常重要的一步，因此改进攀爬过程的搜索效率对提高算法的局部搜索能力有着重要作用。

1. 攀爬过程对算法的影响

猴群算法(MA)的优化过程就是猴群中的个体通过不断的位置更新操作搜索最优位置的过程。攀爬是MA中重要的局部搜索操作，MA中的攀爬过程以迭代方式通过求解目标函数的伪梯度来逐步变换猴子个体的位置，从而改善优化问题的目标函数值。大量的实验表明，猴群算法主要的时间开销体现在寻找局部最优的攀爬过程，且如果设定足够大的攀爬次数，爬步长 a 越小则求解的精度越高。换言之，如果指定较小的爬步长 a，有利于提高求解精度，但同时过多的爬次数将导致算法收敛速度降低；反之，如果设置较大的爬步长 a，虽然有利于猴子大步攀爬、加快收敛速度，但是在进化后期不利于有效提高求解精度。可见，如何在尽量较少的攀爬次数内有效提高求解精度成为改善算法性能的关键。因而合理设置攀爬过程的相关参数 T_{cmax} 和 a 对优化过程尤为重要，这直接影响着整个算法的运行速度和求解精度。

在猴群算法中，最关键的三个运算步骤是攀爬、望-跳和空翻。从MA的设计流程看，攀爬过程在望-跳过程的前后各执行了一次，其设计出发点在于控制算法的搜索精度。通过计算猴子当前位置处目标函数的伪梯度信息，在小范围内执行局部搜索。

实验表明，在攀爬过程的前期，需要使猴子放开步子快速攀爬到附近的“山顶”，减少在“山坡”的滞留时间；快要到达“山顶”时，需要让猴子小步慢速攀爬，以避免步长过大错过“山顶”的风光。

2. 爬步长的改进

基本猴群算法中，采用固定的爬步长，在迭代前期不利于猴子快速找到附近的“山顶”；而在迭代后期，大步的爬行可能导致猴子跳过局部“山顶”，不利于提高求解精度。

因此，在攀爬过程执行的前期适合采用较大的步长进行搜索，加快速度向局部最优解靠近；随着爬次数的增加，猴子逐渐接近最优解，为了更精确地确定最优解的位置，适合缩小爬步长，小步慢爬。基于上述考虑，为了寻求算法的求解精度与求解速度之间的平衡，文献[1]采用爬步长控制系数来自适应调整猴子的爬步长，即

$$\theta_1 = \log_{T_{cmax}} \frac{T_{cmax}}{k} \qquad k = 1, 2, \cdots, T_{cmax} \tag{5.2.1}$$

此时猴子的爬步长为

$$\mu_a = \frac{a}{10} + \theta_1 \cdot a_0 \tag{5.2.2}$$

式中：θ_1 为爬步长的自适应调整因子，$\theta_1 \in [0, 1]$；k 为本轮迭代中猴子当前的爬次数；a_0 为爬步长基数。随着爬次数的增加，爬步长非线性地递减，逐步收缩到一个较小的值 $a/10$。另一方面，随着整个猴群进化代数的增加，猴子的整体质量不断提高，这也就意味着随着猴群的进化，大部分猴子逐渐靠近局部最优解，所以也需要较小的爬步长基数来维持小范围的细致搜索。因此，文献[1]设计了一个爬步长基数 a_0 的自适应调整参数，即

$$\theta_2 = \sin\left(\frac{\pi}{2} \cdot \left(1 - \frac{t-1}{T_{\max}}\right)\right) \qquad t = 1, 2, \cdots, T_{\max} \tag{5.2.3}$$

考虑到理论上爬步长不小于视野长度 b，因此以 b 为初始爬步长基数，此时猴子的爬步长基数为

$$a_0 = \theta_2 \cdot b \tag{5.2.4}$$

式中，t 为猴群的当前进化代数；θ_2 为爬步长基数的自适应调整参数，显然 $\theta_2 \in [0, 1]$。由式(5.2.3)知，随着进化代数的增加，猴子的爬步长基数随视野长度 b 逐步减小。

基于上述两方面的考虑，文献[8]中猴子的自适应爬步长为

$$\mu_a = \frac{a}{10} + \theta_1 \cdot \theta_2 \cdot b \tag{5.2.5}$$

将 θ_1 和 θ_2 的表达式代入式(5.2.5)，即

$$\mu_a = \frac{a}{10} + b \cdot \sin\left(\frac{\pi}{2} \cdot \left(1 - \frac{t-1}{T_{\max}}\right)\right) \cdot \log_{T_{\text{cmax}}} \frac{T_{\text{cmax}}}{k} \tag{5.2.6}$$

自适应的攀爬过程的步骤描述如下。

步骤 1：根据式(5.2.6)计算本次爬步长。

步骤 2：以随机方式产生向量 $\Delta \boldsymbol{X}_i = (\Delta x_{i1}, \Delta x_{i2}, \cdots, \Delta x_{iD})$，其中

$$\Delta x_{ij} = \begin{cases} a & \text{以 0.5 的概率} \\ -a & \text{以 0.5 的概率} \end{cases} \qquad j = 1, 2, \cdots, D \tag{5.2.7}$$

步骤 3：计算伪梯度。

$$\boldsymbol{J}'_i(\boldsymbol{X}_i) = \frac{\boldsymbol{J}(\boldsymbol{X}_i + \Delta \boldsymbol{X}_i) - \boldsymbol{J}(\boldsymbol{X}_i - \Delta \boldsymbol{X}_i)}{2\Delta x_{ij}} \tag{5.2.8}$$

称向量 $\boldsymbol{J}'_i(\boldsymbol{X}_i) = (J'_{i1}(\boldsymbol{X}_i), J'_{i2}(\boldsymbol{X}_i), \cdots, J'_{iD}(\boldsymbol{X}_i))$ 为目标函数在 $\boldsymbol{X}_i$ 处的伪梯度。

步骤 4：令 $\boldsymbol{Y} = (Y_1, Y_2, \cdots, Y_N)$，计算 $Y_j = x_{ij} - \mu_a \cdot \text{sgn}(J'_{ij}(\boldsymbol{X}_i))$。

步骤 5：判断。若 $\boldsymbol{Y}$ 位于可行域中，则用 $\boldsymbol{Y}$ 替换掉 $\boldsymbol{X}_i$；否则保持 $\boldsymbol{X}_i$ 不变。

步骤 6：重复执行步骤 1 至 4，直到相邻两次迭代的目标函数值没有明显变化或者 $k > T_{\text{cmax}}$。

自适应猴群算法攀爬过程的步骤如算法 5.5 所示。

算法 5.5　自适应猴群算法攀爬过程

```
%自适应猴群算法攀爬过程
1: k←0
2: a0←b·sin(π/2·(1−(t−1)/Tmax))
3:   while(k<Tcmax) do
4:   μa←a/10+a0·log_Tcmax(Tcmax/k)
5:     for i=1:N do
```

6：　　　　for $j=1:D$ do

7：　　　　　　$p \leftarrow \text{rand}(1)$

8：　　　　　　if $p > 0.5$ then $\Delta x_{ij} \leftarrow \mu a$

9：　　　　　　else $\Delta x_{ij} \leftarrow -\mu a$

10：　　　　　plus $x_{ij} \leftarrow x_{ij} + \Delta x_{ij}$

11：　　　　　sub $x_{ij} \leftarrow x_{ij} - \Delta x_{ij}$

12：　　　　　%检查 plus x_{ij} 和 sub x_{ij} 是否越界。若是，则令其等于界限值

13：　　end for

14：　ch$\leftarrow \boldsymbol{J}(\text{plus } x_{ij}) - \boldsymbol{J}(\text{sub } x_{ij})$

15：　for　$j=1:D$ do

16：　　　　$J'_{ij} \leftarrow \dfrac{\text{ch}}{2 * \Delta X_{ij}}$　　　%计算个体 $\boldsymbol{X}_i$ 第 j 维的伪梯度

17：　　　　$Y_j = x_{ij} - \mu_a \cdot \text{sgn}(J'_{ij}(\boldsymbol{X}_i))$　　%计算新个体 Y_j，其中 a 为爬步长参数

18：　　end for

19：　　if ($\boldsymbol{Y}$ 在可行域中) then $\boldsymbol{X}_i \leftarrow \boldsymbol{Y}$

20：　end for

21：　$k \leftarrow k+1$

22：　end while

自适应猴群算法攀爬过程的流程如图 5.6 所示。

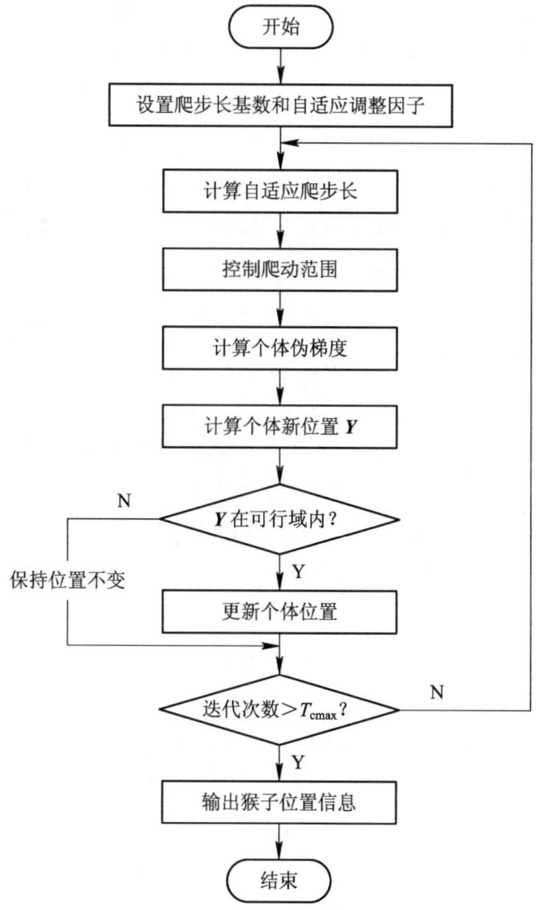

图 5.6　自适应猴群算法攀爬过程的流程

5.2.2 自适应的望-跳过程

猴群算法中第二个关键的位置更新步骤是望-跳过程。经过攀爬过程猴子到达了具有一定优势的局部位置，此时就会通过望-跳操作寻找附近区域内可能更优的位置。现深入分析望-跳过程对猴群算法搜索性能的影响，并在此基础上针对其存在的不足提出相应的改进措施。

1. 望-跳过程对算法的影响

从基本猴群算法流程看，望-跳过程的设计出发点在于对相对于攀爬过程来说在较大的区域内进行搜索，拓展了猴子的视野。望-跳过程最大的好处是能够加快局部寻优过程的收敛速度。此过程中猴子前进的方向不再像攀爬过程那样通过目标函数的伪梯度计算而来，而是随机产生的。

猴子的攀爬过程实际上可视为是在可行域内进行小范围局部搜索，望-跳过程是在较大范围内执行的局部搜索，相当于一个粗搜索过程。因此，此过程在整个猴群算法(MA)中所起的主要作用就是以更开阔的视野寻找更优位置，加速搜索局部最优解，以提高算法的收敛速度。然而，基本 MA 的望-跳过程中固定的视野长度容易造成望的次数过多，降低了眺望效率。因此，为了提高望-跳过程的执行效率，有必要对眺望策略进行适当的改进。

望-跳过程中视野长度 b 决定了猴子能望到的最远距离，同爬步长 a 一样，b 对 MA 来说也是一个非常重要的参数。通常，当 b 太小时，望-跳过程对局部寻优的加速效果不是很明显，小视野眺望跟攀爬过程本质上没有区别，无法发挥眺望本身的优势，而且容易导致算法陷入局部最优。如果 b 太大，那么不利于猴子在附近进行局部寻优，又会降低算法的收敛速度，这违背了望-跳过程的设计初衷。

因此，设置合适的视野长度对加快算法的收敛速度有着重要的促进作用。

2. 望-跳过程的改进

在猴群进化的初期，猴子所在位置的高度相对较差，这意味着在不太宽的视野范围内猴子就能发现更高的山峰。随着进化代数的增加，猴子的整体质量不断提高，“站得高，看得远”，所以猴子的视野长度应随进化代数的增加逐渐变大，以发现较远处的更优位置。

如果将当前猴群中的最优个体称为猴王，从猴子个体与种群的关系来看，若某个猴子与当前猴王的适应度差值较大，则意味着其到达山顶还需要较长的一段路程，尚处于劣势位置，不需要大范围地眺望，其视野长度也应该较小。

为了有效发挥望-跳过程的优势，削弱过大或过小的眺望视野对算法搜索性能造成的不利影响，平衡在进化的前后期以及不同的猴子对视野长度的不同需求，从而有效加快收敛速度，针对基本猴群算法视野长度固定的缺陷，文献[1]提出一种视野长度 b 的自适应调整系数：

$$\psi = \phi \cdot (\log_{T_{\max}} t) + (1-\phi) \cdot \frac{\mathrm{fit}(\boldsymbol{X}_{\mathrm{worst}}) - \mathrm{fit}(\boldsymbol{X}_{\mathrm{best}}) + 1}{\mathrm{fit}(\boldsymbol{X}_i) - \mathrm{fit}(\boldsymbol{X}_{\mathrm{best}}) + 1} \qquad t = 1, 2, \cdots, T_{\max} \tag{5.2.9}$$

此时猴子的视野长度为

$$\mu_b = \psi \cdot b \tag{5.2.10}$$

式中：$\phi\in[0, 1]$，实验证明 ϕ 在[0.95 0.98]内取值较好；b 是视野长度基数；t 为猴群当前的进化代数；$T_{\max}$ 为猴群算法的种群最大进化代数；$\mathrm{fit}(\boldsymbol{X}_i)$ 为猴子 $\boldsymbol{X}_i$ 的适应度值；$\mathrm{fit}(\boldsymbol{X}_{\mathrm{best}})$ 为猴王的适应度值，$\mathrm{fit}(\boldsymbol{X}_{\mathrm{worst}})$ 为猴群中适应度的最差值。

需要注意的是，在算法实现的过程中，当执行到此步骤时，猴群中所有猴子的适应度值均已经求出并存储起来，可以直接利用。因此式(5.2.9)中适应度值的计算不会增加额外的时间开销。

基于以上改进措施，文献[1]给出一种新的参数自适应望-跳过程，其中猴子的视野长度 b 与猴群的进化代数正相关，与适应度差值(跟猴王相比)负相关。目的是在不损失寻优精度的前提下，有效提高算法的收敛速度。

另外，在对 MA 进行仿真实验的过程中发现，望-跳过程的迭代次数如果不加限制的话，有些时候算法将无法停止。因此，改进的望-跳过程，特加入了望次数参数 N_w。

对第 i 只猴子执行改进后的望-跳过程，步骤如下：

步骤 1：计算视野长度。

$$\mu_b=\left[\phi\cdot(\log_{T_{\max}} t)+(1-\phi)\cdot\frac{\mathrm{fit}(\boldsymbol{X}_{\mathrm{worst}})-\mathrm{fit}(\boldsymbol{X}_{\mathrm{best}})+1}{\mathrm{fit}(\boldsymbol{X}_i)-\mathrm{fit}(\boldsymbol{X}_{\mathrm{best}})+1}\right]\cdot b$$

步骤 2：令 $\boldsymbol{Y}=(Y_1, Y_2, \cdots, Y_D)$，计算 $Y_j=\mathrm{rand}(\boldsymbol{X}_{ij}-\mu_b, \boldsymbol{X}_{ij}+\mu_b)$，$j=1, 2, \cdots, D$。式中，$\mu_b$ 为猴子“望”的视野长度，此参数决定猴子从当前位置能够跳望的最远距离。

步骤 3：判断。若 $\boldsymbol{Y}$ 位于可行域中，且 $\mathrm{fit}(\boldsymbol{Y})\leqslant\mathrm{fit}(\boldsymbol{X}_i)$，则用 $\boldsymbol{Y}$ 替换掉 $\boldsymbol{X}_i$；否则，重复执行步骤 2 直至找到满足条件的 $\boldsymbol{Y}$ 或达到预定的迭代次数 N_w。

自适应猴群算法中望-跳过程的步骤如算法 5.6 所示。

算法 5.6 自适应猴群算法中望-跳过程

%自适应猴群算法中望-跳过程
1: $\beta_1\leftarrow\phi*\log T_{\max} t$
2: for $i=1:N$ do %对每个个体进行望-跳
3: $\beta_2\leftarrow(1-\phi)\cdot\dfrac{\mathrm{fit}(\boldsymbol{X}_{\mathrm{worst}})-\mathrm{fit}(\boldsymbol{X}_{\mathrm{best}})+1}{\mathrm{fit}(\boldsymbol{X}_i)-\mathrm{fit}(\boldsymbol{X}_{\mathrm{best}})+1}$
4: $\mu_b\leftarrow(\beta_1+\beta_2)*b$
5: $w\leftarrow 0$
6: while($w<N_w$)
7: for $j=1:D$ do
8: $nl\leftarrow x_{ij}-\mu_{b_j}$ %b 为视野长度参数
9: $nu\leftarrow x_{ij}+nb_j$
10: %检查 nl 和 nu 是否越界。若是，令其等于界限值
11: $Y_j\leftarrow nl+\mathrm{rand}(1)*(nu-nl)$
12: end for
13: if $\mathrm{fit}(\boldsymbol{Y})\leqslant\mathrm{fit}(\boldsymbol{X}_i)$ then $\boldsymbol{X}_i\leftarrow\boldsymbol{Y}$ %跳转至步骤 16
14: $w\leftarrow w+1$
15: end while
16: end for

自适应猴群算法中望-跳过程的流程如图 5.7 所示。

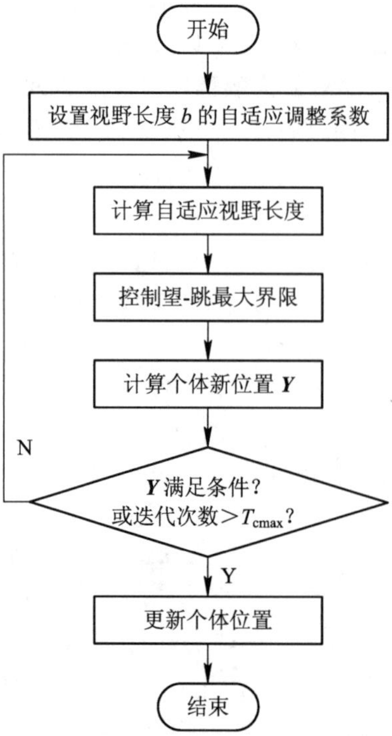
开始
设置视野长度b的自适应调整系数
计算自适应视野长度
控制望-跳最大界限
计算个体新位置Y
N
Y满足条件？
或迭代次数>T_{cmax}？
Y
更新个体位置
结束

图 5.7　自适应猴群算法中望-跳过程的流程

5.2.3 基于模式搜索的局部搜索

基本猴群算法的搜索精度主要是靠攀爬过程来保证的。然而，经过对基本算法的研究发现猴群算法的攀爬过程有一定的随机性，并不能保证每一步都能爬到更高的位置，尤其在进化的后期难以实施小范围精细搜索，不利于提高算法的求解精度，并且针对所有猴子进行攀爬操作会带来不小的时间开销。而猴王所在的位置很可能已经很接近山顶，此时很有必要针对猴王进行局部精细搜索以有效提高求解精度。因此，下面将在深入研究模式搜索基本原理的基础上，结合模式搜索的特点，在攀爬、望-跳过程执行完后，针对猴王个体进行模式搜索，强化优势个体的自我学习，以有效提高求解精度。

1. 模式搜索

模式搜索是由 Hooke 和 Jeeves 于 1961 年提出的，是一种适用于解决复杂非线性最优化问题的、有效的、简洁的直接搜索算法。类似于最速下降法，该算法的思想也是寻找有利于目标函数值下降的方向和新的基点，但该算法在搜索的过程中无须求导，迭代简单，非常适合于求解实际生产实践中的非线性最优化问题，具有很强的局部精细搜索能力。

模式搜索的基本思想是，从初始点开始，交替执行探测性搜索和模式移动。每次探测性搜索的开始点称为参考点，成功探测到的点称为基点。探测性搜索又称为轴向移动，此步骤以设定的步长沿轴向执行试探性搜索，试图找出所求目标函数的发展轨迹，得到有利的函数下降方向，并确定新的基点。模式移动则沿着相邻的两个基点的连线方向，即已探测到的有利方向进行加速移动，不管移动后的位置是否更优都以该位置为临时参考点进行下一轮迭代，目的是利用探测性搜索发现的函数变化规律加速搜索过程。在算法迭代过程中，若探测性搜索探测成功，则进行模式移动以加速搜索；若探测失败，则回到基点，通过一定的判断进行等步长或步长减半的下一轮的探测性搜索。两种搜索交替进行，直至步长 μ_0 小于事先设定的某个正数 ε。

模式搜索以一定的步长沿轴向进行探测，然后沿着探测到的有利方向直接进行搜索，整个过程无须计算目标函数的导数，计算简便，但该算法对初始值很敏感，搜索结果的好坏通常依赖于初始点的选择。一个好的初始点能使该算法简单高效；相反，不合适的初始点则容易使算法陷入局部最优。

2. 基于模式搜索的最优个体更新

在基本猴群算法中，保证算法精度的攀爬过程不仅效率低，而且精度有限。为了提高算法的求解精度，人们引入模式搜索，在攀爬、望-跳过程执行完后，只针对该猴王个体采用模式搜索进行局部精细搜索，强化优势个体的自我学习。考虑到经过攀爬、望-跳过程后，当前猴王个体已经比较接近局部最优解，因此将其作为模式搜索的初始点，正好可以发挥模式搜索的局部精细搜索能力，从而提高算法的求解精度。

由于该阶段的作用在于增强精细搜索能力，因此令加速因子为 0，算法可得到一定简化。对当前种群中的最优个体 $\boldsymbol{X}_{\text{best}}$ 执行模式搜索，算法步骤如下：

步骤 1：初始化。选取当前子种群中的最优解 $\boldsymbol{X}(1)=\boldsymbol{X}_{\text{best}}$ 作为初始点，初始步长 $\mu_0>0$，步长缩减率 $\eta\in[0, 1]$，$\boldsymbol{e}_i$ 为第 i 维为 1 的单位向量，精度阈值为 ε，搜索过程变量 $\boldsymbol{p}_1=\boldsymbol{X}(1)$，当前搜索次数 $k=1$。

步骤 2：试探移动。对于 $i=1, 2, \cdots, D$，如果 $\text{fit}(\boldsymbol{p}_i+\Delta\boldsymbol{e}_i)<\text{fit}(\boldsymbol{p}_i)$，则配置 $\boldsymbol{p}_{i+1}=\boldsymbol{p}_i+\Delta\boldsymbol{e}_i$；如果 $\text{fit}(\boldsymbol{p}_i-\Delta\boldsymbol{e}_i)<\text{fit}(\boldsymbol{p}_i)$，则配置 $\boldsymbol{p}_{i+1}=\boldsymbol{p}_i-\Delta\boldsymbol{e}_i$；否则，置 $\boldsymbol{p}_{i+1}=\boldsymbol{p}_i$。

步骤 3：模式移动。若 $\text{fit}(\boldsymbol{p}_{i+1})<\text{fit}(\boldsymbol{X}(k))$，则置 $\boldsymbol{X}(k+1)=\boldsymbol{p}_{i+1}$，$\boldsymbol{p}_1=\boldsymbol{X}(k+1)$，$k=k+1$；若 $k\leqslant K$，则转入步骤 2。

步骤 4：终止判断。若 $\mu_0<\varepsilon$，或者 $k\leqslant K$，则当前最优解 $\boldsymbol{X}_{\text{best}}=\boldsymbol{X}(k)$，停止计算；否则，缩小步长 $\mu=\eta\mu_0$，转入步骤 2。

基于模式搜索的最优个体更新算法如算法 5.7 所示。

算法 5.7　模式搜索中个体的更新

%对猴王进行模式搜索

1：$\boldsymbol{X}(1)\leftarrow\boldsymbol{X}_{\text{best}}$

2：设置 $\mu_0>0$，ε

3：$\eta\leftarrow0.618$

4：$\boldsymbol{p}_1\leftarrow\boldsymbol{X}(1)$

5：$k\leftarrow1$

6：for $i=1$ to N do

7：　　if $\text{fit}(\boldsymbol{p}_i+\Delta\boldsymbol{e}_i)<\text{fit}(\boldsymbol{p}_i)$

8：　　　$\boldsymbol{p}_{i+1}\leftarrow\boldsymbol{p}_i+\Delta\boldsymbol{e}_i$

9：　　else　if　$\text{fit}(\boldsymbol{p}_i-\Delta\boldsymbol{e}_i)<\text{fit}(\boldsymbol{p}_i)$

10：　　　$\boldsymbol{p}_{i+1}\leftarrow\boldsymbol{p}_i-\Delta\boldsymbol{e}_i$

11：　　else

12： $\boldsymbol{p}_{i+1} \leftarrow \boldsymbol{p}_i$

13：end for

14：if fit($\boldsymbol{p}_{i+1}$)<fit($\boldsymbol{X}(k)$)

15： $\boldsymbol{X}(k+1) \leftarrow \boldsymbol{p}_{i+1}$

16： $\boldsymbol{p}_1 \leftarrow \boldsymbol{X}(k+1)$

17： $k \leftarrow k+1$

18：   if $k \leqslant K$

19：   跳转至步骤 6

20：if $\mu_0 < \varepsilon$ or $k \geqslant K$

21： $\boldsymbol{X}_{\text{best}} \leftarrow \boldsymbol{X}(k)$ %输出结果

22：else

23： $\mu \leftarrow \eta \mu_0$

24：   跳转至步骤 6

模式搜索中个体的更新流程如图 5.8 所示。

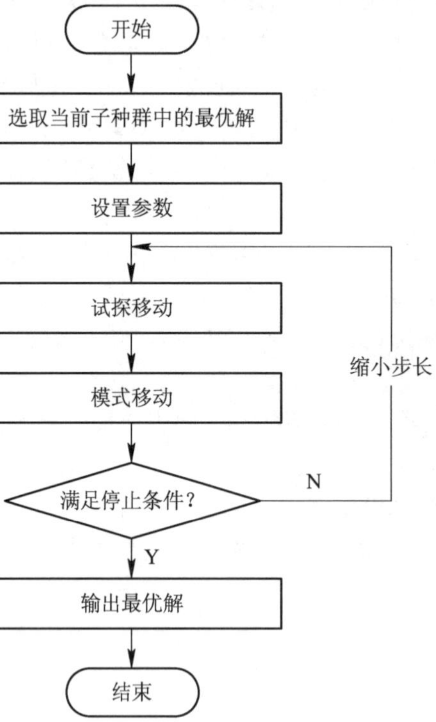

图 5.8   模式搜索中个体的更新流程

5.2.4 基于学习因子和小生境技术的空翻过程

空翻过程是猴群算法的关键步骤之一。经过攀爬过程和望-跳过程，大多数猴子到达了自己所能到达的局部最优位置。从基本猴群算法的运算流程看，空翻过程的设计出发点在于当局部的攀爬过程和望-跳过程执行完后，让猴子空翻到相对更远的地方，然后在新的区域继续寻优搜索，以防止算法陷入局部最优导致搜索停滞。现深入分析空翻过程对猴群算法的影响，并针对其不足给出相应的改进措施。

1. 空翻过程对算法的影响

空翻操作为猴群算法避免产生早熟收敛现象提供了有效保证。但基本猴群算法的空翻过程以猴群的重心为支点，而且翻越步长是随机生成的。研究发现，这种以猴群重心为支点的随机性翻越难以使猴子翻到一个更优的位置，甚至很可能出现较优位置上的猴子翻到另一个较差位置上的现象。空翻过程的低效性容易造成算法多次迭代仍然难以刷新到最优解，导致进化停滞，出现早熟收敛现象。

一般情况下，猴群的重心对猴子的空翻操作并没有指导作用。对于猴群智能算法，优秀个体所体现出的优良特性能否被充分利用是决定该算法寻优效率的一个重要因素。然而，对基本猴群算法，猴子攀爬过程、望-跳过程中均在各自独立的区域内进行互不相关的局部搜索，猴子个体之间缺乏足够的交流，且代与代之间相互独立。这种个体之间、上下代之间的独立进化使猴群算法中“群体”的概念没有体现出来，种群的协同进化作用没有得到充分发挥，不利于提高算法的搜索效率。可见，作为一种基于种群的启发式优化算法，基本猴群算法未能充分发挥群体的自组织性，忽略了智能算法的优势。

考虑到算法优化的最终目的是用尽可能短的时间找到目标函数的全局最优解，因此，在猴群算法的局部搜索阶段结束后，对于适应度值相对猴王较差的猴子个体，令其向猴王学习，充分利用猴王当前已经获得的有用信息改善弱势个体的不利情况。

文献[1]～[3]选择猴王为支点，设计了一种基于学习因子的空翻过程，以提高猴群算法的优化能力。同时，为了避免群体向猴王学习带来的种群趋同性，引入了小生境技术对可能的趋同个体进行淘汰。

2. 空翻过程的改进

1）学习因子

为了克服基本猴群算法中空翻过程的不足，充分发挥猴群的自组织性，下面从空翻支点的选择和翻越步长的设置两方面对空翻过程进行改进。选择当前猴群中的最优个体(猴王)为空翻支点，设计一种基于学习因子的翻越步长，种群中的猴子均以猴王为向导，以一定的学习能力向猴王翻越来更新自己，进而提高算法整体的优化能力。

一般情况下，当猴群中某个个体的适应度值与猴王的差距相对于其他个体更大时，它向猴王学习的必要性就越大。反之，如果某个个体本身的适应度值已经较优，那么全局最优解在它所在的区域的可能性相对较大，因此，为了找到最优解，它向猴王学习的力度就不能太大。同时，猴群中的个体以一定的概率存在叛逆心理，它不但不向猴王学习反而背道而驰。基于以上分析，文献[1]将猴子个体 $\boldsymbol{X}_i$ 向猴王 $\boldsymbol{X}_{\text{best}}$ 学习的学习因子设计为

$$\lambda_i = v \cdot \left(\frac{\log(\text{fit}(\boldsymbol{X}_i) - \text{fit}(\boldsymbol{X}_{\text{best}}) + 1) + 1}{\log(\text{fit}(\boldsymbol{X}_{\text{worst}}) - \text{fit}(\boldsymbol{X}_{\text{best}}) + 1) + 1}\right) \qquad i = 1, 2, \cdots, N \tag{5.2.11}$$

式中，v 称为学习方向因子，以一定的概率取1或−1。

猴子个体 $\boldsymbol{X}_i$ 向猴王学习的翻越步长为

$$\boldsymbol{\gamma}_i = \lambda_i \cdot (\boldsymbol{X}_{\text{best}} - \boldsymbol{X}_i) \tag{5.2.12}$$

执行空翻后 $\boldsymbol{X}_i$ 的位置更新为

$$\boldsymbol{Y} = \boldsymbol{X}_i + \boldsymbol{\gamma}_i \tag{5.2.13}$$

式(5.2.11)表明，猴群中适应度值相对较大的个体向猴王学习的翻越步长较小，而适应度值较小的猴子的翻越步长相应较大，有利于其有效地更新自己的位置，提高学习效率。此外，学习方向因子 v 的加入，使猴子向猴王学习的方向以一定的概率取反，进而能够防止种群趋同性，避免算法陷入局部最优。

2) 小生境技术

生物在进化过程中，总是与自己特征或习性相同的物种生活在一起，并通过与同类交配繁衍后代，这种自然现象即为小生境。优化问题中的小生境技术源于自然界中的小生境，其基本原理是当两个个体之间的距离 d 小于某个预先设定的值 d_0(小生境半径)时，以两者适应度值大小为依据惩罚其中的劣势个体。对适应度值较小的个体进行处理，目的是使其适应度值变得更小，增大在后续进化过程中该个体被淘汰掉的概率。换言之，在一个较小的距离 d_0 之内只保留一个优秀的个体，其他个体位于距离 d_0 之外。这种机制维护了种群的多样性，使得个体在约束空间中的分布相对分散，避免个体过度趋同。

应用小生境技术，种群中两个个体 $\boldsymbol{X}_i$ 与 $\boldsymbol{X}_j$ 之间的欧氏距离为

$$d_{ij} = \| \boldsymbol{X}_i - \boldsymbol{X}_j \| = \sqrt{\sum_{k=1}^{D} (x_{ik} - x_{jk})^2} \tag{5.2.14}$$

式中，D 是种群的维数。

以猴王为支点，执行空翻过程，猴群中的个体在空翻过程中以不同的翻越步长向猴王学习。该方法有效发挥了猴王的引导作用，有利于猴子快速向最优解方向聚集，但同时也容易造成猴群中个体的趋同性，降低了种群多样性。为了避免进化后期种群过度趋同，引入了小生境技术，在猴子学习过程中，对距离猴王太近的个体予以淘汰，并用一个随机解取而代之。改进后，基于学习因子和小生境技术的空翻步骤如下。

步骤 1：根据式(5.2.11)计算第 i 只猴子的学习因子 λ_i，其中，$i=1, 2, \cdots, M$ 且 $i \neq \text{best}$

步骤 2：令

$$Y_j = x_{ij} + \lambda_i (x_{i\text{best}} - x_{ij}) \tag{5.2.15}$$

式中，$j=1, 2, \cdots, D$。

步骤 3：判断。若 $\text{fit}(\boldsymbol{Y}) < \text{fit}(\boldsymbol{X}_i)$，按照式(5.2.15)计算 $\boldsymbol{Y}$ 与 $\boldsymbol{X}_{\text{best}}$ 的欧氏距离 d，转入步骤 4；否则保持 $\boldsymbol{X}_i$ 不变，结束算法。

步骤 4：若 $d \geq d_0$，则令 $\boldsymbol{X}_i = \boldsymbol{Y}$；否则随机初始化一个猴子个体 $\boldsymbol{Z}$，令 $\boldsymbol{X}_i = \boldsymbol{Z}$，转入步骤 5。

步骤 5：比较个体 $\boldsymbol{Y}$ 与 $\boldsymbol{X}_{\text{best}}$ 的适应度值。若 $\text{fit}(\boldsymbol{Y}) < \text{fit}(\boldsymbol{X}_{\text{best}})$，则 $\boldsymbol{X}_{\text{best}} = \boldsymbol{Y}$；否则，猴王 $\boldsymbol{X}_{\text{best}}$ 不变。

基于学习因子和小生境技术的空翻过程的步骤如算法 5.8 所示。

算法 5.8 基于学习因子和小生境技术的空翻过程

```
%空翻过程
for i=1:N do
  if i≠best  then
      p=rand(1)
      if p>0.5  then  v←1
```

else $v \leftarrow -1$
$\lambda_i \leftarrow v \cdot \left(\dfrac{\log(\mathrm{fit}(\boldsymbol{X}_i)-\mathrm{fit}(\boldsymbol{X}_{\mathrm{best}})+1)+1}{\log(\mathrm{fit}(\boldsymbol{X}_{\mathrm{worst}})-\mathrm{fit}(\boldsymbol{X}_{\mathrm{best}})+1)+1}\right)$
for $j=1:N$ do
  $Y_j \leftarrow x_{ij}+\lambda_i(X_{i\mathrm{best}}-x_{ij})$
end for
if $\mathrm{fit}(\boldsymbol{Y})<\mathrm{fit}(\boldsymbol{X}_i)$ then
  $d \leftarrow \sqrt{\sum_{j=1}^{D}(Y_j - X_{j\mathrm{best}})^2}$
if $d \geqslant d_0$ then $\boldsymbol{X}_i \leftarrow \boldsymbol{Y}$
else $\boldsymbol{X}_i \leftarrow$ rand (1)
  if $\mathrm{fit}(\boldsymbol{Y})<\mathrm{fit}(\boldsymbol{X}_{\mathrm{best}})$ then $\boldsymbol{X}_{\mathrm{best}} \leftarrow \boldsymbol{Y}$
end for

基于学习因子和小生境技术的空翻过程流程如图 5.9 所示。

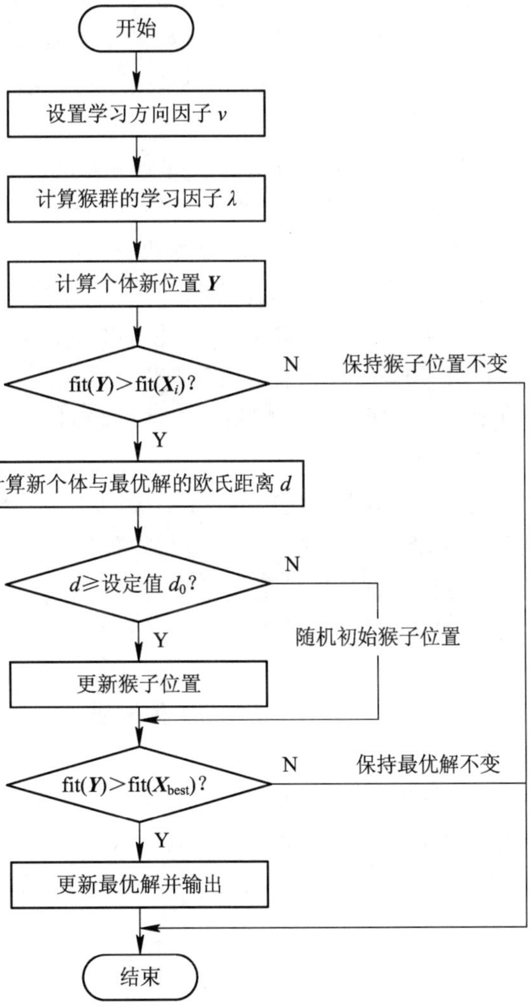

图 5.9 基于学习因子和小生境技术的空翻过程流程

5.2.5 改进猴群算法设计

在基本猴群算法的一次进化过程中，攀爬过程、望-跳过程和空翻过程是串行执行的，占据较大时间开销的攀爬过程在一次进化过程中执行了两次，而且基本猴群算法的攀爬和望-跳过程均针对猴群中的所有个体进行操作。显然，在基本猴群算法中，算法的精度主要由攀爬过程来保证，然而对所有个体进行攀爬操作，对于精度的提高是低效的，大量的时间开销是不值得的。总之，基本猴群算法的寻优机制难以平衡寻优精度与寻优速度之间的矛盾，寻优效率不高。

考虑到优化的最终目的是在尽可能短的时间内找到目标函数的全局最优解，针对基本猴群算法的低效性问题，人们对猴群算法的运算机制进行了改进。为了加快算法的运行速度，将基本猴群算法流程中的“攀爬”“望-跳”中的“爬”改为一半个体(较小适应度值)执行攀爬过程，另一半个体(具有较大适应度值)进行望-跳过程，二者并行执行，而且在猴群的一次进化过程中这两个过程只执行一轮。攀爬过程耗时较大，针对较差个体进行攀爬操作；而对较好的个体，直接执行望-跳操作，有利于所有猴子有效靠近各自邻域的局部最优解，进而为模式搜索过程提供更具搜索价值的猴王。改进的猴群算法[1-3]不仅缩减了攀爬过程和望-跳过程，也为针对猴王的模式搜索提供了有效保证，这种改进措施可以大幅提高算法的寻优效率。

基于前面给出的改进思路，针对基本猴群算法有如下五点改进措施：

(1) 设计了一种自适应因子调整爬步长，以提高算法的求解精度；

(2) 设计了一种自适应因子调节视野长度，以加快算法的局部寻优速度；

(3) 引入模式搜索对猴王个体进行局部搜索，以进一步提高算法的求解精度；

(4) 设计了一种学习因子控制猴子的学习力度并选择当前猴王为支点执行空翻操作，以充分发挥优势个体的引领作用，加快算法的收敛速度；

(5) 引入小生境技术改进了空翻过程，以避免个体的趋同性，保持猴群的多样性。

改进猴群算法的计算步骤如下。

步骤 1：初始化种群规模 N、最大迭代次数 T_{cmax}、爬步长 a、爬次数 T_{cmax}、视野长度 b、望次数 N_w 以及模式搜索初始步长 μ_0 等参数，构造初始种群。

步骤 2：将种群中的所有猴子按适应度值升序排列。

步骤 3：对排序后猴群中较差适应度值的一半个体按照 5.2.1 节的改进策略执行攀爬过程，计算更新适应度值。

步骤 4：对排序后另一半适应度值相对较优的个体按照 5.2.2 节的改进策略执行望-跳操作，更新适应度值。

步骤 5：选出当前的全局最优个体作为猴王 $\boldsymbol{X}_{\text{best}}$，针对当前猴王个体 $\boldsymbol{X}_{\text{best}}$ 按照 5.2.3 节给出的改进措施执行局部精细搜索，更新猴王的适应度值。

步骤 6：对种群中除猴王之外的其他个体按照 5.2.4 节改进的空翻过程执行空翻操作，更新适应度值。

步骤 7：求出执行完空翻过程后的当前最优解，并进行停止判断。若满足算法的停止条件，则输出求解结果，结束运行；否则，转入步骤 2，开始下一轮进化。

根据上述算法描述，可给出改进猴群算法的运算流程，如图 5.10 所示。

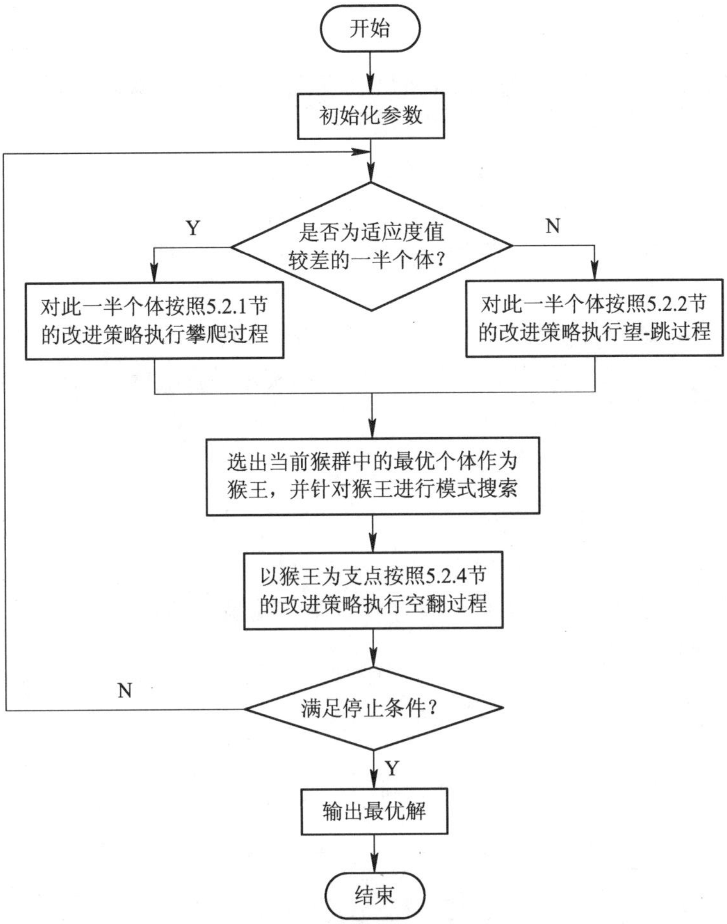

图 5.10　自适应改进猴群算法的运算流程

5.3　混沌猴群算法

本节设计混沌猴群算法(Chaotic MA，CMA)来求解问题式(5.1.1)。CMA 主要包括混沌初始化、步长递减攀爬过程、参数递增混沌望过程、边缘跳过程。

5.3.1　混沌初始化

假定 N 只猴子组成一个群体。在一个 D 维的空间内，第 i 只猴子的位置就可以用向量 $\boldsymbol{X}_i=(x_{i1}, x_{i2}, \cdots, x_{iD})$表示，同时其也描述为问题式(5.1.1)。初始时需要为每只猴子设定一个位置。在 MA 中猴群的初始位置是随机产生的。由于混沌变量具有更好的遍历性和不重复性，文献[3]采用混沌搜索的方法设置猴群的初始位置，具体而言，就是在问题的解的定义域内产生混沌变量，将其作为猴群的初始位置。这里采用著名的 Logistic 函数产生混沌变量，其函数形式为

$$y(k+1) = 4y(k)(1-y(k))$$

式中，y 是混沌变量，k 是迭代次数。

显然混沌变量 $y(k)$ 的值域为(0，1.0)，当初始值 $y(0)\notin\{0, 0.25, 0.5, 0.75\}$ 时，混沌变量 $y(k)$ 的轨迹可以遍历整个值域范围。

在值域范围 $[a, b]$ 内产生混沌变量的过程，记为 Chaotic_search(a，b)，详细步骤如下。

步骤 1：置 $k=0$，且设置 $y(0)$ 的初始值。

步骤 2：利用 Logistic 函数产生下一次迭代后的混沌变量值，即

$$y(k+1)=4y(k)(1-y(k))$$

步骤 3：将混沌变量的值域转换到优化问题的定义域内，即

$$x(k+1)=a+y(k+1)(b-a)$$

步骤 4：如果达到了最大迭代次数，则结束；否则，置 $k=k+1$，返回步骤 2。

求解问题式(5.1.1)时，可以使用下面的伪代码实现对猴群的混沌初始化。

```
for i = 1 to N
    for j = 1 to 2
    x_ij =Chaotic_search(-100, 100)
    end for
end for
```

计算每个猴子的目标函数值，保存目标函数最优值及相应的位置向量。混沌初始化过程的流程如图 5.11 所示。

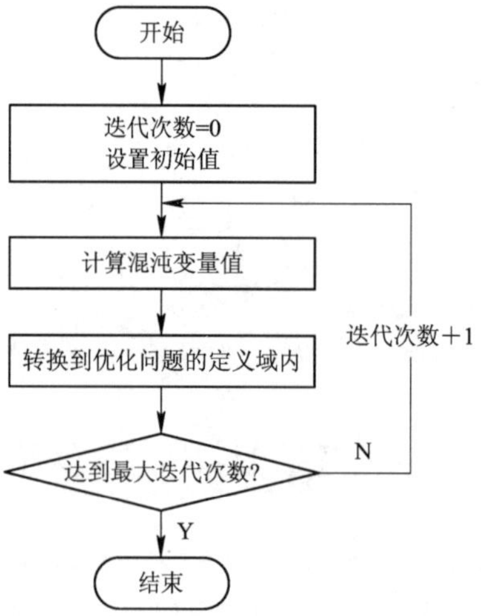

图 5.11　混沌初始化过程的流程

5.3.2 步长递减攀爬过程

攀爬过程是一个通过迭代逐步改善优化问题的目标函数值的过程。MA 在攀爬过程中设计了伪梯度的计算从而加快了猴群的寻优速度。在这个过程中爬步长(简称步长)a 非常重要。通常 a 越小，解的精度越高；但另一方面，a 越小，消耗的 CPU 时间就越长。为了寻求解的精度与 CPU 时间之间的平衡，文献[3]设计的步长参数为

$$a(k+1)=\theta a(k)$$

式中，$\theta(0<\theta<1)$ 表示递减因子，k 表示猴子攀爬的次数。显然 $\lim\limits_{n\to\infty}a(k)=0$，即猴群逐步收缩到一个局部点。

注意： 递减因子 θ 决定了步长的衰减速度。θ 越大，步长衰减越慢。通常 θ 在区间 [0.95, 0.99] 内取值。此外当递减因子 $\theta=1$ 时，猴群以确定的步长攀爬，此时就变成了 MA 中的攀爬过程了。

步长递减攀爬过程如算法 5.9 所示。

算法 5.9 步长递减攀爬过程[3]

---

for k = 1 to K_climb

  for i = 1 to N

    for j = 1 to 2

      产生 Δ_{ij} with $\Pr\{\Delta_{ij}=a(k)\}=\Pr\{\Delta_{ij}=-a(k)\}=0.5$

      end for

    计算伪梯度：

$$\boldsymbol{J}_i'(\boldsymbol{X}(k))=\frac{\boldsymbol{J}(\boldsymbol{X}(k)+\Delta\boldsymbol{X})-\boldsymbol{J}(\boldsymbol{X}(k)-\Delta\boldsymbol{X})}{2\Delta\boldsymbol{X}_i}$$

    更新猴子的位置：

$$\boldsymbol{X}_i(k+1)=\boldsymbol{X}_i(k)+a(k+1)\cdot\operatorname{sgn}(\boldsymbol{J}_i'(\boldsymbol{X}(k)))$$

    计算每只猴子的目标函数值

    保存最优值及相应的位置向量

  end for

$a(k+1)\leftarrow\theta a(k)$

end for

步长递减攀爬过程的流程如图 5.12 所示。

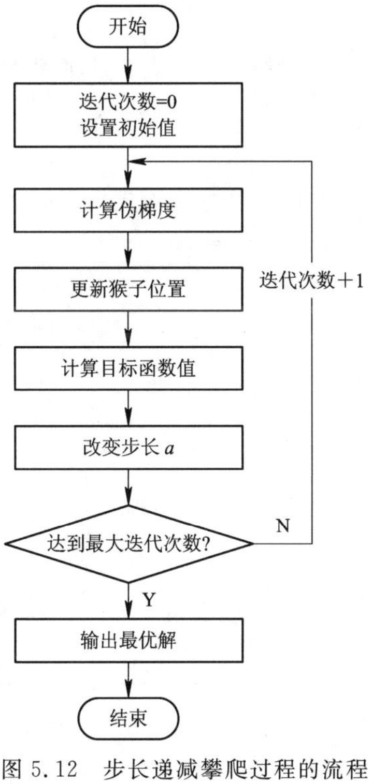

图 5.12 步长递减攀爬过程的流程

5.3.3 参数递增混沌望过程

经过攀爬过程之后，每只猴子都到达了各自所在山峰的山顶处，即目标函数达到了局部最优。之后，它向四周眺望，观察在它周围邻近领域是否存在比当前山峰更高的山峰。若有，它就会从当前位置跳过去。参数视野长度 b 决定了猴子所能望到的最远距离。同步长参数 a 一样，b 对 MA 来说也很重要。通常 b 越小，算法就越容易陷入局部最优；b 越大，算法的收敛速度就越慢。为了寻找一种平衡，逐渐递增的视野长度为

$$b(k+1)=\rho b(k)$$

式中，ρ 是递增因子，k 是循环次数。

猴子爬得越高，眺望的距离自然越远。另外，在 MA 中，望过程中眺望时间也很重要，尤其是引入混沌搜索技术后，眺望时间变得尤为关键。尽管混沌搜索具有很强的遍历性，但是这种遍历性是需要足够长的时间来保证的。很容易理解，望的时间越长，搜索到的解越好；然而搜索时间越长意味着占用的 CPU 时间越长。类似地，文献[3]设计了一种递增的望时间 T_w 来平衡解的质量与 CPU 时间开销：

$$T_w(k+1)=\varphi\cdot T_w(k)$$

式中，φ 是递增因子。

这一点可以这样解释：尽管猴子站得越高望得就越远，但是站得越高看得清晰度越来越低，甚至有的时候猴子需要猜测它望到的山头是否比所在的位置更高。这样一来位置越高，望过程中花费的时间自然就变长了。

实际上，望过程是一个局部搜索过程。考虑到混沌搜索在小范围内能力极强，因此可用混沌搜索来替代 MA 中的随机搜索。此处的混沌搜索仍然采用 Logistic 函数。

基于上述分析及改进，文献[3]设计了一种新的参数递增混沌望过程，其中视野长度和望时间随循环次数增大而增大，搜索过程也改成了混沌搜索。这样的改进能实现花费更少的 CPU 时间搜寻到更优的解。

参数递增混沌望过程如算法 5.10 所示。

算法 5.10 参数递增混沌望过程[3]

```
for i = 1 to N
  for k = 1 to T_w
    for j = 1 to 2
      x'_ij =Chaotic_search(x_ij −b(k), x_ij +b(k))
      if x'_ij <−100 then x'_ij =−100; if x'_ij >100 then x'_ij =100
    end for
    if fit(X'_i)>fit(X_i), 使 X_i ←X'_i
  end for
end for
使 b(k+1)←ρb(k)
使 T_w(k+1)=φ · T_w(k)
```

注意：递增因子 ρ 和 φ 决定了参数的增长速度。ρ 和 φ 既不能取值太大也不能取值太小，通常它们在区间[1.05, 1.15]内取值。此外当递增因子 $\rho=\varphi=1$ 时，就变成了猴群算法

中的望过程了。

参数递增混沌望过程的流程如图 5.13 所示。

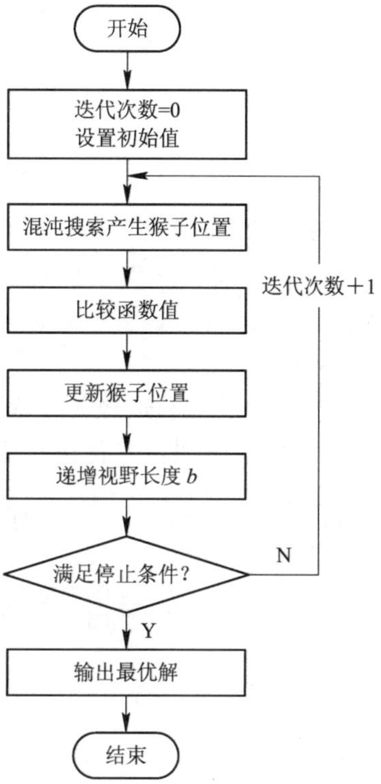

图 5.13 参数递增混沌望过程流程

5.3.4 边缘跳过程

跳过程的主要目的在于搜索过程由当前区域转移到新的区域。在 MA 中所有猴子的重心位置为支点，每只猴子沿着当前位置指向支点的方向跳到各自新的搜索区域。跳的支点位置为

$$P_j = \frac{1}{N-1}\left(\sum_{i=1}^{N} x_{ij} - x_{ij}\right)$$

由

$$x_{ij}(k+1) = P_j + b \mid P_j - x_{ij}(k) \mid$$

更新猴子的位置向量，其中 b 是望-跳过程中的视野长度。

文献[3]假设经过混沌望过程后猴子已经不能在其视野范围内找到更好的位置了，所以其沿着指向支点的方向跳到视野的最边缘处。当然，随着猴子视野越来越长，猴子跳的距离越来越远。

边缘跳过程如算法 5.11 所示。

算法 5.11 边缘跳过程[3]

计算当前支点位置：$P_j = \frac{1}{N-1}\left(\sum_{i=1}^{N} x_{ij} - x_{ij}\right)$

for $i = 1$ to N

```
    for j = 1 to 2
      更新位置：x_ij(k+1)=P_j+b·|P_j−x_ij(k)|
      if x_ij(k+1)<−100, x_ij(k+1)=−100;
      if x_ij(k+1)>100, x_ij(k+1)=100
    end for
  end for
```

注意： 在 MA 中，预先设定的跳区间$[l, u]$通常是$[-1, 1]$，被用来限定猴子跳的距离。有时候使用$[-1, 1]$不能找到满意解，此时就需要尝试设置不同的跳区间。在 CMA 中我们采用望过程中的 b 来限定猴子跳的距离，并且随着 b 越来越大，猴子跳的距离也越来越远，从而避免其陷入局部最优。

边缘跳过程的流程如图 5.14 所示。

步长递减攀爬过程、参数递增混沌望过程和边缘跳过程组成了一次完整的循环，在预先设定好循环次数 M 后，将在第 N 次循环后终止。优化问题的整个过程如图 5.15 所示。

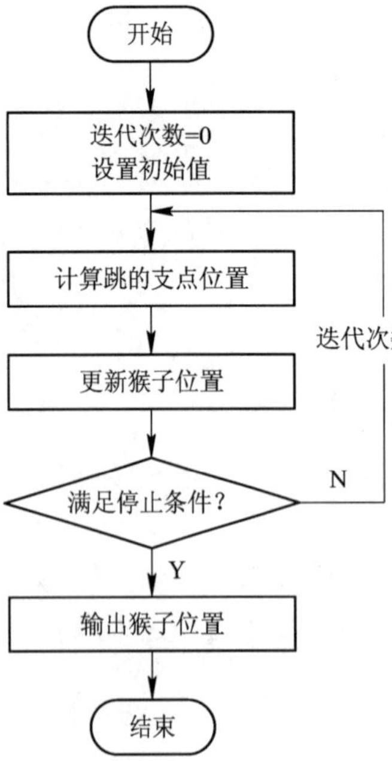

图 5.14 边缘跳过程流程

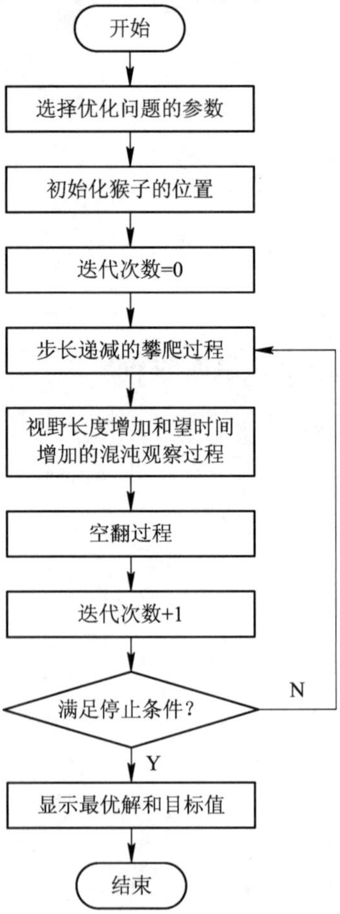

图 5.15 优化问题整个过程流程图

5.4 案例7——基于改进猴群算法优化的盲均衡算法

5.4.1 问题提出

水声通信是目前水下远距离无线通信的主要方式。水声信道是一个时变、空变、频变且高噪声、强多途效应、带宽严重受限的极为复杂的无线通信信道，码间干扰十分严重，在接收端引入盲均衡技术是一个很好的解决方法。最为经典的常模盲均衡算法(Constant Modulus Algorithm，CMA)计算简单、稳健性好，但收敛速度慢、稳态误差大，在均衡高阶QAM(Quadrature Amplitude Modulation)信号时，还存在相位旋转问题。为改善均衡效果，很多学者对CMA进行了一些改进。文献[18]将QR分解用于CMA；文献[19]构造了一种可以自适应切换的盲均衡结构；文献[20]在问题优化时采用了共轭梯度法；文献[21]提供了一种基于复指数函数映射的盲均衡算法；文献[22]提出了加权多模盲均衡算法(Weighted Multi-Modulus blind equalization Algorithm，WMMA)，将信号分为实部和虚部分别进行均衡，同时利用信号幅度和相位信息，有效克服了相位旋转问题，引入的加权项还能使算法的误差模型与QAM方形星座图匹配更精确。以上种种改进，只能在一定程度上优化均衡器的性能，依然存在收敛速度慢、稳态误差大的问题。究其原因，主要是以上算法都归属于Bussgang类盲均衡算法，而这类基于随机梯度思想的盲均衡，其代价函数是高维非凸性的，对均衡器初始权向量非常敏感。当代价函数取得最小值时，盲均衡系统呈现理想状态，若将此时的均衡器权向量作为初始值，则能加快收敛速度、减小稳态误差。而原算法采用随机梯度下降思想的最小化代价函数容易陷入局部最优，若将代价函数取得局部最小值时对应的权向量作为均衡器的初始权向量，会造成收敛速度慢、稳态误差大等问题。这样看来，Bussgang类盲均衡可以等效为代价函数最小化问题。

为弥补CMA的不足，智能优化算法被逐渐引入盲均衡算法的优化问题中，如遗传算法[23]和鱼群算法[24]等，且取得了较好的效果。然而，这些启发式算法都有一个共同的缺点，容易陷入“维灾难”，而盲均衡的代价函数通常是高维的。2008年提出的猴群算法[13]，结构简单、参数少，能有效避免“维灾难”，可有效解决30到1000甚至10 000维度的全局优化问题，性能卓越。自提出以来，基本猴群算法已被成功用于求解各类优化问题[25-26]，但同时也暴露出存在计算精度不高、局部搜索能力不强等问题。

针对这一问题，本节提出一种改进猴群算法优化加权多模盲均衡算法(Weighted Multi-modulus blind equalization Algorithm based on Improved Monkey Algorithm，IMA-WMMA)。该算法首先对MA进行了一些改进，借助佳点集理论构造初始猴群以提高种群的遍历性，在利用自适应爬步长保证全局寻优能力的同时提高搜索效率，并在望-跳过程结束后嵌入单纯形法加强局部搜索以提高解的精度，之后将改进猴群算法用于最小化WMMA的代价函数，以获取均衡器初始权向量，避免局部最优、加快收敛速度、降低剩余误差、改善均衡效果、提高通信质量。

5.4.2 改进猴群算法

1. 基本思路

在 MA 的整个寻优过程中，猴群遍历的位置对应的适应度值最大的即为目标函数的最大值，该位置即为全局最优位置。攀爬过程作为猴群算法的主要过程，其设计借助了同步扰动随机逼近算法(Simultaneous Perturbation Stochastic Approximation，SPSA)思想，利用了伪梯度信息，且与适应度函数的维度无关，故可有效避免“维灾难”，这是猴群算法最为显著的一个优点。但是，攀爬过程中固定步长的设置很难准确把握：步长小，则搜索速度慢；步长大，有可能错过最优解。并且猴群在现实的爬山过程中，也不是固定步长的。针对这种情况，本节给出了自适应步长公式。启发式算法对初始种群的优劣比较敏感，猴群算法也不例外，应用佳点集理论构造的初始种群比随机生成的种群分布更加均匀，偏差更小，能更好地保证算法的遍历性，大幅提升算法性能，故本节采用佳点集来构造初始猴群。此外，本节还在望-跳过程结束后引入单纯形法搜索，利用单纯形法的反射、扩张、压缩操作在猴群当前位置加深局部搜索，这样不仅能提高解的精度，还能加快搜索速度。

2. 佳点集

设 G_D 是 D 维欧氏空间中的单位立方体，某点 $r\in G_D$，$r=\{r_1, r_2, \cdots, r_D\}$，若包含 N 个点的形如 $Q_N(i)=\{(\{r_1^{(N)}\times i\}, \{r_2^{(N)}\times i\}, \cdots, \{r_D^{(N)}\times i\})\mid 1\leqslant i\leqslant N\}$ 的点集，其偏差满足 $\varphi(N)=C(r, \varepsilon)N^{-1+\varepsilon}$，则称 $Q_N(i)$称为佳点集，r 为佳点。这里的$C(r, \varepsilon)$是只与 r、$\varepsilon(\varepsilon>0)$ 有关的常数，一般 $r(k)=\{2\cos(2\pi k/p)\}$，p 是满足$(p-N/2)\geqslant N$ 的最小素数，$\{a\}$表示 a 的小数部分。若 D 维欧氏空间就是搜索空间，把每只猴子的位置都看成一个点，则利用佳点集理论构造的初始猴群理论上的平均适应度值最接近最大适应度值。

3. 自适应步长

用自适应爬步长公式取代固定爬步长公式，更加符合实际情况。搜索初期，步长较大，以保证算法的全局搜索能力；搜索后期，更需要强调的是局部搜索，这时步长随迭代次数的增加而逐步变小。爬步长的更新公式为

$$a(k)=a_{\min}\times(x_{\max}-x_{\min})\times\exp\left(\frac{\ln\left(\dfrac{a_{\min}}{a_{\max}}\right)\times k}{t_{\max}}\right) \tag{5.4.1}$$

式中：$a_{\min}$、$a_{\max}$分别为爬步长的最小值和最大值；$x_{\min}$ 和 $x_{\max}$ 为搜索空间的上界和下界；$t=1, 2, \cdots, T_{\max}$，$T_{\max}$为攀爬过程的最大迭代次数。综上，有

$$y_j=x_{ij}+a(k)\cdot\operatorname{sgn}(f'_{ij}(x_i)) \tag{5.4.2}$$

4. 单纯形法

单纯形法具有极强的局部搜索能力，具体步骤如下。

步骤 1：在猴群进入空翻过程前，将每只猴的位置看成一个搜索点，将所有搜索点代入适应度函数 fit($\boldsymbol{X}$)进行计算并排序，适应度值越大，该搜索点越优，适应度值最大的搜索点为最优点 $\boldsymbol{X}_g$，适应度值次之的为次优点 $\boldsymbol{X}_b$，计算中心位置 $\boldsymbol{X}_c$ 为

$$\boldsymbol{X}_c=\frac{\boldsymbol{X}_g+\boldsymbol{X}_b}{2} \tag{5.4.3}$$

步骤 2：随机找出一个较差的点 $\boldsymbol{X}_s$，按下式对其进行反射操作，得到反射点 $\boldsymbol{X}_r$：

$$\boldsymbol{X}_r = \boldsymbol{X}_c + \delta(\boldsymbol{X}_c - \boldsymbol{X}_s) \tag{5.4.4}$$

式中，δ 为反射系数(一般取 1) 。若 $\text{fit}(\boldsymbol{X}_r) > \text{fit}(\boldsymbol{X}_g)$，则反射方向正确，执行步骤 3；反之，说明反射方向更差，执行步骤 4。

步骤 3：扩张操作。

$$\boldsymbol{X}_e = \boldsymbol{X}_c + \varphi(\boldsymbol{X}_r - \boldsymbol{X}_c) \tag{5.4.5}$$

式中，φ 为扩张系数(一般取 2) 。若 $\text{fit}(\boldsymbol{X}_e) < \text{fit}(\boldsymbol{X}_g)$，则用 $\boldsymbol{X}_e$ 更新 $\boldsymbol{X}_g$；否则，用 $\boldsymbol{X}_g$ 更新 $\boldsymbol{X}_s$。

步骤 4：压缩操作。

$$\boldsymbol{X}_t = \boldsymbol{X}_c + \psi(\boldsymbol{X}_s - \boldsymbol{X}_c) \tag{5.4.6}$$

式中，ψ 为压缩系数(一般取 0.5)，也是收缩系数。若 $\text{fit}(\boldsymbol{X}_t) > \text{fit}(\boldsymbol{X}_s)$，则用 $\boldsymbol{X}_t$ 更新 $\boldsymbol{X}_s$；若 $\text{fit}(\boldsymbol{X}_s) < \text{fit}(\boldsymbol{X}_r) < \text{fit}(\boldsymbol{X}_g)$，进行收缩操作，得到收缩点 $\boldsymbol{X}_w$。

步骤 5：收缩操作。

$$\boldsymbol{X}_w = \boldsymbol{X}_c - \psi(\boldsymbol{X}_s - \boldsymbol{X}_c) \tag{5.4.7}$$

如果 $\text{fit}(\boldsymbol{X}_w) > \text{fit}(\boldsymbol{X}_s)$，则用 $\boldsymbol{X}_w$ 更新 $\boldsymbol{X}_s$；否则，用 $\boldsymbol{X}_r$ 更新 $\boldsymbol{X}_s$。

5. 具体改进猴群算法

针对猴群算法遍历性不足、搜索效率不高、局部搜索能力不强、解的精度较低等问题，本节提出了以上改进措施，得到又一种改进猴群算法(即 IMA)，其流程如图 5.16 所示。

算法架构如下。

步骤 1：设置算法相关参数，在搜索空间中用佳点集理论构造初始猴群。

步骤 2：确定适应度函数。

步骤 3：攀爬过程中，猴群采用自适应步长进行攀爬，重复设定爬次数后转入步骤 4。

步骤 4：在望-跳过程中，猴群通过眺望搜寻适宜的位置，完成位置更新后，转入步骤 3，直至达到预设望次数后转入步骤 5。

步骤 5：猴群中适应度值较小的 M 个猴子在单纯形法指导下对当前位置进行局部深度搜索，完成后转入步骤 6。

步骤 6：空翻过程为猴群开辟了新的搜索区域，猴群转入步骤 3，直至达到预设空翻次数后转入步骤 7。

步骤 7：在猴群遍历的所有位置中，对应的适应度值最大的为全局最优值，该位置即为全局最优位置。

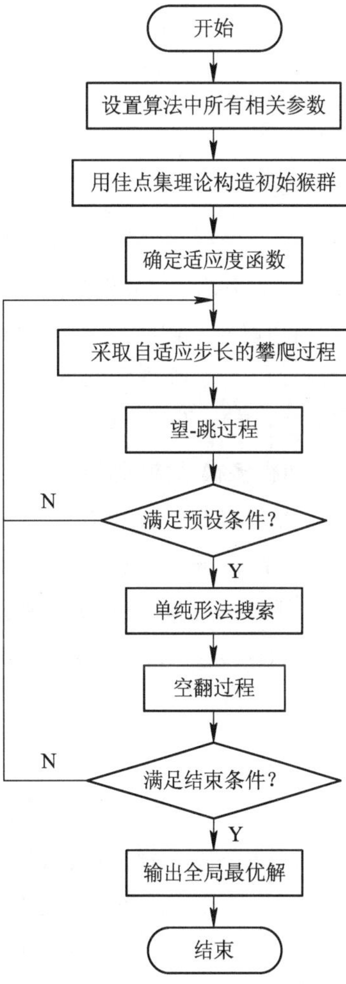

图 5.16　IMA 流程图

5.4.3 改进猴群算法优化加权多模盲均衡算法

改进猴群算法优化加权多模盲均衡算法(IMA-WMMA)原理如图 5.17 所示[27]。

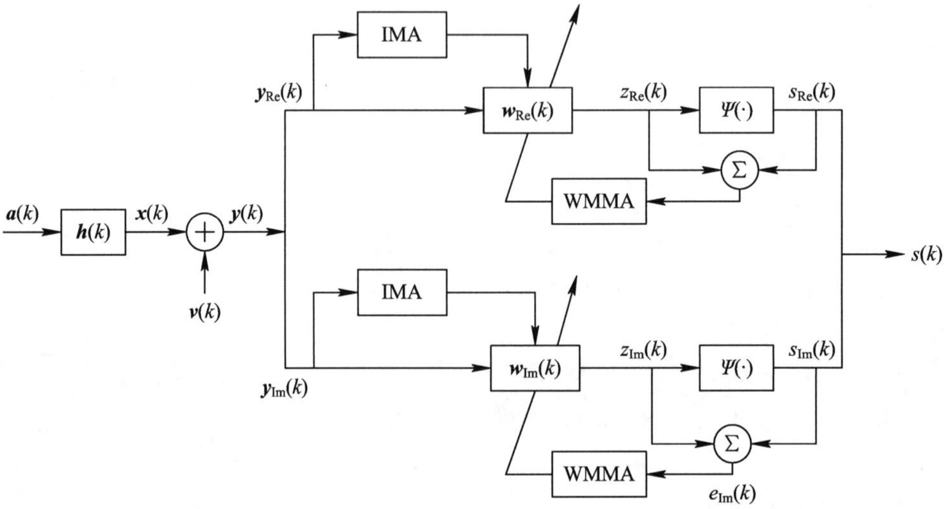

图 5.17 IMA-WMMA 原理

图 5.17 中，$\boldsymbol{a}(k)$是发射的信源复信号；$\boldsymbol{h}(k)$是信号传输信道的脉冲响应向量；$\boldsymbol{v}(k)$是加性高斯白噪声；$\boldsymbol{y}(k)$是均衡器输入信号；$\boldsymbol{w}(k)$为均衡器的权向量；$z(k)$为均衡器的输出复信号；$s(k)$为判决输出的复信号；$\boldsymbol{\Psi}(\cdot)$为无记忆非线性函数，需满足 $s(k)=g[z(k)]=z(k)$；下标 Re 和 Im 分别代表参数的实部和虚部。

1. 加权多模盲均衡算法

WMMA 的代价函数为

$$\boldsymbol{J}(k)=E\{(z_{\mathrm{Re}}^{2}(k)-|s_{\mathrm{Re}}(k)|^{\lambda_{\mathrm{Re}}}R_{\lambda_{\mathrm{Re}}}^{2})^{2}+(z_{\mathrm{Im}}^{2}(k)-|s_{\mathrm{Im}}(k)|^{\lambda_{\mathrm{Im}}}R_{\lambda_{\mathrm{Im}}}^{2})^{2}\} \tag{5.4.8}$$

式中，λ_{Re}和λ_{Im}分别是信号实部和虚部的加权因子。对于方形 QAM 信号星座图，令加权因子$\lambda_{\mathrm{Re}}=\lambda_{\mathrm{Im}}$且有$\lambda_{\mathrm{Re}}$、$\lambda_{\mathrm{Im}}\in[0, 2]$。其中，$R_{\lambda_{\mathrm{Re}}}$ 和$R_{\lambda_{\mathrm{Im}}}$ 分别为同相方向和正交方向的模值，且

$$R_{\lambda_{\mathrm{Re}}}^{2}=E\left[\frac{a_{\mathrm{Re}}^{4}(k)}{E(|a_{\mathrm{Re}}(k)|^{2+\lambda_{\mathrm{Re}}})}\right] \tag{5.4.9a}$$

$$R_{\lambda_{\mathrm{Im}}}^{2}=E\left[\frac{a_{\mathrm{Im}}^{4}(k)}{E(|a_{\mathrm{Im}}(k)|^{2+\lambda_{\mathrm{Im}}})}\right] \tag{5.4.9b}$$

WMMA 均衡器权向量迭代公式为

$$\boldsymbol{w}_{\mathrm{Re}}(k+1)=\boldsymbol{w}_{\mathrm{Re}}(k)-\mu\boldsymbol{R}_{\mathrm{Re}}^{-1}(k)e_{\mathrm{Re}}(k)\boldsymbol{R}_{\mathrm{Re}}^{*}(k) \tag{5.4.10a}$$

$$\boldsymbol{w}_{\mathrm{Im}}(k+1)=\boldsymbol{w}_{\mathrm{Im}}(k)-\mu\hat{\boldsymbol{R}}_{\mathrm{Im}}^{-1}(k)e_{\mathrm{Im}}(k)\boldsymbol{R}_{\mathrm{Im}}^{*}(k) \tag{5.4.10b}$$

均衡器输出为

$$\begin{aligned} z(k)&=z_{\mathrm{Re}}(k)+\mathrm{j}\cdot z_{\mathrm{Im}}(k)\\ &=\boldsymbol{w}_{\mathrm{Re}}^{\mathrm{T}}(k)\boldsymbol{R}_{\mathrm{Re}}(k)+\mathrm{j}\cdot(\boldsymbol{w}_{\mathrm{Im}}^{\mathrm{T}}(k)\boldsymbol{R}_{\mathrm{Im}}(k)) \end{aligned} \tag{5.4.11}$$

WMMA 均衡器误差为

$$
\begin{aligned}
e_{\mathrm{Re}}(k) &= z_{\mathrm{Re}}(k)\left[(z_{\mathrm{Re}}^2(k) - |s_{\mathrm{Re}}(k)|^{\lambda_{\mathrm{Re}}})R_{\lambda_{\mathrm{Re}}}^2\right] \\
e_{\mathrm{Im}}(k) &= z_{\mathrm{Im}}(k)\left[(z_{\mathrm{Im}}^2(k) - |s_{\mathrm{Im}}(k)|^{\lambda_{\mathrm{Im}}})R_{\lambda_{\mathrm{Im}}}^2\right]
\end{aligned} \tag{5.4.12}
$$

式(5.4.8)～式(5.4.12)构成了 WMMA。

2. 改进猴群算法优化加权多模盲均衡算法

IMA-WMMA 的主要思想是利用 IMA 较强的全局寻优能力，最小化加权多模盲均衡算法的代价函数，获取均衡器初始权向量，优化均衡效果。主要实施步骤如下。

步骤 1：初始化算法中的所有参数。

步骤 2：确定目标函数与 IMA 适应度函数的关系。本节中 IMA 适应度函数为 WMMA 代价函数的倒数。

步骤 3：均衡器长度即为搜索空间维数，每只猴的位置向量对应着一组均衡器权向量。均衡器的输入信号 $\boldsymbol{y}(k)$同时作为 IMA 的输入信号。通过 IMA 的迭代寻优捕获 WMMA 代价函数的最小值，该值对应的猴位置向量即为均衡器的理想初始权向量系数。

步骤 4：利用 WMMA 对信号进行盲均衡并输出。

5.4.4 仿真实验与结果分析

为验证 IMA-WMMA 的有效性，下面以 WMMA、基于遗传算法的加权多模盲均衡算法(GA-WMMA)、基于猴群算法的加权多模盲均衡算法(MA-WMMA)为比较对象进行仿真实验。

发射信号采用 16QAM 信号，高斯白噪声的信噪比取 30 dB，信道为典型的水声信道 $\boldsymbol{h}=[0.3132, -0.1040, 0.8908, 0.3134]$，信号采样点均为 10 000 点，盲均衡器的权长均为 16，加权因子 $\lambda=1.25$，猴群规模为 100，攀爬过程、望-跳过程、空翻过程的迭代次数分别设置为 100、20、5，爬步长最大值和最小值分别为 0.001 和 0.0001，视野长度取 0.005，眺望次数取 20。步长参数如表 5.1 所示。对 16QAM 信号进行 500 次蒙特卡洛仿真，结果如图 5.18 所示。

表 5.1 参 数 设 置

算　法	MMA	WMMA	GA-WMMA	MA-WMMA	IMA-WMMA
16QAM 步长	5×10^{-6}	5×10^{-6}	4×10^{-7}	4×10^{-7}	4×10^{-7}
16APSK 步长	3×10^{-5}	3×10^{-5}	2×10^{-6}	2×10^{-6}	2×10^{-6}

图 5.18 表明，在对 16QAM 信号的均衡中，IMA-WMMA 比 WMMA 收敛快了 1000 步，与 MA-WMMA、GA-WMMA 的收敛速度几乎一致；在稳态误差上，IMA-WMMA 比 WMMA 低了近 8 dB，比 GA-WMMA 低了近 6 dB，比 MA-WMMA 低了近 2 dB；IMA-WMMA 星座图最为清晰紧凑。

均方误差、收敛速度以及星座图的清晰程度是衡量盲均衡算法的重要指标。从以上两个实验明显可以看出，在水声信道中用 IMA 取得的权向量作为 WMMA 的初始权向量都能有效提高收敛速度，减小均方误差，输出的星座图也更加清晰，均衡质量得以提高。

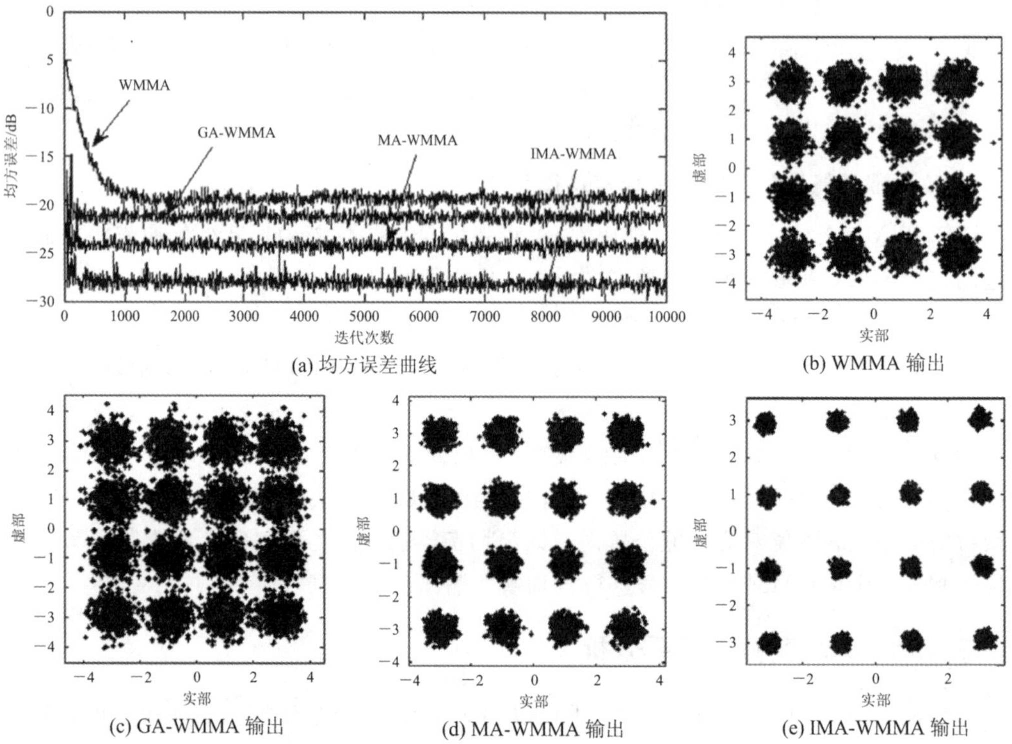

图 5.18　16QAM 仿真结果

参考文献 5

[1] ZHAO R，TANG W. Monkey algorithm for global numerical optimization[J]. Journal of Uncertain Systems，2008，2(3)：164-175.

[2] 陈信. 猴群优化算法及其应用研究[D]. 广西：广西民族大学，2014.

[3] 郝士鹏. 混沌猴群算法及其应用[D]. 天津：天津大学，2010.

[4] 段玉红，高岳林. 一类可分离的非线性 0-1 背包问题的分支定界算法[J]. 甘肃联合大学学报(自然科学版)，2006，20(6)：1-4.

[5] 徐颖. 回溯法在 0-1 背包问题中的应用[J]. 软件导刊，2008，7(12)：54-55.

[6] ZHAO J Y. Nonlinear Reductive Dimension Approximate Algorithm for 0-1 Knapsack Problem[J]. Journal of Inner Mongolia Normal University (Natural Science Edition)，2007(1)：5-8.

[7] SHI H. Solution to 0/1 knapsack problem based on improved ant colony algorithm [C]//Information Acquisition，2006 IEEE International Conference on，Veihai，China. IEEE，2006：1062-1066.

[8] LIU Y，LIU C. A schema-guiding evolutionary algorithm for 0-1 knapsack problem [C]//2009 International Association of Computer Science and Information Technology-Spring Conference，International Association of IEEE，Singapore，

IEEE，2009. 160-164.

[9] LIN F T. Solving the knapsack problem with imprecise weight coefficients using genetic algorithms[J]. European Journal of Operational Research，2008，185(1)：133-145.

[10] ZOU D，GAO L，LI S，et al. Solving 0-1 knapsack problem by a novel global harmony search algorithm[J]. Applied Soft Computing，2011，11(2)：1556-1564.

[11] LIU L. Solving 0-1 knapsack problems by greedy method and dynamic programming method[J]. Advanced Materials Research，2011(282)：570-573.

[12] 赵洋，单娟. 二进制混合蛙跳算法求解 0-1 背包问题[J]. 计算机工程与应用，2010，46(35)：39-41

[13] 王靖然，余贻鑫，曾沅. 离散猴群算法及其在输电网扩展规划中的应用[J]. 天津大学学报，2010，43(9)：798-803.

[14] YI T H，LI H N，ZHANG X D. A modified monkey algorithm for optimal sensor placement in structural health monitoring[J]. Smart Materials and Structures，2012，21(10)：65-69.

[15] KRISHNANAND K N，GHOSE D. Detection of multiple source locations using a glowworm metaphor with applications to collective robotics[C]//Proceedings of IEEE Swarm Intelligence Symposiu，Pasadena，CA，USA. IEEE，2005：84-91.

[16] 刘建芹，贺毅朝，顾茜茜. 基于离散微粒群算法求解背包问题研究[J]. 计算机工程与设计，2007，29(13)：3189-3191.

[17] 程魁，马良. 0-1 背包问题的萤火虫群优化算法[J]. 计算机应用研究，2013，30(4)：996-998.

[18] 曾乐雅，许华，王天睿. 自适应切换双盲盲均衡算法[J]. 电子与信息学报，2016，38(11)：2780-2786.

[19] 李进，冯大政，刘文娟. 快速 QAM 信号多模盲均衡算法[J]. 电子与信息学报，2013，35(2)：273-279.

[20] 饶伟，高惠娟，段美怡，等. 一种新的基于复指数函数映射的盲均衡算法[J]. 电子学报，2016，44(5)：1009-1016.

[21] 许小东，戴旭初，徐佩霞. 适合高阶 QAM 信号的加权多模盲均衡算法[J]. 电子与信息学报，2007，29(6)：1352-1355.

[22] 王尔馥，郑远硕，陈新武. 部分精英策略并行遗传优化的神经网络盲均衡[J]. 通信学报，2016，37(7)：193-198.

[23] ZHU T T，ZHAO L，ZHANG F. Dual-mode genetic blind equalization algorithm based on error signals[J]. Technical Acoustics，2016，35(4)：385-388.

[24] 郭业才，王惠，吴华鹏. 新变异 DNA 遗传人工鱼群优化 DNA 序列的多模算法[J]. 科学技术与工程，2016，16(3)：66-71.

[25] 张佳佳，张亚平，孙济州. 基于猴群算法的入侵检测技术[J]. 计算机工程，2011，37(14)：131-133.

[26] 贾赛赛，刘志勤，杨雷，等. 基于混合猴群算法的凸多面体碰撞检测[J]. 计算机工

程与设计，2016，37(10)：2789-2793.
[27] 高敏，郭业才. 改进猴群算法优化水声通信盲均衡算法[J]. 宿州学院学报，2017，32(11)：95-100.
[28] 高敏，郭业才. 基于列维飞行复形猴群算法的多模盲均衡算法[J]. 宿州学院学报，2017，32(12)：86-91.
[29] 高敏，郭业才. 基于混沌萤火虫优化的小波多模盲均衡算法[J]. 计算机工程，2014，40(1)：213-217.

第6章　万有引力搜索算法

【内容导读】 在简述基本万有引力搜索算法思想、模型和流程的基础上，重点给出了多点自适应约束万有引力搜索算法和自适应混合变异万有引力搜索算法，并分析了这些算法的收敛性。然后，以基于万有引力算法的无人航行设备航路规划方法为例，分析了将基本万有引力搜索算法应用于解决实际问题的全过程，以帮助读者启迪思维，采用万有引力搜索算法解决实际问题。

万有引力搜索算法在2009年被首次提出，是一种基于万有引力定律和牛顿第二定律的种群优化算法，源于万有引力定律中两个质量的相互作用。该算法通过种群的粒子位置移动来寻找最优解，即随着算法的循环，粒子靠它们之间的万有引力在搜索空间内不断运动，当粒子移动到最优位置时，便找到了最优解。

该算法的特点如下：

(1) 每个搜索个体都赋予4个状态变量，分别为位置、速度、加速度和质量。位置用于表示位置的解，速度用于更新位置，加速度用于更新速度，质量用于评价个体的优劣。

(2) 整个群体总是寻找质量最大的个体，无论是最大值优化问题还是最小值优化问题，都可以通过质量函数的定义，将优化目标转换为搜索质量最大的个体。

(3) 整个群体依靠个体之间的万有引力作用进行寻优(万有引力相当于一种优化信息的传递工具)，个体的质量越大，万有引力越大，因此，整个群体能够向质量最大的个体方向移动，从而能够搜索到问题的最优解。

(4) 流程简单，参数设置少，可以很好地和各种优化问题相结合，易于实现。

除上述这些特点之外，万有引力搜索算法也具有智能优化算法一些共同的特点。例如，万有引力搜索算法对目标函数没有特别要求，不要求函数具有连续和可导等数学性质，甚至有时对是否有解析表达式都不做要求，而且对问题中不确定的信息具有一定的适应能力，因此，算法的通用性比较强。此外，从算法实现的方法来看，万有引力搜索算法可以采用串行或者并行的方法实现，可以根据具体问题，设计出合理的实现方法。

目前，万有引力搜索算法的应用研究还处于起步阶段，所求解的问题相对有限，实际应用还未挖掘出其真正的潜力。基于算法良好的优化性能，应拓宽和深化算法的应用领域：一方面，将其更广阔更深入地用于电力系统、机械设计、自动控制、通信网络和生物信息等领域；另一方面，将算法用于求解多目标优化问题。

6.1 基本万有引力搜索算法

6.1.1 基本思想

牛顿于1687年提出了万有引力定律，阐述了物体之间的相互作用关系。万有引力定律统一了宇宙中物体(地面上物体与天体)运动的规律，对物理学与天文学的发展影响深远。此外，万有引力定律是人类认识自然的一座新里程碑，激发并建立人们探索自然奥秘的信心。

在自然界，任意两个有质量的物体之间都有引力，也就是说任意两个物体都是相互吸引的，引力的大小与质量和距离有关，即

$$F = G\frac{m_1 m_2}{r^2} \tag{6.1.1}$$

式中，F为两物体所产生的引力，G是引力常数，m_1和m_2为两物体的质量，r为两物体间的距离。

伊朗学者E. Rashedi等人于2009年模拟万有引力现象，提出了万有引力搜索算法[1]。解决优化问题时，算法中个体位置对应于问题的解，同时需要考虑个体质量。个体质量用于评价个体优劣，优势大的个体，其位置越好，质量越大。

在万有引力作用下，个体间相互吸引，小质量个体的移动方向始终朝着较大质量个体，个体运动遵循牛顿第二定律。随着个体不断运动，最终质量较大的个体占据更优位置，对应更大适应度值，进而得到问题最优解。

6.1.2 算法原理

设D维搜索空间中有N个粒子，其中第i个粒子的位置向量为

$$\boldsymbol{X}_i = \{x_{i1}, x_{i2}, \cdots, x_{id}, \cdots, x_{iD}\} \tag{6.1.2}$$

式中，x_{id}代表第i个粒子在第d维的位置，$i=1, 2, \cdots, N$。

k时刻第d维上，粒子j对粒子i的作用力为

$$F_{ijd}(k) = G(k)\frac{M_{pi}(k) \times M_{aj}(k)}{R_{ij}(k) + \varepsilon}(x_{jd}(k) - x_{id}(k)) \tag{6.1.3}$$

式中：$M_{aj}(k)$是k时刻粒子j的质量；$M_{pi}(k)$是k时刻粒子i的质量；ε为一个非常小的常量；$G(k)$为引力常数，其大小与迭代次数有关，计算公式为

$$G(k) = G(0) \cdot \mathrm{e}^{-\alpha k/T_{\max}} \tag{6.1.4}$$

其中，$G(0)$表示初始时刻的引力常数，α的值为20，$T_{\max}$为最大迭代次数；$R_{ij}(k)$表示粒子$\boldsymbol{X}_i$和粒子$\boldsymbol{X}_j$的欧氏距离，即

$$R_{ij}(k) = \| \boldsymbol{X}_i(k), \boldsymbol{X}_j(k) \|^2 \tag{6.1.5}$$

k时刻第d维上，粒子$\boldsymbol{X}_i$所受的作用力等于周围所有粒子对其作用力之和，即

$$F_{id}(k) = \sum_{j=1, j\neq i}^{N} \mathrm{rand}_j F_{ijd}(k) \tag{6.1.6}$$

式中，rand_j是[0, 1]之间均匀分布的随机数。

由牛顿第二定律知，粒子 i 受其他粒子引力作用而产生的加速度为

$$a_{id}(k)=\frac{F_{id}(k)}{M_{ii}(k)} \tag{6.1.7}$$

式中，$M_{ii}(k)$为粒子 i 的质量。

每一次迭代中，粒子速度由加速度和上一代粒子的速度进行计算，粒子的位置由更新得到的速度和上一代粒子的位置进行计算，速度和位置的更新公式为

$$v_{id}(k+1)=\text{rand}_i\times v_{id}(k)+a_{id}(k) \tag{6.1.8}$$

$$x_{id}(k+1)=x_{id}(k)+v_{id}(k+1) \tag{6.1.9}$$

式中，rand_i 是[0, 1]之间均匀分布的随机数。惯性质量的大小与适应度值有关，粒子的惯性质量更新公式为

$$M_{ai}=M_{pi}=M_{ii}=M_i \qquad i=1,2,\cdots,N \tag{6.1.10}$$

$$m_i(k)=\frac{\text{fit}_i(k)-\text{worst}(k)}{\text{best}(k)-\text{worst}(k)} \tag{6.1.11}$$

$$M_i(k)=\frac{m_i(k)}{\sum_{j=1}^{N}M_j(k)} \tag{6.1.12}$$

式中，$\text{fit}_i(k)$表示 k 时刻粒子 $\boldsymbol{X}_i$ 的适应度值，$\text{best}(k)$为最优适应度值；$\text{worst}(k)$为最差适应度值。

对于最大化问题，其计算公式为

$$\text{best}(k)=\max_{i\in\{1,2,\cdots,N\}}\text{fit}(k) \tag{6.1.13}$$

$$\text{worst}(k)=\min_{i\in\{1,2,\cdots,N\}}\text{fit}(k) \tag{6.1.14}$$

对于最小化问题，其计算公式为

$$\text{best}(k)=\min_{i\in\{1,2,\cdots,N\}}\text{fit}(k) \tag{6.1.15}$$

$$\text{worst}(k)=\max_{i\in\{1,2,\cdots,N\}}\text{fit}(k) \tag{6.1.16}$$

6.1.3 算法流程

万有引力搜索算法的具体步骤如下。

步骤 1：初始化种群，即随机产生在一定范围内的任意粒子 i 的位置向量 $\boldsymbol{X}_i=\{x_{i1},x_{i2},\cdots,x_{iD}\}$，初速度为零。

步骤 2：对种群边界化处理，由目标函数 $\boldsymbol{J}(\boldsymbol{X}_i)$计算每个粒子适应度值，根据式(6.1.13)～式(6.1.16)找出最优适应度值 best(k)、最差适应度值 worst(k)。

步骤 3：根据得到的最优适应度值 best(k)、最差适应度值 worst(k)及式(6.1.12)和式(6.1.4)，得出粒子惯性质量，更新引力常数。

步骤 4：根据式(6.1.6)计算周围粒子对个体的引力。

步骤 5：根据式(6.1.7)计算加速度，根据式(6.1.8)计算速度。

步骤 6：根据式(6.1.9)更新粒子的位置。

步骤 7：返回步骤 2 循环迭代，直到达到循环次数或要求的精度。

步骤 8：结束循环，输出结果。

万有引力搜索算法流程如图 6.1 所示。

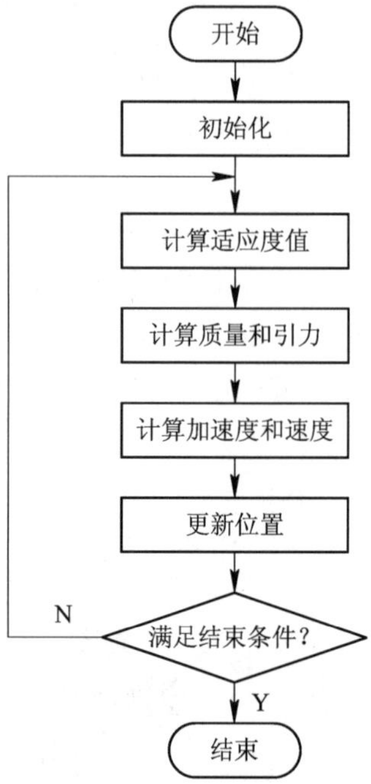

图 6.1　万有引力搜索算法流程

6.1.4 改进方向

由万有引力搜索算法流程知，该算法主要是通过不断迭代更新，包括位置、速度、加速度和质量的更新，直至找到最大质量，进而得出最优位置。于是优化改进可以围绕这四个方面进行，也可以与其他算法结合。万有引力搜索算法改进方向如下：

（1）对质量的主要改进方法是，在质量上加一个权重，使质量具有递增的趋势，从而提升算法的搜索结果。

（2）对位置和速度的改进方法比较多。例如，在速度公式中加入权重，构造变异算子，与量子力学结合改进位置更新方式等。

（3）与其他算法结合的改进也颇多。例如，利用粒子群算法[1]中全局记忆机制，提高算法全局搜索能力；与差分算法[2]结合，引入变异、交叉、选择操作，以提高算法的局部搜索能力；采用遗传算法[3]更新方式更新 4 个状态量。

随着研究的不断深入，改进方法越来越多，各有所长。改进算法在解决实际应用方面，也同样有着良好的效果。

6.2 多点自适应约束万有引力搜索算法

由文献[4]和文献[5]知，在质量中加入权值可使质量的大小进一步伸缩，质量大的将更大，质量小的将更小。这样虽然可以使粒子的开采能力增加，从而使最优解更好，但也有可能降低探索能力。随着迭代的进行，粒子速度越来越小，速度的变化也越来越不明显，这使算法的寻优性能大大降低。

在文献[4]和文献[5]的基础上，文献[6]提出了一种多点自适应约束万有引力搜索算法（Gravitational Search Algorithm based on Multiple Adaptive Constraint strategy, MACGSA)，该算法可以根据迭代进化，动态自适应地调整质量、权重、速度和位置更新步长，从而使种群的寻优精度有明显提升。

6.2.1 改进策略

1. 动态权重

李沛等人[5]在质量更新公式中加了一个权值 $W_i(k)$，定义为

$$w_i(k)=\frac{C_{\min}M_{\min}-C_{\max}M_{\max}}{M_{\min}-M_{\max}}-M_i(k) \tag{6.2.1}$$

式中，$w_i(k)$为在第 k 代中第 i 个粒子的质量所加的权值，$M_{\max}$和 $M_{\min}$分别为最大质量和最小质量；$C_{\max}$和 $C_{\min}$分别为最大权值和最小权值。

经分析，若将惯性权重进一步改进，使其具有递减动态变化的趋势，寻优性能会有提升。于是构造的一种新的动态权重为

$$w_i(k)=\left(\frac{C_{\max}-C_{\min}}{M_{\min}-M_{\max}}M_i(k)+\frac{C_{\min}M_{\min}-C_{\max}M_{\max}}{M_{\min}-M_{\max}}\right)\cdot\left(1-\left(\frac{k}{T_{\max}}\right)^{\lambda}\right) \tag{6.2.2}$$

式中，指数 λ 为常数，经大量实验测试，$\lambda\in[0.4,0.5]$时效果最好。改进后的质量为

$$M_{gi}(k)=M_i(k)w_i(k) \tag{6.2.3}$$

式(6.2.3)表明，在搜索过程中，粒子质量的变化与迭代次数有关，具有一定趋向性，于是在算法后期能够在最优粒子附近进行更加精细的搜索，从而对算法求解精度的提升提供很大帮助。

2. 自适应的位置、速度更新

基本万有引力搜索算法中粒子位置的更新借助的是当代的速度和上一代得到的位置，缺乏一定的自适应性，若粒子步长过小会使算法的收敛能力有所降低，且算法易陷入局部极值；若粒子移动步长过大，则有可能会远离全局最优值。针对这一问题，文献[6]将粒子位置的更新公式定义为

$$x_{id}(k+1)=\mu(k)x_{id}(k)+c(k)v_{id}(k+1) \tag{6.2.4}$$

式中，μ 的取值范围为(0, 1)，c 的取值范围均为(0, 1)。

$$\mu(k)=\mathrm{e}^{(-d*(k/T_{\max})^{\omega})} \tag{6.2.5}$$

$$c(k)=1-\frac{k}{T_{\max}+\mathrm{betarnd}} \tag{6.2.6}$$

其中，d 为维度，ω 为[1, 50]的整数，betarnd 为[0, 1]贝塔分布产生的随机数。

μ 和 c 随着迭代次数的增加而逐渐减小，这样在算法前期，各粒子能够以较大步长使算法快速收敛到最优粒子附近，同时避免粒子个体陷入局部极值；而在算法后期，较小的 μ 和 c，使粒子位置更新步长变小，进而在最优区域附近深度搜索。加入 μ 和 c 后，根据迭代次数动态约束每一代粒子速度，使每个粒子的位置变化不仅具有随机性，而且具有稳定性，也使算法具有了一定的自适应性。

6.2.2 MACGSA 的流程

MACGSA 的流程如图 6.2 所示。

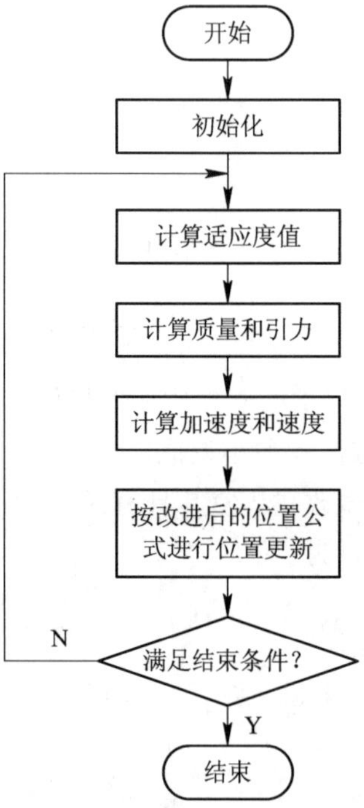

图 6.2 MACGSA 流程

步骤 1：初始化种群，随机产生粒子的初始位置，初速度为零。

步骤 2：对种群边界化处理，由目标函数 $\boldsymbol{J}(\boldsymbol{X}_i)$ 计算每个粒子的适应度值，根据式(6.1.13)～式(6.1.16)找出最优适应度值 best(k)、最差适应度值 worst(k)。

步骤 3：根据得到的最优适应度值 best(k)、最差适应度值 worst(k)及式(6.2.3)和式(6.1.4)，求粒子质量并更新引力常数。

步骤 4：根据式(6.1.6)计算周围粒子对个体的引力。

步骤 5：由式(6.1.7)得出粒子加速度，根据式(6.1.8)求出粒子速度。

步骤 6：根据式(6.2.4)更新粒子的位置。

步骤 7：返回步骤 2 循环迭代，直到达到循环次数或要求的精度。

步骤 8：结束循环，输出结果。

6.2.3 MACGSA 的收敛性

速度更新公式(6.1.8)与位置更新公式(6.2.4)体现了算法全局搜索能力，为证明算法收敛性提供了基础依据。文献[6]通过建立差分方程证明了改进的万有引力搜索算法能够收敛。文献[6]的分析过程如下。

式(6.1.8)和式(6.2.4)表明，所有变量均为多维变量，但任意维度之间没有任何联系，所以视为一维来讨论 MACGSA 的收敛性。为化简计算，假设 rand_i 的值为 0.5，c 和 $a(k+1)$

均为常数，于是式(6.1.8)和式(6.2.4)可化为

$$v(k+1)=0.5v(k)+a(k) \tag{6.2.7}$$

$$x(k+1)=\mu x(k)+cv(k+1) \tag{6.2.8}$$

由式(6.2.7)和式(6.2.8)，得

$$x(k+2)-(\mu+\frac{1}{2})x(k+1)+\frac{1}{2}\mu x(k)=ca(k+1) \tag{6.2.9}$$

这是一个二阶常系数非齐次差分方程，其特征方程为 $\lambda^2-\left(\mu+\frac{1}{2}\right)\lambda+\frac{1}{2}\mu=0$。$\Delta=\left(\mu+\frac{1}{2}\right)^2-2\mu$，即 $\Delta=\left(\mu+\frac{1}{2}\right)^2\geqslant 0$，所以需要考虑两种情况。

(1) 当 $\Delta=0$ 时，$\lambda_1=\lambda_2=\frac{\mu}{2}+\frac{1}{4}=\frac{1}{2}$，此时 $x(k)=(A_0+A_1k)\lambda^k$，A_0、A_1 为待定系数。

(2) 当 $\Delta>0$ 时，$\lambda_{1,2}=\dfrac{(\mu+\frac{1}{2})\pm\sqrt{\Delta}}{2}$，此时 $x(k)=A_0+A_1\lambda_1^k+A_2\lambda_2^k$，$A_0$、$A_1$ 和 A_2 为待定系数。

若 $k\to\infty$ 时，$x(t)$ 有极限且趋于有限值，表示迭代收敛。分析上述两种情况，$x(k)$ 收敛的条件为 $\|\lambda_1\|<1$ 且 $\|\lambda_2\|<1$。

经计算，得：

当 $\Delta=0$ 时，收敛域为 $\mu=\frac{1}{2}$；

当 $\Delta>0$ 时，收敛域为 $-1<\mu<1$ 且 $\mu\neq\frac{1}{2}$。

综上所述，迭代收敛的条件为 $-1<\mu<1$。

在改进算法中，μ 的取值范围为(0, 1)，满足算法收敛条件的收敛域，所以 MACGSA 收敛。

6.2.4 仿真实验与结果分析

1. 测试函数

为了测试 MACGSA 的寻优性能，文献[6]设计了仿真实验。其思路是：以基本万有引力搜索算法(GSA)、蝙蝠算法(BA)[7-9]、一种改进的万有引力搜索算法(IGSA)[5]为比较对象，通过 11 个经典测试函数[10-11]进行性能测试，如表 6.1 所示。

表 6.1　11 个经典测试函数

函数	函数表达式	搜索空间	最小值，最小值处
f_1	$\sum_{i=1}^{n} x_i^2$	[−100, 100]	0，在(0, …, 0)处
f_2	$\sum_{i=1}^{n}\|x_i\|+\prod_{i=1}^{n}\|x_i\|$	[−100, 100]	0，在(0, …, 0)处
f_3	$\max\|x_i\|$	[−100, 100]	0，在(0, …, 0)处

续表

函数	函数表达式	搜索空间	最小值，最小值处
f_4	$20+e-20\exp\left(-0.2\sqrt{\frac{1}{n}\sum_{i=1}^{n}x_i^2}\right)-\exp\left(\frac{1}{n}\sum_{i=1}^{n}\cos(2\pi x_i)\right)$	[−32，32]	0，在(0，…，0)处
f_5	$\sum_{i=1}^{n}\lvert x_i\sin(x_i)+0.1x_i\rvert$	[−10，10]	0，在(0，…，0)处
f_6	$\left(x_2-\frac{5.1}{4\pi}x_1^2-6\right)^2+10\times\left(1-\frac{1}{8\pi}\right)\cos x_1+10$	[−10，10]	0.397 89，在(π，12.275)、(π，2.275)、(9.42478，2.475)处
f_7	$\sum_{i=1}^{n}\left(\sum_{j=1}^{i}x_j\right)^2$	[−100，100]	0，在(0，…，0)处
f_8	$\sum_{i=1}^{n}ix_i^4+\text{random}[0,1]$	[−1.28，1.28]	0，在(0，…，0)处
f_9	$1+\frac{1}{4000}\sum_{i=1}^{n}x_i^2-\prod_{i=1}^{n}\cos\left(\frac{x_i}{\sqrt{i}}\right)$	[−600，600]	0，在(0，…，0)处
f_{10}	$\sum_{i=1}^{n}x_i^2+\left(\sum_{i=1}^{n}\frac{i}{2}x_i\right)^2+\left(\sum_{i=1}^{n}\frac{i}{2}x_i\right)^4$	[−5.14，5.14]	0，在(0，…，0)处
f_{11}	$x^2+y^2+25(\sin^2 x+\sin^2 y)$	[−5.14，5.14]	0，在(0，0)处

表 6.1 中，f_1、f_2、f_3、f_7 和 f_8 为单峰函数，其中 f_2 的局部极值众多，且均环绕在全局最优解附近。f_4、f_5、f_9、f_{10} 和 f_{11} 为多峰函数，其中 f_4 和 f_9 有很多局部极值，且 f_9 极小值点数目与维度有关，是一种典型的非线性多模态函数，搜索空间极为广泛。这 11 个测试函数在测试算法的寻优性能方面都有一定的求解难度，作为目标函数较为合适。

2. 寻优精度

为了防止偶然性因素所产生的误差，保证评价的公平性与客观性，文献[6]对四种算法在相同环境下独立运行 30 次，维度分别为 10、30、50；由于函数 f_6 和 f_{11} 为低维函数，故其测试维度为 2；参数设置与基本万有引力搜索算法保持一致，即种群大小 $N=50$，算法迭代 1000 次，万有引力常数 $G_0=100$，MACGSA 中 λ 的值为 0.45，ω 的值为 10，权重的参数设置与 IGSA 中保持一致，最大权值为 0.9，最小权值为 0.6；蝙蝠算法中的声波响度为 0.25，脉冲发射速率大小为 0.5。文献[6]中的实验结论如下：

(1) 在相同维度下，MACGSA 的寻优精度明显高于 GSA、BA 和 IGSA。

(2) 在不同维度下，四种算法的求解精度均随着维度的增加而降低。对 GSA、BA 和 IGSA 而言，维度增加寻优精度降低的趋势很明显，而 MACGSA 受维度增加的影响不是很大，且其寻优精度均高于 GSA、BA 和 IGSA。

(3) 对多峰函数 f_9，GSA 和 IGSA 会随维度增加而陷入局部极值，MACGSA 则能寻找到全局最优解，这是多点自适应的位置更新所带来的效果；对函数 f_6，测试维度为 2，四种算法均能找到全局最优解；对函数 f_{11}，测试维度为 2，四种算法均未能得到全局最优解，但 MACGSA 的寻优精度明显高于其他三种算法。

(4) 不管是在 10 维、30 维和 50 维，还是在低维的测试函数上，MACGSA 均表现出了广泛的适应性，收敛精度明显提升。文献[6]中 MACGSA 对 11 种函数在不同维度下的仿真结果如表 6.2 所示。

表 6.2　MACGSA 对 11 种函数在不同维度下的仿真结果

函数	维数	最差解	最优解	平均值	标准差
f_1	10	2.404e-34	1.700e-38	3.047e-35	5.167e-35
	30	6.308e-33	1.005e-36	6.994e-34	1.444e-33
	50	2.110e-33	1.380e-36	2.669e-34	4.716e-34
f_2	10	2.823e-17	7.422e-19	8.343e-18	6.813e-18
	30	4.110e-17	9.309e-19	1.463e-17	1.146e-17
	50	4.382e-17	1.407e-18	1.437e-17	1.067e-17
f_3	10	2.616e-17	3.063e-19	8.188e-18	8.467e-18
	30	3.713e-17	6.451e-19	9.516e-18	7.938e-18
	50	8.739e-17	2.150e-18	2.363e-17	2.195e-17
f_4	10	8.882e-16	8.882e-16	8.882e-16	0
	30	8.882e-16	8.882e-16	8.882e-16	0
	50	8.882e-16	8.882e-16	8.882e-16	0
f_5	10	5.516e-18	1.024e-20	8.371e-19	1.036e-18
	30	1.221e-17	2.989e-19	2.225e-18	2.564e-18
	50	4.946e-18	1.306e-19	1.426e-18	1.173e-18
f_7	10	4.604e-33	1.026e-36	4.583e-34	8.544e-34
	30	1.632e-31	6.423e-36	1.919e-32	3.894e-32
	50	3.672e-31	2.889e-25	7.052e-32	9.426e-32
f_8	10	4.796e-04	9.228e-06	1.493e-04	1.221e-05
	30	3.289e-04	7.046e-07	1.033e-04	8.917e-05
	50	3.960e-04	1.072e-06	1.186e-04	1.088e-04
f_9	10	6.083e-13	2.220e-16	5.158e-14	1.092e-13
	30	0	0	0	0
	50	0	0	0	0
f_{10}	10	1.146e-31	6.191e-36	1.259e-32	2.390e-32
	30	1.911e-30	3.393e-33	6.419e-31	4.572e-31
	50	2.882e-30	2.077e-31	1.047e-30	5.500e-31
f_6	2	0.397 89	0.397 89	0.397 89	0
f_{11}	2	5.571e-31	1.280e-39	8.936e-32	1.409e-31

3. 收敛性能

收敛性是衡量算法性能的重要指标，根据文献[6]的收敛曲线(在 11 个函数中，f_6 和 f_{11} 的测试维度为 2，其余的测试维度为 30)，得到的分析数据如表 6.3 所示。

表 6.3　11 个经典测试函数的收敛情况

函数	算法	收敛情况	
		收敛次数	适应度值
f_1	BA	400	1.8e-5
	GSA	400	0
	IGSA	400	0
	MACGSA	**300**	0
f_2	BA	400	5e-2
	GSA	400	0
	IGSA	400	0
	MACGSA	**300**	0
f_3	BA	350	1
	GSA	220	0
	IGSA	300	15
	MACGSA	**480**	0
f_4	BA	800	1e-5
	GSA	800	0
	IGSA	800	0
	MACGSA	**600**	0
f_5	BA	480	1.8e-3
	GSA	580	0
	IGSA	550	4e-3
	MACGSA	**580**	0
f_6	BA	200	0.396
	GSA	220	0.396
	IGSA	250	0.396
	MACGSA	**150**	0.396
f_7	BA	10	400
	GSA	400	610
	IGSA	400	0
	MACGSA	**150**	0
f_8	BA	未收敛	
	GSA	220	5e-3
	IGSA	220	5e-3
	MACGSA	**150**	5e-3
f_9	BA	0	0
	GSA	200	4
	IGSA	300	27
	MACGSA	**580**	0
f_{10}	BA	500	0
	GSA	100	16
	IGSA	200	0
	MACGSA	**500**	0
f_{11}	BA	950	2.2e-9
	GSA	650	0
	IGSA	600	0
	MACGSA	**500**	0

表 6.3 表明，对函数 f_1、f_2、f_4、f_6、f_8 和 f_{11}，MACGSA 收敛最快，只有 f_6 和 f_8 的适应度值不为零，其余的全为零；对 f_3、f_5、f_7 和 f_9，MACGSA 收敛较慢，但适应度值均为零。

综上，整体而言，MACGSA 寻优精度更好，收敛速度也相对较快，因此展现了良好的优化性能。

6.3 自适应混合变异万有引力搜索算法

算法中的变异操作能够提高种群的多样性与开采能力，降低在进化过程中陷入局部极值的概率。文献[6]借助文献[12]与文献[13]分别将变异策略融入粒子群算法和蝙蝠算法的思想中，将变异策略融入万有引力搜索算法中。

由于在变异过程中，若变异概率过小，易使算法难以跳出局部极值；若变异概率太大，易导致算法发散[14]，于是找到符合算法的变异概率，可使种群变异个体数达到适中，从而提高算法的寻优性能。

文献[6]研究了一种具有自适应混合随机变异机制的万有引力搜索算法(mechanism of adaptive Mixed random mutation based Gravitational Search Algorithm, MGSA)。该算法可以根据迭代进化，动态调整种群中变异个体的数量，采用均匀变异和拉普拉斯-正态混合变异协同进行变异操作，从而使种群的寻优精度有了明显提升。

6.3.1 改进策略

1. 自适应变异触发函数

通过对万有引力搜索算法分析知，随着迭代次数增加，粒子移动步长不断减小，缺乏在后期跳出局部极值的机制，使得在一些问题的求解中收敛精度不高。因此，文献[6]用自适应变异触发函数对万有引力搜索算法进行改进，同时要求变异触发率随迭代次数的增加趋于减小，以便在算法初期以较高的变异概率提高种群多样性，使算法跳出局部极值，为后期的继续深度搜索提供基础；在算法后期减小变异概率，防止破坏优良个体，从而为得到更好的精度提供可能性。自适应变异触发函数定义为

$$\mathrm{TR}_i(k) = \mathrm{e}^{\left(-\frac{d}{2}\times\frac{k}{T_{\max}}\right)} \cdot \left(\mathrm{rand} \cdot \mathrm{e}^{\left(-\frac{i-1}{N}\right)} + \varepsilon\right) \tag{6.3.1}$$

式中，$\mathrm{TR}_i(k)$为第 k 代中第 i 个粒子的变异触发函数值，rand 为[0, 1]内均匀分布的随机数，N 为种群规模，ε 为取值在[0.25, 0.35]内的一个常数。触发函数的阈值为 0.5，即 $\mathrm{TR}_i(k)>0.5$ 时，对粒子进行变异。经仿真测试，ε 取 0.3 时，在算法初期有 60%左右的个体进行变异，算法的寻优效果更好。

2. 变异过程

在算法前期，满足变异条件的粒子数较多，且采用均匀变异[11]的方法以较大步长进行移动，以便靠近最优解区域；不满足变异条件的粒子按照原来步长向最优解区域移动。这样在算法前期，两种移动方式使粒子快速向最优解区域靠近，从而提高算法收敛速度和跳出局部极值的概率。采用均匀变异方法更新粒子位置的公式为

$$x_{id}(k+1) = (1+\mathrm{rand})x_{id}(k) \qquad \mathrm{rand} \leqslant \left(1-\frac{k}{T}\right) \tag{6.3.2}$$

式中，rand 为[0, 1]之间用于判断变异方式的随机数。

在算法后期，对满足变异条件的粒子个体进行正态变异与拉普拉斯变异相结合的混合

变异。拉普拉斯分布具有“尖峰厚尾”的函数特性，尖峰使拉普拉斯分布在期望附近较小区域内的面积相对于正态分布更多，但厚尾使拉普拉斯分布在期望值的左右3倍标准差范围内的面积小于正态分布。混合变异使产生的随机数更集中在期望值为中心的局部区域，从而使粒子在当前最优解附近进行较小幅度变异，在保持适当变异能力以跳出后期局部极值的同时，也有利于算法后期的深度挖掘，进而得到更好寻优精度。

根据正态分布的概率密度函数，构造的正态变异函数为

$$f_{\mathrm{Normal}_i}(k)=\frac{1}{\sqrt{2\pi}\sigma}\mathrm{e}^{\left(-\frac{(\boldsymbol{x}_{\mathrm{best}}-\boldsymbol{x}_i(k))^2}{2\sigma^2}\right)} \tag{6.3.3}$$

式中，$\boldsymbol{x}_{\mathrm{best}}$为当前全局最优解，$\sigma$为正态分布的标准差。

根据拉普拉斯分布的概率密度函数，构造的拉普拉斯变异函数为

$$f_{\mathrm{Laplace}_i}(k)=\frac{1}{2\lambda}\mathrm{e}^{\left(-\frac{|\boldsymbol{x}_{\mathrm{best}}-\boldsymbol{x}_i(k)|}{\lambda}\right)} \tag{6.3.4}$$

式中，$2\lambda^2$ 为拉普拉斯分布的方差。拉普拉斯-正态混合变异函数为

$$f_{\mathrm{MLN}_i}(k)=(1-\beta)f_{\mathrm{Laplace}_i}(k)+\beta f_{\mathrm{Normal}_i}(k) \tag{6.3.5}$$

式中，β为混合权重参数。经实验仿真测试，β取0.3时效果最佳。

在算法后期，$\boldsymbol{x}_{\mathrm{best}}$的质量较大，对其他粒子产生的引力也越大，若$\boldsymbol{x}_{\mathrm{best}}$为局部极值，则易使算法早熟。此时通过混合变异进行扰动，可使粒子不受$\boldsymbol{x}_{\mathrm{best}}$的束缚，搜索到全局最优区域。采用混合变异进行移动的位置更新公式为

$$x_{id}(k+1)=f_{\mathrm{MLN}_i}(k)x_{id}(k) \tag{6.3.6}$$

均匀变异与混合变异相互配合，不仅提高粒子向最优解区域移动、跳出局部极值的能力，还使算法的求解精度得到相应的提升，寻优性能也有良好的表现。

6.3.2 MGSA的流程

MGSA的流程如下：

步骤1：初始化种群，随机产生粒子的位置向量$\boldsymbol{X}_i=\{x_{i1}, x_{i2}, \cdots, x_{id}, \cdots, x_{iD}\}$，初速度为零。

步骤2：对种群进行边界化处理，并根据目标函数$\boldsymbol{J}(\boldsymbol{X}_i)$和式(6.1.13)、式(6.1.15)求出当前全局最优解，记录最优值粒子的位置为$\boldsymbol{x}_{\mathrm{best}}$。

步骤3：根据变异触发函数(式(6.3.1))，判断粒子是否满足变异条件。若满足变异条件，则根据式(6.3.2)和式(6.3.6)进行均匀变异或拉普拉斯-正态混合变异操作，否则不进行变异。

步骤4：对于更新后的种群，根据目标函数、式(6.1.13)～式(6.1.16)计算当前代的最优适应度值best(k)、最差适应度值worst(k)，并由此求出和更新当前全局最优解的位置。

步骤5：根据步骤4中得到的最优适应度值best(k)、最差适应度值worst(k)及式(6.1.12)，求出粒子质量并更新引力常数。

步骤6：根据式(6.1.6)计算周围粒子对个体的引力。

步骤7：由式(6.1.7)计算粒子加速度，并由式(6.1.8)得出粒子速度。

步骤8：根据式(6.1.9)更新粒子的位置。

步骤9：返回步骤2循环迭代，直至达到循环次数或要求的精度。

步骤 10：结束循环，输出结果。

6.3.3 MGSA 的收敛性

为化简计算，假设rand_i与 rand 的值为 0.5，混合变异函数看作常系数 μ，于是速度公式化为

$$v(k+1)=\frac{1}{2}v(k)+a(k) \tag{6.3.7}$$

MGSA 的位置更新公式有 3 种形式：未变异个体的位置更新公式、均匀变异个体的位置更新公式和混合变异个体的位置更新公式，分别如式(6.1.8)和下两式所示：

$$x(k+1)=1.5x(k)+v(k+1) \tag{6.3.8}$$

$$x(k+1)=\mu x(k)+v(k+1) \tag{6.3.9}$$

情况一：未变异，由式(6.1.8)和式(6.1.9)，得

$$x(k+2)-\frac{3}{2}x(k+1)+\frac{1}{2}x(k)=a(k+1) \tag{6.3.10}$$

这是一个二阶常系数非齐次差分方程，特征方程为 $\lambda^2-\frac{3}{2}\lambda+\frac{1}{2}=0$。$\Delta=\frac{1}{4}>0$，$\lambda_{1,2}=\frac{\frac{3}{2}\pm\sqrt{\Delta}}{2}$，所以 $\lambda_1=1$，$\lambda_2=\frac{1}{2}$。此时，$x(k)=A_0+A_1\lambda_1(k)+A_2\lambda_2(k)$，$A_0$、$A_1$ 和 A_2 为待定系数，$\lim\limits_{k\to\infty}x(k)=A_0+A_2$，粒子轨迹收敛。

情况二：均匀变异，由式(6.1.8)和式(6.3.8)，得

$$x(k+2)-2x(k+1)+\frac{3}{4}x(k)=a(k+1) \tag{6.3.11}$$

其特征方程为 $\lambda^2-2\lambda+\frac{3}{4}=0$。$\Delta=1>0$，$\lambda_{1,2}=\frac{2\pm\sqrt{\Delta}}{2}$，所以 $\lambda_1=\frac{3}{2}$，$\lambda_2=\frac{1}{2}$。同理可得，粒子轨迹收敛。

情况三：混合变异，由式(6.1.8)和式(6.3.9)，得

$$x(k+2)-\left(\mu+\frac{1}{2}\right)x(k+1)+\frac{1}{2}\mu x(k)=a(k+1) \tag{6.3.12}$$

其特征方程为 $\lambda^2-\left(\mu+\frac{1}{2}\right)\lambda+\frac{1}{2}\mu=0$。$\Delta=\left(\mu+\frac{1}{2}\right)^2-2\mu$，即 $\Delta=\left(\mu+\frac{1}{2}\right)^2\geqslant 0$，此时需要考虑两种情况：

(1) 当 $\Delta=0$ 时，$\lambda_1=\lambda_2=\frac{\mu}{2}+\frac{1}{4}=\frac{1}{2}$，此时 $x(k)=(A_0+A_1k)\lambda(k)$，$A_0$、$A_1$ 为待定系数。

(2) 当 $\Delta>0$ 时，$\lambda_{1,2}=\frac{\left(\mu+\frac{1}{2}\right)\pm\sqrt{\Delta}}{2}$，此时 $x(k)=A_0+A_1\lambda_1(k)+A_2\lambda_2(k)$，$A_0$、$A_1$ 和 A_2 为待定系数。

若 $k\to\infty$ 时，$x(k)$有极限且为常数，则迭代收敛。分析上述两种情况，$x(k)$收敛的条件为 $\|\lambda_1\|<1$ 且 $\|\lambda_2\|<1$。

经计算，得

当 $\Delta=0$ 时，收敛域为 $\mu=\frac{1}{2}$；

当 $\Delta>0$ 时，收敛域为 $-1<\mu<1$ 且 $\mu\neq\frac{1}{2}$ 。

综上所述，迭代收敛的条件为 $-1<\mu<1$。

在混合变异中，μ 的取值满足 $-1<\mu<1$，所以混合变异时算法收敛。

在算法整个迭代过程中，若粒子符合变异条件，由式(6.3.2)及式(6.3.6)知，均匀变异只存在于算法前期，后期则是混合变异，所以粒子变异时算法也是收敛的。由此可知，改进后的算法收敛。

6.3.4 仿真实验与结果分析

1. 测试函数

为了测试 MGSA 的寻优性能，文献[6]设计了仿真实验。其思路是：以基本万有引力搜索算法(GSA)、蝙蝠算法(BA)[7-9]、一种改进的万有引力搜索算法(IGSA)[5]为比较对象，通过 8 个经典测试函数[15-16]进行性能测试，如表 6.4 所示。

表 6.4 寻优测试函数

函数	函数表达式	搜索空间	最小值，最小值处
f_1	$\sum_{i=1}^{n} x_i^2$	[−100, 100]	0，在(0，…，0)处
f_2	$\sum_{i=1}^{n}\left(\sum_{j=1}^{i} x_j\right)^2$	[−100, 100]	0，在(0，…，0)处
f_3	$\sum_{i=1}^{n}(x_i^2-10\cos 2\pi x_i+10)$	[−10, 10]	0，在(0，…，0)处
f_4	$\sum_{i=1}^{n} x_i^2+\left(\sum_{i=1}^{n}\frac{i}{2}x_i\right)^2+\left(\sum_{i=1}^{n}\frac{i}{2}x_i\right)^4$	[−5.14, 5.14]	0，在(0，…，0)处
f_5	$\sum_{i=1}^{n}\lvert x_i\sin(x_i)+0.1x_i\rvert$	[−10, 10]	0，在(0，…，0)处
f_6	$-\cos\left(2\pi\sqrt{\sum_{i=1}^{n}x_i^2}\right)+0.1\times\sqrt{\sum_{i=1}^{n}x_i^2}+1$	[−100, 100]	0，在(0，…，0)处
f_7	$0.5+\frac{\left(\sin\sqrt{x_1^2+x_2^2}\right)^2-0.5}{(1+0.001(x_1^2+x_2^2))^2}$	[−10, 10]	0，在(0，0)处
f_8	$x^2+y^2+25(\sin^2 x+\sin^2 y)$	[−6.28, 6.28]	0，在(0，0)处

表 6.4 中，f_1 和 f_2 为单峰函数，单峰函数可用于检测算法的执行效率与收敛速度；f_3、f_4、f_5、f_6、f_7 和 f_8 为多峰函数。其中，f_3 为多模态函数，具有非线性的特点，全局最优解难以求得；f_7 是二维复杂函数，有无数个极小值点，且具有振荡性，在求解全局最优解时难度进一步提升。

2. 寻优精度分析

为防止偶然性因素所产生的误差，保证评价的公正性与客观性，4 种算法在相同环境下独立运行 30 次，维度分别为 10、30、50，由于函数 f_7 和 f_8 为二维函数，故测试维度为

2。参数设置均与基本万有引力搜索算法保持一致，即种群规模 $N=50$，算法迭代 1000 次，引力常数 G_0 为 100。对于蝙蝠算法，声波响度为 0.25，脉冲发射速率为 0.5。在 IGSA 中，惯性权重的最小权值为 0.6，最大权值为 0.9。文献[6]中的实验结论如下：

（1）在相同维度下，MGSA 的寻优效果明显高于 BA、GSA 及 IGSA。

（2）在不相同维度下，对函数 f_1、f_2、f_6 和 f_7，MGSA 均得到全局最优解，而其他 3 种只有 IGSA 在 f_7 中能找到全局最优值，可见，MGSA 在这 4 个函数上的寻优效果已达到最优。对函数 f_3，MGSA 在 30 维和 50 维上，均能达到全局最优，但在 10 维上，有达不到最优解的概率，这是由于粒子个体较少所造成的，而其他 3 种算法在各个维度上均不能达到全局最优。对于函数 f_5，MGSA 在 10 维的寻优精度并没有得到改善，但随着维度提升，精度不断提高。对于多维函数，BA、GSA 和 IGSA 随维度升高，寻优精度不断下降，甚至陷入局部极值。但 MGSA 却预防了此现象，这是由于自适应变异机制使粒子进行变异所带来的结果。对于函数 f_8，4 种算法均未能找到全局最优解，但 MGSA 的求解精度明显高于其他 3 种算法。文献[6]中 MGSA 对 8 个函数在不同维度下的仿真结果如表 6.5 所示。

表 6.5　MGSA 对 8 个函数的仿真结果

函数	维数	最差解	最优解	平均值	标准差
f_1	10	0	0	0	0
	30	0	0	0	0
	50	0	0	0	0
f_2	10	0	0	0	0
	30	0	0	0	0
	50	0	0	0	0
f_3	10	0	0	0	0
	30	0	0	0	0
	50	0	0	0	0
f_4	10	0	0	0	0
	30	0	0	0	0
	50	0	0	0	0
f_5	10	5.408e-10	2.175e-10	3.908e-10	7.854e-11
	30	1.944e-13	2.153e-26	2.296e-14	4.626e-14
	50	1.262e-19	2.149e-41	8.466e-21	2.317e-20
f_6	10	0	0	0	0
	30	0	0	0	0
	50	0	0	0	0
f_7	2	0	0	0	0
f_8	2	1.244e-29	5.716e-34	1.333e-30	2.518e-30

3. 收敛性能分析

根据文献[6]的收敛曲线(在 8 个函数中，f_7 和 f_8 的测试维度为 2，其余的测试维度为 30)，8 个函数的收敛情况如表 6.6 所示。

表 6.6　8 个经典测试函数的收敛情况

函数	算法	收敛情况		函数	算法	收敛情况	
		收敛次数	目标函数值			收敛次数	目标函数值
f_1	BA	625	1.5e-5	f_5	BA	未收敛	2.2e-3
	GSA	450	0		GSA	550	0
	IGSA	450	0		IGSA	550	0
	MACGSA	接近 0	0		MACGSA	接近 0	0
f_2	BA	350	0	f_6	BA	100	4e-1
	GSA	350	4e+2		GSA	接近 0	8e-1
	IGSA	400	1.1e+3		IGSA	150	4e-1
	MACGSA	接近 0	0		MACGSA	接近 0	0
f_3	BA	200	0	f_7	BA	接近 0	3.7e-2
	GSA	200	2.1e+1		GSA	70	3e-3
	IGSA	200	1.5e+1		IGSA	200	0
	MACGSA	接近 0	0		MACGSA	接近 0	0
f_4	BA	100	0	f_8	BA	600	8.2e-9
	GSA	350	1.3e+1		GSA	300	0
	IGSA	350	0		IGSA	620	0
	MACGSA	接近 0	0		MACGSA	50	0

表 6.6 表明，MGSA 在 8 个函数测度中，目标函数收敛速度均最快，接近 0，而且文献[6]还表明收敛过程接近垂直下降，出现阶梯状态的次数几乎没有。因此，MGSA 在跳出局部极值方面具有明显的优势，这是由于前期的均匀变异给粒子跳出局部极值提供了条件。目标函数值均最小，也接近 0。

综上，整体而言，MGSA 寻优精度更好，收敛速度也相对较快，因此展现了良好的优化性能。

6.4　案例 8——基于万有引力搜索算法的无人航行设备航路规划方法

在现代化战场上，军事装备已逐渐向无人化和远程化转型，无人航行设备(如无人机[28-29]、无人潜航器[30]等)在执行侦查、反潜战等任务中具有突出优势，在未来战争中它们的作用不可小觑。

无人机和无人潜航器均属于无人航行设备，它们的航路规划就是在初始点到目标点之间寻找一条最优航路(在满足特定约束下)，该航路具有最小威胁代价。然而，实际情形复杂多样，依靠传统方法在如此大规模搜索空间中寻找合适的航路十分困难。于是研究人员开始从启发式算法上寻找突破口，成功将群体智能算法应用于解决无人机航路规划问题中。文献[31]提出的基于差分进化算法和变异算子的蝙蝠算法应用于无人机航路规划中，收敛速度快；文献[32]将蚁群算法运用于求解无人机航路规划中，取得了较为满意的结果；文献[33]用混沌理论指导人工蜂群算法的搜索过程，并用于求解无人机航路规划问题；文献[34]在求解无人机航路规划时用到自适应策略的混沌粒子群算法；文献[35]将多维进化策略的花朵授粉算法应用于无人潜航器航路规划问题中，用逐维进化策略消除了各个维度间解的冲突；文献[36]将模拟退火鸽群算法用于解决无人潜水器航路规划问题。

无人航行设备航路规划的目标是减小设备被侦查到的概率、有效躲避障碍区和威胁区中的不利因素，进一步提升生存概率及操作效率，因此无人航行设备航路规划一定要考虑任务要求、威胁区域的分布情况以及燃料限制和其他一些约束，根据战场的变化，及时调整航路，计算出一条全局最优或者次优的路线。为了简化计算，不考虑无人航行设备在执行任务时的水平高度与速度，假设防御区域地势平坦，因此可以将实际的航路规划问题看成一个二维航路规划问题[37]。

下面介绍文献[6]中的思想与方法。

6.4.1 二维航路规划数学模型

一条良好的航路，不仅需要所走的航路最短，还要尽量避开威胁区域，从而降低无人航行设备的燃料成本与威胁成本。在航路规划问题中，需要将位置信息转换为多维的函数优化模型，转换过程如图 6.3 所示。

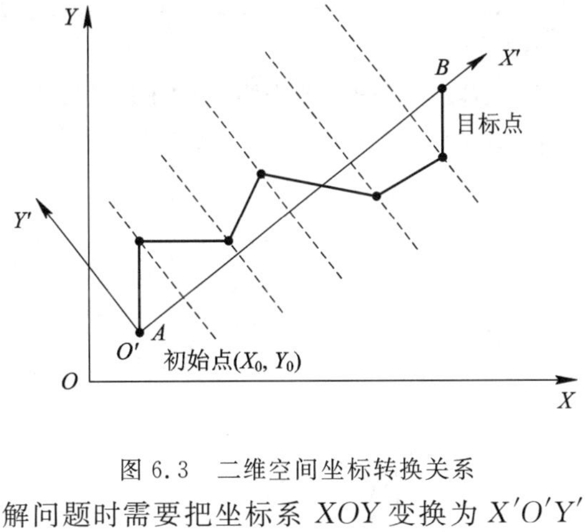

图 6.3　二维空间坐标转换关系

图 6.3 表明，在求解问题时需要把坐标系 XOY 变换为 $X'O'Y'$。以初始点为新坐标系原点，新坐标系水平坐标轴的正方向为初始点到目标点的方向。其中，坐标转换公式为

$$\theta = \arcsin \frac{y_2 - y_1}{|\overrightarrow{AB}|} \tag{6.4.1}$$

$$\begin{pmatrix} x \\ y \end{pmatrix} = \begin{pmatrix} \cos\theta & \sin\theta \\ -\sin\theta & \cos\theta \end{pmatrix} \begin{pmatrix} x' \\ y' \end{pmatrix} + \begin{bmatrix} x_1 \\ y_1 \end{bmatrix} \tag{6.4.2}$$

式中，θ 为坐标系的旋转角度，$\overrightarrow{AB}$表示在 XOY 中初始点 A 到目标点 B 的向量，(x, y)为

XOY 中点的坐标，(x', y') 为 $X'O'Y'$ 中点的坐标。

在图 6.3 中，用一组垂直于坐标系 $X'O'Y'$ 中 X' 轴的直线将 AB 分成等距的 S 段，得到的 S 个与水平坐标轴的交点作为无人航行中的横坐标。然后，在每条直线上随机选取一点，作为无人航行中的纵坐标。由此得到一组点，这组点形成的路径就是规划出的一条航路。每个离散点的横坐标为

$$x'(k) = \frac{|\overrightarrow{AB}|}{S+1} \times k \tag{6.4.3}$$

式中，$x'(k)$ 表示第 k 个点的横坐标。

6.4.2 航路评价

无人航行设备航路规划的评价主要依赖两个性能指标：安全性能指标和燃油性能指标[39]。安全性能指标要求在航路中因设备所受威胁而引起的代价最小，燃油性能指标要求在航路中所消耗燃料最少。航路评价公式为

$$J = \alpha J_{\mathrm{t}} + (1-\kappa) J_{\mathrm{f}} \tag{6.4.4}$$

式中：J_{t} 为威胁成本；J_{f} 为燃料成本；κ 是用于平衡威胁成本与燃料成本的系数，为 0 到 1 之间的一个变量。如果 κ 值较大，则航路对安全性能的要求较高；如果选择一个较小的 κ 值，则在航路规划中燃料成本较高，为了减少成本并降低能耗，选择更短的航路。

威胁成本 J_{t} 和燃料成本 J_{f} 的计算公式为

$$J_{\mathrm{t}} = \int_0^L c_{\mathrm{t}} \mathrm{d}l \tag{6.4.5}$$

$$J_{\mathrm{f}} = \int_0^L c_{\mathrm{f}} \mathrm{d}l \tag{6.4.6}$$

式中，c_{t} 为航行过程中每个点的威胁成本，c_{f} 为航行过程中每个点的燃料成本，L 为总航程。

为化简评价过程，将每一小段路径分成 5 个更小的子段，该小段路径的威胁成本由这 5 个更小子段的威胁成本决定，并假设子段的威胁成本均集中在该子段末端。评价模型如图 6.4 所示。

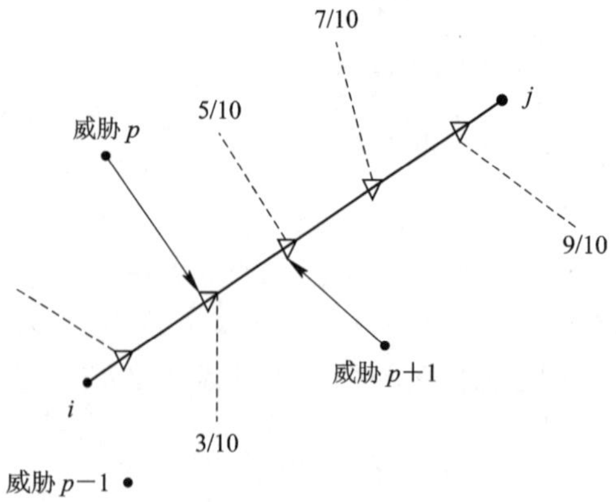

图 6.4 威胁成本计算模型

如果某小段末端与威胁点的距离大于或等于该威胁点的威胁半径，则该小段不存在威胁成本；否则，该小段存在威胁成本，计算公式为

$$c_{t,L_i} = \frac{L_i^2}{5} \times \sum_{k=1}^{N_t} l_k \left(\frac{1}{d_{0.1,i,k}^4} + \frac{1}{d_{0.3,i,k}^4} + \frac{1}{d_{0.5,i,k}^4} + \frac{1}{d_{0.7,i,k}^4} + \frac{1}{d_{0.9,i,k}^4} \right) \tag{6.4.7}$$

式中，N_t 为存在威胁成本威胁区域的个数，L_i 是第 i 小段路径长度，l_k 是第 k 个威胁区域的威胁等级 9，$d_{0.1,i,k}$、$d_{0.3,i,k}$、$d_{0.5,i,k}$、$d_{0.7,i,k}$、$d_{0.9,i,k}$ 分别为第 i 个子段上 1/10、3/10、5/10、7/10、9/10 的点与第 k 个威胁中心的距离。

在无人航行中，燃料成本与所走路程成正比关系。为了更好地计算，这里使燃料成本与路径长度的比值为 1。

6.4.3 MGSA 求解无人航行设备航路规划问题的流程

步骤 1：根据地理环境进行建模，初始化地形信息和威胁信息，包括初始点坐标、目标点坐标、威胁中心坐标、威胁半径和威胁级别。

步骤 2：初始化 MGSA 算法参数，如解空间维度 D，种群规模 N，最大迭代次数 T_{max}。

步骤 3：根据式(6.4.1)、式(6.4.2)对坐标系进行相应的变换。建立新坐标系，将初始点到目标点均等划分为 S 份，每一份的纵坐标值作为粒子每一维的位置，则种群中第 i 个粒子的位置为$\{x_{i1}, x_{i2}, \cdots, x_{iS}\}$。

步骤 4：根据式(6.4.4)计算每个粒子的代价函数值，根据式(6.1.13)～式(6.1.16)计算当前代的最优适应度值 best(k)、最差适应度值 worst(k)。

步骤 5：由步骤 4 中得到的最优适应度值 best(k)、最差适应度值 worst(k)及式(6.1.12)，求粒子的惯性质量，并更新引力常数。

步骤 6：根据式(6.1.6)计算周围粒子对个体的引力。

步骤 7：由式(6.1.7)求粒子加速度，并由式(6.1.8)计算粒子速度。

步骤 8：根据式(6.1.9)更新粒子的位置。

步骤 9：返回步骤 4 循环操作，直至达到循环次数或规定的精度。

步骤 10：结束循环，输出结果。

6.4.4 仿真实验与结果分析

1. 参数设置

无人航行设备的初始点位置为(10, 10)，目标点位置为(55, 100)。系数 κ 取值为 0.5，假设存在若干威胁点，每个威胁点都有自己的威胁半径和威胁等级。将 MGSA 算法与其他算法进行对比分析，威胁信息如表 6.7 所示[6]。

表 6.7　威胁信息参数

序号	位置	半径	等级
1	(45, 50)	10	2
2	(12, 40)	10	10
3	(32, 68)	8	2
4	(36, 26)	12	2
5	(55, 80)	9	3

算法参数设置均与基本万有引力搜索算法保持一致，即种群规模 $N=50$；最大迭代次数为 200；引力常数 G_0 为 100；α 的值为 20；惯性权重的最小权值为 0.6，最大权值为 0.9。

2. 结果分析

为了更加公平、准确地比较三种算法的性能，将三种算法在相同环境下独立运行 30 次，分别求出最小值、最大值、平均值以及方差(用方差表示结果的稳定程度，以最小值代表寻径的最佳结果)。三种算法在不同维度下的寻优精度如表 6.8 所示[6]。

表 6.8　三种算法不同维度下的寻优性能对比分析

维度(D)	算法	最小值	最大值	平均值	方差
30	GSA	50.374 301 952 480 6	50.623 985 457 737 4	50.456 526 599 131 1	0.004 108 893
	GSAGJ	50.387 969 248 944 2	50.846 773 286 813 7	50.584 431 953 224 7	0.017 148 773
	MGSA	**50.362 428 616 232 9**	**50.439 805 413 758 3**	**50.367 264 666 078 2**	**0.000 199 572**
35	GSA	50.362 414 041 769 4	50.717 950 623 776 0	50.456 401 880 446 6	0.004 574 430
	GSAGJ	50.488 585 621 904 9	51.210 610 340 922 5	50.695 654 449 244 3	0.027 040 956
	MGSA	**50.336 926 053 420 4**	**50.432 856 977 940 2**	**50.345 026 089 142 3**	**0.000 443 060**
40	GSA	50.397 563 977 111 2	50.793 086 196 408 4	50.541 201 619 710 6	0.009 088 591
	GSAGJ	50.476 674 243 598 4	51.436 851 202 709 0	50.845 371 641 434 4	0.085 419 306
	MGSA	**50.333 039 175 177 6**	**50.454 154 804 272 9**	**50.352 453 720 919 9**	**0.001 122 867**
45	GSA	50.379 253 224 320 7	50.694 940 309 579 1	50.500 707 776 773 7	0.007 054 587
	GASGJ	50.626 491 314 023 5	51.749 568 121 316 1	51.027 361 176 517 5	0.094 520 144
	MGSA	**50.325 062 718 278 8**	**50.750 127 783 598 5**	**50.428 428 022 820 4**	**0.015 364 586**

表 6.8 表明，MGSA 寻得最短航路均是最小的。随着维度的增高，GSA 与 GSAGJ[38] 的最短航路并无变化趋势，但 MGSA 的最短航路逐渐减小。由此可见，在一定维度范围内，随着维度的增加，MGSA 的寻径效果越好。但在低维度下，MGSA 的寻径结果较稳定，随着维度的增高，结果偏差逐渐变大。

三种算法在不同维度下的收敛曲线如图 6.5 和图 6.6 所示[6]。

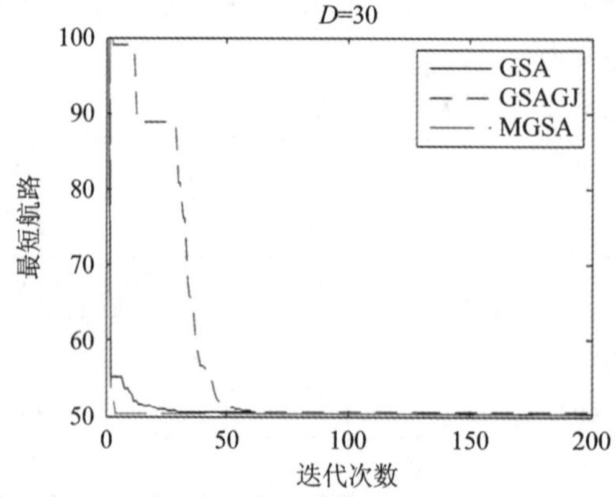

图 6.5　三种算法在 30 维下收敛曲线

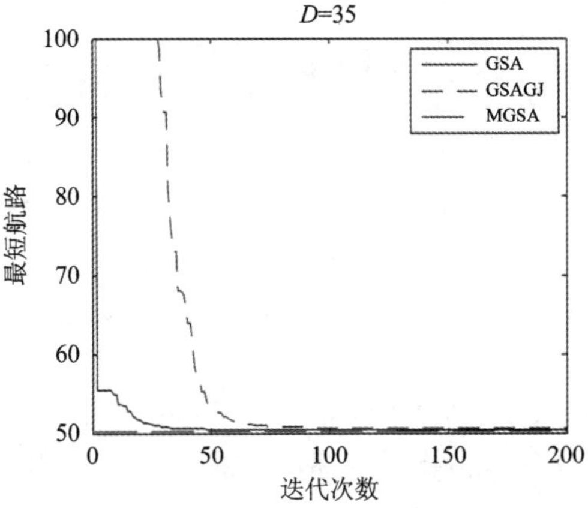

图 6.6　三种算法在 35 维下收敛曲线

图 6.5～图 6.8 表明，在 30 维、35 维、40 维、45 维下，MGSA 均在 10 代以内达到收敛，而 GSA 在 25～50 代之间才开始收敛，GSAGJ 在 50 代以后才收敛。因此，MGSA 的收敛性能更佳。

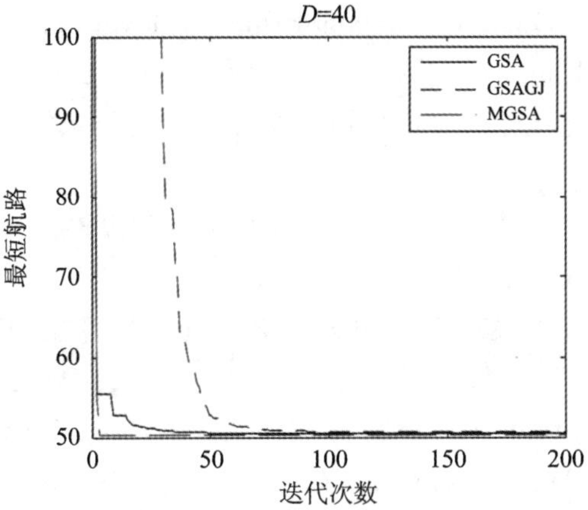

图 6.7　三种算法在 40 维下收敛曲线

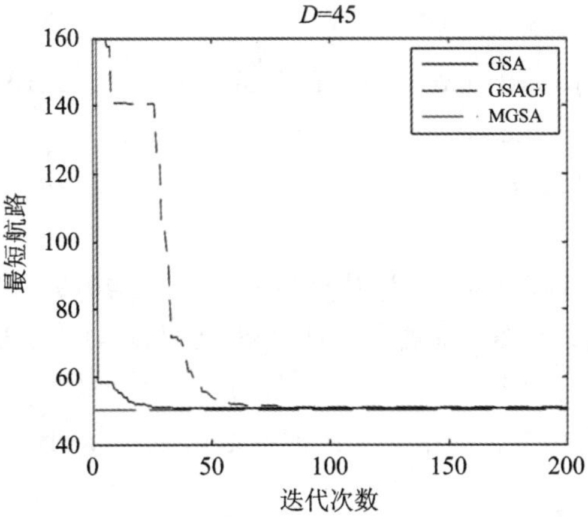

图 6.8　三种算法在 45 维下收敛曲线

参考文献 6

[1] RASHEDI E, NEZAMABADI-POUR H, SARYAZDI S. BGSA: binary gravitational search algorithm[J]. Natural Computing, 2010, 9(3):727-745.

[2] LI X, YIN M, MA Z. Hybrid differential evolution and gravitation search algorithm for unconstrained optimization[J]. International Journal of Physical Sciences, 2011, 6(25):5961-5981.

[3] SHEIKHPOUR S, SABOURI M, ZAHIRI S H. A hybrid Gravitational search algorithm: Genetic algorithm for neural network training[C]//2013 21st Iranian Conference on Electrical Engineering(ICEE), Mashhad, IEEE, 2013: 1-5.

[4] 徐遥，王士同. 引力搜索算法的改进[J]. 计算机工程与应用，2011，47(35):188-192.

[5] 李沛，段海滨. 基于改进万有引力搜索算法的无人机航路规划[J]. 中国科学:技术科学，2012，42(10):1130-1136.

[6] 邢宇浩. 万有引力搜索算法的改进与应用[D]. 郑州：河南大学，2018.

[7] YANG X S, HOSSEIN GANDOMI A. Bat algorithm: a novel approach for global engineering optimization[J]. Engineering Computations, 2012, 29(5):464-483.

[8] 郭业才，吴华鹏. 双蝙蝠群智能优化的多模盲均衡算法[J]. 智能系统学报，2015，10(5): 755-761.

[9] 郭业才，吴华鹏，王惠，等. 基于DNA遗传蝙蝠算法的分数间隔多模盲均衡算法[J]. 兵工学报，2015，36(8):1502-1507.

[10] 李国成，肖庆宪. 求解期末亏损最小对冲问题的交叉熵蝙蝠算法[J]. 系统工程，2014，32(11):11-18.

[11] MIRJALILI S, LEWIS A. Adaptive gbest-guided gravitational search algorithm [J]. Neural Computing and Applications, 2014, 25(7/8):1569-1584.

[12] 鲁姝颖. 粒子群优化算法的几种改进算法及应用[D]. 徐州：中国矿业大学，2014.

[13] 李煜，裴宇航，刘景森. 融合均匀变异与高斯变异的蝙蝠优化算法[J]. 控制与决策，2017，32(10). 1775-1781.

[14] QI X, PALMIERI F. Theoretical analysis of evolutionary algorithms with an infinite population size in continuous space. Part II: Analysis of the diversification role of crossover [J]. IEEE Transactions on Neural Networks, 1994, 5(1): 120-129.

[15] 李煜，马良. 新型全局优化蝙蝠算法[J]. 计算机科学，2013，40(9):225-229.

[16] 夏学文，刘经南，高柯夫，等. 具备反向学习和局部学习能力的粒子群算法[J]. 计算机学报，2015，38(7):1397-1407.

[17] 牛萍，黄德根. TF-ID与规则相结合的中文关键词抽取研究[J]. 小型微型计算机系统，2016，37(4):711-715.

[18] 林满山，韩雪娇，宋威. 基于多线程多重因子加权的关键词提取算法[J]. 计算机工

程与设计，2013，34(7):2398-2402.

[19] 刘通. 基于复杂网络的文本关键词提取算法研究[J]. 计算机应用研究，2016，33(2):365-369.

[20] 李军锋，吕学强，周绍钧. 带权复杂图模型的专利关键词标引研究[J]. 现代图书情报技术，2015，31(3):26-32.

[21] WANG R, LIU W, MCDONALD C. Corpus-independent generic keyphrase extraction using word embedding vectors [C]//Software engineering research conference, Hong Kong, China. 2014(39): 1-8.

[22] GIAMBLANCO N, SIDDAVAATAM . Keywords and keyphrase extraction using Newton's law of universal gravitation[C]//2017 IEEE 30th Canadian Conference on Electrical and Computer Engineering (CCECE), Canada. IEEE, 2017: 1-4.

[23] 李欢，吕学强，李宝安. 基于万有引力模型的关键词自动抽取方法[J]. 计算机工程与设计，2019，40(4):1091-1098.

[24] HALLIDAY M A K, HASAN R. Cohesion in english [M]. London: Routledge, 2014.

[25] LE Q, MIKOLOV T. Distributed representations of sentences and documents [C]//International conference on machine learning, PMLR, Beijing, China, Google. 2014: 1188-1196.

[26] 战学刚，吴强. 基于 TF 统计和语法分析的关键词提取算法[J]. 计算机应用与软件，2014，31(01):47-49.

[27] HAQUE R, PENKALE S, WAY A. TermFinder: log-likelihood comparison and phrase-based statistical machine translation models for bilingual terminology extraction[J]. Language Resources and Evaluation, 2018, 52(2): 365-400.

[28] 田伟. 无人作战飞机航路规划研究[D]. 西安：西北工业大学，2007.

[29] 段海滨，邵山，苏丙未，等. 基于仿生智能的无人作战飞机控制技术发展新思路[J]. 中国科学:技术科学，2010，40(08):853-860.

[30] WANG G, GUO L, DUAN H, et al. A bat algorithm with mutation for UCAV path planning[J]. The Scientific World Journal, 2012, 2012(1): 418946.

[31] MOU C, QING-XIAN W, CHANG-SHENG J. A modified ant optimization algorithm for path planning of UCAV[J]. Applied Soft Computing, 2008, 8(4): 1712-1718.

[32] XU C, DUAN H, LIU F. Chaotic artificial bee colony approach to Uninhabited Combat Air Vehicle (UCAV) path planning[J]. Aerospace science and technology, 2010, 14(8): 535-541.

[33] ZHANG Y, WU L, WANG S. UCAV path planning by fitness: scaling adaptive chaotic particle swarm optimization[J]. Mathematical Problems in Engineering, 2013, 2013(1): 705238.

[34] 王睿. 植物花授粉算法及应用研究[D]. 南宁:广西民族大学，2016.

[35] 郭瑞. 鸽群优化算法及其应用研究[D]. 南宁:广西民族大学，2017.

[36] 夏学文，刘经南，高柯夫，等. 具备反向学习和局部学习能力的粒子群算法[J]. 计算机学报，2015，38(07)：1397-1407.

[37] WANG Z, XIE H, HE D, et al. Wireless sensor network deployment optimization based on two flower pollination algorithms [J]. IEEE Access, 2019 (7): 180590-180608.

[38] 徐遥，王士同. 引力搜索算法的改进[J]. 计算机工程与应用，2011，47(35)：188-192.

第7章 神经网络

【内容导读】 从生物神经元与人工神经元间的关系出发，讨论了神经网络的结构、原理与训练过程，分析了神经网络反向传播(BP)算法及优化算法。以基于PCA-BP网络的数字仪器识别为案例，再次阐明如何用神经网络解决实际问题。

神经网络是一门重要的机器学习技术，是深度学习的基础。

7.1 神经网络的结构

神经网络是一种模拟人脑的网络以期能够实现类人工智能的机器学习技术。人脑中的神经网络是一个非常复杂的组织。成人大脑中约有1000亿个神经元。人脑示意图如图7.1所示。

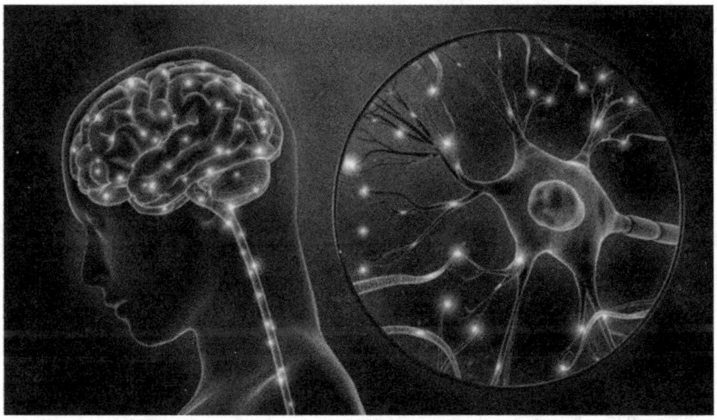

图7.1 人脑示意图[1]

机器学习中的神经网络是如何实现这种模拟，并达到一个惊人的良好效果的？

经典的人工神经网络(为表述方便，也直接称为神经网络)是一个包含输入层、中间层(也叫隐藏层)、输出层的网络，如图7.2所示。

图7.2中，输入层有3个单元，隐藏层有4个单元，输出层有2个单元。设计一个神经网络时，输入层与输出层的节点数往往是固定的，中间层可以自由指定；神经网络结构图中的拓扑与箭头代表着预测过程中数据的流向，与训练时的数据流有一定的区别；结构图中的关键不是圆圈(代表“神经元”)，而是连接线(代表“神经元”之间的连接)。每个连接线对应一个不同的权重(其值称为权值)，这是需要训练的。

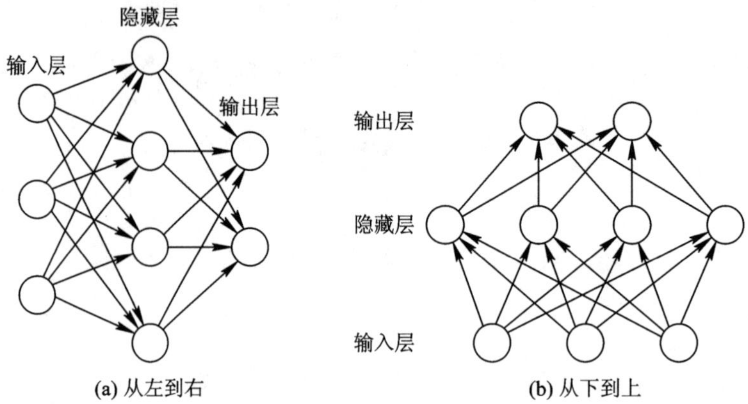

图 7.2 人工神经网络结构

人工神经网络由神经元模型构成，这种由许多神经元组成的信息处理网络具有并行分布结构。每个神经元具有单一输出，并且能够与其他神经元连接。人工神经网络存在许多(多重)输出连接方法，每种连接方法对应一个连接权系数。严格地说，人工神经网络是一种具有下列特性的有向图：

(1) 对于每个节点 i 存在一个状态变量 x_i；

(2) 从节点 i 至节点 j，存在一个连接权系数 w_{ji}；

(3) 对于每个节点 j，存在一个阈值 b_j；

(4) 对于每个节点 j，定义一个变换函数 $f_j(x_i, w_{ji}, b_j)$，$i \neq j$。

7.1.1 人工神经元

1. 生物神经元

一个神经元通常具有多个树突，主要用来接收和整合信息；而轴突只有一条，轴突尾端有许多轴突末梢可以给其他多个神经元传递信息。轴突末梢与其他神经元的树突产生连接，从而传递信号。这个连接的位置在生物学上叫作“突触”，如图 7.3 所示[2]。

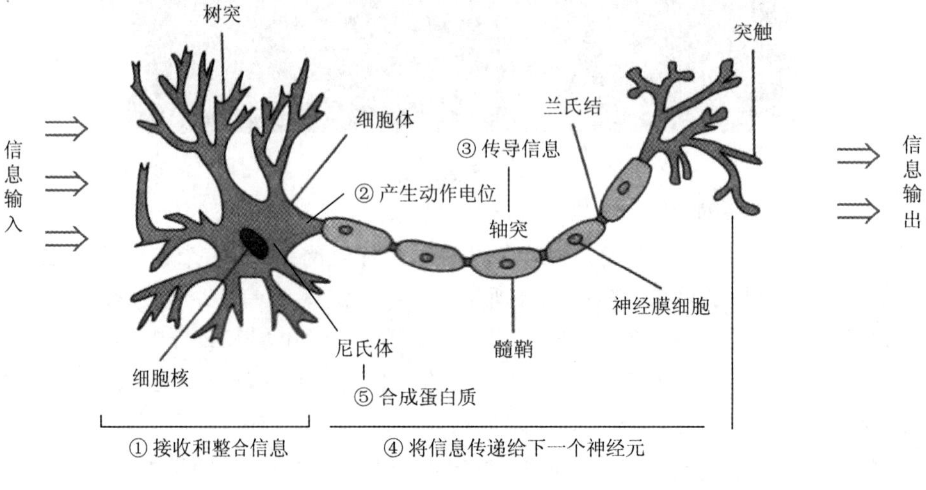

图 7.3 生物神经元

2. 人工神经元

1943 年，心理学家 McCulloch 和数学家 Pitts 参考了生物神经元的结构，建立了抽象的神经元模型，简称 MP 模型。MP 模型包含输入、计算与输出功能。输入可以类比为神经元的树突，而输出可以类比为神经元的轴突，计算则可以类比为细胞核。包含 N 个输入，1 个输出以及两种计算功能的神经元如图 7.4 所示。

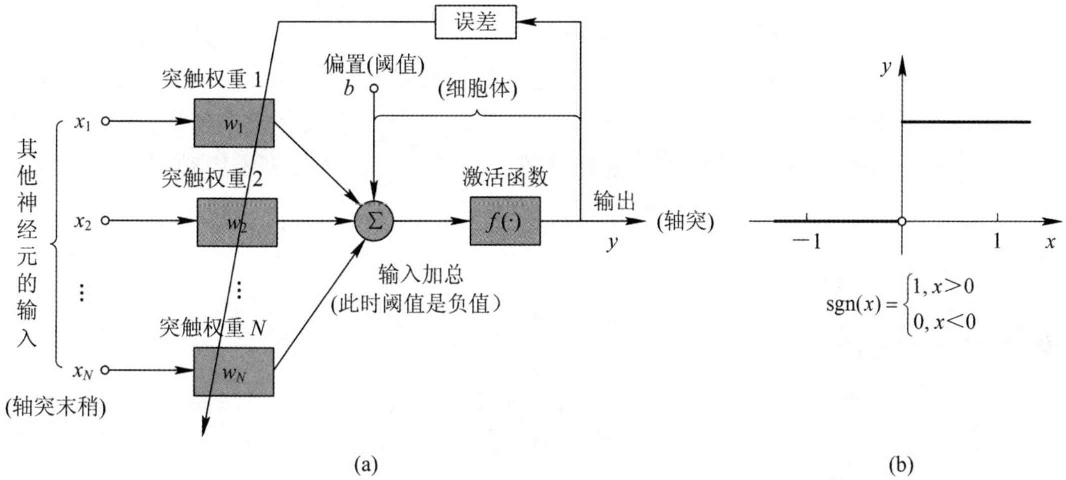

图 7.4　神经元模型与计算

注意：一个神经网络的训练算法就是让权重的值调整到最佳，使整个网络的预测效果最好。首先接收样本的输入，随后将其与权值 $\boldsymbol{w}$ 进行加权计算得到净输入。接着净输入被传递到激活函数，生成值为＋1 或者 0 的二值输出，并以其作为样本的预测类。在学习阶段则将这个输出用于更新权重。

如果用 $\boldsymbol{x}$ 来表示输入、用 $\boldsymbol{w}$ 来表示权重(权值)，那么一个表示连接的有向箭头可以这样理解：在初端，传递的信号大小仍然是 $\boldsymbol{x}$，端中间有加权参数 $\boldsymbol{w}$，经过这个加权后的信号会变成$\boldsymbol{x}\cdot\boldsymbol{w}$，因此在连接的末端，信号大小变成 $\boldsymbol{x}\cdot\boldsymbol{w}$，如图 7.5 所示。

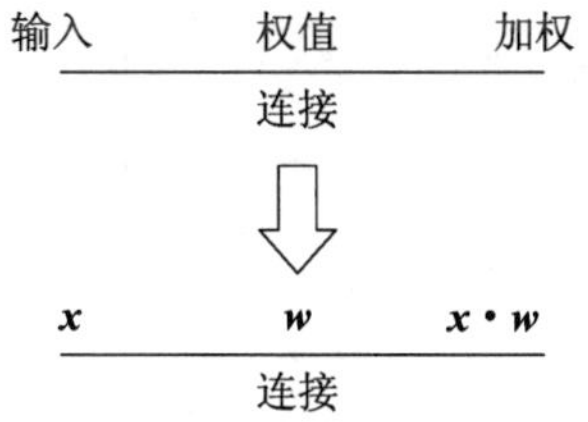

图 7.5　一个连接

在一些模型里，有向箭头可能表示的是值的不变传递，而在神经元模型，每个有向箭头表示值的加权传递。图 7.4 的输出 y 表示为

$$y(\boldsymbol{w},\ \boldsymbol{b}) = f\left(\sum_{i=1}^{N} w_i x_i + \boldsymbol{b}\right) \tag{7.1.1}$$

式中，b 为神经元单元的偏置(阈值)；w 为连接权向量(权重)；w_i 为 w 中的第 i 个连接权系数；N 为输入信号数目；y 为神经元输出；$f(\cdot)$为输出变换函数，有时也称为激活函数，往往采用 0 和 1 二值函数或 S 型函数。

可见，y 是在输入和权值的线性加权和上叠加了一个函数 f 的值。在 MP 模型中，函数 f 可以是 sgn 函数，也就是取符号函数。这个函数当输入大于 0 时，输出 1；否则，输出 0。

当由“神经元”组成网络以后，描述网络中的某个“神经元”时，更多地用“单元”来指代。同时由于神经网络的表现形式是一个有向图，有时也会用“节点”来表达同样的意思。

MP 模型是建立神经网络大厦的地基，但其权重值是预先设置的，不能学习。而赫布(Hebb)学习规则认为人脑神经细胞的突触(也就是连接)上的强度是可以变化的。因此，可以通过调整权值的方法让机器学习，这就是图 7.4 中用反馈箭头表示突触权重调整的原因，这为后面的学习算法奠定了基础。

7.1.2 感知器

1. 单层感知器

1958 年，Rosenblatt 提出由两层神经元组成的神经网络，称为感知器(Perceptron)或感知机，它是当时首个可以学习的人工神经网络。

在感知器中，有两个层次，分别是输入层和输出层，即在原来 MP 模型的“输入”位置添加神经元节点，将其作为“输入单元”，并将权值 w_1，w_2，…，w_N 写到“连接线”的中间。输入层“输入单元”只负责传输数据，不做计算。输出层的“输出单元”对前面一层的输入进行计算。将需要计算的层次称为“计算层”，并把拥有一个计算层的网络称为单层神经网络，如图 7.6 所示。

与神经元模型不同，感知器中的权值是通过训练得到的，类似一个逻辑回归模型，可以做线性分类任务。可以用决策分界来形象地表达分类效果，决策分界就是在二维的数据平面中划出一条直线，如图 7.7 所示。当数据维数为 3 时，就是划出一个平面(二维)；当数据维数为 N 时，就是划出一个 $N-1$ 维的超平面。

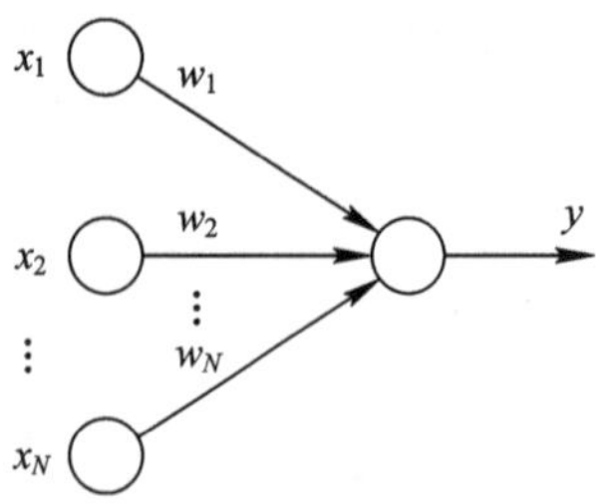

图 7.6　单层神经网络

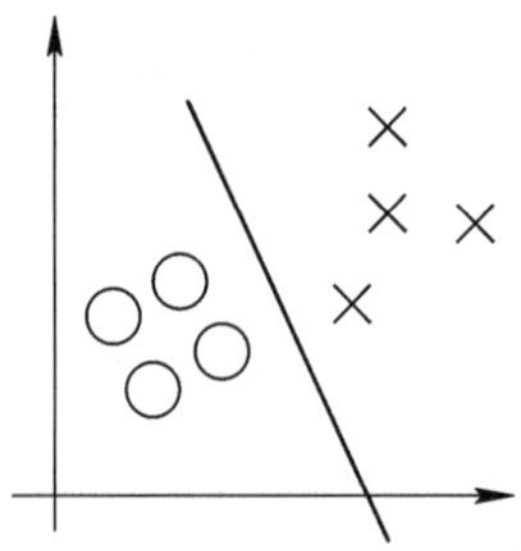

图 7.7　单层神经网络(决策分界)

注意：感知器只能做简单的线性分类，对 XOR(异或)这样的简单分类任务无法完成。

如果要预测的目标不再是一个值，而是一个向量，那么可以在输出层再增加一个“输出单元”，形成两个输出单元，如图 7.8 所示。

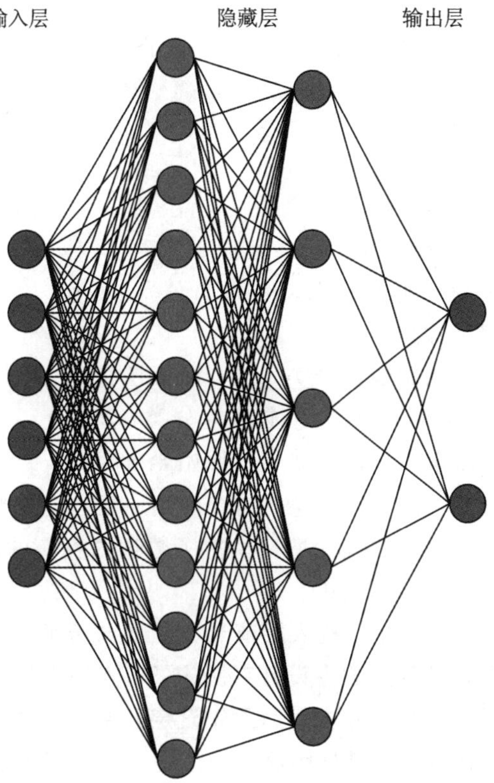

图 7.8　含有两个隐藏层、两个输出单元的多层感知器

2. 多层感知器

含有两个隐藏层、两个输出单元的多层神经网络或多层感知器(MultiLayer Perceptron，MLP)如图 7.8 所示。

图 7.8 中，隐藏层数多，则系数 w 和偏置 b 的数量就多。这种情况下，w 和 b 如何定义呢？现假定图 7.8 第 $l-1$ 层的任意一个神经元一定与第 l 层的任意一个神经元相连，如图 7.9 所示。将第 $l-1$ 层的第 i 个神经元到第 l 层的第 j 个神经元的连接权系数定义为 w_{ji}^{l}。

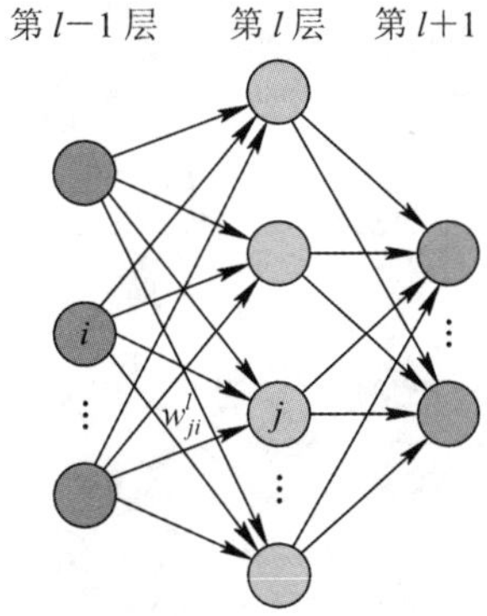

图 7.9　w_{ji}^{l} 的定义

对多层感知器，第 l 层的第 j 个神经元的偏置定义为 b_j^l，第 $l+1$ 层的第 m 个神经元的偏置定义为 b_m^{l+1}，如图 7.10 所示。

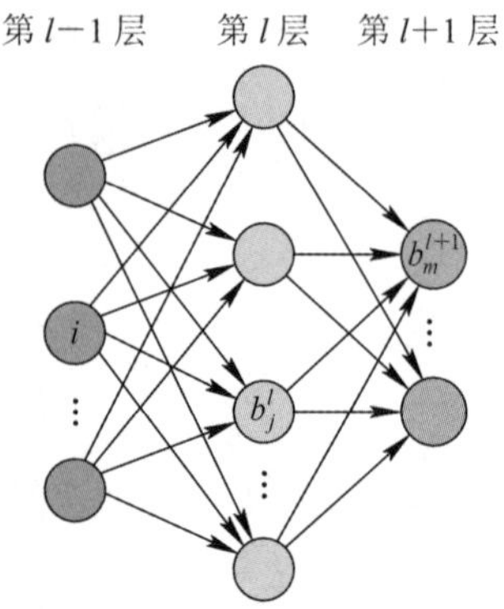

图 7.10 偏置的定义

按图 7.8，第 j 个输出可写为

$$y_j(w_j, b_j) = f\left(\sum_{i=1}^{N} w_{ji} x_i + b_j\right) \tag{7.1.2}$$

式中，b_j 为神经元单元的偏置（阈值），w_{ji} 为连接权系数（对于激发状态，w_{ji} 取正值；对于抑制状态，w_{ji} 取负值），N 为输入信号数目，y_j 为神经元输出。

有趣的是，单层网络只能做线性分类任务，而两层神经网络可以无限逼近任意连续函数，可以做非线性分类，其关键是隐藏层，其参数矩阵的作用就是使数据的原始坐标空间从线性不可分转换成线性可分。两层神经网络中的后一层也是线性分类层，只能做线性分类任务。两层神经网络通过两层的线性模型模拟了数据内真实的非线性函数。因此，多层的神经网络的本质就是复杂函数拟合。

对于隐藏层节点数进行设计时，输入层节点数需要与特征的维度匹配；输出层节点数要与目标的维度匹配；中间层节点数由设计者指定。节点数会影响整个模型的效果，那如何决定中间层的节点数呢？较好的方法就是预先设定几个可选值，通过切换这几个值来观察整个模型的预测效果，选择效果最好的值作为最终选择。这种方法又叫作网格搜索（Grid Search，GS）。

MLP 属于前馈神经网络，具有激活功能，由完全连接的输入层、输出层及可能有多个隐藏层组成。其工作过程如下：

MLP 将数据提供给网络的输入层。神经元层连接成一个图形，以便信号沿一个方向传递。

MLP 使用存在于输入层和隐藏层之间的权重来计算输入。

MLP 使用激活函数来决定激活哪些节点。激活函数包括 ReLU、sigmoid 函数和 tanh 函数。

MLP 训练模型是从训练数据集中学习独立变量和目标变量之间的依赖关系。

图 7.11 示意了通过计算权重和偏差，并应用适当的激活函数来分类猫和狗的图像的过程。

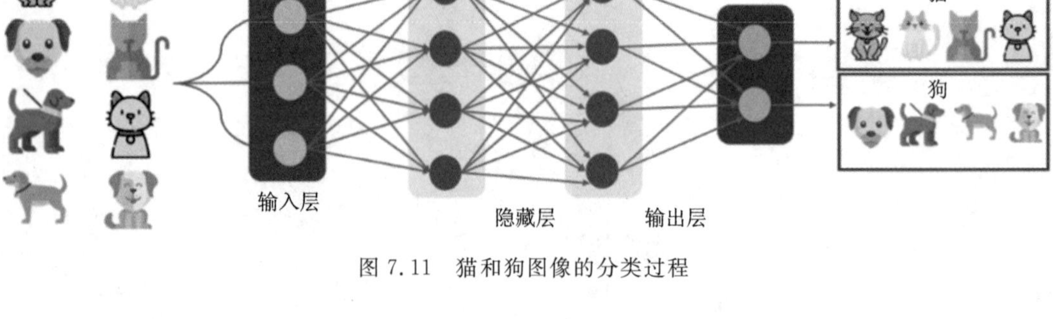

图 7.11 猫和狗图像的分类过程

7.2　神经网络的训练与优化

神经网络的一般方法分为训练与预测阶段。在训练阶段，需要准备好原始数据和与之对应的分类标签数据，通过训练得到模型 A。在预测阶段，对新的数据套用该模型 A，可以预测新输入数据所属类别。

7.2.1　神经网络训练

下面以两层神经网络的训练为例，分析整个神经网络的训练过程。

在 Rosenblatt 提出的感知器模型中，模型参数可以被训练，但使用的方法较为简单，并没有使用目前机器学习中通用的方法，这导致其扩展性与适用性非常有限。从两层神经网络开始，研究人员开始使用机器学习相关技术来训练神经网络。

机器学习模型训练的目的就是使参数尽可能地与真实模型逼近。具体做法是：首先给所有参数赋随机值，以预测训练数据中的样本。假设样本的预测目标为 $\hat{\boldsymbol{y}}$，期望目标为 $\boldsymbol{y}$，则损失函数定义为

$$\text{Loss} = \frac{1}{2}(\boldsymbol{y} - \hat{\boldsymbol{y}})^2 \tag{7.2.1}$$

训练的目标是使对所有训练数据的损失和尽可能小。

如果将式(7.1.2)代入 $\hat{\boldsymbol{y}}$ 中，那么损失函数就定义为参数 $\boldsymbol{\theta}=\{\boldsymbol{w}, \boldsymbol{b}\}$ 的函数。如何利用式(7.2.1)优化参数 $\boldsymbol{\theta}$，使损失函数的值最小呢？一般来说，解决这个优化问题可使用梯度下降算法。梯度下降算法首先计算参数的随机梯度或瞬时梯度，然后让参数向着梯度的反方向前进一段距离，不断重复，直到梯度接近零时截止。这时，所有参数恰好使损失函数达到一个最低值的状态。

在神经网络模型中，由于结构复杂，每次计算梯度的代价很大。因此，还需要使用反向传播算法(Back Propagation，BP)。反向传播算法利用神经网络结构进行计算，它不是一次计算所有参数的梯度，而是从后往前一层一层计算，反向传播。反向传播算法基于链式法则，而链式法则是微积分中的求导法则，用于求一个复合函数的导数。按链式法则，首先计算输出层梯度，接着计算第二个参数矩阵的梯度、中间层的梯度、第一个参数矩阵的梯度，最后计算输入层梯度。计算结束以后，就获得了两个参数矩阵的梯度。

机器学习问题之所以称为学习问题而不是优化问题，就是因为它不仅要求数据在训练集上求得一个较小的误差，在测试集上也要表现好。因为模型最终要部署到没有见过训练数据的真实场景中。提升模型在测试集上的预测效果称为泛化(Generalization)，相关方法被称作正则化(Regularization)。

7.2.2　神经网络优化算法

1. 梯度下降法

在训练和优化智能系统时，梯度下降法是一种很重要的方法。

梯度下降的功能是：通过寻找最小值控制方差，更新模型参数，最终使模型收敛。

神经网络中使用梯度下降法主要是进行神经网络模型的参数更新，即通过在一个方向上更新和调整模型参数来最小化损失函数，如图 7.12 所示。梯度下降法是神经网络中常用的优化算法。而反向传播算法使训练深层神经网络成为可能。反向传播算法在前向传播中首先计算输入信号与其对应的权重的乘积并求和，由激活函数将输入信号转换为输出信号；然后在反向传播过程中回传相关误差，计算误差函数相对于参数的梯度并在负梯度方向上更新模型参数。

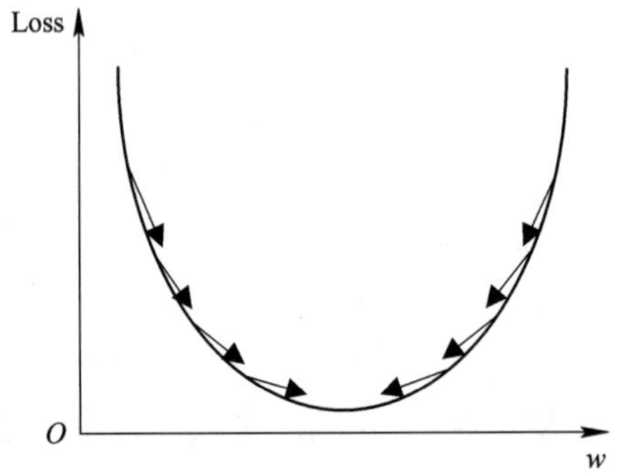

图 7.12 权重更新方向与梯度方向相反

对于非线性模型，基于误差函数的损失函数定义为

$$\text{Loss}(\boldsymbol{y}, \hat{\boldsymbol{y}}) = \frac{1}{2N}\sum_{j=1}^{N}\left(y_j - f\left(\sum_{i=1}^{N} w_{ji}x_i + b_j\right)\right)^2 = \frac{1}{M}\sum_{j=1}^{M} L(y_j - \hat{y}_j) \tag{7.2.2}$$

式中，$L(y_j, \hat{y}_j)$为第 j 个节点输出的损失函数，且

$$L(y_j, \hat{y}_j) = \frac{1}{2}\left(y_j - f\left(\sum_{i=1}^{N} w_{ji}x_i + b_j\right)\right)^2 \tag{7.2.3}$$

注意：当权重太小或太大时，会存在较大的误差，需要更新和优化权重，使其转化为合适值，所以试图在与梯度相反的方向找到一个局部最优值。图 7.12 显示了权重更新过程与梯度向量误差的方向相反，其中 U 形曲线为梯度。

梯度下降法的迭代公式为

$$\boldsymbol{\theta}(k) = \boldsymbol{\theta}(k-1) - \eta\nabla(k) \tag{7.2.4}$$

式中，$\boldsymbol{\theta}=\{\boldsymbol{w}, \boldsymbol{b}\}$为待训练的网络参数；$\eta$ 为学习率，是一个常数；$\nabla(k)$为梯度，即

$$\nabla(k) = \frac{\partial \text{Loss}(\boldsymbol{y}, \hat{\boldsymbol{y}})}{\partial \boldsymbol{\theta}(k)} \tag{7.2.5}$$

以上是梯度下降法的基本形式。

2. 梯度下降法的变体

上面介绍的由梯度下降法更新模型参数(权重与偏置)，每次的参数更新都使用了整个训练样本数据集，这种方式也就是批量梯度下降(Batch Gradient Descent，BGD)法。在 BGD 中，整个数据集都参与梯度计算，这样得到的梯度是一个标准梯度，易于得到全局最优解，总迭代次数少。然而，在处理大型数据集时计算速度很慢且难以控制，甚至导致内存溢出。下面介绍另外两种梯度下降法。

1）随机梯度下降法

随机梯度下降(Stochastic Gradient Descent，SGD)法每次从训练集中随机采样一个样本计算 Loss 和梯度，然后更新参数，即

$$\boldsymbol{\theta}(k)=\boldsymbol{\theta}(k-1)-\eta\frac{\partial \mathrm{Loss}(y_j,\hat{y}_j)}{\partial \boldsymbol{\theta}(k)} \tag{7.2.6}$$

然而，由于 SGD 频繁地更新和波动，因此最终它会收敛到最小限度，并会因波动频繁存在超调量。

有研究已经表明，当缓慢降低学习率 η 时，标准梯度下降的收敛模式与 SGD 的模式相同。

2）小批量梯度下降法

小批量梯度下降法首先从训练集中随机采样 m 个样本，组成一个小批量(mini-batch)来计算损失函数 Loss 并更新参数。损失函数定义为

$$\mathrm{Loss}(\boldsymbol{w},\boldsymbol{b})=\frac{1}{2m}\sum_{j}^{j+m}\left(y_j-f\left(\sum_{i}^{i+m}w_{ji}x_i+b_j\right)\right)^2 \tag{7.2.7}$$

然后按式(7.2.6)更新。使用小批量梯度下降的优点如下：

(1) 可以减少参数更新的波动，最终得到效果更好和更稳定的收敛。

(2) 可以使用最新的深度学习中通用的矩阵优化方法，使计算小批量数据的梯度更加高效。

(3) 通常来说，小批量样本的大小范围是从 50 到 256，可以根据实际问题而有所不同。

(4) 在训练神经网络时，通常都会选择小批量梯度下降法。

7.3 反向传播算法

7.3.1 反向传播算法思想

多层感知器在如何获取隐藏层的权值的问题上遇到了瓶颈。既然无法直接得到隐藏层的权值，能否先通过输出层得到输出结果和期望输出的误差来间接调整隐藏层的权值呢？反向传播算法就是采用这样的思想设计出来的，其学习过程由信号的正向传播与误差的反向传播两个过程组成。

正向传播时，输入样本从输入层传入，经各隐藏层逐层处理后，传向输出层。若输出层的实际输出与期望的输出(教师信号)不符，则转入误差的反向传播阶段。

反向传播时，将输出以某种形式通过隐藏层向输入层逐层传递，并将误差分摊给各层的所有单元，从而获得各层单元的误差信号，将此误差信号作为修正各单元权值的依据。

BP 网络实际上就是多层感知器，它的拓扑结构和多层感知器的拓扑结构相同。单隐藏层感知器已经能够解决简单的非线性问题，应用最为普遍。三层神经网络结构如图 7.13 所示。每层都有若干个神经元，它与上一层的每个神经元都保持着连接，且它的输入是上一层每个神经元输出的线性组合。每个神经元的输出是其输入的函数，而这个函数就是激活函数，是非线性变换函数，其特点是函数本身及其导数都是连续的，因而在处理上十分方便。

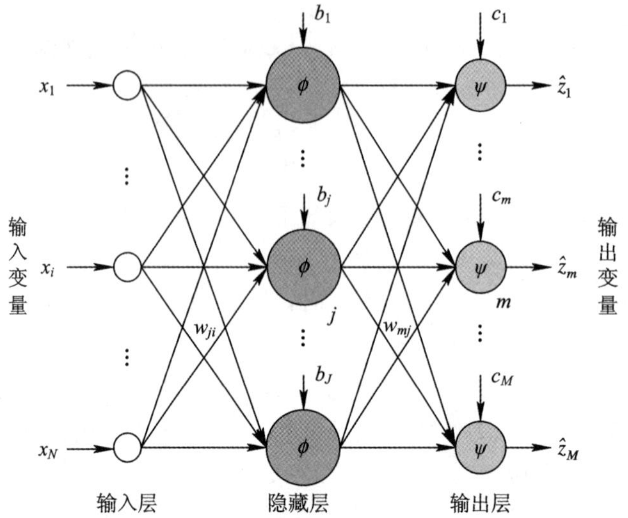

图 7.13　三层神经网络结构

图 7.13 中，x_i 表示输入层第 i 个节点的输入，$i=1,2,\cdots,N$；w_{ji} 表示隐藏层第 j 个节点到输入层第 i 个节点之间的权值；b_j 表示隐藏层第 j 个节点的阈值；$\phi(x)$ 表示隐藏层的激活函数；w_{mj} 表示输出层第 m 个节点到隐藏层第 j 个节点之间的权值，$j=1,2,\cdots,J$；c_m 表示输出层第 m 个节点的阈值，$m=1,2,\cdots,M$；$\psi(x)$ 表示输出层的激活函数；$\hat{z}_m$ 表示输出层第 m 个节点的输出。

7.3.2 反向传播算法过程

1. 信号的前向传播过程

隐藏层第 j 个节点的输入为

$$u_j = \sum_{i=1}^{N} w_{ji}x_i + b_j \tag{7.3.1}$$

隐藏层第 j 个节点的输出为

$$v_j = \phi(u_j) = \phi\left(\sum_{i=1}^{N} w_{ji}x_i + b_j\right) \tag{7.3.2}$$

输出层第 m 个节点的输入为

$$\text{net}_m = \sum_{j=1}^{J} w_{mj}v_j + c_m = \sum_{j=1}^{J} w_{mj}\phi\left(\sum_{i=1}^{N} w_{ji}x_i + b_j\right) + c_m \tag{7.3.3}$$

输出层第 m 个节点的输出为

$$\hat{z}_m = \psi(\text{net}_m) = \psi\left(\sum_{j=1}^{J} w_{mj}v_j + c_m\right) = \psi\left(\sum_{j=1}^{J} w_{mj}\phi\left(\sum_{i=1}^{N} w_{ji}x_i + b_j\right) + c_m\right) \tag{7.3.4}$$

2. 误差的反向传播过程

误差的反向传播，即首先由输出层开始逐层计算各层神经元的输出误差，然后根据误差梯度下降法来调节各层的权值和阈值，使修改后的网络的最终输出 $\hat{z}$ 能接近期望值 z。

第 i 个样本的二次型误差准则函数 E_i 为

$$E_i = \frac{1}{2}\sum_{m=1}^{M}(z_{im} - \hat{z}_{im})^2 \tag{7.3.5}$$

系统对 N 个训练样本的总误差准则函数为

$$E = \frac{1}{2}\sum_{i=1}^{N}\sum_{m=1}^{M}(z_{im} - \hat{z}_{im})^2 \tag{7.3.6}$$

根据误差梯度下降法依次修正输出层权值的修正量 Δw_{mj}、输出层阈值的修正量 Δc_m、隐藏层权值的修正量 Δw_{ji}、隐藏层阈值的修正量 Δb_j：

$$\Delta w_{mj} = -\eta\frac{\partial E}{\partial w_{mj}},\ \Delta c_m = -\eta\frac{\partial E}{\partial c_m},\ \Delta w_{ji} = -\eta\frac{\partial E}{\partial w_{ji}},\ \Delta b_j = -\eta\frac{\partial E}{\partial b_j} \tag{7.3.7}$$

输出层权值调整公式为

$$\Delta w_{mj} = -\eta\frac{\partial E}{\partial w_{mj}} = -\eta\frac{\partial E}{\partial \text{net}_m}\frac{\partial \text{net}_m}{\partial w_{mj}} = -\eta\frac{\partial E}{\partial \hat{z}_m}\frac{\partial \hat{z}_m}{\partial \text{net}_m}\frac{\partial \text{net}_m}{\partial w_{mj}} \tag{7.3.8}$$

输出层阈值调整公式为

$$\Delta c_m = -\eta\frac{\partial E}{\partial c_m} = -\eta\frac{\partial E}{\partial \text{net}_m}\frac{\partial \text{net}_m}{\partial c_m} = -\eta\frac{\partial E}{\partial \hat{z}_m}\frac{\partial \hat{z}_m}{\partial \text{net}_m}\frac{\partial \text{net}_m}{\partial c_m} \tag{7.3.9}$$

隐藏层权值调整公式为

$$\Delta w_{ji} = -\eta\frac{\partial E}{\partial w_{ji}} = -\eta\frac{\partial E}{\partial u_j}\frac{\partial u_j}{\partial w_{ji}} = -\eta\frac{\partial E}{\partial v_j}\frac{\partial v_j}{\partial u_j}\frac{\partial u_j}{\partial w_{ji}} \tag{7.3.10}$$

隐藏层阈值调整公式为

$$\Delta b_j = -\eta\frac{\partial E}{\partial b_j} = -\eta\frac{\partial E}{\partial u_j}\frac{\partial u_j}{\partial b_j} = -\eta\frac{\partial E}{\partial v_j}\frac{\partial v_j}{\partial u_j}\frac{\partial u_j}{\partial b_j} \tag{7.3.11}$$

又因为

$$\frac{\partial E}{\partial \hat{z}_m} = -\sum_{i=1}^{N}\sum_{m=1}^{M}(z_{im} - \hat{z}_{im}) \tag{7.3.12}$$

$$\frac{\partial \text{net}_m}{\partial w_{mj}} = v_j,\ \frac{\partial \text{net}_m}{\partial c_m} = 1,\ \frac{\partial u_j}{\partial w_{ji}} = x_i,\ \frac{\partial u_j}{\partial b_j} = 1 \tag{7.3.13}$$

$$\frac{\partial E}{\partial v_j} = -\sum_{i=1}^{N}\sum_{m=1}^{M}(z_{im} - \hat{z}_{im})\psi'(\text{net}_m)w_{mj} \tag{7.3.14}$$

$$\frac{\partial v_j}{\partial u_j} = \phi'(u_j) \tag{7.3.15}$$

$$\frac{\partial \hat{z}_m}{\partial \text{net}_m} = \psi'(\text{net}_m) \tag{7.3.16}$$

最后，得

$$\Delta w_{mj} = \eta\sum_{i=1}^{N}\sum_{m=1}^{M}(z_{im} - \hat{z}_{im})\psi'(\text{net}_m)v_j \tag{7.3.17}$$

$$\Delta c_m = \eta\sum_{i=1}^{N}\sum_{m=1}^{M}(z_{im} - \hat{z}_{im})\psi'(\text{net}_m) \tag{7.3.18}$$

$$\Delta w_{ji} = \eta\sum_{i=1}^{N}\sum_{k=1}^{K}(z_{im} - \hat{z}_{im})\psi'(\text{net}_m)w_{mj}\cdot\phi'(u_j)x_i \tag{7.3.19}$$

$$\Delta b_j = \eta \sum_{i=1}^{N} \sum_{m=1}^{M} (z_{im} - \hat{z}_{im}) \cdot \psi'(\mathrm{net}_m) \cdot w_{mj} \cdot \phi'(u_j) \tag{7.3.20}$$

BP 算法流程如图 7.14 所示。

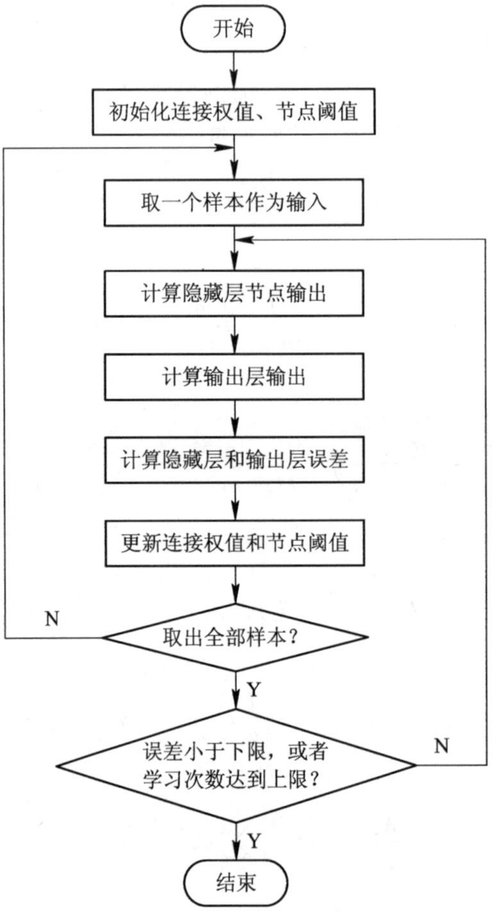

图 7.14　BP 算法流程

7.4　案例 9——基于 PCA-BP 神经网络的数字仪器识别技术

数字万用表是一种多功能测量仪器，在工程实践中得到了广泛的应用。利用图像识别的方法对万用表读数进行自动识别，有助于降低劳动成本、提高工作效率、减少测量误差。一般来说，万用表的自动识别过程主要分为三个阶段：表盘区域提取、图像预处理和字符识别。

对于表盘区域提取[3]，一是可手动提取需要识别的数字区域；二是可由区域增长方法得到分割结果[4]，由其提供更好的边界信息，但该方法容易受到光照的影响，导致分割过度或分割结果偏离目标区域；三是通过颜色特征定位表盘方法[5]，虽该方法考虑了仪器的颜色特性，但需要预先设定仪器的颜色；四是利用多帧差分积累方法[6]，但该方法仅适用于视频，不适用于单张照片。

针对上述各方法的优缺点，本节给出了一种相似度匹配方法[7]：通过对原始图像与仪表给出的模板进行匹配，以快速、准确地获得表盘区域，避免人工截取，并能有效抑制光照的影响；将主成分分析法(Principal Components Analysis，PCA)与 BP 神经网络相结合，避免测试隐藏层神经元数目的耗时过程，同时又不影响数字字符识别的准确性。该方法的识别流程[8-11]如图 7.15 所示。

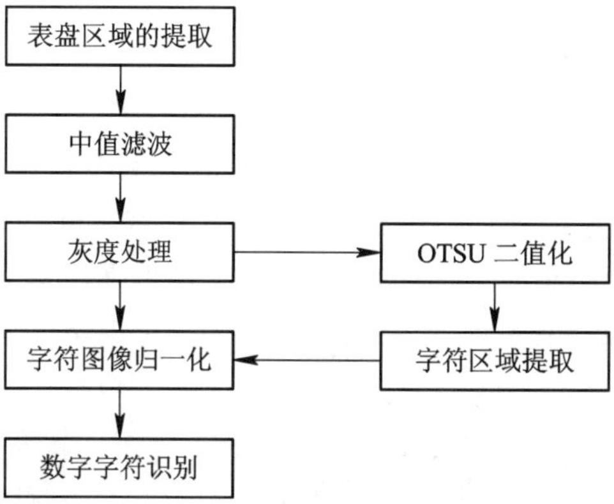

图 7.15　自动识别系统流程

7.4.1　表盘区域提取

在读取数字万用表之前，拨号区分割是必需的。目的是找到包含图片中有用数据的感兴趣区域。采用相似度匹配方法[7]，可以有效避免光照对分割产生的噪声影响。

设置模板 T 的大小为 $M\times N$，搜索图像 S 的大小为 $W\times H$。模板 T 的中心沿着图像像素滑动，将模板覆盖的图像面积记为局部图像 $S^{i,j}$，(i, j)为图像 S 左上顶点的位置。i，j 的搜索范围为 $1\leqslant i\leqslant W-M+1$，$1\leqslant j\leqslant H-N+1$。通过比较 T 和 $S^{i,j}$之间的相似性，可以选择所需的区域。T 与 $S^{i,j}$之间的相似性定义为[12]

$$R(i, j)=\frac{\sum_{m=1}^{M}\sum_{n=1}^{N}\left[S^{i,j}(m, n)\times T(m, n)\right]}{\sum_{m=1}^{M}\sum_{n=1}^{N}\left[S^{i,j}(m, n)\right]^2} \tag{7.4.1}$$

其矩阵形式为

$$R(i, j)=\frac{\boldsymbol{t}^{\mathrm{T}}\boldsymbol{S}_1(i, j)}{(\boldsymbol{t}^{\mathrm{T}}\boldsymbol{t})^{1/2}\left[\boldsymbol{S}_1^{\mathrm{T}}(i, j)\boldsymbol{S}_1(i, j)\right]^{1/2}} \tag{7.4.2}$$

当向量 $\boldsymbol{t}$ 和 $\boldsymbol{S}_1$ 的夹角为 0 时，$\boldsymbol{S}_1(i, j)=K\boldsymbol{t}$，可以得到 $R(i, j)=1$；否则，$R(i, j)<1$。$R(i, j)$越大，模板 T 和 $S^{i,j}$越相似，点(i, j)是要标识的匹配点。根据上述方法，提取的感兴趣区域显示在方框内，如图 7.16 所示。

(a) 区域生长法的结果　　(b) 相似度匹配方法的结果

图 7.16　两种算法比较

与区域生长法相比，相似度匹配方法的结果更加理想。由于相似度匹配方法可以避免表盘右上角光照的影响(该光照会对区域生长法的效果产生不良影响)，因此，使用该方法能对数字字符区域进行精确分割，提取出的区域将用于后续的阅读识别。

7.4.2 图像预处理

由于万用表使用时间较长，显示屏上通常会有很多随机分布的污垢，这对图像识别有很大的影响。中值滤波器可以在不损失图像细节的情况下去除随机噪声和孤立噪声。相似度匹配方法首先用中值滤波器进行图像去噪，然后采用水平和垂直投影法确定每个数字字符的位置，接着采用加权平均法对图像进行灰度化，最后采用 OTSU 算法实现表盘图像的二值化。执行这些算法后的结果如图 7.17 所示。

(a) 灰度图像　(b) 中值滤波后的图像　(c) 执行膨胀和二值化后的图像

图 7.17　图像预处理

7.4.3 字符识别

水平和垂直投影法是通过分析投影的数值来计算图像的水平投影和垂直投影，以及数字字符在图像中的具体位置的[13]。

将上述方法得到的二值图像设为 B，图像 B 的行数为 H，列数为 W。根据投影的定义，水平方向上的投影值为

$$f(i) = \sum_{j=0}^{W} s(i, j) \tag{7.4.3}$$

垂直方向的投影值为

$$g(j) = \sum_{i=0}^{H} s(i, j) \tag{7.4.4}$$

水平和垂直投影如图 7.18 所示。垂直投影值沿横坐标从 0 到非 0 变化的位置，表示一个字符的左边界。以同样的方式，可以发现字符的其他边界。

(a) 图像颜色反演　(b) 图像的垂直投影积分　(c) 图像的水平投影积分

图 7.18　数字字符识别

根据这些边界，可以找到每个数字的具体位置。所识别的字符用白色框标记，并与图像区域分开。识别后的字符如图7.19 所示。

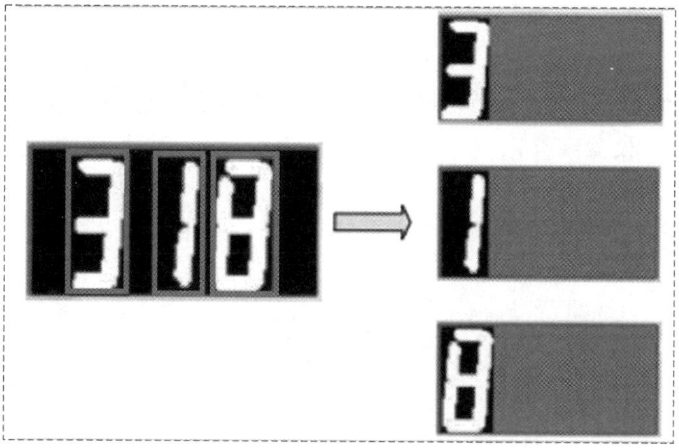

图 7.19　单个数字字符标记和识别

7.4.4　字符识别的神经网络

利用 BP 神经网络对仪器读数进行识别时，需要对分割后的单个字符进行归一化处理，处理后的字符图像可以加快网络训练的收敛速度。传统的 BP 神经网络依靠大量的试验来获得隐藏层中合适的神经元数目。这里将主成分分析(PCA)算法与 BP 神经网络相结合，进行网络构建。

1. 标准化

如果没有对分割的单个特征进行归一化，则学习速度会非常慢。为了加快网络的学习过程，需要对输入进行归一化，使所有样本输入的均值都接近 0 或者与它们的均方误差相比非常小。

根据图像缩放的一般经验，将分割后的单个字符缩放到 32×14 像素，有利于图像处理和识别。在 BP 神经网络识别过程中，缩放图像可以有效地防止输入绝对值过大而造成神经元输出饱和。

根据该原理，标度比定义为

$$\text{scale} = \min\left(\frac{32}{H}, \frac{14}{W}\right) \tag{7.4.5}$$

利用该方法对分割后的字符进行缩放的结果如图 7.20 所示。

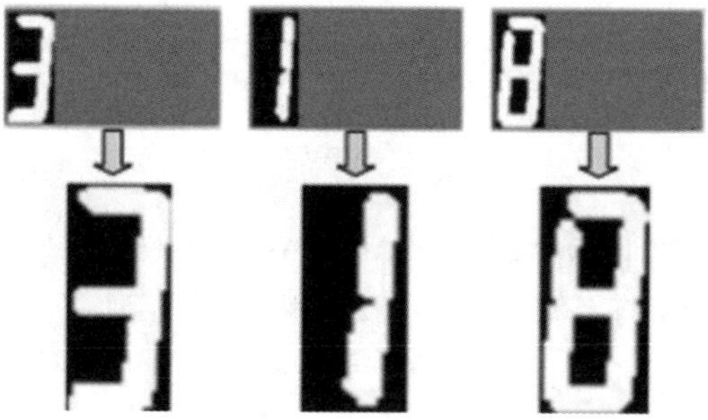

图 7.20　数字字符图像的归一化

2. 数字字符识别

1）数字仪器字符识别算法

为了避免测试隐藏层神经元数目的烦琐过程，将主成分分析法(PCA)与 BP 神经网络相结合，构建了数字仪器字符识别算法，即 PCA-BP 算法。利用 PCA 优化隐藏层神经元的数量。

网络输入信号定义为 x_i，隐藏层节点的输出为

$$y_j = g\left(\sum_i w_{ji} x_i - b_j\right) \tag{7.4.6}$$

式中，w_{ji} 为输入层节点与隐藏层节点之间的连接权值，所有的 w_{ji} 构成了权值矩阵 $\boldsymbol{w}$；b_j 表示阈值。

通过一个确定的完全正交向量系统将矩阵 $\boldsymbol{w}$ 展开为向量，向量系统为 $\boldsymbol{u}_j$，有

$$\boldsymbol{w} = \sum_{j=1}^{\infty} m_j \cdot \boldsymbol{u}_j \tag{7.4.7}$$

$$\boldsymbol{u}_i \cdot \boldsymbol{u}_j = \begin{cases} 1 & i = j \\ 0 & i \neq j \end{cases} \tag{7.4.8}$$

$$m_j = m_j \cdot \boldsymbol{u}_j^{\mathrm{T}} \cdot \boldsymbol{u}_j = \boldsymbol{u}_j^{\mathrm{T}} \cdot \left(\sum_{j=1}^{\infty} m_j \cdot \boldsymbol{u}_j\right) = \boldsymbol{u}_j^{\mathrm{T}} \cdot \boldsymbol{w} \tag{7.4.9}$$

分解正交向量基后，用 d 个有限项估计向量 $\boldsymbol{w}$，$\hat{\boldsymbol{w}}$ 表示向量 $\boldsymbol{w}$ 的估计，有

$$\hat{\boldsymbol{w}} = \sum_{j=1}^{d} m_j \boldsymbol{u}_j \tag{7.4.10}$$

均方误差为

$$\varepsilon = \sum_{d+1}^{\infty} [\boldsymbol{u}_j^{\mathrm{T}} \boldsymbol{R} \boldsymbol{u}_j] \tag{7.4.11}$$

$$\boldsymbol{R} = E[\boldsymbol{w} \cdot \boldsymbol{w}^{\mathrm{T}}] \tag{7.4.12}$$

采用拉格朗日乘子法使均方误差最小，可以表示为

$$g_l(\boldsymbol{u}_j) = \sum_{d+1}^{\infty} [\boldsymbol{u}_j^{\mathrm{T}} \boldsymbol{R} \boldsymbol{u}_j] - \sum_{d+1}^{\infty} \lambda_j (\boldsymbol{u}_j^{\mathrm{T}} \boldsymbol{u}_j - 1) \tag{7.4.13}$$

式中，$j=d+1, \cdots, \infty$。计算 $g_l(\boldsymbol{u}_j)$的导数。

$$\boldsymbol{R} \boldsymbol{u}_j = \lambda_j \boldsymbol{u}_j \tag{7.4.14}$$

当向量估计公式满足式(7.4.11)时，最小均方误差为

$$\varepsilon = \sum_{d+1}^{\infty} [\boldsymbol{u}_j^{\mathrm{T}} \boldsymbol{R} \boldsymbol{u}_j] = \sum_{d+1}^{\infty} \lambda_j \tag{7.4.15}$$

根据上述推导，均方误差最小的 $\boldsymbol{w}$ 近似为

$$\boldsymbol{w} = \sum_{j=1}^{d} m_j \boldsymbol{u}_j \tag{7.4.16}$$

它的矩阵形式是 $\boldsymbol{w}=\boldsymbol{U}_m$，其中 $\boldsymbol{U}=\{\boldsymbol{u}_1, \boldsymbol{u}_2, \cdots, \boldsymbol{u}_d\}$，$\boldsymbol{u}_1, \boldsymbol{u}_2, \cdots, \boldsymbol{u}_d$ 是矩阵 $\boldsymbol{x} \cdot \boldsymbol{x}^{\mathrm{T}}$ 的 d 维最大特征值的特征向量。将 $\boldsymbol{U}$ 转置，得到最终降维后的 $\boldsymbol{M}$：

$$\boldsymbol{M} = \boldsymbol{U}^{\mathrm{T}} \boldsymbol{w} \tag{7.4.17}$$

2）数字仪器的字符识别算法

对分割后的数字字符进行训练和识别。首先，确定输入和输出数据的数量，使用归一

化图像的数据信息作为输入，输入层的神经元数目为 448，输出层是 0 到 9 的 10 位，因此输出层有 10 个神经元；接着利用 PCA 确定隐藏层神经元的值，使 BP 神经网络的训练更加准确和快速。PCA-BP 算法流程如图 7.21 所示。

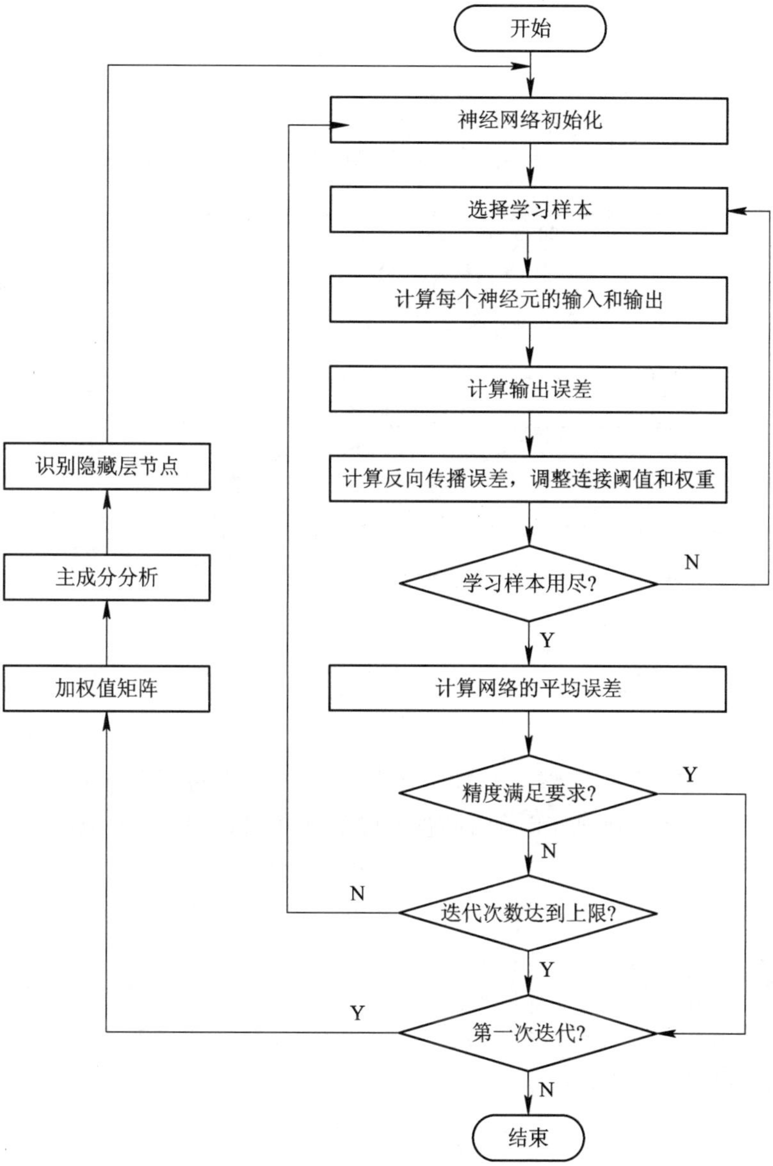

图 7.21　PCA-BP 算法流程图

3）数字仪器字符识别的结果

根据开发的 PCA-BP 算法，隐藏层的最优神经元数目为 18 个。BP 神经网络在仪器字符识别过程中的训练曲线如图 7.22 所示。

为了验证 PCA-BP 神经网络在识别隐藏层神经元数目方面的性能，下面将其与一般的 BP 神经网络分别进行了比较，其中隐藏层分别有 25 个和 16 个神经元，这两种神经元数目是由工程师的经验确定的。识别曲线的准确性如图 7.23 所示。

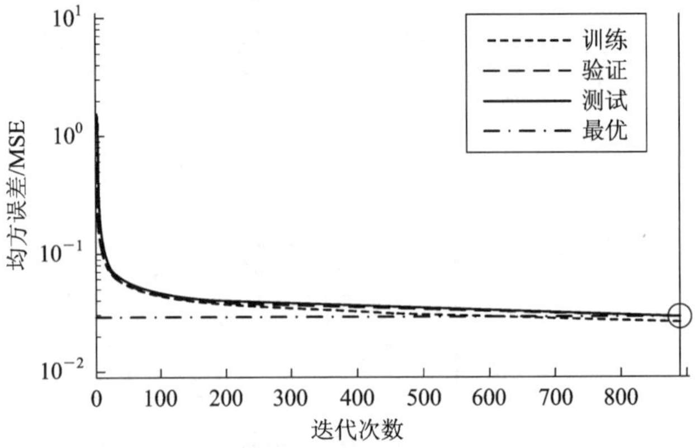

图 7.22　隐藏层为 18 的神经网络训练曲线

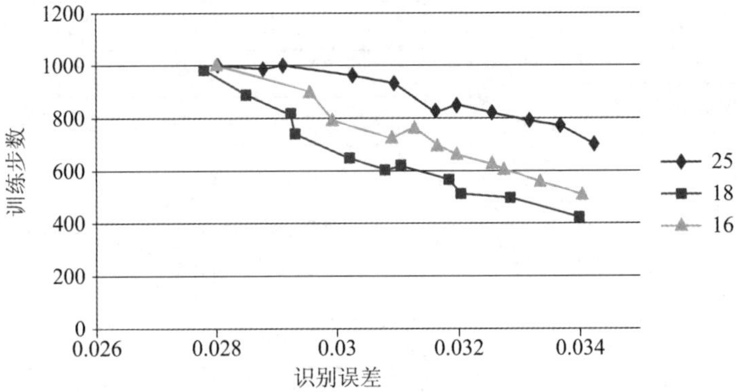

图 7.23　三种隐藏层数不同的网络的误差和训练过程的比较

经过 888 次迭代后，PCA-BP 算法的误差降低到 0.028 49，而其他网络以相同的迭代步骤运行，其精度均低于隐藏层 18 个神经元的网络。结果表明，利用 PCA 对 BP 网络识别隐藏层中合适数目的神经元是有效的。

7.4.5 实验设计

根据上述算法和处理流程，人们设计了一种数字仪器读数识别的计算机程序。智能识别系统界面图如图 7.24 所示。

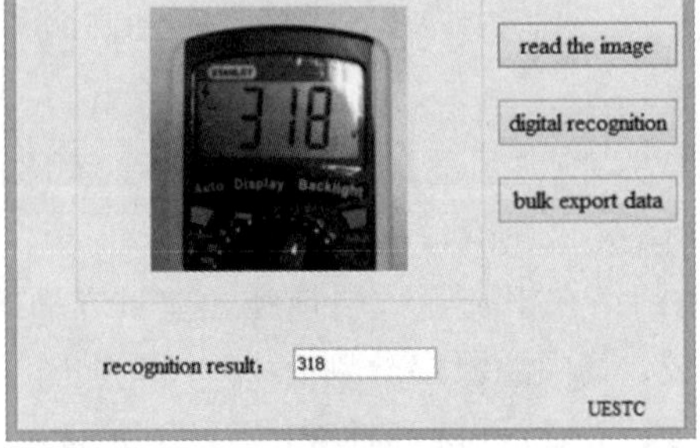

图 7.24　智能识别系统界面

利用该程序分批导入 100 幅和 1000 幅数字仪器图像，识别结果如表 7.1 和表 7.2 所示。

表 7.1　用不同算法对任意 100 幅图像的识别性能进行比较

识别算法	准确率/%	误差/%	时间/ms
BP 算法	97.0	3.0	587
PCA-BP 算法	99.0	1.0	369

表 7.2　不同算法对任意 1000 幅图像的识别性能比较

识别算法	准确率/%	误差/%	时间/ms
BP 算法	97.5	2.5	1673
PCA-BP 算法	98.6	1.4	951

表 7.1 和表 7.2 表明，PCA 和 BP 神经网络相结合，可以提高仪器读数识别的准确性和速度。

参考文献 7

[1] AZEVEDO F A C, CARVALHO L R B, GRINBERG L T, et al. Equal numbers of neuronal and nonneuronal cells make the human brain an isometrically scaled - up primate brain[J]. Journal of Comparative Neurology, 2009, 513(5): 532-541.
[2] 邱锡鹏. 神经网络与深度学习[M]. 北京:机械工业出版社, 2020.
[3] 崔田莹. 基于深度学习的指针式表盘读数识别方法[D]. 广州: 广州大学, 2023.
[4] 汪嘉. 基于深度学习的声级计读数识别方法研究[D]. 北京: 北京化工大学, 2023.
[5] 雷海军, 谢莲花, 何业军, 等. 基于颜色特征的数字式仪表读数定位方法[J]. 重庆邮电大学学报(自然科学版), 2012, 24(02):227-230.
[6] 陈明亮, 陈成新, 王敬喜, 等. 基于 VC++的数字万用表数字识别方法[J]. 国外电子测量技术, 2016, 35(07):67-70.
[7] ZHANG J, ZUO L, GAO J, et al. Digital instruments recognition based on PCA-BP neural network [C]//2017 IEEE 2nd Information Technology, Networking, Electronic and Automation Control Conference (ITNEC). Chengdu, China. IEEE, 2017: 928-932.
[8] LIU W L. Research and implementation of number recognition in seven-segment numeric instrument [D][J]. Dalian: Dalian University of Technology, 2013.
[9] KUANG Y, SINGH R, SINGH S, et al. A novel macroeconomic forecasting model based on revised multimedia assisted BP neural network model and ant Colony algorithm[J]. Multimedia Tools and Applications, 2017(76): 18749-18770.
[10] LIU Z, TU H J . Using a hybrid PSO-BP model to predict survival rate after partial

hepatectomy[J]. Journal of Investigative Medicine, 2016(64): A8.

[11] SONG H F, CHEN G S, WEI H R, et al. The improved (2D) 2PCA algorithm and its parallel implementation based on image block [J]. Microprocessors and Microsystems, 2016(47): 170-177.

[12] LIU H, LIANG S, WEI N, et al. , The analysis of similarity measure function in image matching algorithms[J]. Advanced Materials Research, 2014(842): 649-653.

[13] AZIZ M A E, EWEES A A, HASSANIEN A E. Whale optimization algorithm and moth-flame optimization for multilevel thresholding image segmentation[J]. Expert Systems with Applications, 2017(83): 242-256.

第 8 章　细胞神经网络

【内容导读】 首先讨论了细胞神经网络、单细胞电路的硬件实现及实际细胞组成的神经网络；分析了基于反应扩散方程的改进细胞神经网络、六阶细胞神经网络、分数阶细胞神经网络的工作原理及实现方法；以基于忆阻器的细胞神经网络在图像处理中的应用研究为案例，详细分析了忆阻器的数学模型、忆阻细胞神经网络及忆阻桥突触电路的实现过程与效果。

细胞神经网络(CNN)是一种特殊的神经网络，由蔡少棠与 Lin Yang 于 1988 年提出。它类似于生物神经系统的架构，其中每个“神经元”(或称为“细胞”)与邻近的细胞间彼此连接并传递信号。这种网络结构支持并行计算，能够执行大量数据的快速处理，特别适用于影像处理、3D 表面分析、问题可视化、生物视觉和其他感官建模等应用。CNN 的架构从数学模型上看，每个细胞是独立的非线性的单元，具有初始状态、输入和输出行为。信号处理可以是连续的(如连续 CNN 处理器)或离散的(如离散 CNN 处理器)。这种网络结构因其并行计算的能力，能够在资料处理上实现高速运算，通过固定数目、固定位置、固定拓扑、局部互连的非线性处理单元进行计算，从而大幅提升运算速度。

8.1　细胞神经网络的理论基础

细胞神经网络的理论基础包括如下所述。

(1) 1984 年，T. Kohonen 在 *Self-organization and Associative Memory* 一书中提出了两种邻居系统的结构，而其中之一就是细胞神经网络的原始结构。

(2) 利用了 Hopfield 神经网络模型，并将原有的 Hopfield 电路模型中的 S 形输入/输出特性曲线改成由三条折线组成的非线性特性曲线，同时在电路中引入了自反馈。

(3) 受细胞自动机理论的启发，将细胞自动机(cellular automatic)的分析方法用于细胞神经网络理论中。

(4) 利用蔡少棠教授在非线性运放电路中的研究成果，构成细胞神经网络的硬件。

(5) 利用 Lyapunov 能量函数和电路中的基尔霍夫定律确定了电路的稳定性和动态范围。

8.1.1 细胞神经网络的网状结构、动态范围及稳定性

1. 细胞神经网络的网状结构

图 8.1 所示为 5×5 维的细胞神经网络结构。对于 $M\times N$ 维的细胞神经网络，若其第 i 行与第 j 列的细胞记为 $C(i, j)$，则 $C(i, j)$ 的近邻细胞的定义如下。

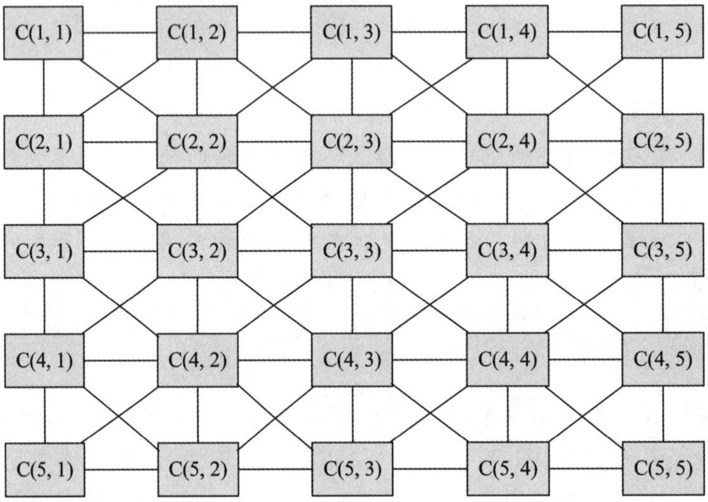

图 8.1 5×5 维的细胞神经网络结构

【定义 8.1】 细胞 $C(i, j)$ 在给定半径 r 下的近邻细胞为 $C(k, l)$，有

$$N_r(i, j)=\{C(k, l) \mid \max[|k-i|, |l-j|] \leqslant r\}, 1 \leqslant k \leqslant M, 1 \leqslant l \leqslant N \tag{8.1.1}$$

式中，k、l 表示细胞 $C(i, j)$ 所定义的近邻细胞 $C(k, l)$ 的行与列，$N_r(i, j)$ 为近邻细胞的集合。

由式(8.1.1)知，细胞神经网络的内部细胞共有 $(2r+1)^2$ 个，且近邻细胞呈现对称性。细胞 $C(i, j)$ 的邻近系统如图 8.2 所示。

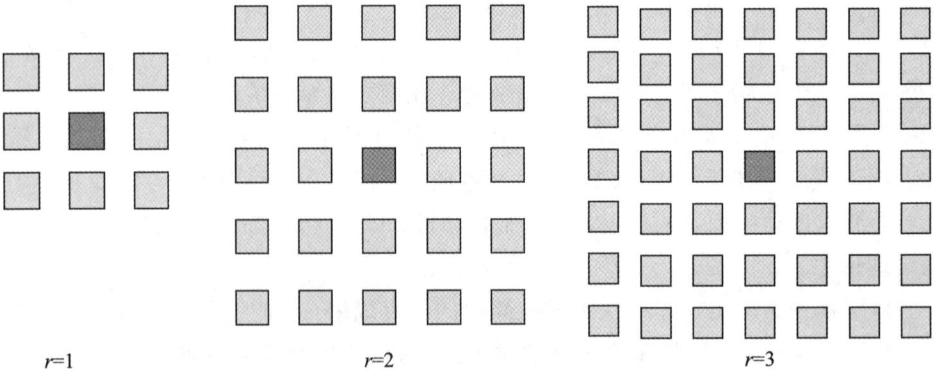

图 8.2 细胞 $C(i, j)$ 的近邻系统

细胞神经网络的电路结构如图 8.3 所示。

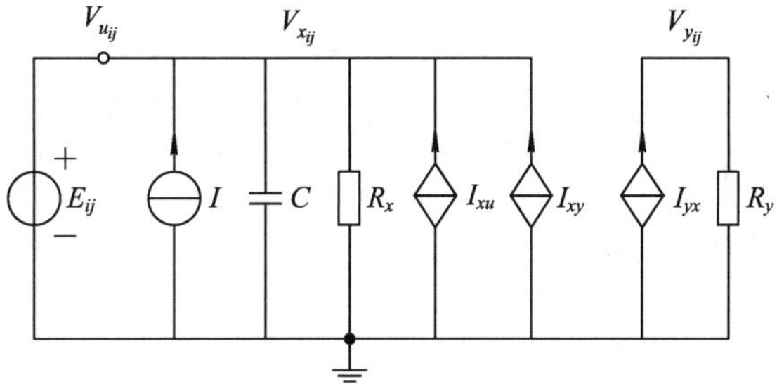

图 8.3　细胞神经网络模拟电路

C(i, j)的节点电压 $V_{x_{ij}}$ 称为细胞的状态；节点电压 $V_{u_{ij}}$ 为 C(i, j)的输入，且为小于 1 的常数；节点电压 $V_{y_{ij}}$ 为 C(i, j)的输出，且为小于 1 的常数。

在图 8.3 中，C、R_x、R_y 分别是线性电容和线性电阻，I 是独立电源，$I_{xu}(i, j; k, l)$和 $I_{xy}(i, j; k, l)$是线性电压控制电流源，其中

$$\begin{cases} I_{xy}(i, j; k, l) = A(i, j; k, l)V_{y_{kl}} \\ I_{xu}(i, j; k, l) = B(i, j; k, l)V_{u_{kl}} \end{cases} \tag{8.1.2}$$

$I_{yx}=(1/R_y)f(V_{x_{ij}})$是一个具有分段线性电压控制的电流源。$f(V_{x_{ij}})$的特性曲线如图 8.4 所示。$E_{ij}$ 是一个独立电压源。

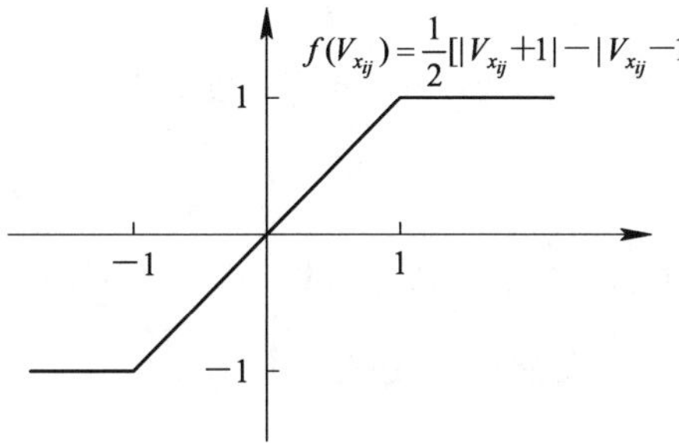

图 8.4　非线性受控源特性

根据上述电路可以得出一个细胞的电路方程组，包括状态方程：

$$C\frac{dV_{x_{ij}}(t)}{dt}=-\frac{1}{R_x}V_{x_{ij}}(t)+\sum_{C(k, l)\in N_r(i, j)}A(i, j; k, l)V_{y_{kl}}+\sum_{C(k, l)\in N_r(i, j)}B(i, j; k, l)V_{u_{kl}}+I \tag{8.1.3}$$

输出方程：

$$V_{y_{ij}}(t)=\frac{1}{2}(|V_{x_{ij}}(t)+1|-|V_{x_{ij}}(t)-1|) \tag{8.1.4}$$

输入方程：

$$V_{u_{ij}}=E_{ij} \tag{8.1.5}$$

约束方程：

$$\begin{cases} |V_{x_{ij}}(0)|\leqslant 1 \\ |V_{u_{ij}}(0)|\leqslant 1 \end{cases} \tag{8.1.6}$$

参数假设：

$$\begin{cases} A(i, j; k, l) = A(k, l; i, j) \\ C > 0, R_x > 0 \end{cases} \tag{8.1.7}$$

2. 细胞神经网络的动态范围

在设计一个实际的细胞实际网络时，为保证满足前面所述动态方程的假设条件，必须研究并确定其动态范围。

【定理 8.1】 在细胞神经网络中所有的状态 $V_{x_{ij}}$ 是有界的($t>0$)，且其边界值由

$$V_{\max} = 1 + R_{x\max}\left[\sum_{C(k, l) \in N_r(i, j)} (|A(i, j; k, l)| + |B(k, l; i, j)|\right] \tag{8.1.8}$$

来计算，并适用于任何细胞神经网络。对于一个任意的细胞神经网络来说，参数 R_x、C、$A(i, j; k, l)$和 $B(k, l; i, j)$均为有限值的常数，因此各细胞的状态边界值 $V_{\max}$是一个有限值。

3. 细胞神经网络的稳定性

细胞神经网络用于图像处理的基本功能之一是将一幅输入图像转换成相应的输出图像，由于输入图像有多个灰度等级，这就意味着图像处理细胞神经网络必须在跟踪一个暂态过程后收敛到一个恒定的稳态，所以有必要研究细胞神经网络的稳定性。

分析动态非线性电路收敛性的最有效方法是 Lyapunov 方法，现定义细胞神经网络的 Lyapunov 能量函数。

【定义 8.2】 细胞神经网络的 Lyapunov 能量函数定义为

$$E(t) = -\frac{1}{2}\sum_{(i, j)}\sum_{(k, l)} A(i, j; k, l) V_{y_{ij}}(t) V_{y_{kl}}(t) + \frac{1}{2R_x}\sum_{(i, j)} V_{y_{ij}}^2(t) - \sum_{(i, j)}\sum_{(k, l)} B(i, j; k, l) V_{y_{ij}}(t) V_{u_{kl}}(t) - \sum_{(i, j)} I V_{y_{ij}}(t) \tag{8.1.9}$$

【定理 8.2】 式(8.1.9)所定义的 $E(t)$是有界的，即

$$\max|E(t)| \leqslant E_{\max} \tag{8.1.10}$$

式中，

$$E_{\max} = \frac{1}{2}\sum_{(i, j)}\sum_{(k, l)} |A(i, j; k, l)| + \sum_{(i, j)}\sum_{(k, l)} |B(i, j; k, l)| + MN\left(\frac{1}{2R_x} + |I|\right) \tag{8.1.11}$$

【定理 8.3】 对于一个细胞神经网络的任意给定的输入 V_u 和初始状态 V_x，有

$$\lim_{t\to\infty} E(t) = \text{恒定值} \tag{8.1.12}$$

以及

$$\lim_{t\to\infty} \frac{\mathrm{d}E(t)}{\mathrm{d}t} = 0 \tag{8.1.13}$$

【推论】 一个细胞神经网络的暂态过程消失之后，总可得到一个恒定的直流输出，即

$$\lim_{t\to\infty} V_{y_{ij}}(t) = a(a\ \text{为常数}) \tag{8.1.14}$$

以及

$$\lim_{t\to\infty} \frac{\mathrm{d}E(t)}{\mathrm{d}t} = 0 \tag{8.1.15}$$

4. 多层细胞神经网络

要想使细胞神经网络能模仿人的大脑功能，必须从单层平面式的细胞神经网络推广到立体多层的细胞神经网络，在多层细胞神经网络中的每一个细胞可以有几个状态变量，同一层中的状态变量可以有相互作用。

多层细胞神经网络的状态方程为

$$\boldsymbol{C}\frac{\mathrm{d}V_{x_{ij}}(t)}{\mathrm{d}t}=-\frac{1}{R_x}V_{x_{ij}}(t)+\boldsymbol{A}\otimes V_{y_{ij}}+\boldsymbol{B}\otimes V_{u_{ij}}+I \qquad (8.1.16)$$

式中，$\otimes$表示卷积，I 表示多层细胞神经网络的层数，$\boldsymbol{C}$ 和 $\boldsymbol{R}$ 是对角线阵，而 $\boldsymbol{A}$ 和 $\boldsymbol{B}$ 是三角形矩阵。

8.1.2 单细胞电路的硬件实现

只要单细胞的电路结构和元件参数确定之后，细胞神经网络的多维结构也就随之确定，所以，单细胞电路的硬件实现尤为重要。

单细胞模拟电路如图 8.5 所示。节点电压 $V_{x_{ij}}$ 称为细胞的状态，节点电压 $V_{y_{ij}}$ 为细胞的输出，$I_{yx}=(1/R_y)f(V_{x_{ij}})$是一个具有分段线性电压控制电流源，$I_{xy}$ 是线性电压控制电流源，C 是线性电阻，R_x、R_y 是线性电容。

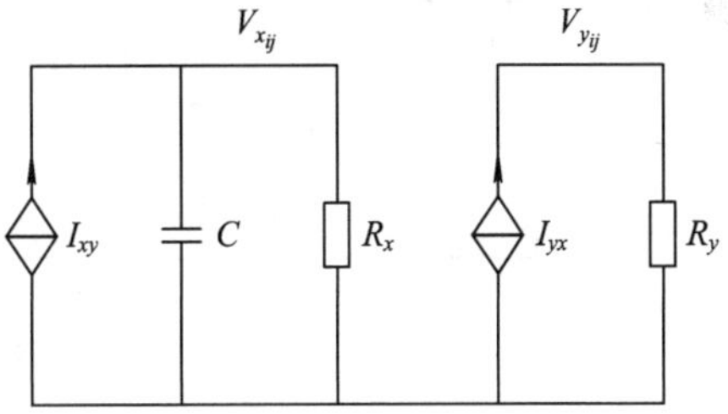

图 8.5　单细胞模拟电路

在具体电路的实现过程中，为避免电路出现振荡和混沌现象，首先要满足下面定理的要求。

【定理 8.4】 如果电路参数

$$A(i,j;k,l)>\frac{1}{R_x} \qquad (8.1.17)$$

则细胞神经网络的每一个细胞必然在经历一个衰减到零的暂态过程之后稳定在平衡点上，此外平衡点的幅度大于 1，即

$$\begin{cases}\lim\limits_{t\to\infty}|V_{x_{ij}}(t)|>1 & 1\leqslant i\leqslant M,1\leqslant j\leqslant N\\ \lim\limits_{t\to\infty}V_{y_{ij}}(t)=\pm 1 & 1\leqslant i\leqslant M,1\leqslant j\leqslant N\end{cases} \qquad (8.1.18)$$

单细胞实际电路如图 8.6 所示。

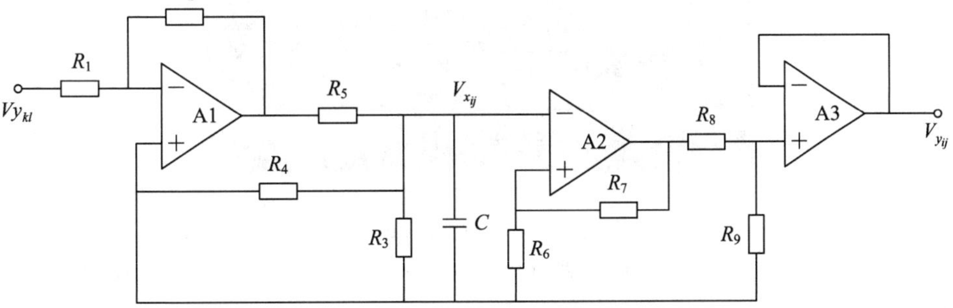

图 8.6　单细胞实际电路

节点电压 $V_{x_{ij}}$ 称为细胞的状态，节点电压 $V_{y_{ij}}$ 为细胞的输出，节点电压 $V_{y_{kl}}$ 为细胞的输入，该电路的约束条件为

$$\frac{R_2}{R_1}=\frac{R_4+R_5}{R_3}$$

$$\frac{R_6+R_7}{R_6}=\frac{R_8+R_9}{R_9}+|V_{CC}|$$

式中，V_{CC}为直流电压。由此，得

$$I_{xy}=-\frac{R_2}{R_1R_5}-V_{y_{kl}} \tag{8.1.19}$$

在实际调试时，考虑到约束条件，可得出如图 8.7 所示的改进电路。

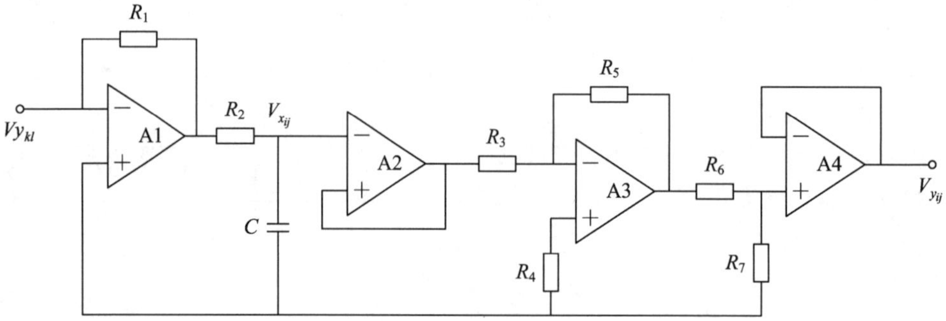

图 8.7　单细胞改进电路

8.1.3 实际细胞组成的神经网络

通过在一定的载体上培养神经细胞，可以使其生长后连成一定的网络，从而具有某种特定功能。实际细胞连成的神经网络如图 8.8 所示。

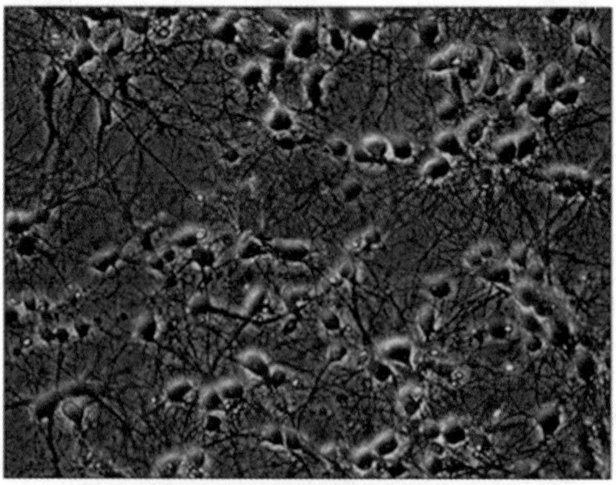

图 8.8　实际细胞连成的神经网络

图 8.8 为培养中的新生大鼠脑细胞(nikon4500＋nikon 倒置显微镜)，在第 5 天大鼠脑细胞已经连成了一定的神经网络。现在由实际细胞组成的神经网络正处于研究中。

8.2　基于反应扩散方程的改进细胞神经网络

8.2.1　细胞神经网络模型输出函数的改进

双曲正切函数是双曲函数的一种，写作 tanh。双曲正切函数一般定义为

$$\tanh x = \frac{\sinh x}{\cosh x} \tag{8.2.1}$$

双曲正切函数的图形夹在水平直线 $y=1$ 与 $y=-1$ 之间，即双曲正切函数的值域是 $(-1, 1)$。双曲正切函数的曲线如图 8.9 所示。

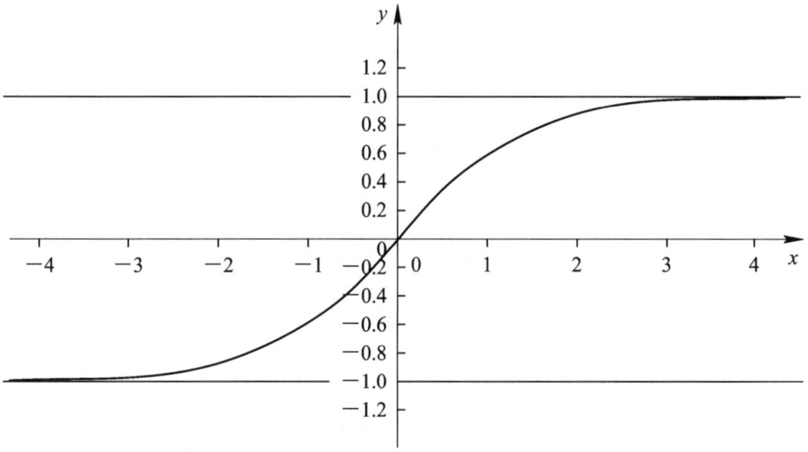

图 8.9　双曲正切函数的曲线

图 8.9 表明，双曲正切函数与细胞神经网络输出函数的曲线非常相似。细胞神经网络的输出分别为 +1 和 −1，而双曲正切函数无限地逼近 +1 和 −1。正是因为这样的特性，因此考虑用双曲正切函数来代替细胞神经网络输出函数。利用双曲正切函数作为模型输出函数可以大大减少细胞神经网络在边缘提取时的迭代次数，使其可以更快地确定边缘。具体改进的输出函数为

$$y(i, j) = \tanh(x(i, j)) \tag{8.2.2}$$

为了提高算法的边缘提取精度，现引入双层耦合的细胞神经网络模型，构造第二层的状态方程为

$$\dot{Y}_{ij} = -Y_{ij} + \sum_{C(k, l) \in N_r(i, j)} A(i, j; k, l) y_{ij} + \sum_{C(k, l) \in N_r(i, j)} B(i, j; k, l) Y_{ij} + Z_{ij} \tag{8.2.3}$$

式中，$1 \leqslant i \leqslant M$；$1 \leqslant j \leqslant N$。

8.2.2　细胞神经网络模型模板取值范围

在细胞神经网络中，将双曲正切函数作为输出函数分别代入状态方程(式(8.1.3)和式(8.2.3))中，得方程

$$\begin{cases}(\dot{x}_{11}) = a\tanh(x_{11}) + bx_{11} - cx_{12} - cx_{21} - cx_{22} \\ (\dot{x}_{12}) = a\tanh(x_{12}) + bx_{12} - cx_{11} - cx_{22} - cx_{13} \\ (\dot{x}_{13}) = a\tanh(x_{13}) + bx_{13} - cx_{12} - cx_{22} - cx_{23} \\ (\dot{x}_{21}) = a\tanh(x_{21}) + bx_{21} - cx_{11} - cx_{22} - cx_{31} \\ (\dot{x}_{22}) = a\tanh(x_{22}) + bx_{22} - cx_{12} - cx_{21} - cx_{23} - cx_{32} - cx_{11} - cx_{13} - cx_{31} - cx_{33} \\ (\dot{x}_{23}) = a\tanh(x_{23}) + bx_{23} - cx_{13} - cx_{22} - cx_{33} \\ (\dot{x}_{31}) = a\tanh(x_{31}) + bx_{31} - cx_{21} - cx_{22} - cx_{32} \\ (\dot{x}_{32}) = a\tanh(x_{32}) + bx_{32} - cx_{31} - cx_{22} - cx_{23} \\ (\dot{x}_{33}) = a\tanh(x_{33}) + bx_{33} - cx_{33} - cx_{22} - cx_{23}\end{cases} \tag{8.2.4}$$

$$\begin{cases}(\dot{y}_{11}) = a\tanh(x_{11}) + by_{11} - cy_{12} - cy_{21} - cy_{22} \\ (\dot{y}_{12}) = a\tanh(x_{12}) + by_{12} - cy_{11} - cy_{22} - cy_{13} \\ (\dot{y}_{13}) = a\tanh(x_{13}) + by_{13} - cy_{12} - cy_{22} - cy_{23} \\ (\dot{y}_{21}) = a\tanh(x_{21}) + by_{21} - cy_{11} - cy_{22} - cy_{31} \\ (\dot{y}_{22}) = a\tanh(x_{22}) + by_{22} - cy_{12} - cy_{21} - cy_{23} - cy_{32} - cy_{11} - cy_{13} - cy_{31} - cy_{33} \\ (\dot{y}_{23}) = a\tanh(x_{23}) + by_{23} - cy_{13} - cy_{22} - cy_{33} \\ (\dot{y}_{31}) = a\tanh(x_{31}) + by_{31} - cy_{21} - cy_{22} - cy_{32} \\ (\dot{y}_{32}) = a\tanh(x_{32}) + by_{32} - cy_{31} - cy_{22} - cy_{23} \\ (\dot{y}_{33}) = a\tanh(x_{33}) + by_{33} - cy_{33} - cy_{22} - cy_{23}\end{cases} \tag{8.2.5}$$

当模型中所有方程达到平衡点时，取 $\tanh x \approx -\frac{x^3}{6}$，得

$$\begin{cases}(a+b)x - \frac{a}{6}x^3 - 2cx - cy = 0 & ① \\ (a+b)y - \frac{a}{6}y^3 - 8cx = 0 & ②\end{cases} \tag{8.2.6}$$

由①得

$$y = -\frac{a}{6c}x^3 + \frac{a+b-2c}{c}x \tag{8.2.7}$$

当 $a>0$ 时，令 $y=0$，式(8.2.7)的解为

$$x_1 = 0,\ x_{2,3} = \pm\sqrt{\frac{6(a+b-2c)}{a}}$$

对式(8.2.7)两边求导，得

$$y' = -\frac{a}{2c}x^2 + \frac{a+b-2c}{c} \tag{8.2.8}$$

图像边缘的幅度通常比较大，图像灰度的一阶导数是灰度快速变化的区域，也是在幅度上比阈值大的区域。这里令 $y'=0$，即通过零交叉点分析平衡点的问题，从而确定细胞神经网络稳定时模板中各参数值的关系。由 $y'=0$，求得式(8.2.7)的解为

$$x=\pm\sqrt{\frac{2(a+b-2c)}{a}}$$

同理，由②得

$$x=\frac{a}{48c}y^3+\frac{a+b}{8c}y \tag{8.2.9}$$

对式(8.2.9)两边求导，得

$$\frac{dx}{dy}=-\frac{a}{16c}y^2+\frac{a+b}{8c} \tag{8.2.10}$$

令$\frac{dx}{dy}=0$，得

$$y=\pm\sqrt{\frac{2(a+b)}{a}}$$

通过上面的数学推导可知式(8.2.8)和式(8.2.10)两个方程各有两个极值点，从而判断方程存在平衡点。当方程存在平衡点时，可以将其与细胞神经网络相结合进行模板的确定。由式(8.2.8)和式(8.2.10)得[1]

$$8c^3+3ac+3bc-(a+b)^3\leqslant 0 \tag{8.2.11}$$

式(8.2.11)中并未涉及参数 a 与其他参数的关系，因此，现通过式(8.2.10)进一步确定参数 a 与其他参数的关系。

根据细胞状态方程(8.1.3)知，当参数满足下式[2-3]时，电路暂态过程结束，细胞神经网络各细胞状态达到一个稳定的平衡点：

$$A(i,j;k,l)>\frac{1}{R_x} \tag{8.2.12}$$

因此，参数 a 的值应该满足 $a>\frac{1}{R_x}$，即当 $a>\frac{1}{R_x}$时，细胞神经网络处在稳定状态。

在细胞神经网络中，通常取 $R\geqslant 1$，因此，在分析上述模型方程解时只考虑 $a>0$ 的情况。当 $a>0$ 时，通过式(8.2.10)可以得到条件：$a+b\geqslant 4c$。这样，可以更加详细地确定式(8.2.11)中各参数的取值范围：

$$\begin{cases}|b-8c|<i\\ i<b-6c\\ a+b\geqslant 4c\end{cases} \tag{8.2.13}$$

8.2.3 基于反应扩散模型的阈值改进

阈值 Z 的选取直接影响图像边缘提取的效果和质量。阈值控制边缘提取的程度，阈值的绝对值越小，提取的边缘越全面，但噪声会随之增大。相反，阈值过大提取的边缘不全面。为了平衡这个矛盾，通常需要多次验证，才能取得适中的阈值。但是，由于图像各区域的灰度值是不均匀的，因此，固定常数的阈值会造成部分区域边缘提取不准确。所以，为了更好地实现阈值的自适应选取，现利用反应扩散方程进行阈值的改进。

反应扩散方程表示物质在一定时间和空间内的扩散的量，可以表示为[4]

$$\frac{\partial u}{\partial t}=D\nabla^2 u \tag{8.2.14}$$

式中，u 表示物质的扩散，其分布是由空间 $x\in\mathbb{R}^N$ 和时间 t 定义的；扩散系数 D 代表物质的扩散能力，正负代表扩散方向；∇^2 是 Laplacian 算子。

现引进反应扩散方程作为一个可以根据图像灰度自组织的阈值 Z[5]，即

$$\frac{\partial Z}{\partial t}=D\nabla^2\boldsymbol{Z} \tag{8.2.15}$$

阈值 Z 可以根据图像不同区域的灰度级别自适应地设置；扩散系数 D 一般取为一个常数，通常设置为某一区域的平均值[6]，也需要人工进行设定。这样设定并没有真正实现阈值的自适应，为了使阈值 Z 设定时完全根据图像自适应选取，需将系数 D 进行重新设定。

本节用一个新构造的调整函数作为反应扩散方程中的扩散系数 D[7]。这个调整函数是一个关于梯度的单调递减的非负函数，取值范围为(0, 1]，它能灵活地调整扩散系数，进而调整图像两边缘之间的距离。该调整函数为

$$g(r)=\frac{1}{\ln\left(\mathrm{e}+\left(\frac{r}{k}\right)^2\right)+r^2} \tag{8.2.16}$$

式中，k 为常数，r 为图像的每个点的梯度，如下式[8]：

$$r=|\nabla u|=(G_x^2+G_y^2)^{1/2} \tag{8.2.17}$$

r 所具有的导数性质使其值与灰度值在可变区域中随亮度变化的程度呈比例关系，这为边缘提取提供了方法。

利用 Sobel 算子的两组 3×3 的矩阵，分别将之与图像 $\boldsymbol{U}_0$ 做平面卷积，即可得到横向和纵向的亮度差分近似值 $\boldsymbol{G}_x$ 及 $\boldsymbol{G}_y$，即[8]

$$\boldsymbol{G}_x=\begin{bmatrix}-1 & 0 & 1\\ -2 & 0 & 2\\ -1 & 0 & 1\end{bmatrix}\boldsymbol{U}_0 \tag{8.2.18a}$$

$$\boldsymbol{G}_y=\begin{bmatrix}-1 & -2 & -1\\ 0 & 0 & 0\\ 1 & 2 & 1\end{bmatrix}\boldsymbol{U}_0 \tag{8.2.18b}$$

改进算法具体实现步骤如下：

步骤 1：准备初始图像并归一化处理。

步骤 2：通过本节确定的模板关系式设计神经网络的各模板和阈值。

步骤 3：用式(8.2.15)调用式(8.2.16)～式(8.2.18)离散迭代得到阈值。

步骤 4：设定网络稳定标志，开始循环迭代计算。

步骤 5：网络完全收敛并且网络中细胞状态都大于 1 或者小于 −1 跳出循环。

步骤 6：图像边缘确定并输出原图和提取边缘后的图像。

8.3 六阶细胞神经网络

8.3.1 细胞神经网络模型

首先，引入比较简化的细胞神经网络模型[9]，即

$$\frac{\mathrm{d}x_j}{\mathrm{d}t}=-x_j+a_jp_j+G_0+G_s+i_j \tag{8.3.1}$$

式中：j 表示第 j 个细胞；x_j 表示变量状态；a_j 表示常量；i_j 表示门限值；G_0 表示连接细胞的输出值；G_s 表示状态变量线性组合；p_j 表示细胞的输出值[10]，即

$$p_j=0.5(|x_j+1|-|x_j-1|) \tag{8.3.2}$$

文献[10]和[11]描述了 6 维细胞神经网络系统的混沌现象特性，六阶全互联 CNN 的方程为

$$\frac{\mathrm{d}x_j}{\mathrm{d}i}=-x_j+a_jp_j+\sum_{\substack{k=1\\k\neq j}}^{6}a_{jk}p_k+\sum_{k=1}^{6}s_{jk}x_k+i_j \tag{8.3.3}$$

式中，$j=1, 2, \cdots, 6$。

六阶细胞神经网络的详细参数如下：

$$a_j=0(j=1, 2, \cdots, 6),\ a_{jk}=0(j, k=1, 2, \cdots, 6; j\neq k)$$

$$i_j=0(j=1, 2, \cdots, 6),\ a_4=200$$

$$s_{jk}=\begin{bmatrix}1 & 0 & -1 & -1 & 0 & 0\\ 0 & 3 & 1 & 0 & 0 & 0\\ 12 & -12 & 0 & 0 & 0 & 0\\ 90 & 0 & 0 & -94 & 0 & 0\\ 1 & 18 & 0 & 0 & 0 & 0\\ 0 & 100 & 0 & 0 & 4 & -3\end{bmatrix},\ i_j=\begin{bmatrix}0\\0\\0\\0\\0\\0\end{bmatrix}$$

上述方程可写为

$$\begin{cases}\dfrac{\mathrm{d}x_1}{\mathrm{d}t}=-x_3-x_4\\ \dfrac{\mathrm{d}x_2}{\mathrm{d}t}=2x_2+x_3\\ \dfrac{\mathrm{d}x_3}{\mathrm{d}t}=12x_1-13x_2\\ \dfrac{\mathrm{d}x_4}{\mathrm{d}t}=90x_1-95x_4+200y_4\\ \dfrac{\mathrm{d}x_5}{\mathrm{d}t}=x_1+18x_2-x_5\\ \dfrac{\mathrm{d}x_6}{\mathrm{d}t}=100x_2+4x_5-4x_6\end{cases} \tag{8.3.4}$$

式中，$y_4=\dfrac{|x_4+1|-|x_4-1|}{2}$。

格里波基利用 Lyapunov 指数判定混沌的存在性，证明只要有一个 Lyapunov 指数为正数，就可以说明该系统为混沌系统[12]，因此可利用 Lyapunov 指数法研究系统式(8.3.3)的动力学行为，如图 8.10 所示，得到的 6 个 Lyapunov 指数 $\lambda_1=8.9017$，$\lambda_2=-7.2989$，$\lambda_3=-0.5895$，$\lambda_4=-105.6794$，$\lambda_5=-2.1141$，$\lambda_6=-37.0429$。采用四阶 Runge-Kutta 方法对式(8.3.4)进行求解，图 8.11 为式(8.3.3)系统的混沌吸引子图。

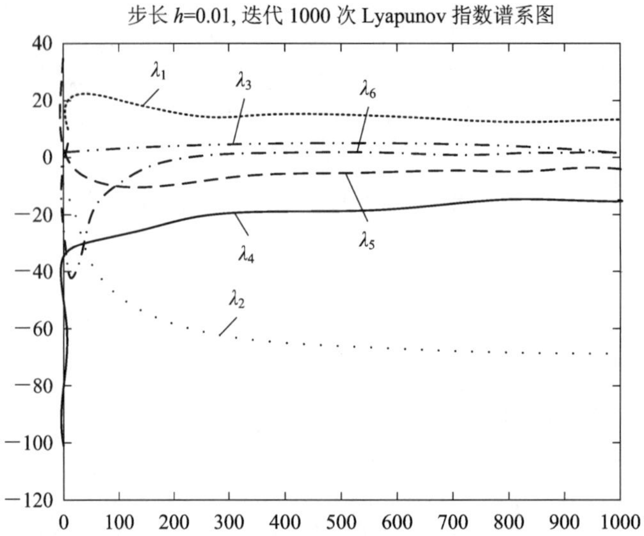

图 8.10　六阶 CNN 系统的 Lyapunov 指数图[9]

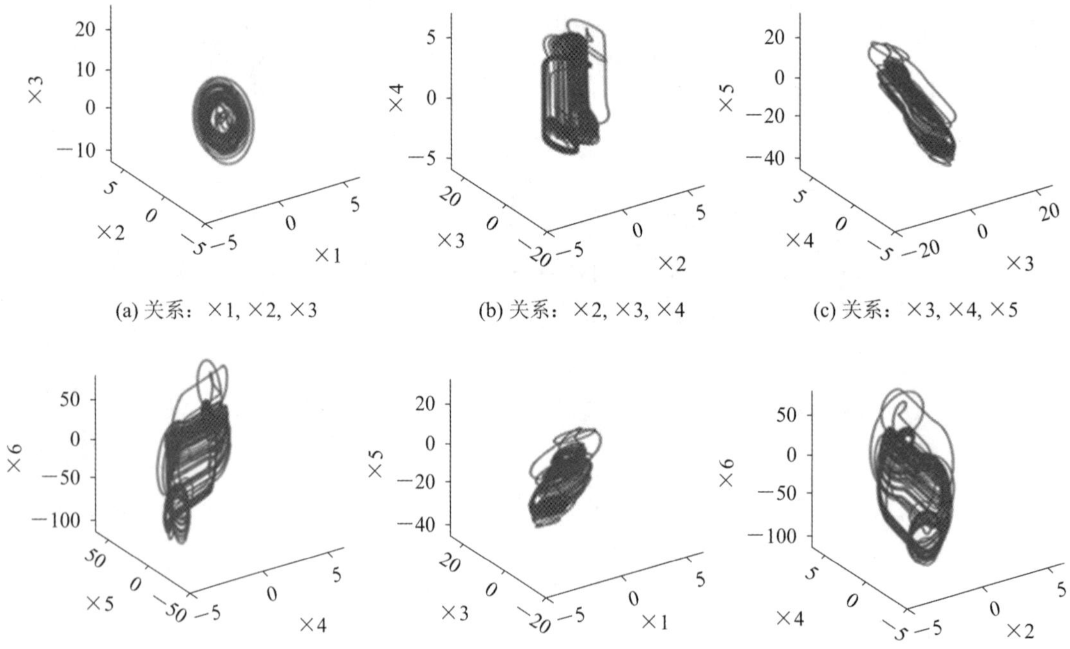

(a) 关系：×1, ×2, ×3　(b) 关系：×2, ×3, ×4　(c) 关系：×3, ×4, ×5

(d) 关系：×4, ×5, ×6　(e) 关系：×1, ×3, ×5　(f) 关系：×2, ×4, ×6

图 8.11　六阶 CNN 系统产生的混沌吸引子图[9]

8.3.2　一般三次映射的鲁棒混沌

Li-Yorke 混沌定义　存在一个连续自映射 $f(x)$在区间 I 上满足：

(1) $f(x)$周期点的周期无上界。

(2) 闭区间 I 上存在不可数子集，且：

① $\forall x, y \in S, x \neq y, \limsup|f''(x)-f''(y)|>0$；

② $\forall x, y \in S, \liminf|f'(x)-f''(y)|>0$ 的任意周期点 y，有 $\lim|f''(x)-f''(y)|>0$

则 $f(x)$具有混沌现象[13]。

【定义 8.3】 映射 $\psi(x): J=[p, q]\to J$ 称为 S 单峰映射，且满足的条件如下：

(1) 映射 $\psi(x)$具有连续的三阶导函数。

(2) p 为不动点，且存在原像 q，即 $\psi(p)=\psi(q)=p$。

(3) 映射 $\psi(x)$在区间$[p, q]$上存在唯一的极大值点 m，使得映射 $\psi(x)$在区间$[p, m)$上严格增加，在区间$(m, q]$上严格减小。

(4) 映射 $\psi(x)$具有负的 Schwarz 导数，即

$$S(\psi, x)=\frac{\psi'''(x)}{\psi'(x)}-\frac{3(\psi''(x))^2}{2(\psi'(x))^2}<0$$

基于 S 单峰映射的混沌定理如下：

【定理 8.5】 若映射 $\psi_v(x): J=[p, q]\to J$ 是一个含有参数 v 的 S 单峰映射，且在点 $m\in(p, q)$存在最大值，使得对于任意的参数 $v\in(v_{\min}, v_{\max})$，$\psi_v(m)=q$，则映射 $\psi_v(x)$对任意的参数 $v\in(v_{\min}, v_{\max})$是混沌的。

基于定义 8.3 和定理 8.5，文献[9]对一般三次方程的求根公式做了大量工作，给出了更为简明的三次方程求根公式，并发表在《数学学习与研究》中，从而建立了一般三次函数的鲁棒混沌定理。

【定理 8.6】 设三次函数为

$$\psi(x)=ax^3+bx^2+cx+d(a\neq 0) \tag{8.3.5}$$

设 $b^2=vac$，$v\in(-\infty, 0)\cup(3, +\infty)$，则 $\psi(x)$是混沌映射，若参数集 $S=\{a, u, v, d, \theta\}$满足下列任一情况：

(1) 若 $a>0$，

$$\begin{cases}
1-\dfrac{4\left(1-\dfrac{3}{v}\right)^{\frac{3}{2}}}{\dfrac{9}{v}-2+2\left(1-\dfrac{3}{v}\right)^{\frac{3}{2}}}\leqslant u\leqslant 1 \\
b=\sqrt{\dfrac{18a\sqrt{1-\dfrac{3}{v}}\left[\cos\left(\dfrac{\theta}{3}-\dfrac{2}{3}\pi\right)-\cos\left(\dfrac{\theta}{3}+\dfrac{2}{3}\pi\right)\right]}{2-2u+\left(3-\dfrac{9}{v}\right)\sqrt{1-\dfrac{3}{v}}+\dfrac{9u-9}{v}+(2u-1)\left(1-\dfrac{3}{v}\right)^{\frac{3}{2}}}} \\
d=\dfrac{9ab(uc-1)+18a\sqrt{b^2-3ac}\cos\left(\dfrac{\theta}{3}+\dfrac{2}{3}\pi\right)+2u(b^2-3ac)^{\frac{3}{2}}-2ub^3}{27a^3} \\
\theta=\cos^{-1}\left(\dfrac{9-2v-9u+2uv}{2v\left(1-\dfrac{3}{v}\right)^{\frac{3}{2}}}-u\right)
\end{cases} \tag{8.3.6}$$

$$
\begin{cases}
1-\dfrac{4\left(1-\dfrac{3}{v}\right)^{\frac{3}{2}}}{\dfrac{9}{v}-2-2\left(1-\dfrac{3}{v}\right)^{\frac{3}{2}}} \leqslant u \leqslant 1 \\
b=-\sqrt{\dfrac{18a\sqrt{1-\dfrac{3}{v}}\left[\cos\left(\dfrac{\theta}{3}+\dfrac{2}{3}\pi\right)-\cos\left(\dfrac{\theta}{3}-\dfrac{2}{3}\pi\right)\right]}{2-2u+\left(3-\dfrac{9}{v}\right)\sqrt{1-\dfrac{3}{v}}+\dfrac{9u-9}{v}-(2u-1)\left(1-\dfrac{3}{v}\right)^{\frac{3}{2}}}} \\
d=\dfrac{9ab(uc-1)+18a\sqrt{b^2-3ac}\cos\left(\dfrac{\theta}{3}+\dfrac{2}{3}\pi\right)+2u(b^2-3ac)^{\frac{3}{2}}-2ub^3}{27a^3} \\
\theta=\cos^{-1}\left(\dfrac{9-2v-9u+2uv}{-2v\left(1-\dfrac{3}{v}\right)^{\frac{3}{2}}}-u\right)
\end{cases}
\tag{8.3.7}
$$

则 $\psi(x)$：$J=[p, q]\rightarrow J$ 是一个单峰映射，其中 $p=\dfrac{-b+2\sqrt{b^2-3ac}\cos\left(\dfrac{\theta}{3}+\dfrac{2}{3}\pi\right)}{3a}$，$q=\dfrac{-b+2\sqrt{b^2-3ac}\cos\left(\dfrac{\theta}{3}-\dfrac{2}{3}\pi\right)}{3a}$，且存在点 $m=\dfrac{-b-\sqrt{b^3-3ac}}{3a}\in[p, q]$，使得 $\psi(m)=q$。

(2) 若 $a<0$ 时，同理也可证明。

基于一般形式的三次混沌映射(定理 8.6)，若参数满足任意情况，则可检验其生成序列是否具有混沌特性，这里只验证 $v>0$ 的情况。图 8.12 分别为 $x=-0.6$ 时的序列图与混沌映射迭代产生的散点图，该图可以直观反映序列分布情况。判断映射是否具有混沌特性，计算 Lyapunov 指数值是方法之一，保证计算的结果有一个 Lyapunov 指数大于零，则能够说明此系统是混沌系统。解得 Lyapunov 指数值为 1.7234。

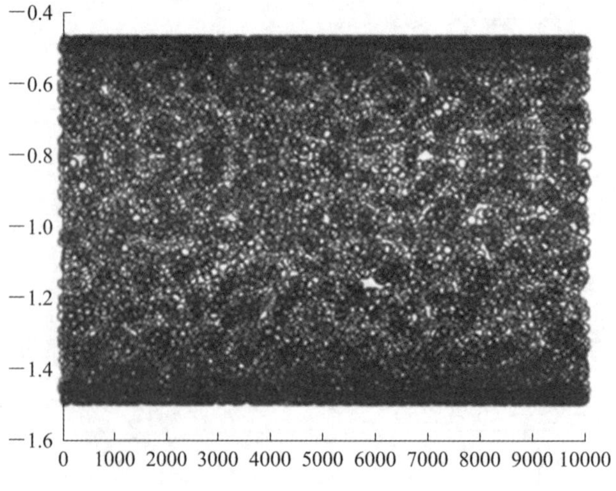

图 8.12 一般形式的三次鲁棒映射序列图和散点图[9]

8.4　分数阶细胞神经网络

分数阶系统模型能够更加真实准确地描述现实世界中存在的系统，越来越受到科学界和工程界的重视。许多系统的数学模型都可以采用分数阶微积分描述，如热流体流动过程[14]、无人机飞行控制[15]、电磁波和黏弹性系统[16]等。许多分数阶系统的动态行为是混沌的或超混沌的，如分数阶 Chen 系统[17]、分数阶 Lu 系统[18]、分数阶 Lorenz 混沌系统[19]、分数阶蔡氏电路[20]等。分数阶混沌系统的阶数引起的复杂性也让其比整数阶混沌系统具有更高的保密性，因此，分数阶混沌系统在数据加密[21]、保密通信[22]等领域具有广泛的应用前景。

CNN 是一种局部互联、双值输出的信号非线性模拟处理器，适用于超大规模集成电路的实现[23]。CNN 也是一种非线性系统，当满足某些特定条件时，能够产生混沌现象[24]。大多数 CNN 的研究成果都是基于整数阶模型得到的，整数阶系统是对实际系统的理想化处理。分数阶模型相比于整数阶模型，能显示出比整数阶模型更符合实际的高灵敏性和强记忆性，能更精确地描述系统的复杂特性及其变化。若以分数阶模型描述 CNN，则更准确及更具有实际应用价值，而这种研究并不多见。本节将分析一个四阶分数阶 CNN 系统模型及其动力学特性，如混沌吸引子、时序图、Lyapunov 指数、平衡点的稳定性。文献[25]验证了在相同的系统参数和初始条件下，系统的混沌吸引子结构依赖于分数阶阶数的取值，并给出了系统出现混沌的参数范围，设计了状态反馈控制器镇定系统，并通过仿真结果验证了设计的正确性。

8.4.1　细胞神经网络的分数阶模型

分数阶微积分是整数的积分和微分的推广。人们提出了多种分数阶微积分的定义，采用 Caputo 定义分析和设计系统为[26]

$$ {}_aD_t^q f(t) = \begin{cases} \dfrac{1}{\Gamma(m-q)} \dfrac{\mathrm{d}^m}{\mathrm{d}t^m} \displaystyle\int_a^t \dfrac{f^m(\tau)}{(t-\tau)^{q-m+1}} \mathrm{d}\tau & m-1 < q < m \\ \dfrac{\mathrm{d}^m}{\mathrm{d}t^m} f(t) & q = m \end{cases} \tag{8.4.1} $$

式中，$q\in \mathbb{R}$，$m\in \mathbf{N}$，$m-1<q\leqslant m$，$\Gamma(\cdot)$为 Gamma 函数，${}_aD_t^q$ 为 q 阶 Caputo 微分算子。在细胞神经网络中，第 i 行、第 j 列的神经元只与周围相邻的神经元连接。CNN 的状态模型可以简化为

$$ \frac{\mathrm{d}x_j}{\mathrm{d}t} = -x_j + a_j f(x_j) + \sum_{k=1,\, k\neq j}^{4} A_{jk} f(x_k) + \sum_{k=1}^{4} S_{jk} x_k + I_j \tag{8.4.2} $$

式中，x_j 是第 j($j=1, 2, 3, 4$)个细胞的状态变量，a_j、A_{jk}、S_{jk} 是常数值。若令式(8.4.2)的参数 $s_{11}=s_{12}=s_{21}=s_{24}=s_{33}=s_{34}=s_{42}=s_{43}=0$，$a_1=a_2=a_3=0$，$A_{jk}=0_{4\times 4}$，$I_1=I_2=I_3=I_4=0$，则 CNN 状态方程模型为

$$ \dot{\boldsymbol{X}} = \boldsymbol{AX} + \boldsymbol{FX} \tag{8.4.3} $$

式中，

$$ \boldsymbol{F} = [0 \quad 0 \quad 0 \quad a_4 f(x_4)]^{\mathrm{T}},\ f(x_4) = |x_4+1| - \frac{|x_4-1|}{2} $$

$$\boldsymbol{A}=\begin{bmatrix}0 & 0 & s_{13} & s_{14}\\ 0 & s_{22} & s_{23} & 0\\ s_{31} & s_{32} & 0 & 0\\ s_{41} & 0 & 0 & s_{44}\end{bmatrix}$$

$$\boldsymbol{X}(t)=[x_1(t),\ x_2(t),\ x_3(t),\ x_4(t)]^{\mathrm{T}}$$

与式(8.4.3)模型对应的分数阶 CNN 模型为

$$ {}_a\mathrm{D}_t^q\boldsymbol{X}=\boldsymbol{AX}+\boldsymbol{F}(\boldsymbol{X}) \tag{8.4.4}$$

式中，$q=\{q_1, q_2, q_3, q_4\}$，$0<q_i<1(i=1, 2, 3, 4)$为系统分数阶的阶数值。

8.4.2 分数阶细胞神经网络的动力学分析

1. 混沌吸引子

调整四阶分数阶细胞神经网络系统(式(8.4.4))的参数值，可以使其产生混沌及超混沌现象。若取参数为 $a_1=a_2=a_3=0$，$I_1=I_2=I_3=I_4=0$，$a_4=200$，$A_{jk}=0_{4\times 4}$，$s_{13}=s_{14}=-1$，$s_{22}=2$，$s_{23}=1$，$s_{31}=14$，$s_{32}=-14$，$s_{41}=100$，$s_{44}=-100$。令 $q_1=q_2=q_3=q_4=0.95$，取步长为 0.05，初始状态为 $x_1(0)=0.1$，$x_2(0)=0.2$，$x_3(0)=0.2$，$x_4(0)=0.2$，用 Adams-Bashforth-Moulton 预估校正方法[27]对式(8.4.4)系统求解，则可得式(8.4.4)系统的混沌奇异吸引子和状态时序图，如图 8.13 和图 8.14 所示。

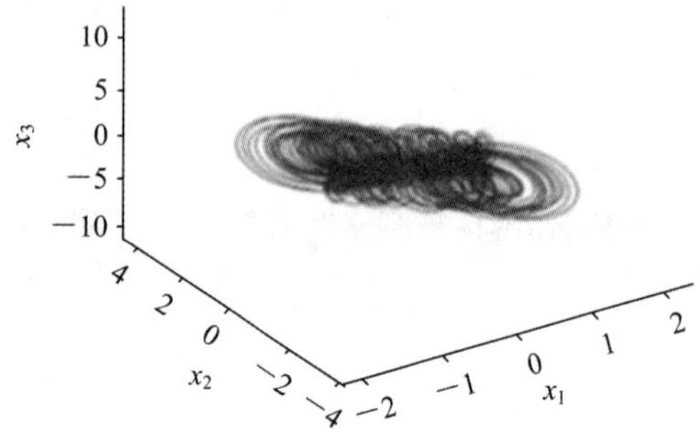

(a) 混沌吸引子 x_1-x_2-x_3 的相图

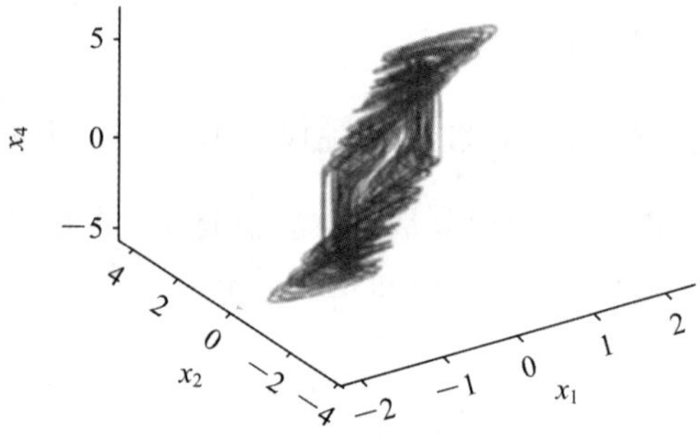

(b) 混沌吸引子 x_1-x_2-x_4 的相图

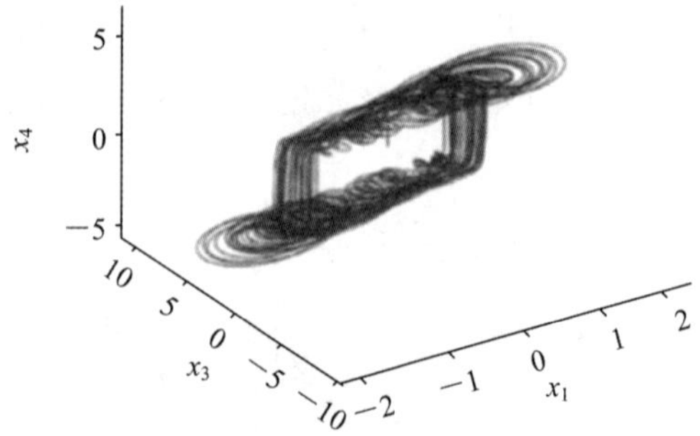

(c) 混沌吸引子 x_1-x_3-x_4 的相图

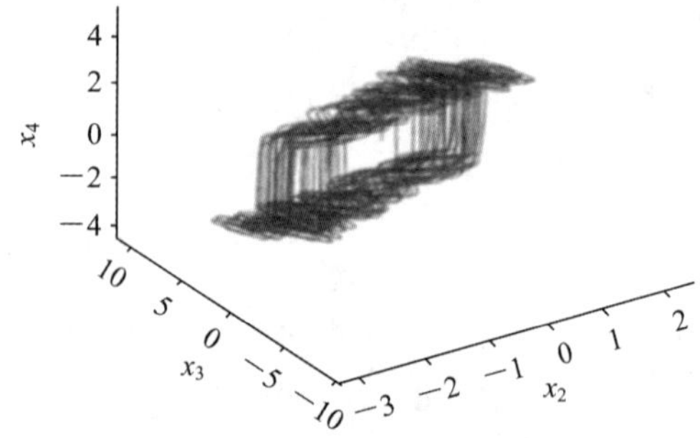

(d) 混沌吸引子 x_2-x_3-x_4 的相图

图 8.13 四阶分数阶细胞神经网络系统三维混沌吸引子相图[25]

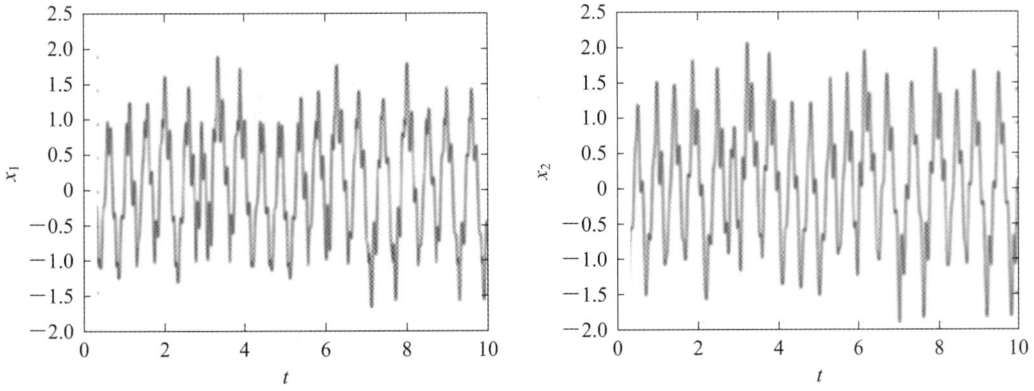

(a) x_1 的状态时序图　　(b) x_2 的状态时序图

图 8.14　四阶分数阶细胞神经网络系统状态分量时序图[25]

图 8.14 表明，在特定的参数值、初始状态以及分数阶阶数的情况下，式(8.4.4)系统呈现混沌状态。可以进一步验证当 q_1、q_2、q_3、q_4 变化时，式(8.4.4)系统的混沌吸引子会随之变化甚至消失。若取 $q_1=q_2=q_3=q_4=0.92$，而参数和初值不变时，则其相图如图 8.15 所示。

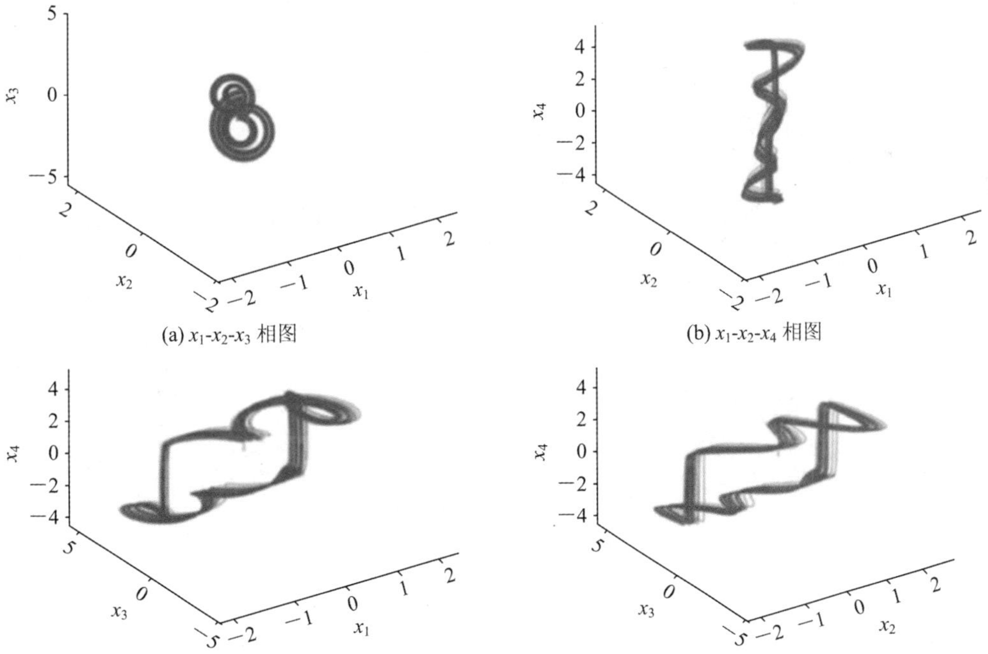

(a) x_1-x_2-x_3 相图　　(b) x_1-x_2-x_4 相图

(c) x_1-x_3-x_4 相图　　(d) x_2-x_3-x_4 相图

图 8.15　$q_1=q_2=q_3=q_4=0.92$ 时四阶分数阶细胞神经网络系统三维相图[25]

当 $q_1=q_2=q_3=q_4=0.87$ 而参数和初值不变时，其相图如图 8.16 所示。

当 $q_1=q_2=q_3=q_4=0.76$ 而参数和初值不变时，其相图如图 8.17 所示。

图 8.15～图 8.17 表明，当系统的分数阶阶数发生改变时，系统的动态特性发生了改变。当 $0.77<q<1$ 时，系统的混沌特性是存在的，而当 $q<0.77$ 时，系统的混沌特性不存在。

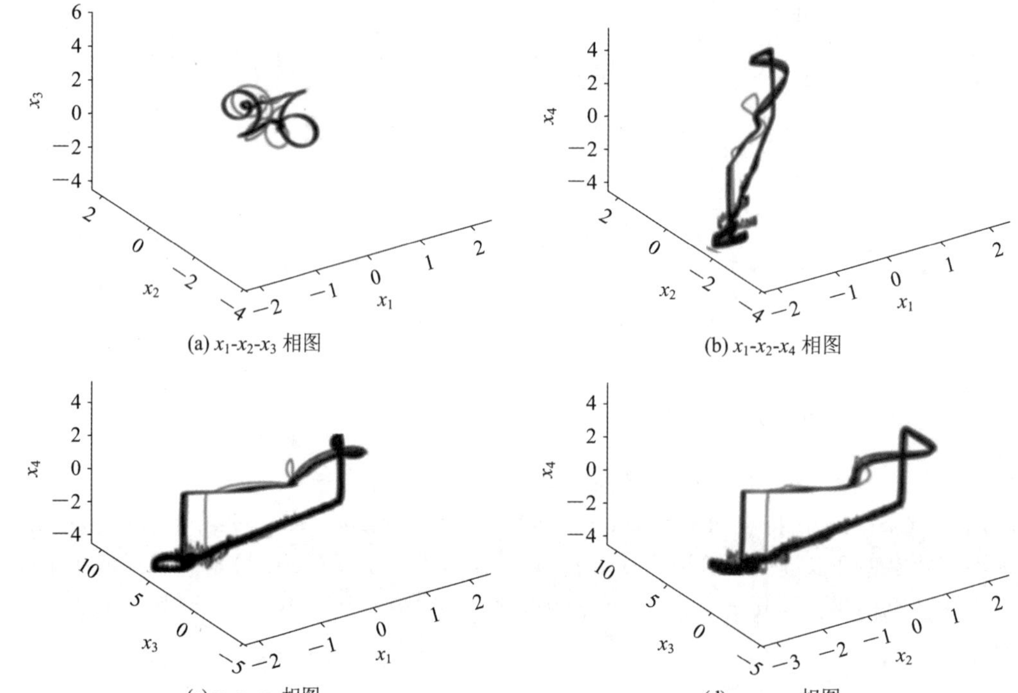

(a) x_1-x_2-x_3 相图　(b) x_1-x_2-x_4 相图

(c) x_1-x_3-x_4 相图　(d) x_2-x_3-x_4 相图

图 8.16　$q_1=q_2=q_3=q_4=0.87$ 时四阶分数阶细胞神经网络系统三维相图[25]

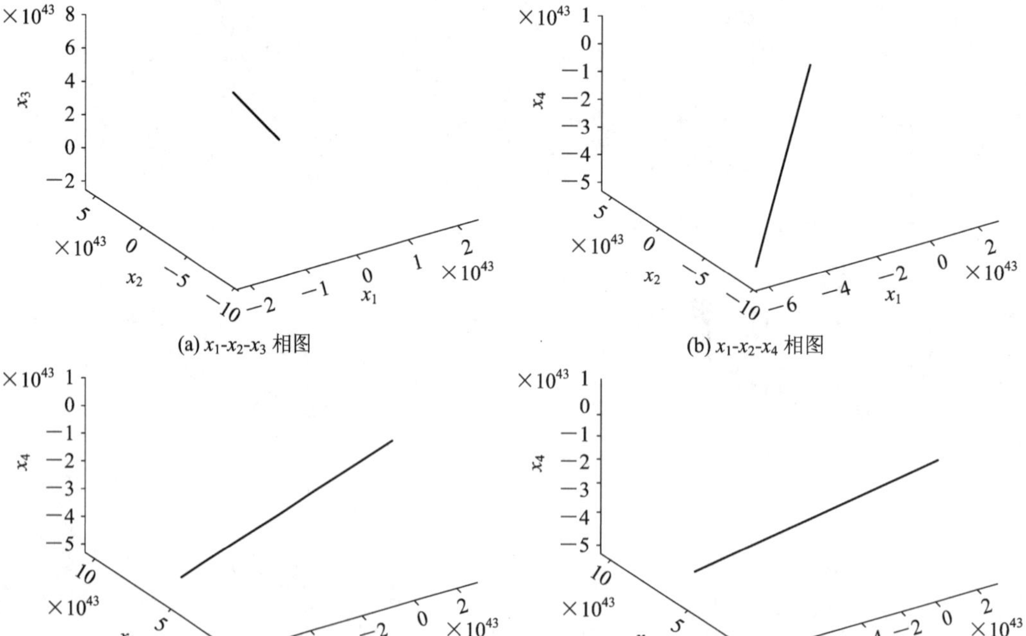

(a) x_1-x_2-x_3 相图　(b) x_1-x_2-x_4 相图

(c) x_1-x_3-x_4 相图　(d) x_2-x_3-x_4 相图

图 8.17　$q_1=q_2=q_3=q_4=0.76$ 时四阶分数阶细胞神经网络系统三维相图[25]

2. 平衡点的稳定性分析

在式(8.4.4)中，由于 $f(x_i)=1/2(|x_i+1|-|x_i-1|)$ 为非线性函数，所以，按照 $D_1=\{x \| x_4|\leqslant 1\}$，$D_2=\{x \| x_4|\geqslant 1\}$，$D_3=\{x \| x_4|\leqslant -1\}$ 三个区域来求解系统的平衡点。令式(8.4.4)右边等于零，得到系统的平衡点 $\boldsymbol{x}_{eq1}=(0, 0, 0, 0)^T$，$\boldsymbol{x}_{eq2}=(2, 2, -4, 4)^T$ 和 $\boldsymbol{x}_{eq3}=(-2, -2, 4, -4)^T$。式(8.4.4)的雅可比(Jacobi)矩阵为

$$\boldsymbol{J}=\begin{bmatrix} 0 & 0 & s_{13} & s_{14} \\ 0 & s_{22} & s_{23} & 0 \\ s_{31} & s_{32} & 0 & 0 \\ s_{41} & 0 & 0 & s_{44} \end{bmatrix} \tag{8.4.5}$$

在 3 个平衡点处的雅可比矩阵分别为

$$\boldsymbol{J}_1=\begin{bmatrix} 0 & 0 & -1 & -1 \\ 0 & 2 & 1 & 0 \\ 14 & -14 & 0 & 0 \\ 100 & 0 & 0 & 100 \end{bmatrix}$$

$$\boldsymbol{J}_2=\boldsymbol{J}_3=\begin{bmatrix} 0 & 0 & -1 & -1 \\ 0 & 2 & 1 & 0 \\ 14 & -14 & 0 & 0 \\ 100 & 0 & 0 & 100 \end{bmatrix}$$

求得平衡点处的特征值如表 8.1 所示。

表 8.1　平衡点的雅可比矩阵的特征值[25]

平衡点	λ_1	λ_2	λ_3	λ_4
s_1	98.9913	0.7439+5.2291i	0.7439−5.2291i	1.5209
s_2，s_3	−98.9913	0.2224+5.0826i	0.2224−5.0826i	0.5464

表 8.1 表明，在$(0, 0, 0, 0)^T$ 处，4 个特征根的实部均为正实数，所以该平衡点为不稳定平衡点；在$(2, 2, -4, 4)^T$ 和$(-2, -2, 4, -4)^T$ 处，特征根 λ_2、λ_3 的实部为正实数，λ_1 为负实数，λ_4 为正实数，所以，该平衡点也是不稳定平衡点。平衡点的不稳定性导致式(8.4.4)所示系统发生混沌现象。

3. Lyapunov 指数

Lyapunov 指数是表征动力学系统相邻轨道平均分散率的物理量，体现了系统动态行为的内在特征。对于混沌系统，至少有一个正的 Lyapunov 指数。Lyapunov 指数的计算公式为

$$\omega=\lim_{n\to\infty}\frac{1}{n}\sum_{i=1}^{n}\ln|F'(x)|_{x=x_i} \tag{8.4.6}$$

式中，$F'(x)|_{x=x_i}$ 为系统所对应的雅可比矩阵元素，x_i 为平衡点。

式(8.4.6)表明，在平衡点$(0, 0, 0, 0)^T$ 处，Lyapunov 指数分别为 132.6153、2.1992、0.9809、1.1691；在平衡点$(2, 2, -4, 4)^T$ 处，4 个 Lyapunov 指数分别为0.8184、0.4194、

0.1974、−697.9523，其中有 3 个为正数。此外，在参数和初值不变的情况下，改变系统分数阶的阶数也影响 Lyapunov 指数，这种影响可以通过 Lyapunov 指数谱直观地表示出来。表 8.2 给出了 q_i ($i=1, 2, 3, 4$) 取不同值时的 Lyapunov 指数值，图 8.18 则为平衡点 $(2, 2, -4, 4)^T$ 的 Lyapunov 指数谱。

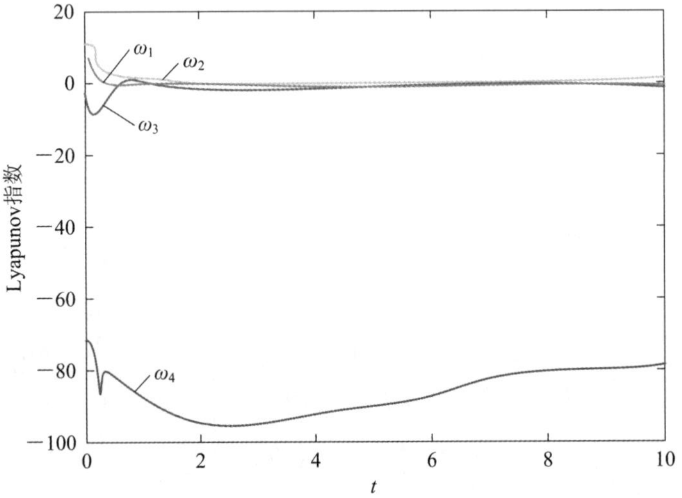

(a) $q_1=q_2=q_3=q_4=0.98$ 时的 Lyapunov 指数谱[25]

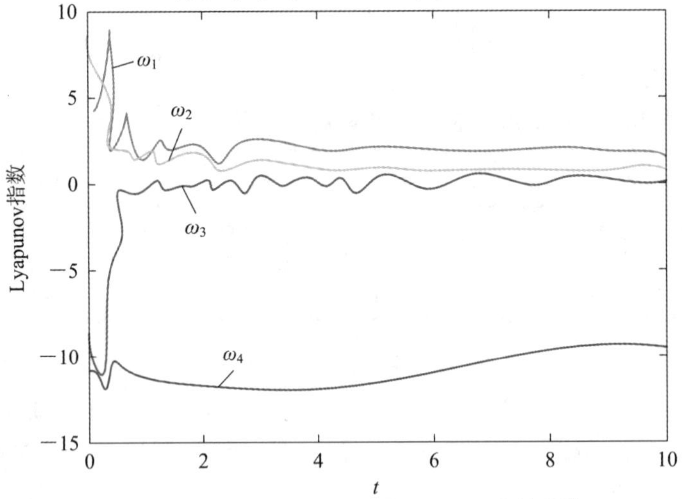

(b) $q_1=q_2=q_3=q_4=0.87$ 时的 Lyapunov 指数谱[25]

图 8.18 不同 q_i ($i=1, 2, 3, 4$) 取值的 Lyapunov 指数谱

表 8.2 q_i 取不同的值时的 Lyapunov 指数[25]

q	ω_1	ω_2	ω_3	ω_4
0.98	0.7241	0.3384	0.2391	−78.6507
0.90	0.9996	0.3991	0.2624	−31.4674
0.87	2.7495	1.1229	0.2644	0.3632
0.76	161.8952	1.7445	−0.0090	0.2050

表 8.2 表明，当 $q=0.76$ 时，4 个 Lyapunov 指数中有 3 个正数。此时系统是没有混沌现象的，因此，只通过 Lyapunov 指数这一个指标难以判别一个系统是否能够产生混沌。

4. 分数阶细胞神经网络的控制设计

为设计分数阶 CNN 系统的控制律，现给出有用的引理。

【引理 8.1】[28]　设式(8.4.4)系统的阶数 $q_1=q_2=q_3=q_4=q\in(0,1)$，当且仅当 $\det(\lambda\boldsymbol{I}-\boldsymbol{J}_i)=0$ 求得的所有特征根都满足 $|\arg(\lambda)|>(q\pi)/2$ 时，对应的平衡点是渐近稳定的。阶数为 q 的分数阶混沌系统的稳定区域如图 8.19 所示。

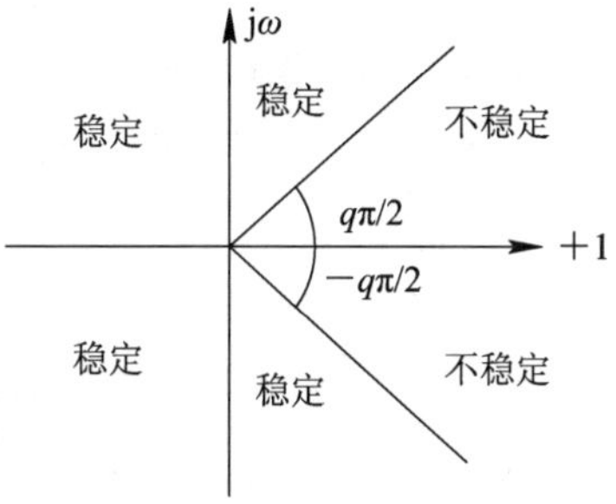

图 8.19　分数阶系统的稳定区域[25]

由引理 8.1 和图 8.19 知，对于分数阶混沌系统，若 $0<q<1$，且 $\det(\lambda\boldsymbol{I}-\boldsymbol{J}_i)=0$ 的所有特征根具有负实部，那么其平衡点为渐近稳定的。

受控的细胞神经网络混沌系统可以重写为

$$\frac{\mathrm{d}^q x(t)}{\mathrm{d}t^q}=\boldsymbol{A}\boldsymbol{x}(t)+\boldsymbol{f}(\boldsymbol{x}(t))+\boldsymbol{u}(t) \tag{8.4.7}$$

式中，

$$\boldsymbol{A}=\begin{bmatrix}0 & 0 & s_{13} & s_{14}\\ 0 & s_{22} & s_{23} & 0\\ s_{31} & s_{32} & 0 & 0\\ s_{41} & 0 & 0 & s_{44}\end{bmatrix},\ \boldsymbol{f}(\boldsymbol{x}(t))=\begin{bmatrix}0\\0\\0\\a_4 f(x_4)\end{bmatrix},\ \boldsymbol{x}(t)=\begin{bmatrix}x_1\\x_2\\x_3\\x_4\end{bmatrix}$$

设式(8.4.7)的状态反馈控制律为

$$\boldsymbol{u}(t)=\boldsymbol{K}(\boldsymbol{x}(t)-\boldsymbol{x}_{\mathrm{eq}}) \tag{8.4.8}$$

式中，$\boldsymbol{x}_{\mathrm{eq}}=(x_1^*,x_2^*,x_3^*,x_4^*)^{\mathrm{T}}$ 为系统平衡点，$\boldsymbol{K}$ 为增益。

令 $e_i(t)=x_i(t)-x_i^*\ (i=1,2,3,4)$，则与式(8.4.7)对应的误差系统为

$$\frac{\mathrm{d}^q e(t)}{\mathrm{d}t^q}=(\boldsymbol{A}+\boldsymbol{K})\boldsymbol{e}(t)+\boldsymbol{f}(\boldsymbol{e}(t)+\boldsymbol{x}_{\mathrm{eq}}^*)+\boldsymbol{A}\boldsymbol{x}_{\mathrm{eq}}^* \tag{8.4.9}$$

式中，$\boldsymbol{e}(t)=(e_1(t),e_2(t),e_3(t),e_4(t))^{\mathrm{T}}$，$\boldsymbol{K}=\begin{bmatrix}k_{11} & k_{12} & k_{13} & k_{14}\\ k_{21} & k_{22} & k_{23} & k_{24}\\ k_{31} & k_{32} & k_{33} & k_{34}\\ k_{41} & k_{42} & k_{43} & k_{44}\end{bmatrix}$。

若式(8.4.9)误差系统在原点渐近稳定，则式(8.4.8)受控系统在其平衡点亦渐近稳定。

根据细胞神经网络系统的特性，讨论的几种情况如下：

在平衡点$(0, 0, 0, 0)^T$处，$f(e_4(t)+x_4^*)=0$。此时，若选择$k_{11}=-3$，$k_{22}=-4$，$k_{33}=-50$，$k_{44}=-200$，$k_{ij}=0(i, j=1, \cdots, 4; i\neq j)$，则式(8.4.9)系统的雅可比矩阵为

$$\boldsymbol{J}_4=\begin{bmatrix}-3 & 0 & -1 & -1\\ 0 & -2 & 1 & 0\\ 14 & -14 & -50 & 0\\ 100 & 0 & 0 & -100\end{bmatrix}$$

由$\det(\lambda\boldsymbol{I}-\boldsymbol{J}_4)=0$，求得其特征根为

$$\lambda_1=-98.9610, \lambda_2=-49.3894, \lambda_3=-4.3981, \lambda_4=-2.2516$$

所有特征根都具有负实部，因此，误差系统在原点渐近稳定，原系统在平衡点$(0, 0, 0, 0)^T$处渐近稳定。取初值$\boldsymbol{e}(0)=(0.1, 0.2, 0.2, 0.2)^T$，仿真结果如图8.20所示。

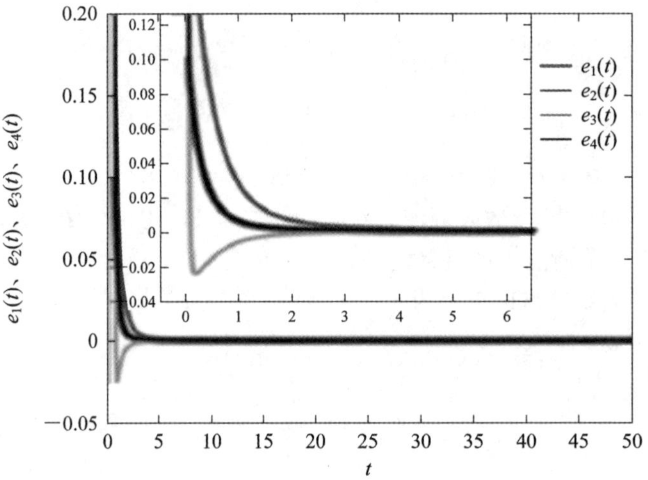

图 8.20 在$\boldsymbol{x}_{eq1}=(0, 0, 0, 0)^T$处的状态轨迹[25]

在平衡点$(2, 2, -4, 4)^T$处，

$$f(e_4(t)+x_4^*)=\begin{cases}1 & e_4>-3\\ -1 & e_4<-5\\ e_4+4 & -5<e_4<-3\end{cases}$$

当$f(e_4(t)+x_4^*)=\begin{cases}1 & e_4>-3\\ -1 & e_4<-5\end{cases}$时，此情形与平衡点$(0, 0, 0, 0)^T$处相同。当$f(e_4(t)+x_4^*)=e_4(t)+4(-5<e_4<-3)$时，若选择$k_{11}=-1$，$k_{22}=-5$，$k_{33}=-40$，$k_{44}=20$，$k_{ij}=0(i, j=1, \cdots, 4; i\neq j)$，则式(8.4.9)系统的雅可比矩阵为

$$\boldsymbol{J}_5=\begin{bmatrix}-1 & 0 & 0 & 0\\ 0 & -3 & 0 & 0\\ 14 & -14 & -40 & 0\\ 100 & 0 & 0 & -80\end{bmatrix}$$

由$\det(\lambda\boldsymbol{I}-\boldsymbol{J}_5)=0$，求得其特征根为$\lambda_1=-40$，$\lambda_2=-80$，$\lambda_3=-1$，$\lambda_4=-3$，所有特

征根都具有负实部。因此，误差系统在区域 $D_1=\{e\mid -5\leqslant e_4\leqslant -3;\ e_1,\ e_2,\ e_3\in\mathbb{R}\}$与区域 $D_2=\{e\mid e_4<-5$ 或 $e_4>-3;\ e_1,\ e_2,\ e_3\in\mathbb{R}\}$之间切换。令初值 $\boldsymbol{e}(0)=(-3,\ -2.5,\ -2,\ -4.5)^{\mathrm{T}}$，仿真结果如图 8.21 所示。图 8.21 表明，式(8.4.9)误差系统在原点渐近稳定，因而式(8.4.7)受控系统在平衡点 $\boldsymbol{x}_{\mathrm{eq2}}=(2,\ 2,\ -4,\ 4)^{\mathrm{T}}$ 渐近稳定。

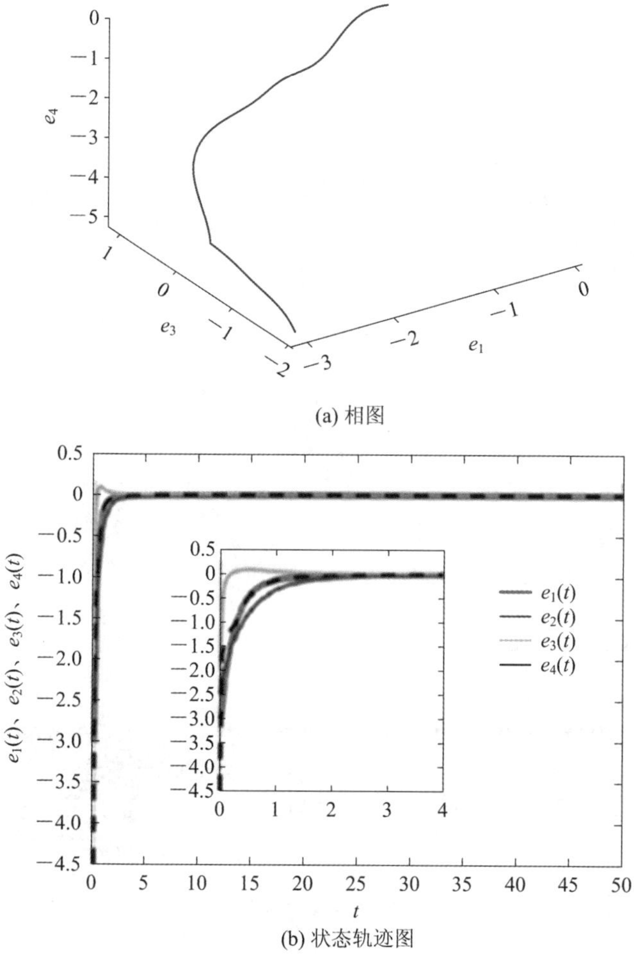

(a) 相图

(b) 状态轨迹图

图 8.21　在 $\boldsymbol{x}_{\mathrm{eq2}}=(2,\ 2,\ -4,\ 4)^{\mathrm{T}}$ 处的状态轨迹[25]

在平衡点$(2,\ 2,\ -4,\ 4)^{\mathrm{T}}$ 处，$f(e_4(t)+x_4^*)=\begin{cases}1 & e_4>-3\\ -1 & e_4<-5\\ e_4-4 & 3<e_4<5\end{cases}$。由第二个平衡点处的分析知，在该平衡点处式(8.4.7)系统渐近稳定。令初值为 $\boldsymbol{e}(0)=(3,\ 2.5,\ 2,\ 4.5)^{\mathrm{T}}$，仿真结果如图 8.22 所示。

本节在已有的整数阶细胞神经网络模型基础上，分析了一个四阶分数阶细胞神经网络系统模型，通过系统 Lyapunov 指数、混沌吸引子、平衡点稳定性等分析，讨论了系统的动力学行为。通过分析可知，在参数值、初值不变的情形下，调整阶次的数值可以产生复杂的混沌现象。此外，基于状态反馈控制策略设计了一个控制器来稳定系统的不平衡点，并通过数值仿真验证了设计的有效性。

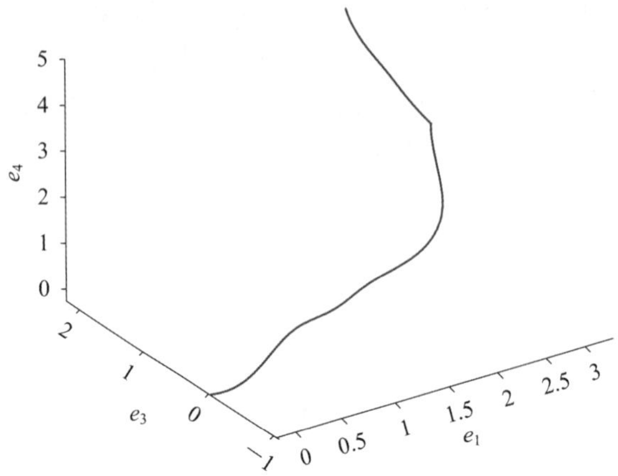

(a) 相图

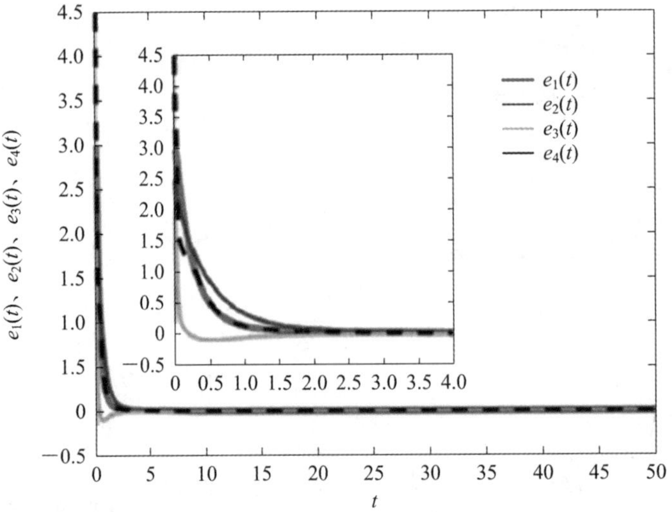

(b) 状态轨迹图

图 8.22　平衡点在 $\boldsymbol{x}_{eq3}=(-2,\ -2,\ 4,\ -4)^T$ 处的相图及状态轨迹[25]

8.5　案例 10——基于忆阻器的细胞神经网络在图像处理中的应用

忆阻器是 Chua 等[29]提出的一种新型两端元件，考虑电路变量之间的对称性，忆阻器的状态变量可以通过电荷和磁通之间的关系来表征。细胞神经网络[30]是一种实时处理信号的大规模非线性模拟电路，由大量有规律、间隔的细胞组成[31]，这些细胞通过它们最近的邻居相互通信。在细胞神经网络中，细胞以非线性的方式与相邻细胞相互作用。每个细胞单元由一个非线性压控电流源、一个线性电容器和几个线性电路元件组成[32]。在神经形态结构和神经网络中，利用纳米技术的忆阻器可以被用于实现突触连接，以减少面积消耗和功耗[33-34]。由于忆阻器具有天然的记忆特性，因此忆阻细胞神经网络的信息处理能力可以进一步提高[35]。Itoh 等[36]利用非线性无源忆阻器设计了一个细胞自动机和一个离散时间细胞神经网络；Kim 等[37]利用基于忆阻器的突触构建了细胞神经网络的电路结构。在文献

[32]和文献[39]中，CNN 中的电阻被替换为忆阻器。因此，CNN 和忆阻器[40-41]在多个领域都可以被认为是非常有效的工具。

本节给出一种新的忆阻细胞神经网络，用其代替传统细胞神经网络电路中相应的线性电阻，并构建出新型忆阻桥突触电路。该电路除了具有传统突触桥电路的优点外，还简化了电路结构，可不经过转换直接输出电压信号，并且与传统忆阻突触桥电路相比，其权值的更新条件更简单。文献[42]利用 SPICE 仿真证实了该电路可以实现相应权值的更新操作，并通过实验验证了该忆阻细胞神经网络可用于图像去噪及边缘提取。

8.5.1 忆阻器的数学模型

忆阻器是电阻可调的非线性器件，惠普忆阻器模型符合欧姆定律，即

$$v(t) = M(t)i(t) \tag{8.5.1}$$

式中，$M(t)$为忆阻器的阻值(即忆阻值)，且

$$M(t) = R_{\mathrm{OFF}} + (R_{\mathrm{ON}} - R_{\mathrm{OFF}})\frac{w(t)}{D} \tag{8.5.2}$$

$$\dot{w}(t) = \mu_v \frac{R_{\mathrm{ON}}}{D} i(t) \tag{8.5.3}$$

式中：D 为其对应的氧化物薄膜层的总宽度；$w(t)$为缺氧的TiO_{2-X}层的宽度，$0 \leqslant w(t) \leqslant D$；$R_{\mathrm{OFF}}$是 $w(t)=0$ 时忆阻器对应的高阻态；R_{ON}是 $w(t)=D$ 时对应的低阻态；μ_v 是氧空位的平均迁移率。

由式(8.5.1)的欧姆定律，式(8.5.3)可写为

$$\dot{w}(t) = \frac{kv(t)}{R_{\mathrm{OFF}} + (R_{\mathrm{ON}} - R_{\mathrm{OFF}})\dfrac{w(t)}{D}} \tag{8.5.4}$$

$$k = \frac{\mu_v R_{\mathrm{ON}}}{D} \tag{8.5.5}$$

式中，k 表示忆阻值的 $M(t)$和输入电压 $v(t)$之间的函数关系。设忆阻器模型的参数为 $R_{\mathrm{ON}}=100\ \Omega$，$R_{\mathrm{OFF}}=16\ \mathrm{k}\Omega$，$D=10\ \mathrm{nm}$，$\mu_v=10^{-14}\ \mathrm{m}^2/(\mathrm{s}\cdot\mathrm{V})$。当给其施加一个正弦激励 $v(t)=\sin(2\pi t)$时，忆阻值 $M(t)$关于时间 t 及电压 $v(t)$的变化曲线如图 8.23 所示。

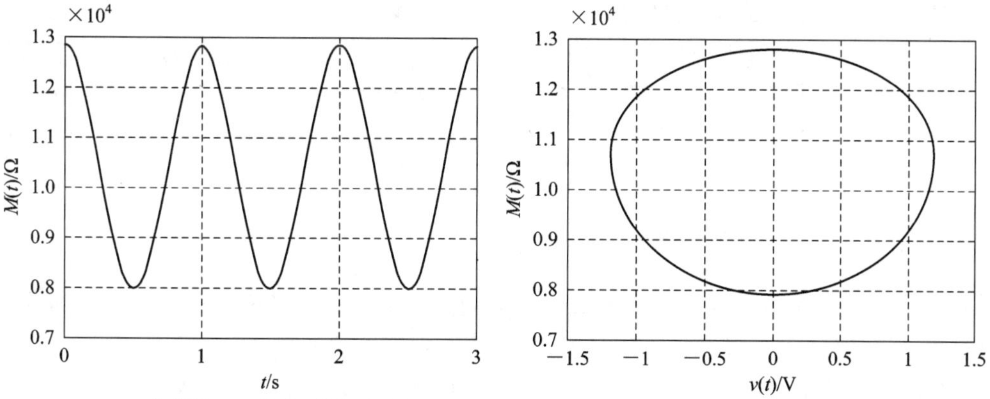

(a) 忆阻值 $M(t)$ 随时间的关系曲线　　(b) 忆阻值 $M(t)$ 与输入电压 $v(t)$ 的关系曲线

图 8.23　当施加激励 $v(t)=\sin(2\pi t)$时忆阻值的关系轨迹[42]

8.5.2 忆阻细胞神经网络

以二维 $M\times N$ 的忆阻细胞神经网络为例，其中每个细胞都同其相邻的细胞相关连，且彼此之间存在直接影响，设作用范围是 r，则一个细胞拥有一个 $(2r+1)\times(2r+1)$ 邻域矩阵。这里讨论 $r=1$ 的情况。

本节给出的忆阻细胞神经网络基本电路单元的原理图如图 8.24 所示，它包含一个忆阻器、一个电容、一个独立电压激励、一个电流激励及不超过 $2n$(n 表示相邻细胞的个数)个的受控电流源。这里 u、x、y 分别代表输入、状态、输出。与传统的细胞神经网络类似，每一个细胞的电路单元都含有相同的电路结构和参数值。在 $r=1$ 对应的细胞神经网络，各个细胞 $C(i, j)$ 都能接收到来自 8 个邻域的输入信号，同时每个细胞 $C(i, j)$ 也要提供 8 个输出细胞给相应的 8 个邻域细胞。值得注意的是，各个细胞的总输入信号不仅来自其各个邻域细胞的输入信号，还来自其自身的输出反馈信号及独立电流源。所以，一个细胞本身也包含在自己的邻域细胞中[30]。

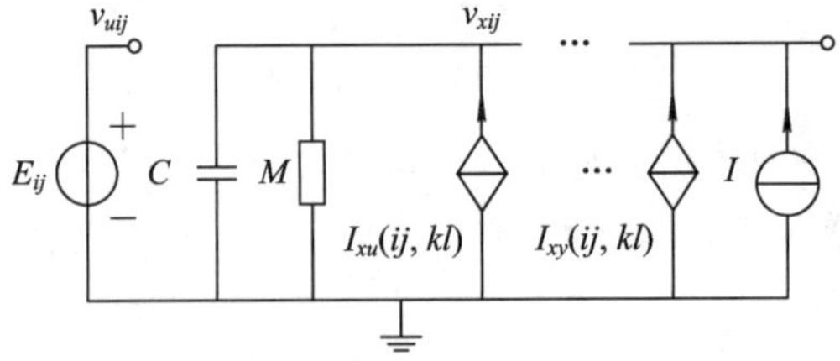

图 8.24 忆阻细胞神经网络的基本电路单元

根据基尔霍夫电流定律(KCL)和基尔霍夫电压定律(KVL)，可得到单个忆阻细胞的状态方程为

$$C\frac{\mathrm{d}v_{xij}(t)}{\mathrm{d}t}=-\frac{v_{xij}(t)}{M(t)}+\sum_{C(k,\ t)}A_{ij,\ kl}v_{ykl}(t)+\sum_{C(k,\ t)}B_{ij,\ kl}v_{ukl}+I \tag{8.5.6}$$

式中：$C(k, l)\in N_r(i, j)$ 表示 $(2r+1)^2$ 个相邻的细胞，即 $C(i, j)$ 细胞及所有邻域细胞，这里 r 的值为 1；v_{xij} 表示 $C(i, j)$ 的状态电压；v_{ukl} 及 $v_{ykl}(t)$ 表示 $C(k, l)$ 的输入及输出反馈电压。$I_{xu}(ij, kl)$ 和 $I_{xy}(ij, kl)$ 都是线性电压控制电流源，并满足 $I_{xy}(ij, kl)=A_{ij,\ kl}v_{ykl}(t)$，$I_{xu}(ij, kl)=B_{ij,\ kl}v_{ukl}$。$M(t)$ 是忆阻值，它取决于两端输入电压。

一个细胞 $C(i, j)$ 的状态取决于一个独立电流源 I，一个独立电压源 v_{uij}，其本身的状态 v_{xij}、输出反馈及输入控制、输出反馈依赖于 3×3 的反馈模板 $A_{ij,\ kl}$，而输入控制依赖于 3×3 的控制模板 $B_{ij,\ kl}$，这两个模板共同决定了邻域细胞之间相互连接的权值。权值的设定和运算可由忆阻桥电路实现。

8.5.3 忆阻桥突触电路的实现

在细胞神经网络对应的信号和图像处理应用中，模板有举足轻重的影响，当细胞神经网络起不一样的作用时，其模板也应有相应的更新。在传统的细胞神经网络电路中，权值运算用放大器和乘法器来实现，电路一旦建立，放大器的增益固定，不容易实现权值的改变。

图 8.25 所示的忆阻桥突触电路主要由忆阻器和电阻构成。在此电路中存在两个可变器件，忆阻器 M_1 与 M_2(具有相反的极性)。若给该电路施加正向激励，M_1 和 M_2 的阻值可

以产生相反的改变，利用减法器实现节点 a 与 b 之间的电势差。与传统的忆阻桥突触电路相比，减法器代替了晶体管和有源负载组成的差分电路，且不再需要电流信号与电压信号之间进行转换，简化了对应的突触电路结构。输出电压 v_o 为

$$v_o = \frac{R_6}{R_3} \cdot \frac{R_3 + R_5}{R_4 + R_6} \cdot v_a - \frac{R_5}{R_3} v_b \tag{8.5.7}$$

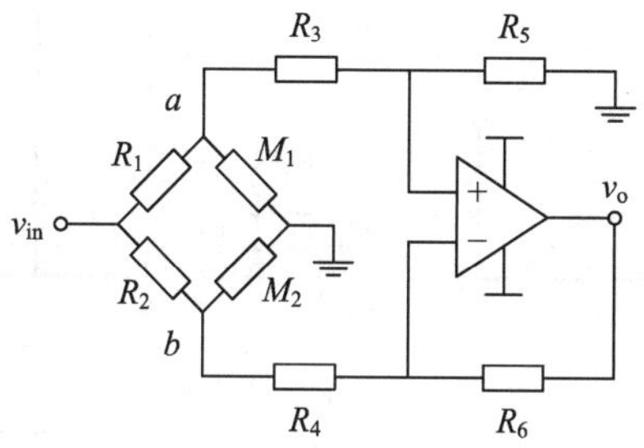

图 8.25 忆阻桥突触电路

令 $R_3 = R_4 = R_5 = R_6$，则式(8.5.7)可以写为

$$v_o = v_a - v_b = \left(\frac{M_1}{R_1 + M_1} - \frac{M_2}{R_2 + M_2}\right) v_{in} \tag{8.5.8}$$

这里可以把输入 v_{in} 和输出 v_o 之间的关系表示为

$$v_o = k v_{in} \tag{8.5.9}$$

k 即为该忆阻桥突触的权值，根据式(8.5.8)，k 可以进一步表示为

$$k = \frac{M_1 R_2 - M_2 R_1}{(R_1 + M_1)(R_2 + M_2)} \tag{8.5.10}$$

突触权值 k 可以看作与两个忆阻值相关的函数。当 $M_1 R_2 > M_2 R_1$ 时，$k > 0$，突触权值为正；当 $M_1 R_2 < M_2 R_1$ 时，$k < 0$，突触权值为负；当 $M_1 R_2 = M_2 R_1$ 时，$k = 0$，该电路处于稳定态，其对应的权值为零。

若令 $R_1 = R_2$，则 k 可以表示为

$$k = \frac{R_1 (M_1 - M_2)}{(R_1 + M_1)(R_2 + M_2)} \tag{8.5.11}$$

此时，在突触电路中，其对应的权值改变的表达式可看作 M_1 及 M_2 相应的方程，即

$$\begin{cases} k > 0 & M_1 > M_2 \\ k = 0 & M_1 = M_2 \\ k < 0 & M_1 < M_2 \end{cases} \tag{8.5.12}$$

式(8.5.12)表明，与具有 4 个忆阻器的突触电路相比，此突触电路进一步简化了权值改变条件。

文献[42]对该忆阻桥突触电路做了 SPICE 实验。设 $R_1 = R_2 = 30\ \text{k}\Omega$，减法器 4 个阻值 $R_3 = R_4 = R_5 = R_6 = 50\ \text{k}\Omega$，忆阻参量 $R_{ON} = 100\ \Omega$，$R_{OFF} = 20\ \text{k}\Omega$，$D = 10\ \text{nm}$，$\mu_v = 10^{-14}\ \text{m}^2/(\text{s} \cdot \text{V})$，并且其对应的初始条件 $M_1(0) = M_2(0) = 10\ \text{k}\Omega$。设定仿真时间是 10 s、施加的激励周期是 4 s、方波电压幅值为 1 V。图 8.26(a)为输入电压，图 8.26(b)显示了忆

阻桥电路中两个忆阻值和时间的关系，实线表示 M_1 随时间变化的轨迹，虚线表示 M_2 随时间变化的轨迹。图 8.26(b)表明，仿真结果验证了本节提出的忆阻桥突触电路能实现式(8.5.12)的结果，即能实现零、正、负的突触权值。图 8.26(c)表征了式(8.5.10)对应的忆阻桥突触电路的权值 k，横轴是输入激励，纵轴是输出信号。

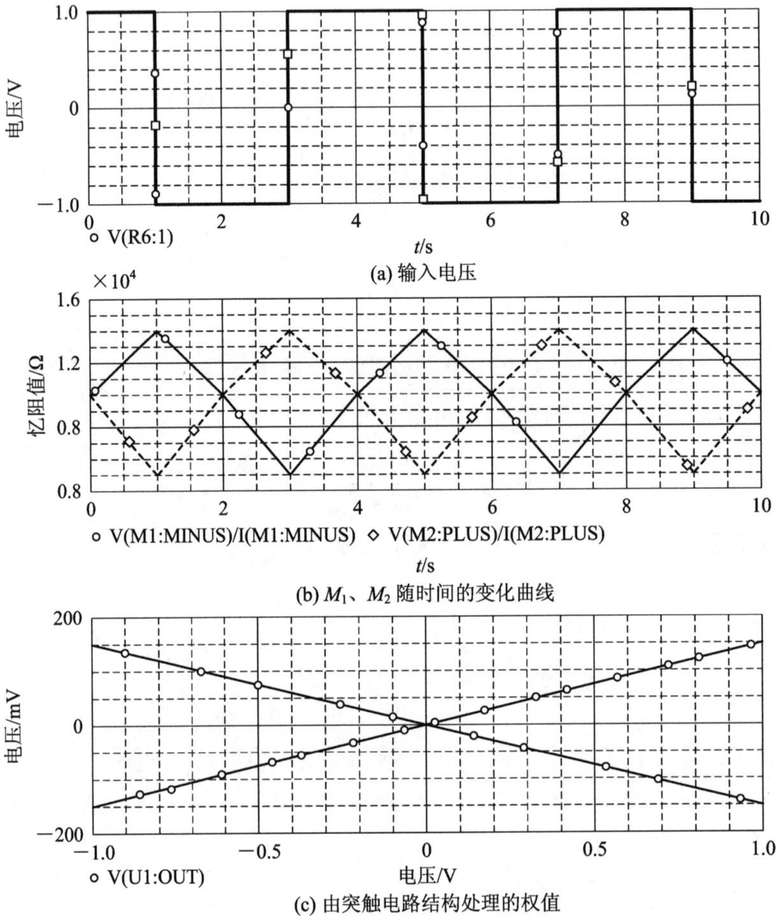

图 8.26　忆阻桥突触电路对应的 SPICE 模型[42]

8.5.4 仿真实验与结果分析

1. 稳定性分析

图 8.27 为细胞 C(2, 2)的 6 组不同的初始条件，细胞 C(2, 2)相对于图 8.27 的 6 组初始条件的 6 个瞬时状态如图 8.28 所示。图 8.28 表明，虽然给细胞 C(2, 2)输入不同的初始条件，但忆阻细胞神经网络的输出状态最终都可以达到稳定状态，设定反馈模板、控制模板和电流源的值分别为

$$\boldsymbol{A}=\begin{bmatrix}0 & 1 & 0\\ 1 & 2 & 1\\ 0 & 1 & 0\end{bmatrix},\ \boldsymbol{B}=\begin{bmatrix}0 & 0 & 0\\ 0 & 0 & 0\\ 0 & 0 & 0\end{bmatrix},\ \boldsymbol{I}=\boldsymbol{0} \tag{8.5.13}$$

0.7	−0.1	1.0	0.9
1.0	0.8	0.9	0.7
1.0	1.0	1.0	−1.0
0.8	−0.9	1.0	−1.0

(a)

1.0	0.6	−1.0	0.8
1.0	1.0	1.0	1.0
−1.0	−0.8	0.9	1.0
0.8	−0.9	−1.0	0.7

(b)

−0.9	1.0	1.0	−0.7
1.0	−1.0	−0.8	0.9
0.8	−0.7	1.0	−1.0
−0.8	−0.7	−1.0	−1.0

(c)

0.7	−0.8	−1.0	−1.0
−0.8	1.0	−0.9	−1.0
0.9	1.0	−1.0	−1.0
−1.0	−1.0	−1.0	1.0

(d)

−0.9	1.0	−0.7	−1.0
1.0	−1.0	1.0	−1.0
1.0	−0.8	−0.1	1.0
1.0	−0.8	−0.9	1.0

(e)

−0.7	−1.0	1.0	0.8
−0.9	−1.0	−0.8	−1.0
−1.0	1.0	−1.0	1.0
1.0	−0.9	0.8	1.0

(f)

图 8.27　细胞 C(2，2)的 6 组不同的初始状态[42]

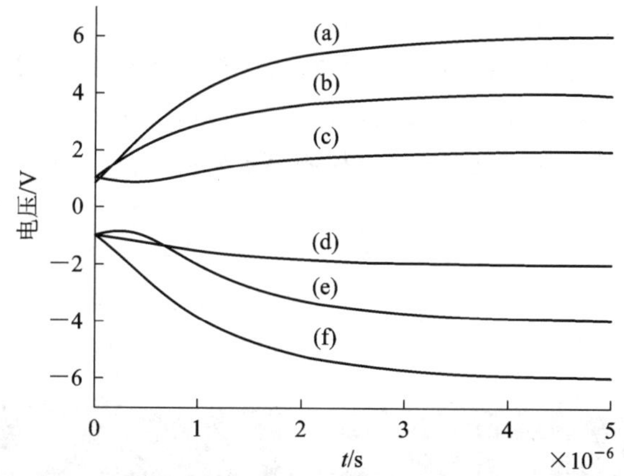

图 8.28　细胞 C(2，2)相对于图 8.27 的 6 组初始条件的 6 个瞬时状态[42]

2. 忆阻细胞神经网络在图像处理中的应用

在日常生活中，输入的图像信息总是叠加着一些噪声干扰，在图像信息处理过程中，从图像中滤除该干扰最简单的方法是使用平均算子，因此，这里选择平均算子作为去噪神经网络对应的动态规则，即

$$\boldsymbol{A}=\begin{bmatrix}0 & 1 & 0\\1 & 4 & 1\\0 & 1 & 0\end{bmatrix} \tag{8.5.14}$$

另外，令控制模板和电流为

$$\boldsymbol{B}=\begin{bmatrix}0 & 0 & 0\\0 & 0 & 0\\0 & 0 & 0\end{bmatrix},\ \boldsymbol{I}=\boldsymbol{0} \tag{9.5.15}$$

输入一个加了高斯白噪声的指纹图片，方差 $\sigma=0.1$，图 8.29(a)表明，最终输出结果如图 8.29(f)所示。结果表明，忆阻细胞神经网络有良好的图片去噪效果，且比传统的细胞神经网络电路结构更简单。

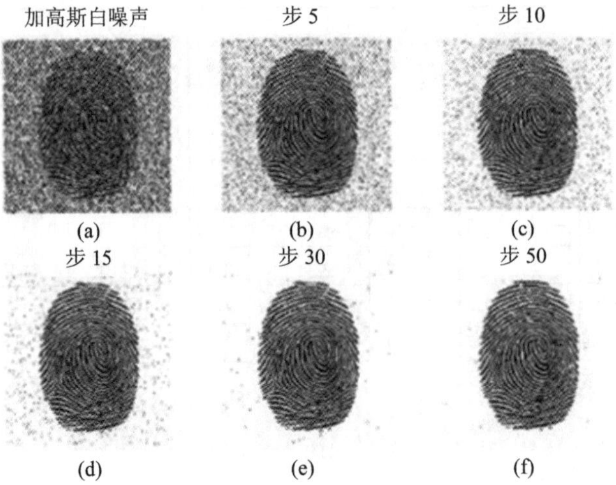

图 8.29 忆阻细胞神经网络用于图像去噪[42]

图像边缘囊括了图片大量有用的信息，特征提取为图像处理过程中另一个关键的应用。这里给忆阻细胞神经网络输入一张图片，如图 8.30(a)所示，忆阻细胞神经网络处理的结果如图 8.30(d)所示。所用的反馈模板、控制模板和电流如下：

$$\boldsymbol{A}=\begin{bmatrix}0 & 0 & 0\\0 & 2 & 0\\0 & 0 & 0\end{bmatrix},\ \boldsymbol{B}=\begin{bmatrix}-0.25 & -0.25 & -0.25\\-0.25 & 2 & -0.25\\-0.25 & -0.25 & -0.25\end{bmatrix},\ \boldsymbol{I}=-1.5 \tag{8.5.16}$$

图 8.30 表明，将忆阻细胞神经网络用于图像处理中，可以拥有良好的边缘选取效果。

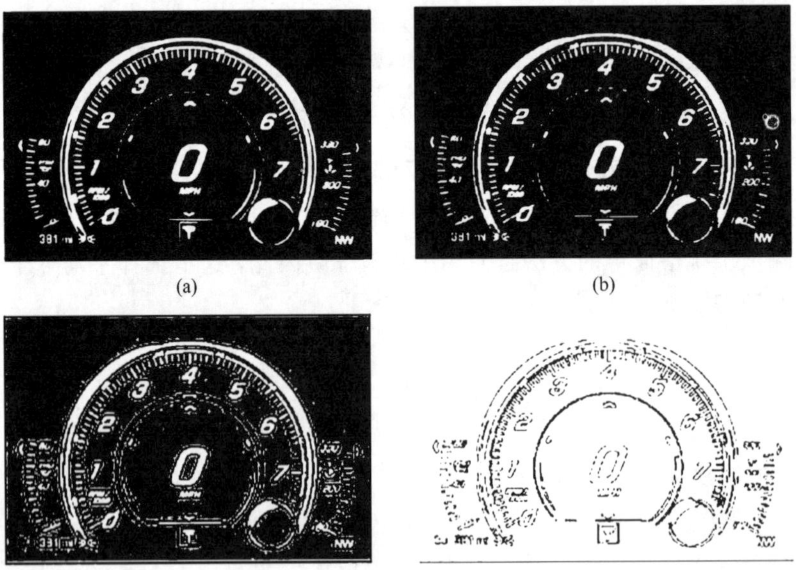

图 8.30 忆阻细胞神经网络用于图像边缘提取[42]

在生命科学及信息工程中，忆阻器作为突触被广泛地应用到人工神经网络的相关研究中。本节介绍的改进传统的忆阻桥突触电路，除具有传统的突触桥电路的优势外，还具有更加简化的电路和简化的权值变化条件。另外，本节将忆阻细胞神经网络用于图像处理的去噪和边缘提取，实验结果表明其在图像处理的相关应用上具有良好的效果，并且此结构有助于促进人工神经网络进一步的硬件实现。

参考文献 8

[1] 王灿. 基于细胞神经网络的图像分割算法研究[D]. 重庆：重庆大学，2008.

[2] 李国东，王雪，赵国敏. 基于五阶 CNN 的图像边检测算法研究[J]. 安徽大学学报（自然科学版），2015，39(3)：15-21.

[3] LI J Y，PENG Z M. Multi-source image fusion algorithm based on cellular neural networks with genetic algorithm[J]. Optik，2015，126(24)：5230-5236.

[4] WANG W，YANG L J，XIE Y T，et al. Edge detection of infrared image with CNN_DGA algorithm[J]. Optik，2014，125(1)：464-467.

[5] NOMURA A，ICHIKAWA M，SIANIPAR R H，et al. Edge detection with reaction-diffusion equations having a local average threshold[J]. Pattern Recognition and Image Analysis，2008(18)：289-299.

[6] SHAH J. Reaction-Diffusion Equations and Learning [J]. Journal of Visual Communication and Image Representation，2002，13(1/2)：82-93.

[7] 牛蕾. 基于非线性动力系统的图像处理[D]. 哈尔滨：东北林业大学，2015.

[8] 李贤丽，杨忠宝，张丽敏，等. 基于细胞神经网络的图像加密新算法[J]. 自动化与仪器仪表，2024(01)：1-6.

[9] 魏慧，李国东. 基于细胞神经网络超混沌特性的图像加密算法[J]. 微电子学与计算机，2020，37(05)：43-48.

[10] 武剀，赵国敏，李国东. 基于多维混沌系统的图像加密技术研究[J]. 淮阴师范学院学报（自然科学版），2015，14(1)：33-38.

[11] 陈宝文，陈彦安. 基于 Arnold 变换与混沌系统的位级图像加密[J]. 信息通信，2020(10)：36-39.

[12] 蒲越，李国东，赵静. 基于细胞神经网络混沌特性的音频加密技术应用[J]. 云南大学学报（自然科学版），2017，39(4)：539-546.

[13] 任晓霞. 细胞神经网络在数字图像加密方面的应用研究[D]. 重庆：重庆大学，2012.

[14] ARQUB A O. Numerical solutions for the Robin time-fractional partial differential equations of heat and fluid flows based on the reproducing kernel algorithm[J]. International Journal of Numerical Methods for Heat & Fluid Flow，2018，28(4)：828-856.

[15] LUO Y，CHAO H，DI L，et al. Lateral directional fractional order (PI) α control of a small fixed-wing unmanned aerial vehicles：controller designs and flight tests [J]. IET control theory & applications，2011，5(18)：2156-2167.

[16] ROSS B. Fractional calculus and its applications：proceedings of the international conference held at the University of New Haven，June 1974[M]. Springer，2006.

[17] ÖZKAYNAK F，Çelik V，Özer A B. A new S-box construction method based on the fractional-order chaotic Chen system[J]. Signal，Image and Video Processing，2017(11)：659-664.

[18] NOURIAN A，BALOCHIAN S. The adaptive synchronization of fractional-order Liu chaotic system with unknown parameters[J]. Pramana，2016，86(6)：1401-1407.

[19] 陈恒，雷腾飞，王震，等. 分数阶 Lorenz 超混沌系统的动力学分析与电路设计[J]. 河南师范大学学报（自然科学版），2016，44(1)：59-63.

[20] PETRÁŠ I. A note on the fractional-order Chua's system[J]. Chaos，Solitons & Fractals，2008，38(1)：140-147.

[21] BELAZI A，El-LATIF A A，DIACONU A V，et al. Chaos-based partial image encryption scheme based on linear fractional and lifting wavelet transforms[J]. Optics and Lasers in Engineering，2017(88)：37-50.

[22] 薛薇，徐进康，贾红艳. 一个分数阶超混沌系统同步及其保密通信研究[J]. 系统仿真学报，2016，28(8)：1915.

[23] CHUA L O，YANG L. Cellular neural networks：theory[J]. IEEE Transactions on circuits and systems，1988，35(10)：1257-1272.

[24] ZOU F，NOSSEK J A. Bifurcation and chaos in cellular neural networks[J]. IEEE Transactions on Circuits and Systems I：Fundamental Theory and Applications，1993，40(3)：166-173.

[25] 王仁明，陈昱，张赟宁，等. 分数阶细胞神经网络的动力学特性分析及控制设计[J]. 三峡大学学报(自然科学版)，2019，41(06)：102-107.

[26] LIM Y H，OH K K，AHN H S. Stability and stabilization of fractional-order linear systems subject to input saturation[J]. IEEE Transactions on Automatic Control，2012，58(4)：1062-1067.

[27] 贺少波，孙克辉，王会海. 分数阶混沌系统的 Adomian 分解法求解及其复杂性分析[J]. 物理学报，2014，63(3)：030502.

[28] 胡建兵，韩焱，赵灵冬. 分数阶系统的一种稳定性判定定理及在分数阶统一混沌系统同步中的应用[J]. 物理学报，2009，58(7)：4002-4007.

[29] CHUA L. Memristor the missing circuit element[J]. IEEE Transactions on circuit theory，1971，18(5)：507-519.

[30] CHUA L O，YANG L. Cellular neural networks：applications[J]. IEEE Transactions on circuits and systems，1988，35(10)：1273-1290.

[31] ADAMATZKY A，CHUA L. Memristive excitable cellular automata[J]. International Journal of Bifurcation and Chaos，2011，21(11)：3083-3102.

[32] KIM H，SAH M P，YANG C，et al. Neural synaptic weighting with a pulse-based memristor circuit[J]. IEEE Transactions on Circuits and Systems I：Regular Papers，2011，59(1)：148-158.

[33] DUAN S，HU X，DONG Z，et al. Memristor-based cellular nonlinear/neural

network: design, analysis, and applications [J]. IEEE transactions on neural networks and learning systems, 2014, 26(6): 1202-1213.

[34] ZHANG X H, JIANG W. Construction of flux: controlled memristor and circuit simulation based on smooth cellular neural networks module [J]. IET Circuits, Devices & Systems, 2018, 12(3): 263-270.

[35] ASCOLI A, MESSARIS I, TETZLAFF R, et al. Theoretical foundations of memristor cellular nonlinear networks: stability analysis with dynamic memristors [J]. IEEE Transactions on Circuits and Systems I: Regular Papers, 2019, 67(4): 1389-1401.

[36] ITOH M, CHUA L. Memristor cellular automata and memristor discrete-time cellular neural networks[J]. Handbook of Memristor Networks, 2019: 1289-1361.

[37] KIM H, SAH M P, YANG C, et al. Memristor bridge synapses[J]. Proceedings of the IEEE, 2011, 100(6): 2061-2070.

[38] DUAN S K, HU X F, WANG L D, et al. Hybrid memristor/RTD structure-based cellular neural networks with applications in image processing [J]. Neural Computing and Applications, 2014(25): 291-296.

[39] 黄清梅，李国东. 基于 CNN 超混沌特性对图像加密技术的应用研究[J]. 绵阳师范学院学报，2017，36(2)：60-66.

[40] ISAH A, NGUETCHO A S T, BINCZAK S, et al. Comparison of the performance of the memristor models in 2d cellular nonlinear network [J]. Electronics, 2021, 10(13): 1577.

[41] 郑雅文，胡小方，周跃，等. 用于图像增强的仿生自适应忆阻细胞神经网络[J]. Science in China Series F-Information Sciences, 2001(44): 68.

[42] 吴洁宁，闫登卫，王丽丹，等. 基于忆阻器的细胞神经网络及在图像处理中的应用[J]. 西南师范大学学报（自然科学版），2022，47(3)：1-8.

第9章　自组织神经网络

【内容导读】 分析了竞争型学习网络原理与特征、自适应共振理论模型、自组织特征映射模型及CPN模型、混合双层自组织径向基函数神经网络、基于随机森林优化的自组织神经网络；以分数阶细胞神经网络在自适应同步控制中的应用为案例，详细给出了分数阶细胞神经网络的自适应同步控制电路的设计与实现过程。

自组织神经网络是一类无教师学习的神经网络模型，这类模型大都采用了竞争学习机制。自组织神经网络无须提供教师信号，它可以对外界未知环境(或样本空间)进行学习或模拟，并对自身的网络结构进行适当的调整，这就是“自组织”的由来。

竞争学习机制以及自组织神经网络的代表模型有ART模型、SOM模型、CPN模型。

9.1　竞争学习网络

竞争学习是指同一层神经元层次上的各个神经元相互之间进行竞争，获胜的神经元修改与其相连的连接权值。这种机制可用来进行模式分类。竞争学习是无监督学习，在无监督学习中，只向网络提供一些学习样本，没有期望输出。网络根据输入样本进行自组织，并将其划分到相应的模式类别中。

基本的竞争学习网络由输入层和竞争层组成。竞争层中，神经元之间相互竞争，最终只有一个或者几个神经元活跃，以适应当前的输入样本。竞争获胜的神经元就代表着当前输入样本的分类模式。

9.1.1　竞争学习网络的原理与特征

1. 竞争学习网络原理

竞争学习网络第一层是输入层，接收输入样本。第二层是竞争层，对输入样本进行分类。这两层的神经元之间进行连接，如图9.1所示。某个神经元 j 的所有连接权之和为1，即

$$\sum_j w_{ji} = 1 \qquad (9.1.1)$$

其中，w_{ji} 为输入层神经元 i 到竞争层神经元 j 之间的连接权值。显然，$0 \leqslant w_{ji} \leqslant 1$。输入样本为二值向

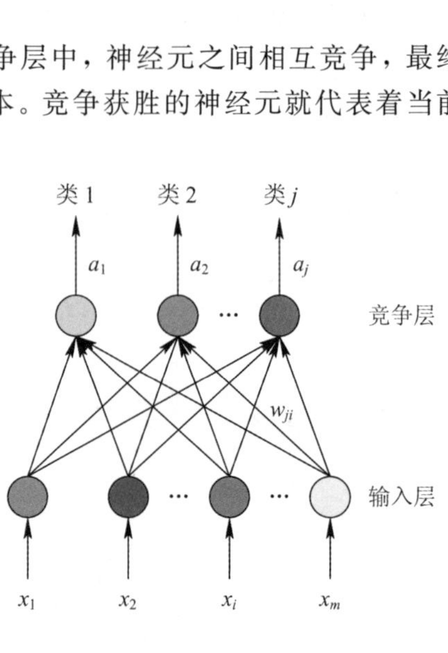

图9.1　竞争学习网络

量，各元素取值为 0 或 1。竞争层神经元 j 的状态为

$$s_j = \sum_i w_{ji} x_i \tag{9.1.2}$$

式中，x_i 为输入样本向量的第 i 个元素。在 WTA(Winner Takes All)机制中，竞争层上具有最大加权的神经元 k 赢得竞争胜利，其输出为

$$\alpha_k = \begin{cases} 1 & s_k > s_j,\ \forall j,\ k \neq j \\ 0 & \text{其他} \end{cases} \tag{9.1.3}$$

竞争后的权值修正公式为

$$\Delta w_{ji} = \alpha\left(\frac{x_i}{m} - w_{ji}\right) \qquad \forall i \tag{9.1.4}$$

式中：α 为学习参数($0<\alpha\leqslant 1$，一般取 0.01～0.3)；m 为输入层上输出值为 1 的神经元个数，即

$$m = \sum x_i \tag{9.1.5}$$

式(9.1.4)中，x_i/m 项表明：当 $x_i=1$ 时，权值增加；而当 $x_i=0$ 时，权值减小。即当 x_i 活跃时，对应的第 i 个权值就增加，否则就减少。由于所有的权值之和为 1，故当第 i 个权值增加或减少时，对应的其他权值就可能减少或增加。式(9.1.4)中，第二项则保证整个权值的调整能满足所有权值的调整量之和为 0，即

$$\sum_i \Delta w_{ji} = \alpha\left(\frac{1}{m}\sum_i x_i - \sum_i w_{ji}\right) = \alpha(1-1) = 0 \tag{9.1.6}$$

2. 竞争学习网络特征

在竞争学习中，竞争层的神经元总是趋于响应它所代表的某个特殊的样本模式，这样，输出神经元就变成检测不同模式的检测器。竞争学习算法是通过极小化同一模式类中的样本之间的距离，极大化不同模式类间的距离来寻找模式类的。模式距离指 Hamming 距离，模式 010 与模式 101 的 Hamming 距离是 3。

对这种竞争学习算法进行的模式分类，有时依赖初始权值以及输入样本的次序。竞争学习网络的特征如下：

(1) 特征对比。对比于竞争学习网络模式分类与典型 BP 网络分类。BP 网络分类学习必须预先知道将给定的模式分为几类。而竞争学习网络能将给定模式分成几类预先并不知道，只有在学习之后才能确定。

从模式映射能力来看，后面要介绍的 CPN 竞争网络，由于竞争层上仅有一个输出为 1 的获胜单元，所以不能得到某些映射所要求的复杂表示；而 BP 网络能够在最小均方意义上实现输入与输出映射的最优逼近。

(2) 特征局限。当用一个明显不同的新的输入模式进行分类时，竞争学习网络的分类能力可能会降低，甚至无法进行分类。这是因为竞争学习采用非推理方式调节权值。另外，竞争学习对模式变换不具备冗余性，其分类不是大小、位移和旋转不变的，竞争学习网络没有从结构上支持大小、位移和旋转不变的模式分类。从使用上，一般利用竞争学习的无监督性，将其包含在其他一些网络中。

9.1.2 自适应共振理论模型

自适应共振理论(Adaptive Resonance Theory，ART)模型是一种自组织神经网络。

ART 模型成功地解决了神经网络学习中的稳定性(固定某一分类集)与可塑性(调整网络固有参数的学习状态)之间的关系问题。

ART 是以认知和行为模式为基础的一种无教师、向量聚类和竞争学习的算法。在数学上，ART 由线性微分方程描述；在网络结构上，ART 网络是全反馈结构，且各层 ART 节点具有不同的性质；ART 由分离的外部单元控制层间数据通信。与其他网络相比，ART 模型具有的特点如下：

(1) 实现的是实时学习，而不是离线学习。

(2) 面对的是非平稳的、不可预测的非线性世界。

(3) 具有自组织的功能，而不只是实现有教师的学习。

(4) 具有自稳定性。

(5) 能自行学习一种评价指标(评价函数)，而不需要外界强行给出评价函数。

(6) 能主动地将注意力集中于最有意义的特征，而不需要被动地由外界给出对各种特征的注意权值。

(7) 能直接找到应激发的单元，而不需对整个存储空间进行搜索。

(8) 可以在近似匹配的基础上进一步学习，这种基于假设检验基础上的学习对噪声具有更好的鲁棒性。

(9) 学习可以先快后慢，避免系统振荡。

(10) 可实现快速直接访问，识别速度与模式复杂性无关。

(11) 可通过“警戒”参数来调整判别函数。

1. ART-1 的基本原理

ART-1 的基本结构如图 9.2 所示。模型被分为两个子系统：注意子系统和取向子系统。注意子系统处理已学习的模式，也就是对已经熟悉的模式建立起精确的内部表示；取向子系统处理新出现的模式，也就是当不熟悉的事件出现时，它回调注意子系统，在内部建立新的内部编码来表示不熟悉的事件。

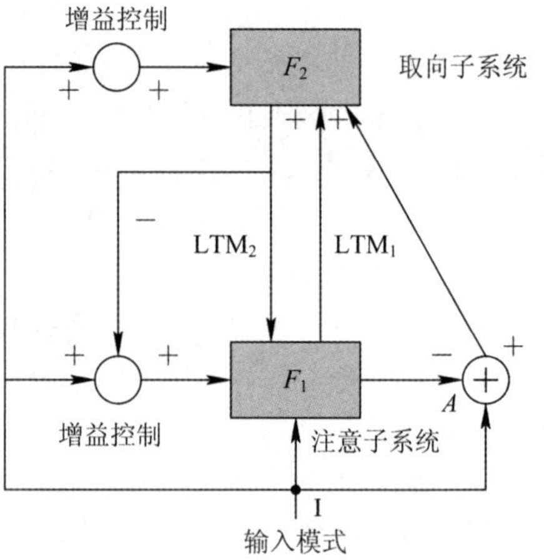

图 9.2 ART-1 的基本结构

在注意子系统中用两个非几何意义上的层次来处理接收到的信息，即 F_1 和 F_2。F_1、F_2，为短期记忆(Short Term Memory，STM)。F_1 和 F_2 之间的连接通道 $F_1 \leftarrow \text{LTM} \rightarrow F_2$ 为长期记忆(Long Term Memory，LTM)。该长期记忆又分为自上而下和自下而上两类，它们都用相应的权值来表示。注意子系统中的增益控制使得 F_1 可以对自下而上的输入模式和自上而下的引发模式加以区分。

1) ART-1 的工作过程

注意子系统的 F_1 接收外界的输入模式 I，I 被转换成 F_1 中的单元工作模式 X，即单元的状态(神经元的活跃值)，有

$$I \rightarrow \frac{\text{STM}}{F_1} \rightarrow X \tag{9.1.7}$$

模式 X 被短期记忆(STM)在 F_1 中。

在 X 中，足够活跃的节点(处于激活的单元)将产生 F_1 的输出，激活输出 S，即

$$X \rightarrow \frac{\text{阈值}}{F_1} \rightarrow S \tag{9.1.8}$$

S 模式经过单向连接权$\text{LTM}_1(w_{ij})$输送到 F_2 中，从而建立起 F_2 的输入模式 T，即

$$S \rightarrow \text{LTM}_1 \rightarrow T \tag{9.1.9}$$

在 F_2 中，T 经过 F_2 的神经元之间的相互作用，构成一个对输入模式 T 的对比度增强的过程。相互作用的结果是在 F_2 中产生一个短期记忆(STM)的模式 Y(对比度增强的模式)，也即是 F_2 中神经元的状态，即

$$T \rightarrow \frac{\max\limits_{i}(T_j)}{F_2} \rightarrow Y \tag{9.1.10}$$

该对比度增强的过程，就是在 F_2 中选择一个与当前输入相对应的输出值为最大的神经元的过程。所选择的神经元是用来表示活跃模式的唯一的神经元(即能对输入模式作出响应的神经元)。

上述自下而上的过程如图 9.3 所示。

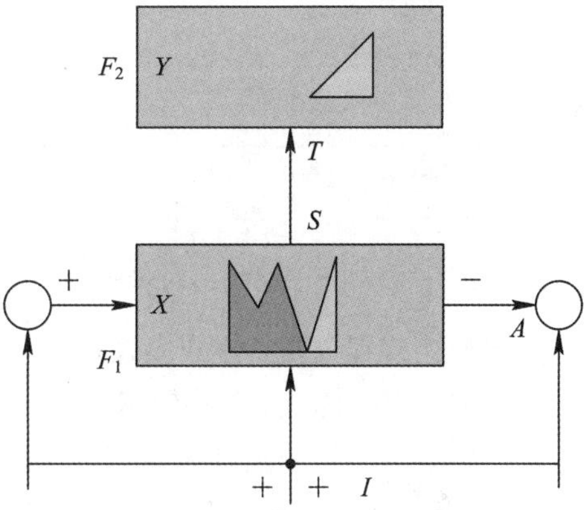

图 9.3　自下而上过程

由 F_2 中产生的模式 Y 可得到一个自上而下的激励信号模式 U，只有 Y 中足够活跃的神经元才能产生 U，这也是由阈值函数控制的，即

$$Y \rightarrow \frac{f(x_i)}{F_2} \rightarrow U \tag{9.1.11}$$

F_2 的输出模式经单向连接权$\text{LTM}_2(w_{ij})$被输送到 F_1 中，成为 F_1 另一输入 V，如图 9.4 所示。

$$U \rightarrow \text{LTM}_2 \rightarrow V \tag{9.1.12}$$

这样，F_1 中就有两个输入模式 V 和 I，V 和 I 相互结合产生出模式 X^*，即

$$(I,\ V) \rightarrow \frac{(I+V)}{F_1} \rightarrow X^* \tag{9.1.13}$$

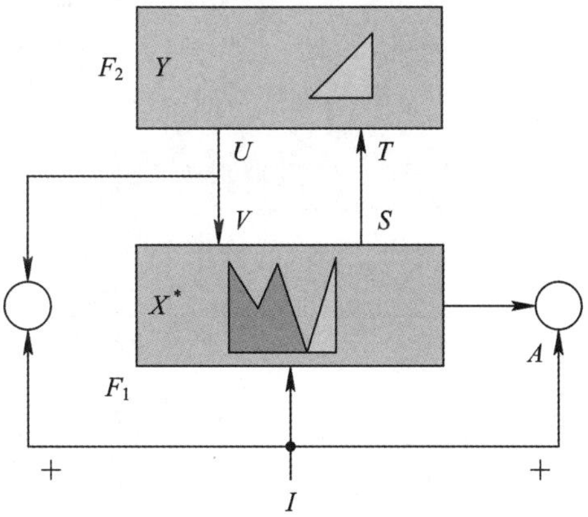

图 9.4　自上而下过程

X^* 与仅由 I 产生的 X 是不同的。特别地，F_1 要进行 V 和 I 之间的匹配，匹配结果用来确定进一步的学习和作用过程。当输入模式 I 在产生 X 的同时，X 对调整子系统 A 具有抑制作用。现在由 F_2 输出的模式 V 将可能使这种对 A 的抑制作用发生改变。当在 F_1 中，V 和 I 的非匹配程度增加时，从 F_1 到 A 的抑制就相应减小。若匹配程度降低到足够小，F_1 对 A 的抑制降低到某一限度时，A 被激活而产生出一个控制信号送到 F_2 中，从而改变 F_2 的状态，并取消原来自下而上产生的模式 Y 和 V，结束 V 和 I 匹配，如图 9.5 所示。

这样，输入模式 I 在 F_1 中再产生一个模式 X，随后相继又产生 S 和 T，送入 F_2 中。由于在 F_2 中已有抑制信号存在，T 就在 F_2 中产生一个新的样板模式 Y^*，而不是原来的模式 Y，如图 9.6 所示。新的 Y^* 又产生出新的样板模式 V^*，此时 V^* 再与 I 匹配，如失配，则 A 又被启动，在 F_2 中又产生一个消除信号。上述过程一直进行到 V^* 在 F_1 中与 I 相匹配时为止。该过程控制了 LTM 的搜索，从而调整了 LTM 对外界环境的编码。

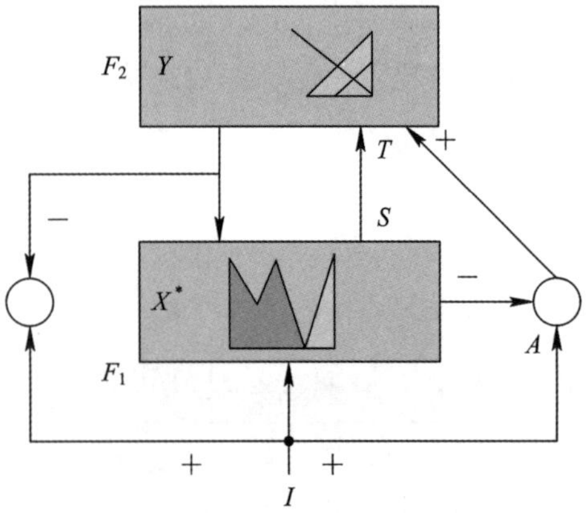

图 9.5 调整子系统 A 被激励

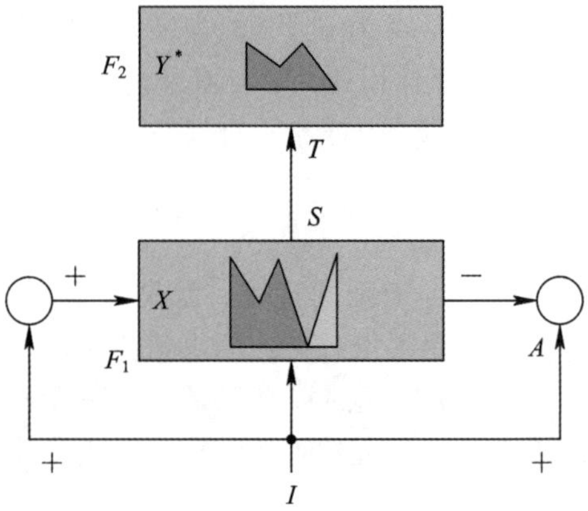

图 9.6 新一轮自下而上过程

通过上述过程可知，信号模式在 F_1 和 F_2 之间来回运行(振荡)，不断调整 V^* 与 I，直至它们匹配(共振)为止。

对于调整子系统的激励作用可以这样考虑：

当 V^* 与 I 不匹配时，需要从 A 中送一个清除信号到 F_2 中去。假定 $|I|$ 表示 I 元素的个数，当 $I \to F_1$ 时，同时产生一个信号 P 到 A 中，所有的 I 产生了信号 $P|I|$。同样，假定 F_1 中的神经元也产生一个信号 Q(抑制)到 A，用 $|X|$ 表示 F_1 中激活单元 X 的个数，则所有的抑制信号为 $Q|X|$。当 $P|I|>Q|X|$ 时，A 就收到激励信号，产生一个清除信号到 F_2 中。

设 $\rho=\dfrac{P}{Q}$ 为 A 的警戒参数，当 $\rho>\dfrac{|X|}{|I|}$ 成立时，产生一个清除信号到 F_2 中。这时，F_2 中的神经元输出 $f(y_i)$ 的修正公式为

$$f(y_j)=\begin{cases}1 & T_j=\max\{T_k: k\in J\}\\ 0 & \text{其他}\end{cases} \tag{9.1.14}$$

式中，J 是 F_2 在学习过程中未被赋新值的神经元集合。

2) 2/3 匹配原则

模式 V 和 I 匹配是根据一定规则进行的。该规则称为 2/3 匹配规则，这是根据 F_1 可能的 3 个输入信号(自上而下的样板 V、自下而上的输入模式 I、增益控制输入)中要有两个起作用才能使 F_1 产生输出而命名的。F_1 中的神经元是否被激活，依赖于足够大的自上而下和自下而上信号的共同作用。若 F_1 只接收两个信号中的一个，神经元节点将不会起作用，所以失配部分不会被激活，如图 9.7(a)所示。图 9.7(b)表示模式之间的抑制连接，当注意子系统从一个模式向另一个模式移动时，这种抑制可以阻止 F_1 提前发生激活。

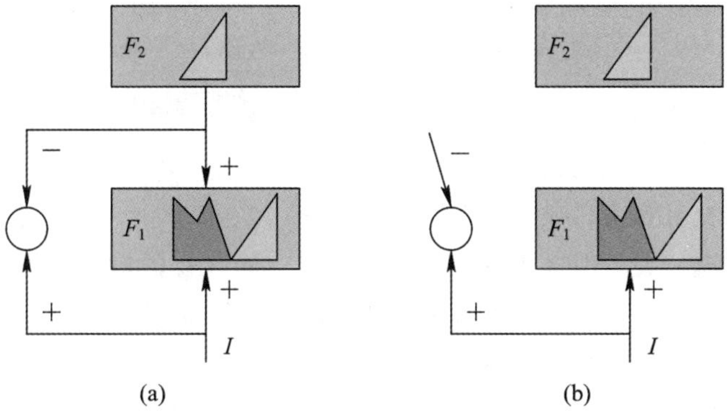

图 9.7　ART-1 的 2/3 匹配规则

增益控制可以决定 F_1 如何知道信号来自下边的输入还是来自上边的反馈。因为当 F_2 被激发，启动向 F_1 输送学习样板时，增益控制就会给出抑制作用来影响 F_1 对输入响应的灵敏度，从而使 F_1 区分自上而下和自下而上的信号。

3) ART-1 的学习算法

假定 F_1 中神经元为 v_i，$i=1, 2, \cdots, n$；F_2 中神经元为 v_j，$j=1, 2, \cdots, m$。算法步骤如下：

步骤 1：初始化。

$$w_{ji}^{(\text{down})}(0) = 1 \tag{9.1.15}$$

$$w_{ji}^{(\text{up})}(0) = \frac{1}{n+1} \tag{9.1.16}$$

其中，$w_{ji}^{(\text{up})}$ 和 $w_{ji}^{(\text{down})}$ 分别为输入节点 i 与输出节点 j 之间自下而上和自上而下的连接权值。ρ 为警戒参数，置 $0\leqslant\rho\leqslant1$，它决定样本之间贴近到何种程度才算匹配。

步骤 2：输入新的样本。

步骤 3：计算匹配度。

$$\mu_j = \sum_i w_{ji}^{(\text{up})} x_i \tag{9.1.17}$$

式中：μ_j 是输出节点 j 的输出；x_i 是输入节点 i 的输入，且 $x_i \in \{1, 0\}$。

步骤 4：选择一个最佳匹配样本。

$$\mu_g^* = \max |\mu_j| \tag{9.1.18}$$

这可通过输出节点的扩展抑制权值而达到。

步骤 5：警戒线检验。

$$\| x \| = \sum_i x_i \tag{9.1.19}$$

计算

$$\| w^{(\text{down})} x \| = \sum_i w_{ji}^{(\text{down})} x_i \tag{9.1.20}$$

判断 $\dfrac{\| w^{(\text{down})} x \|}{\| x \|} > \rho$ 是否成立。如果不成立，则转入步骤 6；如果成立，则转入步骤 7。

步骤 6：重新匹配。把最佳匹配暂置为 0，不参加匹配，再转入步骤 3。

步骤 7：调整网络权值。

$$w_{ji}^{(\mathrm{down})}(t+1) = w_{ji}^{(\mathrm{down})}(t)x_i \tag{9.1.21}$$

$$w_{ji}^{(\mathrm{up})}(t+1) = \frac{w_{ji}^{(\mathrm{down})}(t)x_i}{\frac{1}{2} + \sum_i w_{ji}^{(\mathrm{down})}(t)x_i} \tag{9.1.22}$$

步骤 8：转入步骤 2，将步骤 6 中的节点为 0 的限制去掉。

这是一种快速学习算法，而且是边学习边运行，输出节点中每次最多只有一个为 1。每个输出节点可以看成一类相似样本的代表。由步骤 7 修改权值可知，一个输出节点从上至下的所有权值对应于一个模式，当输入样本距离该模式较近时，代表它的输出节点被激活。通过警戒线的调节可调整模式的类数：ρ 小，模式类别少；ρ 大，模式类别多。

2. ART-2 模型

ART-2 的功能结构与 ART-1 大体相似，基本思想仍采用竞争学习机制。ART-2 的输入可以是任意的模拟向量。在 ART-2 模型中，F_1 采用了一种三层结构，如图 9.8 所示。

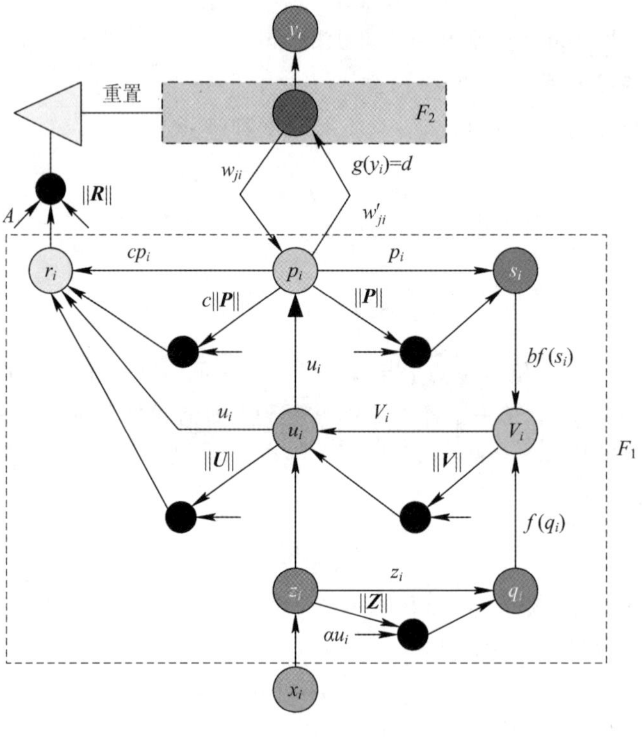

图 9.8 ART-2 模型

设标记为 V_i 的节点的活动电位(也就是它的输出)为 V_i，其所有兴奋性输入的总和为 J_i^+，其所有抑制性输入的总和为 J_i^-，Grossberg 根据神经生理学研究的成果，给出的节点元输出关系方程为

$$\varepsilon \frac{\mathrm{d}V_i}{\mathrm{d}t} = -AV_i + (B - \alpha V_i)J_i^+ - (\beta + CV_i)J_i^- \qquad i = 1, 2, \cdots, m \tag{9.1.23}$$

式中，ε、α、β、A、B、C 为常量。

如图 9.8 所示，F_1 中，第一层(底层)和第二层(中层)构成一个闭合的正反馈回路。其中，标记 z_i 的节点接收输入 x_i，而标记 V_i 的节点接收上层送来的信号 $bf(s_i)$，回路中还包括两次规范化运算和一次非线性交换。

底层 z_i 节点的输出为

$$z_i = x_i + \alpha u_i \tag{9.1.24}$$

q_i 节点的运算方程为

$$q_i = \frac{z_i}{e + \|\boldsymbol{Z}\|} \approx \frac{z_i}{\|\boldsymbol{Z}\|} \tag{9.1.25}$$

中层 V_i 节点的输出为

$$V_i = f(q_i) + bf(s_i) \tag{9.1.26}$$

u_i 节点的运算方程为

$$u_i = \frac{V_i}{e + \|\boldsymbol{V}\|} \approx \frac{V_i}{\|\boldsymbol{V}\|} \tag{9.1.27}$$

在底层至中层以及上层至中层之间，对传送的信号进行了非线性变换，此变换用 $f(\cdot)$来表示。具体实现时，若 $f(x)$取非线性连续函数时，$f(\cdot)$通常取为

$$f(x) = \begin{cases} \dfrac{2\theta x^2}{x^2 + \theta^2} & 0 \leqslant x \leqslant \theta \\ x & \theta < x \end{cases} \tag{9.1.28}$$

若 $f(x)$取分段线性连续函数时，$f(\cdot)$通常取为

$$f(x) = \begin{cases} 0 & 0 \leqslant x < \theta \\ x & \theta < x \end{cases} \tag{9.1.29}$$

式中，θ 为阈值。

F_1 的第二层(中层)与第三层(上层)构成另一个闭合正反馈回路，其中标记为 p_i 的节点既接收中层送来的信号 u_i，又接收 F_2 送来的信号。回路中也包含两次规范化运算和一次非线性交换，在上层 s_i 进行的运算为

$$s_i = \frac{p_i}{e + \|\boldsymbol{P}\|} \approx \frac{p_i}{\|\boldsymbol{P}\|} \tag{9.1.30}$$

节点 p_i 的输出为

$$p_i = u_i + \sum_j g(y_j) w'_{ji} \tag{9.1.31}$$

上式右边第二项表示 F_2 对 p_i 的输入，其中 w'_{ji}是自上而下的 LTM 系数，y_i 是 F_2 中第 j 个节点的 STM 变量。

在 ART-2 模型中，F_2 的关键作用就是提高 $F_1 \rightarrow F_2$ 滤波输入模式的对比度和重置 F_2。在 F_2 中，对比度增强是通过竞争学习来实现的。F_1 向 F_2 传送信号，其中，送往 F_2 中第 k 个节点的输入成分若为 T_k，则

$$T_k = \sum p_i \cdot w_{ik} \tag{9.1.32}$$

假定 F_2 中第 j 个节点被最大激活，即

$$T_j = \max\{T_k\} \tag{9.1.33}$$

则其余节点将处于抑制状态。当 F_2 做出选择时，显然有

$$g(y_i) = \begin{cases} d & T_j = \max\{T_k\} \\ 0 & \text{其他} \end{cases} \tag{9.1.34}$$

式中，d 为自下而上的反馈参量。

据此，F_1 中的 p_i 的表达式亦可改写为

$$p_i = \begin{cases} u_i & F_2 \text{ 不激活} \\ u_i + d \cdot w'_{ji} & F_2 \text{ 中第 } j \text{ 个节点激活} \end{cases} \tag{9.1.35}$$

当 $F_2 \to F_1$ 的自上向下向量和输入向量的相似度足够高，或开辟了一个新的输出端(开辟了新的一类模式)时，ART-2 进入 LTM 系数的学习阶段。若 F_2 选出的优胜输出端是 j，$g(y_i)=d$，其由上向下($F_2 \to F_1$)的学习表示为

$$\frac{\mathrm{d}w_{ji}}{\mathrm{d}t} = d(1-d)\left(\frac{u_i}{1-d} - w'_{ij}\right) \tag{9.1.36}$$

自下向上($F_1 \to F_2$)的学习表示为

$$\frac{\mathrm{d}w_{ji}}{\mathrm{d}t} = d(1-d)\left(\frac{u_i}{1-d} - w_{ij}\right) \tag{9.1.37}$$

ART-2 的定位子系统由图 9.8 的左边部分表示。其中标记为 r_i 的节点是第 i 个处理单元的一个组成部分，其输出为

$$r_i = \frac{u_i + cp_i}{e + \|\boldsymbol{U}\| + c\|\boldsymbol{P}\|} \approx \frac{u_i + cp_i}{\|\boldsymbol{U}| + c\|\boldsymbol{P}\|} \tag{9.1.38}$$

上式代表了 F_1 的 STM 信号与激活的 LTM 信号之间的匹配度。实心圆 A 的输出等于向量 $\boldsymbol{R}=(r_1, r_2, \cdots, r_m)$之模，即

$$\|\boldsymbol{R}\| = (\sum_i (r_i)^2)^{1/2} \tag{9.1.39}$$

显而易见，$\boldsymbol{U}=(u_1, u_2, \cdots, u_m)$与 $\boldsymbol{P}=(p_1, p_2, \cdots, p_m)$的相似度越高，$\|\boldsymbol{R}\|$ 越接近于 1。这样，可以设定一个警戒参数 $\rho(0<\rho<1)$规定：当 $\|\boldsymbol{R}\|>\rho$ 时，无须重置；反之，则需要对 F_2 进行重置。

由此得到重要结论如下：

(1) 当模型学习稳定后，如果将一个已学习过的模式提供给模型，那么该模式将正确地激活所在类别的 F_2 单元，并且共振状态出现。这种“直接访问”特性意味着，模型能迅速访问已存储的模式。

(2) 学习过程是稳定的，即模型对任何一个输入模式经过有限次学习后，能产生一组稳定的连接权向量。当这个输入模式重复提供给模型时，不会引起模型连接权无休止地循环调节(只调节一次就会被网络记忆)。

模型对任何一个输入模式，试图将它进行有类别的分类。若分类不成功，则将它归入一个新的类别。不管分类成功与否，都将它存储于模型之中。这个过程使模型边学习边回想，实现了在线学习的功能。进一步地，模型通过选择恰当的警戒参数，可对任意数目的输入模式按要求分类。

ART 模型虽然很好地模拟了人类大脑记忆的“稳定性”和“可塑性”机理，但是 ART 模型未能模拟“内部表示”的分布式存储原理。在 ART 中，若 F_2 中某一单元“损坏”，将导致该类别模式的信息全部丢失(F_2 中存储的是类别模式的信息，一旦损坏，将会丢失信息)。

9.1.3 自组织特征映射模型

自组织特征映射模型也称为 Kohonen 网络，如图 9.9 所示。

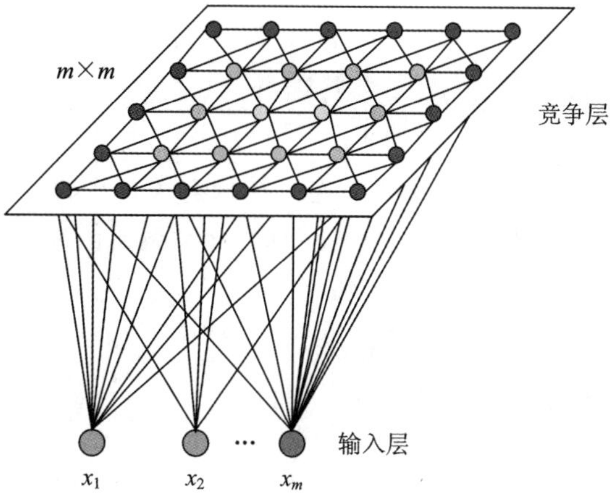

图 9.9　Kohonen 网络

自组织特征映射(Self-Organizing feature Mapping，SOM)模型是由全互连的神经元阵列形成的无教师自组织学习网络。Kohonen 认为，处在空间中不同区域的神经元有着不同的分工，当一个神经网络接收外界输入模式时，将会分为不同的反应区域，各区域对输入模式具有不同的响应特征。

SOM 模型的典型特征是：可以在一维或者二维的处理单元阵列上形成输入信号的特征拓扑分布，具有抽取输入信号模式特征的能力。SOM 模型一般只包含一维阵列和二维阵列，但可推广到多维处理单元阵列中。

Kohonen 网络有四个部分：

(1) 处理单元阵列，接收事件输入，并且形成对这些信号的“判别函数”。

(2) 比较选择机制，比较判别“判别函数”并选择一个具有最大函数输出值的处理单元。

(3) 局部互连作用，同时激励被选择的处理单元及其最邻近的处理单元。

(4) 自适应过程，修正被激励的处理单元的参数，以增加其相应于特定输入“判别函数”的输出值(增加(2)中那个最大函数输出值)。

设网络输入 $\boldsymbol{X}\in\mathbb{R}^n$，输出神经元 j 与输入层单元的连接权 $\boldsymbol{W}_j\in\mathbb{R}^n$，则输出神经元 j 输出 o_j 为

$$o_j=\boldsymbol{W}_j\boldsymbol{X} \tag{9.1.40}$$

网络实际具有响应的输出单元 k，该单元的确定是通过获胜者全得(WTA)竞争得到的，即

$$o_k=\max\{o_j\} \tag{9.1.41}$$

SOM 模型的输出单元之间是以“米”字形连接的。Kohonen 将式(9.1.40)和式(9.1.41)修正为

$$o_j=\sigma\Big(\varphi_j+\sum_{j\in S_j}r_k o_j-o_k\Big) \tag{9.1.42}$$

$$\varphi_j=\sum_{j=1}^{n}w_{ji}x_j \tag{9.1.43}$$

$$o_k=\max_j\{o_j\}-\varepsilon \tag{9.1.44}$$

式中：w_{ji} 为输出神经元 j 与输入神经元 i 之间的连接权值；x_i 为输入神经元 i 的输出；$\sigma(t)$

为非线性函数，即

$$\sigma(t)=\begin{cases}0 & t<0\\ \sigma(t) & 0\leqslant t\leqslant A\\ A & t>A\end{cases} \tag{9.1.45}$$

ε 为一小正数；r_k 为系数，它与权值及横向连接结构有关，并满足图 9.10 所示的分布；φ_j 为与处理单元 j 相连接的处理单元的集合；o_k 称为浮动偏压函数。

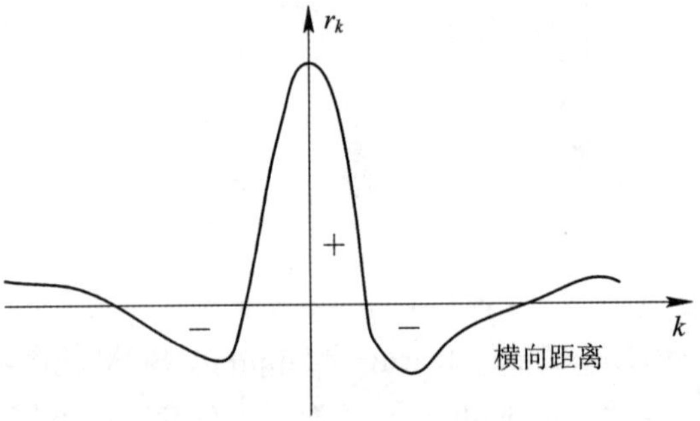

图 9.10 r_k 分布曲线

SOM 模型的权值修正规则为

$$w_{ji}(t+1)=w_{ji}(t)+\alpha\cdot o_j(t)(x_i-x_b) \tag{9.1.46}$$

式中，x_i 为输入神经元的输出，x_b 为输出神经元的输入作用门限值，α 为比例常数。但式(9.1.46)并没有进行正则化，相应的更精确的权值修正为

$$w_{ji}(t+1)=\frac{w_{ji}(t)+\alpha\cdot o_j(t)(x_i-x_b)}{\sum_i[w_{ji}(t)+\alpha\cdot o_j(t)(x_i-x_b)]} \tag{9.1.47}$$

或

$$w_{ji}(t+1)=\frac{w_{ji}(t)+\alpha\cdot o_j(t)(x_i-x_b)}{\sqrt{\sum[w_{ji}(t)+\alpha\cdot o_j(t)(x_i-x_b)]^2}} \tag{9.1.48}$$

Kohonen 算法的步骤如下：

步骤 1：初始化。对 N 个输入神经元到输出神经元的连接权随机赋以较小的权值。选取输出神经元 j 的“邻接神经元”的集合 S_j，如图 9.11 所示。$S_j(0)$为 $t=0$ 时刻的神经元 j 的“邻接神经元”的集合，$S_j(t)$表示 t 时刻的“邻接神经元”的集合。区域 $S_j(t)$是随时间的增长而不断缩小的。

步骤 2：提供新的输入模式 $\boldsymbol{X}$。

步骤 3：计算欧氏距离 d_j，即输入样本与每个输出神经元 j 之间的欧氏距离为

$$d_j=\|\boldsymbol{X}-\boldsymbol{W}_j\|=\sqrt{\sum_{i=1}^{N}[x_i(t)-w_{ji}(t)]^2} \tag{9.1.49}$$

计算出一个具有最小距离的神经元 j^*，即确定出某一单元 k：$d_k=\min\{d_j\}$，$\forall j$。

步骤 4：给出一个周围的邻域 $S_k(t)$。

步骤 5：输出神经元 j^* 及其“邻接神经元”的权值更新公式为

$$w_{ji}(t+1)=w_{ji}(t)+\eta(t)[x_i(t)-w_{ji}(t)] \tag{9.1.50}$$

式中，η 为一个增益项，并随时间下降到零。一般取

$$\eta(t)=\frac{1}{t} \tag{9.1.51}$$

或

$$\eta(t)=0.2\left(1-\frac{t}{10000}\right) \tag{9.1.52}$$

步骤 6：计算输出 o_k。

$$o_k=f(\min_j \| \boldsymbol{X}-\boldsymbol{W}_j \|) \tag{9.1.53}$$

$$f(\cdot)=\begin{cases}1 & 当\ \| \boldsymbol{X}-\boldsymbol{W}_j \|\ 最小 \\ 0 & 取其他值\end{cases} \tag{9.1.54}$$

步骤 7：提供新的学习样本来重复上述学习过程。

上述算法的步骤 3 中采用最小的欧氏距离来选择输出神经元 j^*，实际上也可以用最大的欧氏距离来选择；步骤 5 中的权值修正也可采用式(9.1.47)或式(9.1.48)来计算。

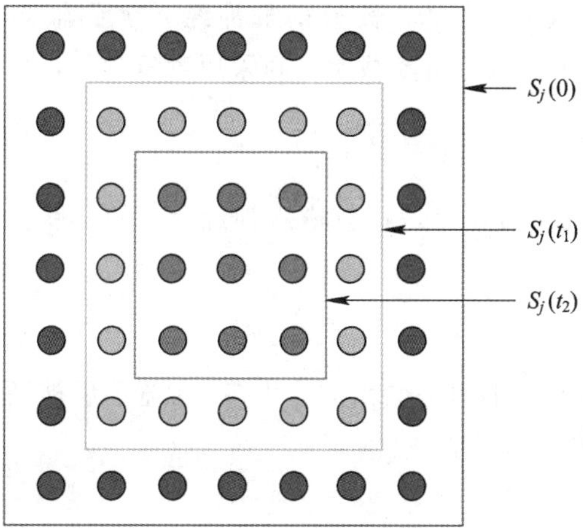

图 9.11　SOM 模型在不同时刻输出神经元 j 的“邻接神经元”集合 $S_j(t)$

对任意神经元 j，先找到它的邻接神经元集合 S_j(S_j 可根据时间来框取，时间越大，这个集合就越小，图 9.11 中 $t_2>t_1>0$)；然后计算输入样本与神经元 j 之间的欧氏距离；最后利用公式修改权值，计算输出。

9.1.4　对偶传播网络

对偶传播网络(Counter Propagation Networks，CPN)通过组合 Kohonen 学习和 Grossberg 学习获得一种新的映射神经网络。CPN 也被称为重复传播模型，用来实现样本选择匹配。CPN 常用于联想存储、模式分类、函数逼近、统计分析、数据压缩等领域。

CPN 是一个三层前向网络，如图 9.12 所示。各层之间全互连连接。隐藏层称为 Kohonen 层，即竞争层，采用无监督学习规则进行学习。输出层称为 Grossberg 层，与隐藏层全互连，但不进行竞争。Grossberg 层采用 δ 规则或 Grossberg 规则进行学习。

前向网络提供的模式集为$(\boldsymbol{X}, \boldsymbol{Y})$，$\boldsymbol{X}=(x_1, x_2, \cdots, x_n)^{\mathrm{T}}$，$\boldsymbol{Y}=(y_1, y_2, \cdots, y_m)^{\mathrm{T}}$；竞争层神经元的输出为 $\boldsymbol{Z}=(z_1, z_2, \cdots, z_p)^{\mathrm{T}}$。权值 w_{ji} 表示输入神经元 i 到竞争神经元 j 的

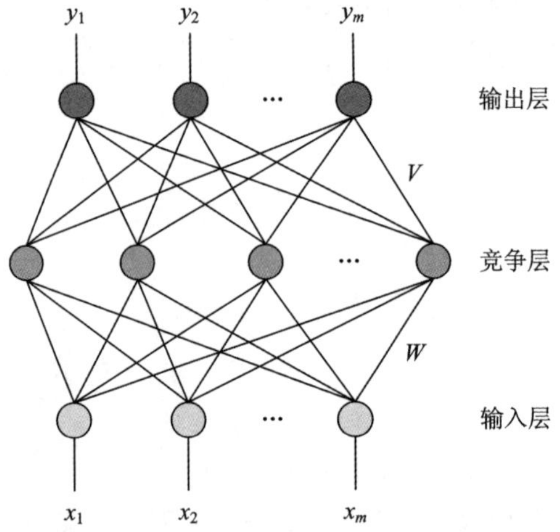

图 9.12 CPN 网络结构

权值，$\boldsymbol{W}_j=(w_{j1}, w_{j2}, \cdots, w_{jn})^{\mathrm{T}}$；$v_{kj}$ 表示竞争神经元 j 到输出神经元 k 的权值，$\boldsymbol{V}_k=(v_{k1}, v_{k2}, \cdots, v_{km})^{\mathrm{T}}$。由于输入层与隐藏层之间采用竞争学习，所以权值向量 $\boldsymbol{W}_j$ 的模应为 1，即

$$\|\boldsymbol{W}\|=1 \tag{9.1.55}$$

当输入向量 $\boldsymbol{X}$ 送入网络时，x_i 是相应输入神经元 i 的活跃值。此时，竞争层神经元 j 的状态为

$$s_j=\sum_i w_{ji}x_i \tag{9.1.56}$$

s_j 表示竞争神经元 j 的加权和，也就是其状态。在竞争层神经元之间竞争，具有最大加权的神经元 c 将赢得竞争胜利，即

$$s_c=\max\{s_j\} \tag{9.1.57}$$

竞争结束后，竞争层神经元的输出 z_j 为

$$z_j=\begin{cases}0 & j\neq c\\ 1 & j=c\end{cases} \tag{9.1.58}$$

输出层神经元对竞争层神经元的输出进行加权和运算，即

$$y'_k=\sum_j z_j v_{kj} \tag{9.1.59}$$

式中，y'_k是输出神经元 k 的实际输出。由于 z_c 是唯一的非零值，故有

$$y'_k=v_{kc} \tag{9.1.60}$$

这样，输出神经元的输出只取其与竞争胜利的神经元 c 的连接权值。CPN 的学习过程如图 9.13 所示。

$$\xrightarrow{x} s_j=\sum_i w_{ji}x_i \xrightarrow{\text{竞争}} s_c=\max_j\{s_j\}\rightarrow \text{胜利 } z_j=\begin{cases}0 & j\neq c\\ 1 & j=c\end{cases} \tag{9.1.61}$$

$$\rightarrow y'_k=\sum_j z_j v_{kj}\Rightarrow y'_k\approx v_{kc}\,(z_c \text{ 唯一非 } 0) \tag{9.1.62}$$

谁竞争胜利谁就会被输出。

CPN 的学习过程：在学习期间对 $\boldsymbol{W}_j$ 和 $\boldsymbol{V}_k$ 进行调整，分别使用两种不同的算法。首先，

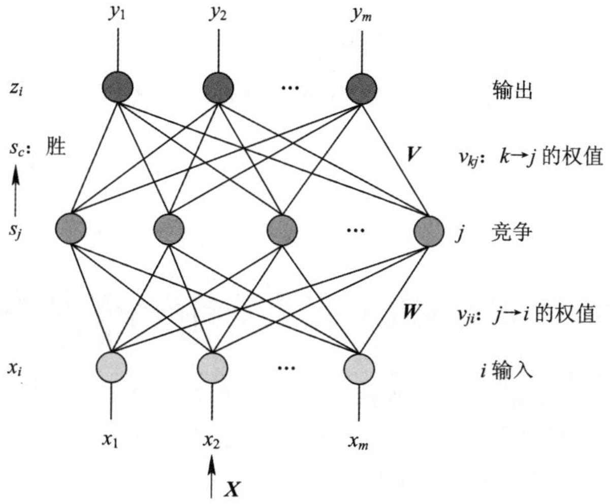

图 9.13　CPN 学习过程

当赢得竞争胜利的神经元 c 确定后，这一神经元 c 就被选择用来表达相应的输入样本。仅仅是连接到神经元 c 的从输入层到竞争层的连接权值被调整(w_{ji})，其他的权值保持不变。竞争结束后，开始计算网络的输出，并将其与理想输出进行比较，然后改变隐藏层与输出层神经之间的连接权值。(总结：竞争胜利改变与神经元 c 连接的权值 w_{ji}，其他的权值不变；输出 y 时，将 y 与期望比较，改变其他的权值)。

输入层与隐藏层的权值的调整公式为

$$w_{ci}(t+1) = w_{ci}(t) + \alpha[x_i - w_{ci}(t)] \tag{9.1.63}$$

式中，α 为学习常数($0<\alpha<1$)，其他的权值 $w_{ji}(j\neq c)$保持不变。

用式(9.1.63)进行权值计算后，对权值向量进行正则化，即将权向量除以它的模，即

$$\boldsymbol{W}_c^{\text{正则化}} = \frac{\boldsymbol{W}_c}{\|\boldsymbol{W}_c\|} \tag{9.1.64}$$

式中，$\boldsymbol{W}_c=(w_{c1}, w_{c2}, \cdots, w_{cn})^{\mathrm{T}}$，$\|\boldsymbol{W}_c\|$ 为欧氏距离。

网络隐藏层到输出层权值按 δ 规则进行学习，即

$$v_{kj}(t+1) = v_{kj}(t) + \beta\cdot z_j(y_k - y'_k) \tag{9.1.65}$$

由于每次只有竞争胜利神经元 c 的输出为 1，其他的隐藏神经元的输出为 0，故式(9.1.65)可改写为

$$v_{kj}(t+1) = \begin{cases} v_{kj}(t) & j\neq c \\ v_{kj}(t) + \beta(y_k - y'_k) & j = c \end{cases} \tag{9.1.66}$$

因此，只有连接到隐藏层竞争胜利的神经元 c 的权值被调整。

CPN 要求对输入向量进行正则化，即使得输入向量的模为 1，即

$$\|\boldsymbol{X}\| = \sqrt{\sum_i x_i^2} = 1 \tag{9.1.67}$$

正则化后的输入向量就位于一个单位超球面上。权向量 $\boldsymbol{W}_j=(w_{j1}, w_{j2}, \cdots, w_{jn})^{\mathrm{T}}$ 被正则化后也位于该超球面上。对于竞争神经元 j 的状态，式(9.1.56)可写成向量形式为

$$s_j \approx \boldsymbol{W}_j^{\mathrm{T}}\cdot\boldsymbol{X} \tag{9.1.68}$$

而这一点积形式又可记为

$$s_j = \| \boldsymbol{W}_j \| \| \boldsymbol{X} \| \cos\theta_j \tag{9.1.69}$$

式中，θ_j 为 $\boldsymbol{X}$ 与 $\boldsymbol{W}_j$ 之间的角度。由于 $\| \boldsymbol{W} \| = \| \boldsymbol{X} \| = 1$，故有

$$s_j = \cos\theta_j \tag{9.1.70}$$

则神经元 c 就对应于 $\cos\theta_c = \max\limits_j \{\cos\theta_j\}$ 或 $\theta_c = \min\limits_j \{\theta_j\}$，因而，具有最小角度的神经元就赢得竞争胜利。

9.2 混合双层自组织径向基函数神经网络

神经网络技术具有大规模并行处理能力、自适应能力和高灵活性等优点，已成为机器学习和数据处理中非常受欢迎的工具。3 层的径向基函数神经网络(Radial Basis Function Neural Network，RBFNN)和反向传播(Back Propagation，BP)学习算法可以用足够多的神经元逼近任意非线性连续函数且达到任意精度，在现实任务中得到了广泛的应用[1-2]。在使用 RBFNN 模型来处理实际问题时，该模型通常包括选择合适的网络模型结构以及高效的学习算法[3]。RBFNN 的结构可由网络层数、每层神经元个数、网络的所有连接以及神经元的传递函数表示。RBFNN 的性能对神经元的数量极其敏感，神经元数量过少会降低网络的逼近能力，而神经元数量过多又可能导致过拟合，因此，实现更好的网络性能和简化网络结构相互矛盾。RBFNN 结构的训练是一项具有挑战性的任务，而学习算法是 RBFNN 的核心。常用的学习算法是基于导数的优化算法[4-6]。RBFNN 的学习过程是基于实际输出和期望输出之间的直接比较，通过迭代调整连接权值实现的。这种学习过程属于监督学习。迄今为止，传统的 RBFNN 学习模型包括单目标优化模型和多目标优化模型。单目标优化模型是 RBFNN 训练中最常用、研究最广泛的模型，它只包含一个基于网络误差的目标。当网络结构固定时，RBFNN 的权值只能通过训练算法进行优化，目标是使网络误差最小化[7-9]。当同时优化网络结构和连接权值时，目标是使网络误差最小或网络误差和网络复杂度的组合最小[10-11]。需要注意的是，多目标优化模型通常包含两个相互矛盾的目标，即最小化网络误差和最小化隐藏层单元数[12-13]，并且多目标模型的目的是实现精度和网络结构之间的最优权衡。Goh 等[14]设计了一个多目标问题，同时，考虑了分类准确性和网络复杂性这两个相互冲突的目标。在文献[15]中，Almeida 等构造了基于训练误差、结构复杂度和传递函数复杂度的双目标优化问题。其中：一个目标是测试误差、训练误差、隐藏层的数量、隐藏节点的数量、传递函数权重 5 项信息的组合；另一个目标是基于网络误差的测量。Loghmanian 等[16]同样提出了多目标策略，即最小化均方误差和由输入神经元个数、输出神经元个数、隐藏层神经个数组成的网络复杂度。神经网络训练的另一个常见困难是神经网络中的非线性激活函数使模型收敛到局部最优解而不是全局最优解，模型性能不能达到最优。为解决此问题，提高训练效果，近几十年来很多学者做了大量的工作，例如，将激活函数更改为线性函数，并保持输入和输出的方差近似，利用 Xavier 初始化网络权值[17]。然而，这类解决方案高度依赖于数据集的数据分布。之后，也有学者提出改进的网络结构，即非常著名的长短时记忆(Long Short Term Memory，LSTM)神经网络，通过使用多门结构控制状态存储器的流量，有效解决梯度消失[18-19]问题。将激活函数更改为整流线性单元(Rectified Linear Unit，ReLU)函数也有助于解决消失梯度的问题[20-21]，然而当输入为负

数时，神经元呈死亡状态。简而言之，输出要么为 0，要么为正，这极大限制了其实际应用。

9.2.1 问题描述

现有学习模型大都采用先通过训练模型架构和参数得到最优神经网络模型，再测试网络性能的思路。此种机制将训练过程和测试过程分裂成彼此独立的个体，会导致过拟合和欠拟合很难平衡。当一个模型开始记忆训练数据并以突触权重的形式存储知识，而不是从中学习归纳趋势或规则时，极易引起过拟合或欠拟合问题，从而导致泛化性能较差。

为了设计一种紧凑且具有良好泛化能力的 RBFNN 体系结构，现介绍一种以网络结构为领导者、以连接权值为跟随者的双层进化学习模型，即混合双层自组织径向基函数神经网络(Hybrid Bilevel Self-organizing Radial Basis Function Neural network，HB-SRBFNN)算法。该算法是一个线性叠加多层神经网络的双层进化学习系统，包括与网络复杂度和测试误差相关的上层结构优化部分，以及与训练误差相关的下层参数优化部分。其优势如下：

(1) 不同于以往只使用元启发式算法来优化 RBFNN 的结构和权值，HB-SRBFNN 算法兼顾了训练误差和测试误差。上层优化器用于优化网络架构，减少测试误差；下层优化器通过最小化训练误差优化给定的 RBFNN 权重。

(2) 通过一个全局损失函数绕过消失梯度问题和减少非凸优化的负面影响，在训练速度和准确性方面提高模型性能。

(3) 将测试过程结果反馈给训练过程，通过持续交互、进化学习，有效解决了过拟合和欠拟合问题。

9.2.2 混合双层自组织径向基函数神经网络原理

1. 混合双层优化学习模型[22]

为有效平衡神经网络训练中的过拟合和欠拟合，给出的一种混合双层自组织径向基函数神经网络学习框架如图 9.14 所示。

结构调整模块表示上层优化器，基于测试误差和网络复杂度优化网络结构；参数调整模块表示下层优化器，基于训练误差优化网络权值。$\boldsymbol{X}_{te}$ 和 $\boldsymbol{X}_{tr}$ 分别表示测试输入和训练输入数据，$\hat{y}_{te}$ 和 $\hat{y}_{tr}$ 分别表示它们对应的预测输出。RBFNN 子网络具有相同的结构、不同的初始权值。

参数调整模块，即传统的权值学习算法通过 BP 输出误差 $e_k(t)=\hat{y}_k(t)-y_k(t)$ 以更新第 k 个子网络中的所有参数，使预测输出 $\hat{y}_k(t)$ 在 $t\to\infty$ 时逐渐接近其真标签 $y_k(t)$。

在本节所设计的结构中，不再使用每个 $\hat{y}_k(t)$ 作为网络预测值，而是使用 k 个预测模型输出的线性组合作为 $\hat{y}(t)$ 在每个时间步 t 的预测，即

$$\hat{y}(t)=\sum_{i=1}^{k}\hat{\alpha}_i(t)\hat{y}_i(t) \tag{9.2.1}$$

$$\hat{y}_i(t)=\sum_{j=1}^{J}w_j(t)\varphi_j(t) \tag{9.2.2}$$

$$\varphi_j(t)=\mathrm{e}^{-\|\boldsymbol{X}(t)-\boldsymbol{C}_j(t)\|^2/(2\sigma_j^2(t))} \tag{9.2.3}$$

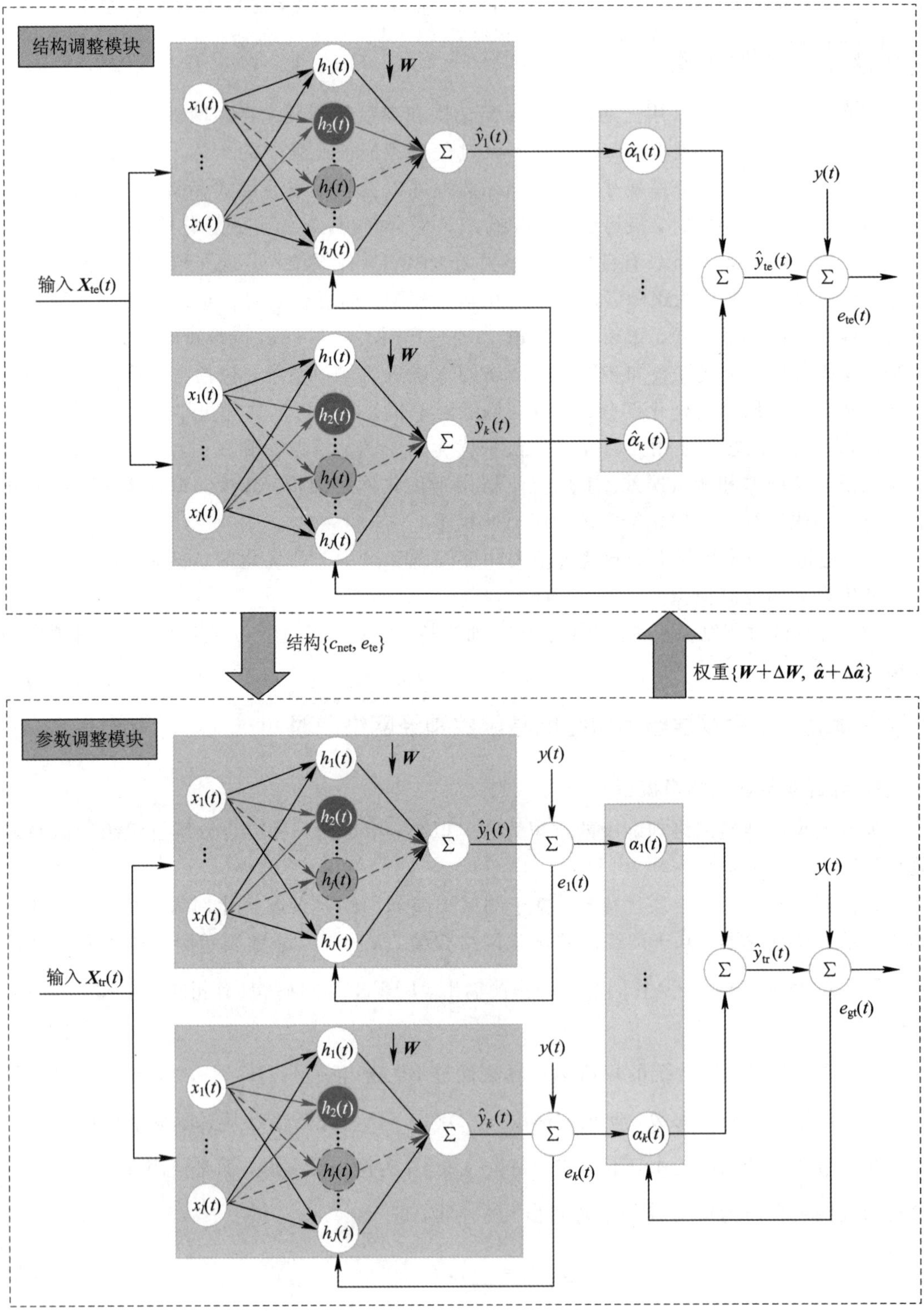

图 9.14　HB-SRBFNN 框架[22]

式中，$w_j(t)$为 t 时刻第 j 个隐藏层神经元与输出之间的权重；$\varphi_j(t)$为第 j 个隐藏层神经元在 t 时刻的输出；$\boldsymbol{C}_j(t)=[c_{j1}(t), c_{j2}(t), \cdots, c_{jI}(t)](j=1, 2, \cdots, J)$，为第 j 个隐藏层神经元在 t 时刻的中心向量；$\boldsymbol{X}(t)=[x_1(t), x_2(t), \cdots, x_I(t)]^{\mathrm{T}}$ 为 RBFNN 在 t 时刻的 I 维输入向量；$\sigma_j(t)$为第 j 个隐藏层神经元在 t 时刻的宽度；$\hat{\alpha}_i(t)$为第 i 个子网络在时间步 t 的组合系数，目标系数 $\alpha_i(t)$满足准则

$$\sum_{i=1}^{k}\alpha_i(t) \quad 0 \leqslant \alpha_i(t) \leqslant 1 \tag{9.2.4}$$

在任意时刻，当前系数的估计值满足

$$\sum_{i=1}^{k}\hat{\alpha}_i(t) \quad 0 \leqslant \hat{\alpha}_i(t) \leqslant 1, \ \forall t \in T \tag{9.2.5}$$

2. 上层目标：网络结构优化

对于一个典型的 3 层 RBFNN，输入神经元的个数和输出神经元的个数分别取决于训练模式和训练样本，而核心问题在于优化过程获得最优数量的隐藏层神经元个数。因此，一个 3 层的多输入单输出 RBFNN 结构可以表示为 $I-J-1$。I 表示输入维度，J 表示隐藏层神经元个数。假设最大隐藏层神经元数量为 $J_{\max}$，隐藏层结构 $\boldsymbol{h}=[h_1, h_2, \cdots, h_{J_{\max}}]$，$h_{J_{\max}}$ 表示第 $J_{\max}$个隐藏层神经元的状态。

自组织 RBFNN(Self-Organizing RBFNN，SO-RBFNN)的拓扑结构如图 9.15 所示。对于保留神经元，它与输入层的每个神经元和输出层的每个神经元都有连接。实线神经元表示新添加神经元，而虚线神经元为删除神经元，即断开网络中该神经元的所有连接。网络结构的自适应调整过程即本节所介绍模型框架的上层网络优化过程。

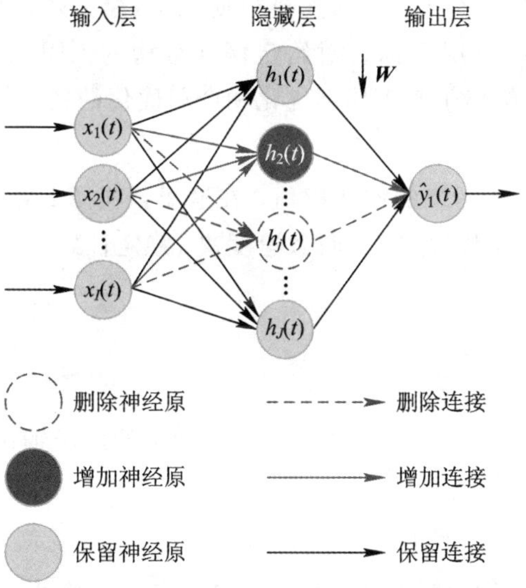

图 9.15 SO-RBFNN 的拓扑结构[22]

上层目标主要分别优化网络复杂度 c_{net}和测试误差 e_{te}这两个指标。基于此，对网络结构进行自适应调整，目的是获得紧凑且泛化能力良好的 RBFNN 结构。上层目标函数定义为

$$L_u = c_1 \times c_{\mathrm{net}} + c_2 \times e_{\mathrm{te}} \tag{9.2.6}$$

式中：c_1、$c_2 \in (0, 1)$，表示权重系数；c_{net}用来描述网络拓扑结构。网络复杂度的值越小，说明网络越简单、越紧凑。c_{net}定义为

$$c_{\mathrm{net}} = \frac{A_{\mathrm{c}}}{T_{\mathrm{c}}} \tag{9.2.7}$$

式中，A_{c} 表示上层 SO-RBFNN 得到的实际网络连接数，T_{c} 表示包括所有输入神经元、隐藏层神经元和输出神经元的网络连接总数。

对于具有最大隐藏层神经元个数 $J_{\max}$ 的 3 层 RBFNN 结构，T_{c} 和 A_{c} 的计算公式分别为

$$T_{\mathrm{c}} = I \times J_{\max} + J_{\max} \times 1 = (I+1) \times J_{\max} \tag{9.2.8}$$

$$A_{\mathrm{c}} = I \times J + J \times 1 = (I+1) \times J \tag{9.2.9}$$

在获得紧凑且泛化能力良好的 RBFNN 体系结构后，基于目标函数对网络结构进行自调整，调整规则为

$$J_{n+1} = \begin{cases} J+1 & 0 < c_{\mathrm{net}} \leqslant \varepsilon_1 \\ J & \varepsilon_1 < c_{\mathrm{net}} \leqslant \varepsilon_2 \\ J-1 & \varepsilon_2 < c_{\mathrm{net}} \leqslant 1 \end{cases} \tag{9.2.10}$$

式中，ε_1 和 ε_2 表示阈值因子，ε_1 设定为 0.3，ε_2 设定为 0.7。

3. 下层目标：网络权值优化

SO-RBFNN 训练的主要困难是获取最优的一组参数，即网络的中心、宽度、输出层与隐藏层之间的权向量，统一记为$\boldsymbol{W}$。神经元之间的信息是单向传递的，而信息强度主要依靠神经元之间的连接权值，因此，将网络中所有的连接权向量$\boldsymbol{W}$视为较低层次的决策变量，表达形式如图 9.15 所示。算法的下层目标是对给定网络结构的 RBFNN 权值进行优化，为了保证算法的快速收敛，本节给出了基于局部优化和全局优化的独立优化机制。

1）*局部网络权值优化*

局部优化的任务是训练 RBFNN 子网络的连接权值，在这里，选择 LM 作为底层局部优化器，原因是它是一种优秀的基于导数的方法，收敛速度快、稳定性好。对给定的网络架构 h，设第 k 个子网络目标函数为

$$L_k = \frac{1}{2}\sum_{p=1}^{P} \| y_{k,p} - \hat{y}_{k,p} \|^2 \tag{9.2.11}$$

式中，P 为训练集中样本个数，$\hat{y}_{k,p}$为第 k 个子网络中第 p 个样本的网络输出，$y_{k,p}$为相应的目标输出。最小化目标函数，即

$$\Delta\boldsymbol{W} = [\nabla^2 E(\boldsymbol{W})]^{-1} \cdot \nabla E(\boldsymbol{W}) \tag{9.2.12}$$

式中：$\boldsymbol{W} = [w_1, w_2, \cdots, w_J]$，表示所有权值的向量；$\nabla E(\boldsymbol{W})$表示权值的梯度；$\nabla^2 E(\boldsymbol{W})$为 Hessian 矩阵。$\nabla E(\boldsymbol{W})$和$\nabla^2 E(\boldsymbol{W})$的公式分别为

$$\begin{cases} \nabla E(\boldsymbol{W}) = \boldsymbol{J}_{\text{正}}^{\mathrm{T}}(\boldsymbol{W}) E(\boldsymbol{W}) \\ \nabla^2 E(\boldsymbol{W}) = \boldsymbol{J}_{\text{正}}^{\mathrm{T}}(\boldsymbol{W}) \boldsymbol{J}(\boldsymbol{W}) + \boldsymbol{H}(\boldsymbol{W}) \end{cases} \tag{9.2.13}$$

$\boldsymbol{J}(\boldsymbol{W})$为雅可比矩阵，公式为

$$J(W)=\left(\frac{\partial e_k(t)}{\partial c_{1,1}}\frac{\partial e_k(t)}{\partial c_{1,2}}\cdots\frac{\partial e_k(t)}{\partial c_{1,I}}\frac{\partial e_k(t)}{\partial \sigma_1}\frac{\partial e_k(t)}{\partial w_1}\frac{\partial e_k(t)}{\partial c_{2,1}}\frac{\partial e_k(t)}{\partial c_{2,2}}\cdots\right.$$
$$\left.\frac{\partial e_k(t)}{\partial c_{2,I}}\frac{\partial e_k(t)}{\partial \sigma_2}\frac{\partial e_k(t)}{\partial w_2}\cdots\frac{\partial e_k(t)}{\partial c_{J,1}}\frac{\partial e_k(t)}{\partial c_{J,2}}\cdots\frac{\partial e_k(t)}{\partial c_{J,I}}\frac{\partial e_k(t)}{\partial \sigma_J}\frac{\partial e_k(t)}{\partial w_J}\right) \tag{9.2.14}$$

式中：$e_k(t)$表示第 k 个子网络在 t 时刻的网络误差，$c_{J,1}$为第 J 个神经元中心的第 1 个元素。

$$H(W)=\sum_{p=1}^{P}e_{k,p}\nabla^2 e_{k,p} \tag{9.2.15}$$

假设 $H(W)$很小，则 Hessian 矩阵近似为

$$\nabla^2 E(W)\approx J_{正}^{\mathrm{T}}(t)J(t) \tag{9.2.16}$$

将式(9.2.13)、式(9.2.16)代入式(9.2.12)，得

$$\Delta W=[J^{\mathrm{T}}(t)J(t)]^{-1}J_{正}^{\mathrm{T}}(t)e_k(t) \tag{9.2.17}$$

$J^{\mathrm{T}}(t)J(t)$可能是不可逆的，因此，使用近似 Hessian 矩阵：

$$\Delta W=[J^{\mathrm{T}}(t)J(t)+\mu I]^{-1}J^{\mathrm{T}}(t)e_k(t) \tag{9.2.18}$$

式中：I 为单位矩阵；μ 表示一个大于 0 的参数，μ 较大时，算法变为最陡下降法，而 μ 较小时，算法变为高斯牛顿法。在本节中，初始化 μ 为 0.01。

2）全局组合系数优化

全局损失系数 $e_{gt}(t)$定义为真实输出与预测输出之间的差值，即

$$e_{gt}(t)=y(t)-\hat{y}_{tr}(t) \tag{9.2.19}$$

则全局损失函数改写为

$$\begin{aligned}e_{gt}(t)&=y(t)-\hat{y}_{tr}(t)=y(t)-\{y(t)-[\hat{\alpha}_1(t)\hat{y}_1(t)+\hat{\alpha}_2(t)\hat{y}_2(t)+\cdots+\hat{\alpha}_k(t)\hat{y}_k(t)]\}\\&=\sum_{i=1}^{k-1}\hat{\alpha}_i(t)e_i(t)+\hat{\alpha}_k(t)e_k(t)\end{aligned} \tag{9.2.20}$$

式中，$e_i(t)$定义为第 i 个子网络预测输出与目标输出的差值，即

$$e_i(t)=y_i(t)-\hat{y}_i(t) \tag{9.2.21}$$

则

$$e_{gt}(t)=\sum_{i=1}^{k-1}\hat{\alpha}_i(t)e_i(t)+(1-\sum_{i=1}^{k-1}\hat{\alpha}_i(t))e_k(t)=\sum_{i=1}^{k-1}\hat{\alpha}_i(t)\hat{e}_i(t)+e_k(t) \tag{9.2.22}$$

式中，$\hat{e}_i(t)$表示第 i 个模型的误差和第 k 个模型误差的差值，定义为

$$\hat{e}_i(t)=e_i(t)-e_k(t) \tag{9.2.23}$$

由式(9.2.20)推导出的损失函数可进一步简化为

$$\tilde{e}_{gt}(t)=\hat{\boldsymbol{e}}^{\mathrm{T}}(t)\hat{\boldsymbol{\alpha}}(t) \tag{9.2.24}$$

式中，$\tilde{e}_{gt}(t)=e_{gt}(t)-e_k(t)$，$\hat{\boldsymbol{e}}(t)$和 $\hat{\boldsymbol{\alpha}}(t)$分别定义为

$$\begin{cases}\hat{\boldsymbol{e}}(t)=[\hat{e}_{l,1}(t),\ \hat{e}_{l,2}(t),\ \cdots,\ \hat{e}_{l,k-1}(t)]^{\mathrm{T}}\\\hat{\boldsymbol{\alpha}}(t)=[\hat{\alpha}_1(t),\ \hat{\alpha}_2(t),\ \cdots,\ \hat{\alpha}_{k-1}(t)]^{\mathrm{T}}\end{cases} \tag{9.2.25}$$

在式(9.2.24)的两边乘以 $\hat{\boldsymbol{e}}(t)$，得

$$\hat{\boldsymbol{e}}(t)\tilde{e}_{gt}(t)=\hat{\boldsymbol{e}}(t)\hat{\boldsymbol{e}}^{\mathrm{T}}(t)\hat{\boldsymbol{\alpha}}(t) \tag{9.2.26}$$

将方程左边的元素移到右边，令 $\Delta\hat{\boldsymbol{\alpha}}(t)=\hat{\boldsymbol{\alpha}}(t+1)-\hat{\boldsymbol{\alpha}}(t)$，得到线性系数的变化量为

$$\Delta\hat{\boldsymbol{\alpha}}(t)=-\hat{\boldsymbol{e}}(t)\hat{\boldsymbol{e}}^{\mathrm{T}}(t)\hat{\boldsymbol{\alpha}}(t)+\hat{\boldsymbol{e}}(t)\tilde{\boldsymbol{e}}_{\mathrm{gt}}(t) \tag{9.2.27}$$

【注 9.1】 全局叠加系数 $\hat{\boldsymbol{\alpha}}$ 的更新式是一个线性差分方程，全局损失通过从多个子网络中收集信息提高收敛速度和性能。

【注 9.2】 通过定义并更新全局损失函数，系统无须等待每个子网络在系统收敛之前收敛，有效避免了梯度消失问题。

【注 9.3】 将训练过程和测试过程集成到一个系统中，上层框架用来自调整网络结构，降低网络复杂度；下层框架用来优化子网络的连接权值和线性组合的系数。系统通过持续交互、进化学习，有效解决了过拟合和欠拟合问题。

9.3 基于随机森林优化的自组织神经网络

在深度学习的数据处理过程中，也需进行数据降维处理，以达到减少运算量和数据降噪的目的。神经网络的训练集一般具有多组特征，将这些特征作为输入并进行趋势预测前，通常用降维特征向量和干扰数据对数据进行降维处理，在某些应用场景中能显著提高预测准确率，但当数据集的多组特征与结果都具有较强的相关性时，降维处理可能会导致预测准确性降低。针对该问题，本节介绍一种基于随机森林算法的优化 MLP 回归预测模型，该模型在数据预处理后将数据集按数据属性进行划分，并在全连接神经网络的中间层与输出层回归分类器之间，使用随机森林算法对 MLP 回归模型的隐藏状态进行纠正，该过程主要纠正在降维时被忽略的部分要素。

9.3.1 特征降维算法

特征降维算法通常被分为两类：以 PCA 为代表的无监督算法(即 PCA 算法)和以线性判别式分析(LDA)为代表的监督算法。通常 PCA 算法更多地应用到预测模型中，其主要过程包括数据集预处理、PCA 主成分提取、建立预测模型并预测等。PCA 算法的基本原理是通过训练数据集的协方差矩阵特征向量，构造一个 k 阶矩阵(k 表示样本降维后的特征数量)。该 k 阶矩阵为一个实对角矩阵，不同特征值所对应的特征向量是正交的。k 阶矩阵是该算法的最终结果。PCA 算法过程如下：假设样本数量为 N 的样本集 $\boldsymbol{X}=\{x_1, x_2, \cdots, x_N\}$，先将每个特征减去各自的平均值，计算出数据集的协方差矩阵 $\frac{1}{N}\boldsymbol{X}\boldsymbol{X}^{\mathrm{T}}$，并使用特征值分解方法求出该协方差矩阵的特征值与特征向量；然后对特征值进行排序并选出前 k 个特征值，将其特征向量分别作为行向量组成特征向量矩阵 $\boldsymbol{P}$；最后将原数据集映射到新特征向量构建的空间中，即

$$\boldsymbol{Y}=\boldsymbol{P}\boldsymbol{X}$$

9.3.2 随机森林算法

随机森林算法是利用多个树型数据结构对样本进行训练并预测的一种算法。与传统决策树算法不同，随机森林算法具有不剪枝也能避免数据过拟合的特点，同时具有较快的训

练速度，且参数调整简单，在默认参数下有较好的回归预测效果[23-24]。图 9.16 为随机森林模型，其利用 bootstrap 方法从原始训练集中随机抽取 n 个样本(有放回)，并构建 n 棵决策树(图 9.16 显示了两棵决策树)。在这些样本中选择最好的特征(图 9.16 中特征(f))进行分裂，直至该节点的所有训练样例都属于同一类；然后使每棵决策树在不做任何修剪的前提下最大限度生长；最后将生成的多棵分类树组成随机森林，并用其进行分类和回归。随机森林算法最终结果由多个分类器投票或取均值确定，即计算每棵树的条件概率 $P_i(c|f)$ 的平均值[25]。

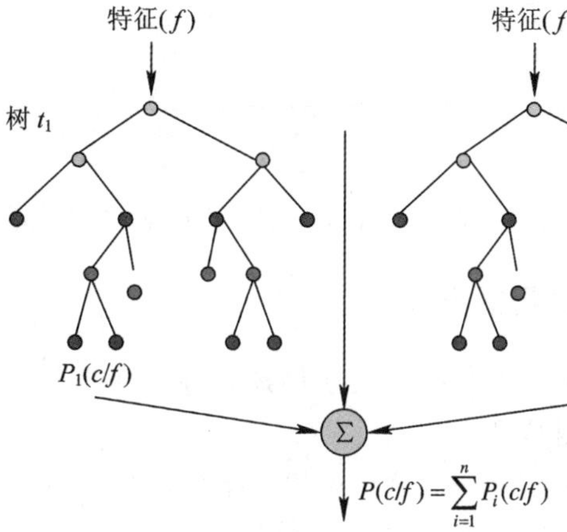

图 9.16　随机森林模型

9.3.3 MLP 回归模型

一般的多层全连接神经网络(如 MLP 网络)是一种前向结构的人工智能网络，如图 9.17 所示。典型的 MLP 网络包括三层：输入层、隐藏层和输出层。MLP 网络不同层之间是全连接的，多层全连接神经网络的每一层都由多个节点组成。除输入层的节点外，每个神经元都带有一个非线性激活函数，通常用反向传播的监督学习方法训练网络[26]。

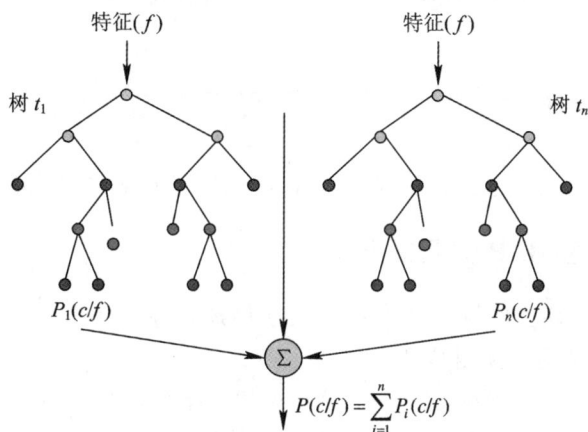

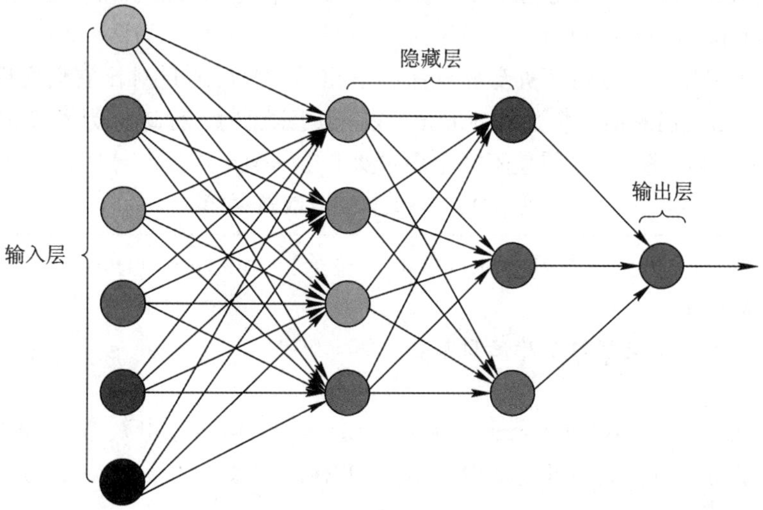

图 9.17　MLP 模型

假设输入层用向量 $\boldsymbol{X}$ 表示，则隐藏层的输出为 $f(\boldsymbol{W}_1\boldsymbol{X}+\boldsymbol{b}_1)$，其中 $\boldsymbol{W}_1$ 是权重(也称为连接系数)，$\boldsymbol{b}_1$ 是偏置，函数 f 可以是常用的 sigmoid 函数或 tanh 函数，其公式为

$$\tanh(a)=\frac{\mathrm{e}^a-\mathrm{e}^{-a}}{\mathrm{e}^a+\mathrm{e}^{-a}} \tag{9.3.1a}$$

$$\mathrm{sigmoid}(a)=\frac{1}{1+\mathrm{e}^{-a}} \tag{9.3.1b}$$

MLP 回归模型的隐藏层到输出层可视为一个多类别的逻辑回归，即 softmax 回归，所以输出层的输出就是 $\mathrm{softmax}(\boldsymbol{W}_2\boldsymbol{X}_1+\boldsymbol{B}_2)$，其中 $\boldsymbol{X}_1$ 表示隐藏层的输出 $f(\boldsymbol{W}_1\boldsymbol{X}+\boldsymbol{b}_1)$[10-11]。softmax 公式为

$$\sigma(z)_j=\frac{\mathrm{e}^{z_j}}{\sum_{k=1}^{K}\mathrm{e}^{z_k}} \tag{9.3.2}$$

二分类问题上使用 softmax 回归时，softmax 即特殊化成了 sigmoid。

9.3.4 优化的 MLP 回归模型

优化的 MLP 回归模型的流程[27]包括：数据集预处理、数据集分组、建立神经网络模型、提取不确定项以及完善预测结果。

(1) 数据集预处理。由于在实际应用中获得的数据多包含噪声，所以不能将这种数据直接进行数据分析。为提高数据分析的效率，通常要进行数据预处理。数据预处理有多种方法：数据清洗、数据集成、数据变换等。这些处理方法都可以在一定程度上降低数据分析的成本。

(2) 数据集分组。根据数据的不同属性，将处理后的数据集按数据属性分为两组数据子集 S 和 Z。将这两组数据子集定义为

$$\begin{aligned}S&=\{S_1, S_2, \cdots, S_n\} \qquad S_i\in[0, 1], i\in\{1, 2, \cdots, N\}\\ Z&=\{Z_1, Z_2, \cdots, Z_n\} \qquad Z_i\in\mathbb{R}, i\in\{1, 2, \cdots, N\}\end{aligned} \tag{9.3.3}$$

(3) 建立神经网络模型。首先用 MLP 回归模型分析数据集 S，并进行训练获得 MLP 的输出，用随机森林算法预测数据集 Z。将 MLP 回归模型以及随机森林算法的输出分别记为 mlp_predict 和 forest_predict。

(4) 提取不确定项。得到随机森林算法的输出后，即可通过对比它们之间的不同输出获得不确定项(当它们对同一个数据项的预测有不同意见时，称该项为不确定项)。如果要得到更高的预测准确率，那么需使不确定项最大化。不确定项提取算法如算法 9.1 所示。

算法 9.1：不确定项提取算法[27]

输入：forest_predict(随机森林算法的输出结果)，mlp_predict(MLP 层获得的输出结果)，y_test(结果集)。

输出：DataFrame 类型的不确定项集合。

步骤：

(1) 初始化 f_m_index(随机森林算法和 MLP 层的差异项索引)、fm_t_index(随机森林算法或 MLP 层与 y_test 的差异项索引)、f_m_diff(随机森林算法和 MLP 层的差异错误项索引)=[ ]，[ ]，[ ]；

(2) for indexE[0: len(forestpredict[])] do:
  当随机森林算法和 MLP 层得到的结果不同时，将 index 记录到 f_m_index 中
end for
(3) for index∈[0: len(forest_predict 或者 mlp_predict[0])] do:
  如果随机森林算法或者 MLP 层得到的是错误结果，将 index 记录到 fm_t_index 中
end for
(4) for index∈[0: len(f_m_index)] do:
for f_m_index∈[0: len(fm_t_index)] do:
  如果所针对的数据在差异项中并与实际不符，将 index 记录到 f_m_diff 中
    break
end for
return y_test 返回索引值 f_m_diff 中元素的 DataFrame 类型的对象

其中，forest_predict 和 mlp_predict 分别表示随机森林和 MLP 层的输出结果，在算法运行时选择其中正确率较高的输出。

(5) 完善预测结果。提取不确定项集合后，可将其传递给逻辑回归层，需要针对这些不确定项重新训练并更新 MLP 回归模型中的逻辑回归层参数。用训练集中的不确定项拟合逻辑回归层，最后用该层预测测试集中的不确定项，再根据之前得到的输出结果得到最终的预测结果。获得逻辑回归层的训练集过程与提取不确定项的过程基本相同。该神经网络模型结构如图 9.18 所示。

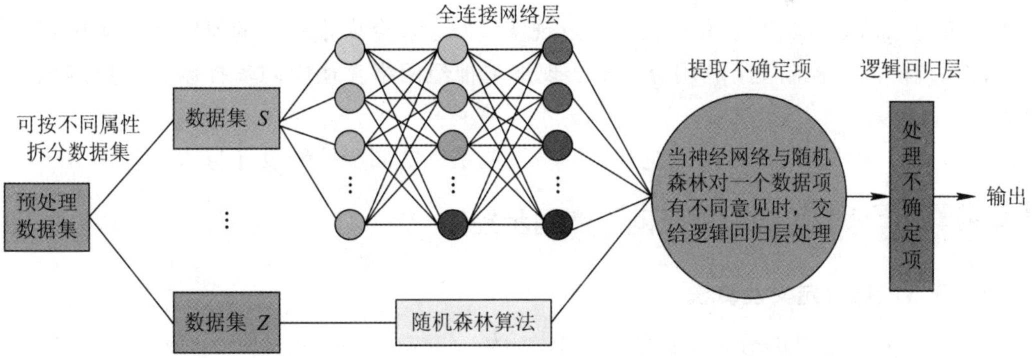

图 9.18 随机森林优化的网络模型[27]

图 9.18 表明，本节给出的优化算法是在原 MLP 回归模型中的 MLP 层与逻辑回归层之间加入了不确定项的提取算法，并使用逻辑回归层处理这些不确定项。对于 MLP 层或随机森林的隐藏层状态，用 sigmoid 激活函数获得其对应的输出结果，最后用逻辑回归层的结果完善 MLP 层或随机森林算法的输出结果。

sigmoid 二分类算法本质上是一个基于条件概率的判别模型，通常以 0.5 为阈值，大于 0.5 为正样本，小于 0.5 为负样本，它是一个二分类方法。将 sigmoid 函数扩展到多维特征空间，即为多维特征空间中的二分类问题[28-29]。在多维特征空间中的 sigmoid 函数公式为

$$h_{\boldsymbol{\theta}}(\boldsymbol{X})=g(\boldsymbol{\theta}^{\mathrm{T}}\boldsymbol{X})=\frac{1}{1+\mathrm{e}^{-\boldsymbol{\theta}^{\mathrm{T}}\boldsymbol{X}}} \tag{9.3.4}$$

式中，$\boldsymbol{\theta}$ 表示多维参数，$\boldsymbol{X}$ 为特征空间矩阵。对于二分类问题，样本和参数 $\boldsymbol{\theta}$ 的条件概率函数为

$$P(y \mid \boldsymbol{X};\boldsymbol{\theta})=(h_{\boldsymbol{\theta}}(\boldsymbol{X}))^{y}(1-h_{\boldsymbol{\theta}}(\boldsymbol{X}))^{1-y} \tag{9.3.5}$$

式中，y 表示二分类问题输出，得到概率函数后，对其进行最大似然估计并对数化，得

$$\rho(\boldsymbol{\theta})=\log L(\boldsymbol{\theta})=\sum_{i=1}^{m} y^{(i)}\log h(\boldsymbol{X}^{(i)})+(1-y^{(i)})\log(1-h(\boldsymbol{X}^{(i)})) \tag{9.3.6}$$

对式(9.3.6)求参数 $\boldsymbol{\theta}$ 的导数，得到参数梯度迭代公式为

$$\boldsymbol{\theta}_j:=\boldsymbol{\theta}_j+\alpha(y^{(i)}-h_{\boldsymbol{\theta}}(\boldsymbol{X}^{(i)}))\boldsymbol{X}_j^{(i)} \tag{9.3.7}$$

在训练集上的不断迭代，得到导数的近似极值，该过程称为梯度上升，最后获得最佳参数 $\boldsymbol{\theta}$ 和可用模型。

9.4 案例11——分数阶细胞神经网络在自适应同步控制中的应用

自从1990年L. M. Pecora和T. L. Carrol提出混沌同步的思想以来，混沌同步的方法得到了较大发展，主要有驱动-响应法、主动-被动法、控制观测器法、主动控制法、单向耦合法、自适应同步法等[30-31]。大部分的同步方案都需已知系统结构和参数，然而事实上很难通过外部测量准确得到系统参数，而且即使有些系统已经知道其结构和参数，由于外部扰动及噪声的干扰，也很难使得两混沌系统的参数完全相同。

整数阶微积分是分数阶微积分的特例，整数阶系统是对实际混沌系统的理想化处理[32]，而分数阶系统的特点和结构更接近现实[33-34]。迄今为止众多的研究比较集中在整数阶混沌系统的同步控制上，利用分数阶实现细胞神经网络自适应同步控制和参数辨识却鲜有报道。

本节介绍一种新的分数阶细胞神经网络混沌系统的同步控制设计与仿真实例。

9.4.1 分数阶细胞神经网络的同步控制

1. 分数阶微分定义及算法

采用Caputo定义的分数阶微积分定义[35]为

$$\frac{\mathrm{d}^q f(t)}{\mathrm{d}t^q}=\frac{1}{\Gamma(n-q)}\int_0^t \frac{f^{(n)}(\tau)}{(t-\tau)^{q-n+1}}\mathrm{d}\tau \tag{9.4.1}$$

式中，$\Gamma(\cdot)$为Gamma函数，$n-1\leqslant q\leqslant n$，$q$ 为分数，n 为整数。式(9.4.1)的Laplace变换为

$$\mathscr{L}\left\{\frac{\mathrm{d}^q f(t)}{\mathrm{d}t^q}\right\}=s^q\mathscr{L}\{f(t)\}-\sum_{k=0}^{n-1}s^k\left[\frac{\mathrm{d}^{q-1-k}f(t)}{\mathrm{d}t^{q-1-k}}\right] \tag{9.4.2}$$

若函数 $f(t)$的初始值为零，则式(9.4.2)可简化为

$$\mathscr{L}\left\{\frac{\mathrm{d}^q f(t)}{\mathrm{d}t^q}\right\}=s^q\mathscr{L}\{f(t)\} \tag{9.4.3}$$

对于一个动力学系统，其对应的分数阶微分方程可以表示为

$$a_n D^{\upsilon_n} F(x, y) + a_{n-1} D^{\upsilon_n - 1} F(x, y) + \cdots + a_0 D^{\upsilon_0}$$
$$= b_m D^{\alpha_m} G(x, y) + b_{m-1} D^{\alpha_m - 1} G(x, y) + \cdots + b_0 D^{\alpha_0} G(x, y) \tag{9.4.4}$$

式中：υ_n，υ_{n-1}，…，υ_0 及 α_m，α_{m-1}，…，α_0 分别表示相应的分数阶阶数；$F(x, y)$为系统输入，$G(x, y)$为系统输出，它们均满足初始值为 0 的条件。对式(9.4.4)做 Laplace 变换，得分数阶微分方程的传递函数为

$$H(s) = \frac{b_m s^{\alpha_m} + b_{m-1} s^{\alpha_{m-1}} + \cdots + b_0 s^{\alpha_0}}{a_n s^{\upsilon_n} + a_{n-1} s^{\upsilon_{n-1}} + \cdots + a_0 s^{\upsilon_0}} \tag{9.4.5}$$

式(9.4.5)表明，在频域中可用传递函数 $H(s)=1/s^q$ 表示分数阶微分算子 q。因此，工程中常常采用时域-复频域转换法来求解分数阶微分方程。

2. 分数阶同步控制系统

驱动系统Ⅰ为

$$D_t^q \boldsymbol{X} = \boldsymbol{h}(x(t), t) \qquad 0 \leqslant t \leqslant T \tag{9.4.6}$$

式中：$\boldsymbol{X} \in \mathbb{R}^n$ 是驱动系统的一个 n 维状态向量；$\boldsymbol{h}: \mathbb{R}^n \to \mathbb{R}^n$。将 $\boldsymbol{h}$ 拆分为线性和非线性两部分，则驱动系统Ⅰ可写为

$$D_t^q \boldsymbol{X} = \boldsymbol{g}(x) + \boldsymbol{G}(x)\boldsymbol{A}^{\mathrm{T}} \tag{9.4.7}$$

式中：$\boldsymbol{g}$：$\mathbb{R}^n \to \mathbb{R}^n$ 为包含线性项的连续向量函数；$\boldsymbol{G}(x)\boldsymbol{A}^{\mathrm{T}}$ 为非线性部分；$\boldsymbol{G}: \mathbb{R}^n \to \mathbb{R}^{n\times n}$ 为参数向量函数；$\boldsymbol{A}$ 是驱动系统的非线性函数的参数矩阵。

响应系统Ⅱ可表示为[36]

$$D_t^q \boldsymbol{Y} = \boldsymbol{g}(y) + \boldsymbol{G}(y)\tilde{\boldsymbol{A}}^{\mathrm{T}} + \boldsymbol{U} \tag{9.4.8}$$

式中；$\boldsymbol{Y} \in \mathbb{R}^n$，是响应系统的状态变量；$\boldsymbol{U} \in \mathbb{R}^n$，为控制器；$\tilde{\boldsymbol{A}}$ 是驱动系统的非线性函数的参数矩阵。

【定义 9.1】 设有两个系统式(9.4.7)和式(9.4.8)，如果对于任意的初始状态 $x(0)$和 $y(0)$满足 $e(t)=\lim\limits_{t\to\infty}\|\boldsymbol{Y}-\boldsymbol{X}\|=0$，则称系统Ⅰ和Ⅱ是同步的。

令式(9.4.7)和式(9.4.8)之间的同步误差为 $e_i(t)=y_i(t)-x_i(t)$，则将混沌系统的同步问题转化为对两个系统误差状态的研究，得到误差变量 $e(t)$的状态方程为

$$D_t^q \boldsymbol{e}(t) = D_t^q \boldsymbol{Y} - D_t^q \boldsymbol{X} \tag{9.4.9}$$

3. 细胞神经网络非线性描述

在细胞神经网络中，对于第 i 行、第 j 列的神经元 C(i, j)，假设它只与周围 r 范围内的神经元相连，而同其他的神经元不连接，$N_r(i, j)$表示 C(i, j)神经元和邻近的其他神经元的集合。CNN 每个神经元细胞的状态方程为[37]

$$C\frac{\mathrm{d}x_{ij}(t)}{\mathrm{d}t} = -\frac{1}{R_x}x_{ij}(t) + \sum_{C(k,\, l)\in N_r(i,\, j)} A(i, j; k, l)y_{kl}(t) + \sum_{C(k,\, l)\in N_r(i,\, j)} B(i, j; k, l)u_{kl}(t) + I \tag{9.4.10}$$

式中，$x_{ij}(t)$是第(i, j)个细胞的状态变量，I 表示网络的外部输入，$u_{kl}(t)$表示第(k, l)个细胞相应的输入电压，$y_{kl}(t)$是第(k, l)个细胞相应的输出，C 和 R_x 分别是线性电容及线性电阻，$A(i, j; k, l)$和 $B(i, j; k, l)$分别是反馈算子及控制算子。

在一个 $m\times n$ 的二维神经元排列空间内，CNN 网络的连接关系为[32]

$$N_r(i,j)=\{C(k,l)\mid \max(|k-i|,|l-j|)\leqslant r,\ 1\leqslant k\leqslant m;\ 1\leqslant l\leqslant n\}\qquad r\text{为正整数} \tag{9.4.11}$$

式(9.4.10)中，对应的输出函数 $y_{kl}(t)$ 是一个分段性函数，即

$$y_{kl}(t)=f(x_{ij})=\frac{1}{2}(|x_{ij}+1|-|x_{ij}-1|) \tag{9.4.12}$$

4. 三阶分数阶 CNN 控制模型

如果令式(9.4.10)中的线性电容 C 和线性电阻 R_x 分别为 1，则传统三阶无量纲细胞 CNN 模型的状态方程为

$$\frac{\mathrm{d}x_j}{\mathrm{d}t}=-x_j+\sum_{k=1}^{3}a_{jk}f(x_k)+\sum_{k=1}^{3}s_{jk}x_k+I_j\qquad j=1,2,3 \tag{9.4.13}$$

式中，x_j 是第 j 个细胞的状态变量，$f(x_k)$ 是第 k 个细胞相应的输出。如果令 $a_{13}=a_{21}=a_{23}=a_{31}=a_{32}=a_{33}=0$，$s_{13}=0$，$I_j=0$，则细胞神经网络系统的状态方程(式(9.4.10))可展开为

$$\begin{cases}\dfrac{\mathrm{d}x_1}{\mathrm{d}t}=-x_1+s_{11}x_1+s_{12}x_2+a_{11}f(x_1)+a_{12}f(x_2)\\ \dfrac{\mathrm{d}x_2}{\mathrm{d}t}=-x_2+s_{21}x_1+s_{22}x_2+s_{23}x_3+a_{22}f(x_2)\\ \dfrac{\mathrm{d}x_3}{\mathrm{d}t}=-x_3+s_{31}x_1+s_{32}x_2+s_{33}x_3\end{cases} \tag{9.4.14}$$

令式(9.4.14)为整数阶驱动系统的状态方程，其对应的整数阶响应系统的状态方程为

$$\begin{cases}\dfrac{\mathrm{d}y_1}{\mathrm{d}t}=-y_1+s_{11}y_1+s_{12}y_2+\tilde{a}_{11}f(y_1)+\tilde{a}_{12}f(y_2)+u_1\\ \dfrac{\mathrm{d}y_2}{\mathrm{d}t}=-y_2+s_{21}y_1+s_{22}y_2+s_{23}y_3+\tilde{a}_{22}f(y_2)+u_2\\ \dfrac{\mathrm{d}y_3}{\mathrm{d}t}=-y_3+s_{31}y_1+s_{32}y_2+s_{33}y_3+u_3\end{cases} \tag{9.4.15}$$

整数阶同步系统的误差为

$$\begin{cases}\dfrac{\mathrm{d}e_1}{\mathrm{d}t}=-e_1+s_{11}e_1+s_{12}e_2+\tilde{a}_{11}f(y_1)-a_{11}f(x_1)+\tilde{a}_{12}f(y_2)-a_{12}f(x_2)+u_1\\ \dfrac{\mathrm{d}e_2}{\mathrm{d}t}=-e_2+s_{21}e_1+s_{22}e_2+s_{23}e_3+\tilde{a}_{22}f(y_2)-a_{22}f(x_2)+u_2\\ \dfrac{\mathrm{d}e_3}{\mathrm{d}t}=-e_3+s_{31}e_1+s_{32}e_2+s_{33}e_3+u_3\end{cases} \tag{9.4.16}$$

与整数阶驱动系统对应的分数阶细胞神经网络混沌系统表示为

$$\begin{cases}\dfrac{\mathrm{d}^{q_1}x_1}{\mathrm{d}t^{q_1}}=-x_1+s_{11}x_1+s_{12}x_2+a_{11}f(x_1)+a_{12}f(x_2)\\ \dfrac{\mathrm{d}^{q_2}x_2}{\mathrm{d}t^{q_2}}=-x_2+s_{21}x_1+s_{22}x_2+s_{23}x_3+a_{22}f(x_2)\\ \dfrac{\mathrm{d}^{q_3}x_3}{\mathrm{d}t^{q_3}}=-x_3+s_{31}x_1+s_{32}x_2+s_{33}x_3\end{cases} \tag{9.4.17}$$

式中，q_1、q_2、q_3（$0<q_1, q_2, q_3 \leqslant 1$）为系统的阶数。为了便于计算误差系统，令阶数 $q_1 = q_2 = q_3 = q$。

将式(9.4.17)表示的系统设为分数阶驱动系统(简称系统(9.4.17)，相似情况类同处理)，则 $D_t^q \boldsymbol{X} = \boldsymbol{g}(x) + \boldsymbol{G}(x)\boldsymbol{A}^{\mathrm{T}}$ 改写为

$$D_t^q \boldsymbol{X} = \begin{bmatrix} -x_1 + s_{11}x_1 + s_{12}x_2 \\ -x_2 + s_{21}x_1 + s_{22}x_2 + s_{23}x_3 \\ -x_3 + s_{31}x_1 + s_{32}x_2 + s_{33}x_3 \end{bmatrix} + \begin{bmatrix} f(x_1) & f(x_2) & 0 \\ 0 & f(x_2) & 0 \\ 0 & 0 & 0 \end{bmatrix} \times \begin{bmatrix} a_{11} & 0 & 0 \\ a_{12} & a_{22} & 0 \\ 0 & 0 & 0 \end{bmatrix}$$

$$= \begin{bmatrix} -x_1 + s_{11}x_1 + s_{12}x_2 \\ -x_2 + s_{21}x_1 + s_{22}x_2 + s_{23}x_3 \\ -x_3 + s_{31}x_1 + s_{32}x_2 + s_{33}x_3 \end{bmatrix} + \begin{bmatrix} f(x_1) & f(x_2) & 0 \\ 0 & f(x_2) & 0 \\ 0 & 0 & 0 \end{bmatrix} \times \begin{bmatrix} a_{11} & a_{12} & 0 \\ 0 & a_{22} & 0 \\ 0 & 0 & 0 \end{bmatrix}^{\mathrm{T}}$$

式中，

$$\boldsymbol{g}(x) = \begin{bmatrix} -x_1 + s_{11}x_1 + s_{12}x_2 \\ -x_2 + s_{21}x_1 + s_{22}x_2 + s_{23}x_3 \\ -x_3 + s_{31}x_1 + s_{32}x_2 + s_{33}x_3 \end{bmatrix}$$

$$\boldsymbol{G}(x) = \begin{bmatrix} f(x_1) & f(x_2) & 0 \\ 0 & f(x_2) & 0 \\ 0 & 0 & 0 \end{bmatrix}$$

$$\boldsymbol{A}^{\mathrm{T}} = \begin{bmatrix} a_{11} & a_{12} & 0 \\ 0 & a_{22} & 0 \\ 0 & 0 & 0 \end{bmatrix}^{\mathrm{T}}$$

对应的分数阶响应系统表示为

$$\begin{cases} \dfrac{\mathrm{d}^{q_1} y_1}{\mathrm{d}t^{q_1}} = -y_1 + s_{11}y_1 + s_{12}y_2 + \tilde{a}_{11}f(y_1) + \tilde{a}_{12}f(y_2) + u_1 \\ \dfrac{\mathrm{d}^{q_2} y_2}{\mathrm{d}t^{q_2}} = -y_2 + s_{21}y_1 + s_{22}y_2 + s_{23}y_3 + \tilde{a}_{22}f(y_2) + u_2 \\ \dfrac{\mathrm{d}^{q_3} y_3}{\mathrm{d}t^{q_3}} = -y_3 + s_{31}y_1 + s_{32}y_2 + s_{33}y_3 + u_3 \end{cases} \tag{9.4.18}$$

同理，将式(9.4.18)改写成式(9.4.8)中 $D_t^q \boldsymbol{Y} = \boldsymbol{g}(y) + \boldsymbol{G}(y)\tilde{\boldsymbol{A}}^{\mathrm{T}} + \boldsymbol{U}$ 形式：

$$D_t^q \boldsymbol{Y} = \begin{bmatrix} -y_1 + s_{11}y_1 + s_{12}y_2 \\ -y_2 + s_{21}y_1 + s_{22}y_2 + s_{23}y_3 \\ -y_3 + s_{31}y_1 + s_{32}y_2 + s_{33}y_3 \end{bmatrix} + \begin{bmatrix} f(y_1) & f(y_2) & 0 \\ 0 & f(y_2) & 0 \\ 0 & 0 & 0 \end{bmatrix} \times \begin{bmatrix} \tilde{a}_{11} & 0 & 0 \\ \tilde{a}_{12} & \tilde{a}_{22} & 0 \\ 0 & 0 & 0 \end{bmatrix} + \begin{bmatrix} u_1 \\ u_2 \\ u_3 \end{bmatrix}$$

$$= \begin{bmatrix} -y_1 + s_{11}y_1 + s_{12}y_2 \\ -y_2 + s_{21}y_1 + s_{22}y_2 + s_{23}y_3 \\ -y_3 + s_{31}y_1 + s_{32}y_2 + s_{33}y_3 \end{bmatrix} + \begin{bmatrix} f(y_1) & f(y_2) & 0 \\ 0 & f(y_2) & 0 \\ 0 & 0 & 0 \end{bmatrix} \times \begin{bmatrix} \tilde{a}_{11} & \tilde{a}_{12} & 0 \\ 0 & \tilde{a}_{22} & 0 \\ 0 & 0 & 0 \end{bmatrix}^{\mathrm{T}} + \begin{bmatrix} u_1 \\ u_2 \\ u_3 \end{bmatrix}$$

式中，

$$\boldsymbol{g}(y) = \begin{bmatrix} -y_1 + s_{11}y_1 + s_{12}y_2 \\ -y_2 + s_{21}y_1 + s_{22}y_2 + s_{23}y_3 \\ -y_3 + s_{31}y_1 + s_{32}y_2 + s_{33}y_3 \end{bmatrix}$$

$$\boldsymbol{G}(x)=\begin{bmatrix} f(y_1) & f(y_2) & 0 \\ 0 & f(y_2) & 0 \\ 0 & 0 & 0 \end{bmatrix},\ \boldsymbol{A}^{\mathrm{T}}=\begin{bmatrix} \tilde{a}_{11} & \tilde{a}_{12} & 0 \\ 0 & \tilde{a}_{22} & 0 \\ 0 & 0 & 0 \end{bmatrix}^{\mathrm{T}},\ \boldsymbol{U}=\begin{bmatrix} u_1 \\ u_2 \\ u_3 \end{bmatrix}$$

5. 分数阶 CNN 自适应同步控制

根据式(9.4.9)的误差分析，得

$$\mathrm{D}_t^q \boldsymbol{e}=\mathrm{D}_t^q \boldsymbol{Y}-\mathrm{D}_t^q \boldsymbol{X}=\boldsymbol{g}(y)-\boldsymbol{g}(x)+\boldsymbol{G}(y)\tilde{\boldsymbol{A}}^{\mathrm{T}}-\boldsymbol{G}(x)\boldsymbol{A}^{\mathrm{T}}+\boldsymbol{U} \tag{9.4.19}$$

将式(9.4.19)转换成三维微分方程：

$$\begin{cases} \dfrac{\mathrm{d}^{q_1} e_1}{\mathrm{d}t^{q_1}}=-e_1+s_{11}e_1+s_{12}e_2+\tilde{a}_{11}f(y_1)-a_{11}f(x_1)+\tilde{a}_{12}f(y_2)-a_{12}f(x_2)+u_1 \\ \dfrac{\mathrm{d}^{q_2} e_2}{\mathrm{d}t^{q_2}}=-e_2+s_{21}e_1+s_{22}e_2+s_{23}e_3+\tilde{a}_{22}f(y_2)-a_{22}f(x_2)+u_2 \\ \dfrac{\mathrm{d}^{q_3} e_3}{\mathrm{d}t^{q_3}}=-e_3+s_{31}e_1+s_{32}e_2+s_{33}e_3+u_3 \end{cases} \tag{9.4.20}$$

若选取控制器 $\boldsymbol{U}$ 为

$$\begin{cases} u_1=a_{11}f(x_1)-\tilde{a}_{11}f(y_1)+a_{12}f(x_2)-\tilde{a}_{12}f(y_2)-s_{12}e_2-\tilde{e}_{11}f(x_1)-\tilde{e}_{12}f(x_2) \\ u_2=-s_{21}e_1-s_{23}e_3+a_{22}f(x_2)-\tilde{a}_{22}f(y_2)-\tilde{e}_{12}f(x_2) \\ u_3=-s_{31}e_1-s_{32}e_2 \end{cases} \tag{9.4.21}$$

式中，$e_i=y_i-x_i$，$\tilde{e}_{ij}=\tilde{a}_{ij}-a_{ij}$。构建一个 Lyapunov-Krasovskii 泛函函数为

$$V(t)=\frac{1}{2}\boldsymbol{e}^{\mathrm{T}}\boldsymbol{e}+\frac{1}{2}\tilde{\boldsymbol{e}}^{\mathrm{T}}\tilde{\boldsymbol{e}}=\frac{1}{2}(e_1^2+e_2^2+e_3^2)+\frac{1}{2}(\tilde{e}_1^2+\tilde{e}_2^2+\tilde{e}_3^2) \tag{9.4.22}$$

同时，选取系统自适应调整率为

$$\begin{bmatrix} \tilde{a}_{11} \\ \tilde{a}_{12} \\ \tilde{a}_{22} \end{bmatrix}=\boldsymbol{G}^{\mathrm{T}}(x)\,[e_1 \quad e_2 \quad e_3]^{\mathrm{T}}=\begin{bmatrix} e_1 f(x_1) \\ e_1 f(x_2)+e_2 f(x_2) \\ 0 \end{bmatrix} \tag{9.4.23}$$

由式(9.4.1)易知，当 $0\leqslant q\leqslant 1$ 时，$n=1$。因此，有

$$\frac{\mathrm{d}^q f(t)}{\mathrm{d}t^q}=\frac{1}{\Gamma(1-q)}\int_0^t \frac{f'(\tau)}{(t-\tau)^q}\mathrm{d}\tau \tag{9.4.24}$$

令 $f(t)=V(t)$，则

$$\frac{\mathrm{d}^q V(t)}{\mathrm{d}t^q}=\frac{1}{\Gamma(n-q)}\int_0^t \frac{V'(\tau)}{(t-\tau)^q}\mathrm{d}\tau \tag{9.4.25}$$

式中，

$$\begin{aligned} V'(t)&=e_1\frac{\mathrm{d}e_1}{\mathrm{d}t}+e_2\frac{\mathrm{d}e_2}{\mathrm{d}t}+e_3\frac{\mathrm{d}e_3}{\mathrm{d}t}+\tilde{e}_{11}\frac{\mathrm{d}\tilde{e}_{11}}{\mathrm{d}t}+\tilde{e}_{12}\frac{\mathrm{d}\tilde{e}_{12}}{\mathrm{d}t}+\tilde{e}_{22}\frac{\mathrm{d}\tilde{e}_{22}}{\mathrm{d}t} \\ &=(s_{11}-1)e_1^2+s_{12}e_1e_2+[\tilde{a}_{11}f(y_1)-a_{11}f(x_1)]e_1+[\tilde{a}_{12}f(y_2)-a_{12}f(x_2)]e_1+ \\ &\quad u_1e_1+(s_{22}-1)e_2^2+s_{21}e_1e_2+s_{23}e_2e_3+[\tilde{a}_{22}f(y_2)-a_{22}f(x_2)]e_2+u_2e_2+(s_{33}-1)e_3^2+ \\ &\quad s_{31}e_1e_3+s_{32}e_2e_3+u_3e_3+(\tilde{a}_{11}-a_{11})e_1f(x_1)+(\tilde{a}_{12}-a_{12})(e_1+e_2)f(x_2) \end{aligned}$$

将控制器 $\boldsymbol{U}$(式(9.4.21))及自适应调整率(式(9.4.23))代入上式中，得

$$V'(t)=(s_{11}-1)e_1^2+(s_{22}-1)e_2^2+(s_{33}-1)e_3^2 \tag{9.4.26}$$

对于 $\frac{d^qV(t)}{dt^q}=\frac{1}{\Gamma(n-q)}\int_0^t\frac{V'(\tau)}{(t-\tau)^q}d\tau$，当 $0\leqslant q\leqslant 1$，$0\leqslant\tau\leqslant t$ 时，$\Gamma(1-q)>0$，$(t-\tau)^q>0$ 恒成立。

由式(9.4.26)得 $s_{11}\leqslant 1$，$s_{22}\leqslant 1$，$s_{33}\leqslant 1$ 时，式(9.4.26)中的 $V'(t)\leqslant\mathbf{0}$，即有

$$\frac{d^qV(t)}{dt^q}=\frac{1}{\Gamma(n-q)}\int_0^t\frac{V'(\tau)}{(t-\tau)^q}d\tau\leqslant 0$$

成立，并且显然有 $V(t)\geqslant 0$，故 $\lim_{t\to\infty}e(t)=0$。因此，响应系统 $\boldsymbol{Y}$ 与驱动系统 $\boldsymbol{X}$ 趋于同步，即 $t\to\infty$ 时，$\boldsymbol{Y}-\boldsymbol{X}\to\mathbf{0}$，$\widetilde{\boldsymbol{A}}^{\mathrm{T}}-\boldsymbol{A}^{\mathrm{T}}\to 0$。

9.4.2 仿真实验与结果分析

1. 分数阶 CNN 混沌系统构建

令式(9.4.17)的系数矩阵参数选择为

$$\begin{cases}\boldsymbol{A}=\begin{bmatrix}a_{11}&a_{12}&a_{13}\\a_{21}&a_{22}&a_{23}\\a_{31}&a_{32}&a_{33}\end{bmatrix}=\begin{bmatrix}7&-1&0\\0&-2&0\\0&0&0\end{bmatrix}\\\boldsymbol{S}=\begin{bmatrix}s_{11}&s_{12}&s_{13}\\s_{21}&s_{22}&s_{23}\\s_{31}&s_{32}&s_{33}\end{bmatrix}=\begin{bmatrix}-2&9&0\\2&1&2\\-3&-15&1\end{bmatrix}\end{cases}\tag{9.4.27}$$

系数矩阵中的 $s_{11}\leqslant 1$，$s_{22}\leqslant 1$，$s_{33}\leqslant 1$ 满足驱动系统和响应系统趋于同步的要求。此时分数阶细胞神经网络系统(式(9.4.17))表示为

$$\begin{cases}\frac{d^{q_1}x_1}{dt^{q_1}}=-3x_1+9x_2+7f(x_1)-f(x_2)\\\frac{d^{q_2}x_2}{dt^{q_2}}=2x_1+2x_3-2f(x_2)\\\frac{d^{q_3}x_3}{dt^{q_3}}=-3x_1-15x_2\end{cases}\tag{9.4.28}$$

对于驱动系统取时间段 $t\in[0,10]$的值作为初始值[38]。取初始值为 $x_1=0.1$，$x_2=0.2$，$x_3=0.2$；阶数 $q_1=q_2=q_3=0.95$；步长 $h=0.01$。此时，对系统(式(9.4.28))所描述的细胞神经网络进行数值仿真，得到的二维混沌吸引子相图如图 9.19 所示。

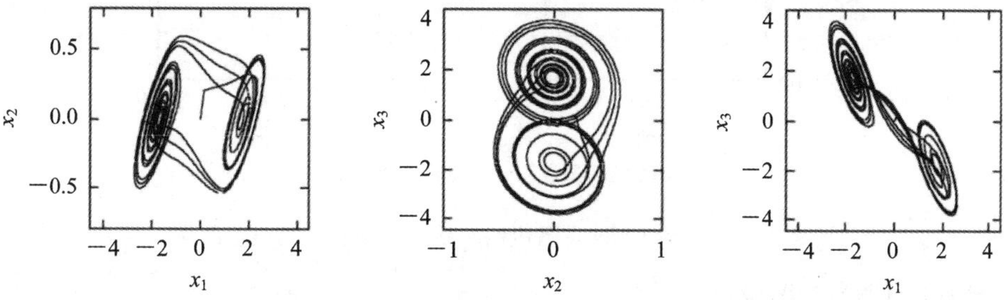

图 9.19　系统(式(9.4.28))产生的混沌吸引子相图

图 9.19 表明，通过具体设计参数与初始值，系统(式(9.4.28))所描述的分数阶细胞神

经网络中产生了双涡旋混沌奇异吸引子，因此定性地证实了该分数阶细胞神经网络系统产生了混沌现象。

数值仿真求得系统(式(9.4.28))的 Lyapunov 指数为(5.0529，−1.2626，−1.7904)，其最大的 Lyapunov 指数大于零，并且系统的 Lyapunov 维数为

$$D_L = j + \frac{1}{|L_{j+1}|}\sum_{i=1}^{j} L_i = 2 + \frac{L_1 + L_2}{|L_3|} = 4.1170$$

因此，从理论上定量验证了该分数阶细胞神经网络系统产生了混沌现象。

2. 自适应同步数值仿真

选择上节中设置的驱动系统参数与初始条件 $t \in [0, 10]$，响应系统的初始值为 $[x, y, z] = [-0.3, -0.1, 0.2]$，未知非线性参数的初始值为 $[\tilde{a}_{11}, \tilde{a}_{12}, \tilde{a}_{22}] = [5, -1, 2]$，两个系统 $x_i - y_i (i=1, 2, 3)$ 及系统模型误差 $e_i (i=1, 2, 3)$ 仿真结果的曲线如图 9.20 所示。该图表明，在响应系统未知非线性参数值的情况下较好实现了两个分数阶细胞神经网络混沌系统趋于同步，同时也验证了本节提出的自适应同步控制设计方法对于实现分数阶 CNN 同步的有效性。

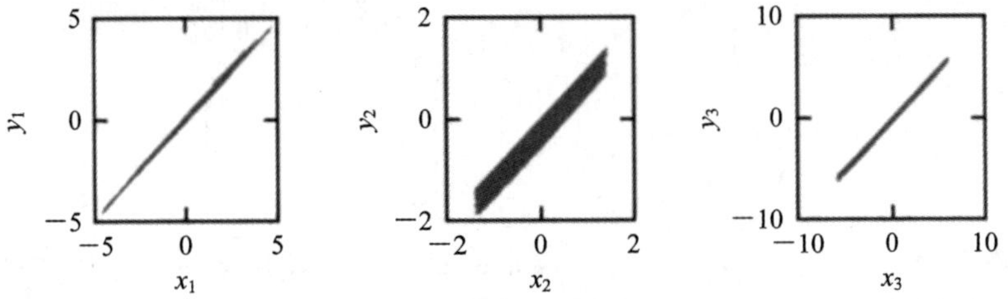

(a) 驱动和响应变量 x_i-y_i 变化轨迹曲线图

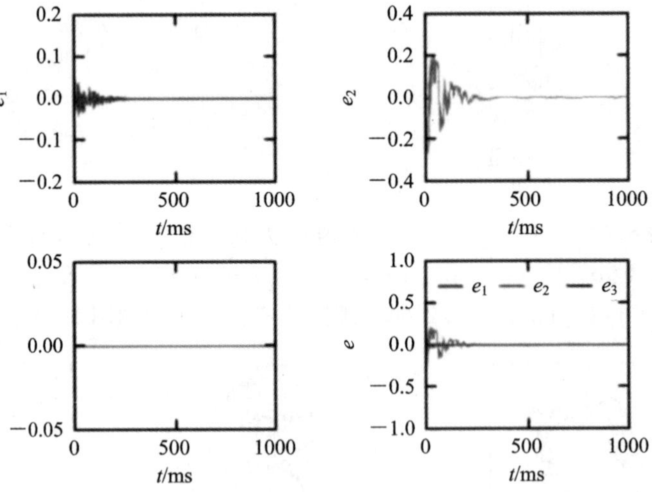

(b)系统模型误差 e_i 变化轨迹曲线图

图 9.20　分数阶 CNN 自适应同步系统模型变量及误差曲线

3. 分数阶 CNN 电路设计

对于非线性函数

$$f(x) = \frac{1}{2}(|x+1| - |x-1|)$$

用放大器 TL082CD 在 ±18 V 条件下来实现，放大电路的输出端为 $f(x)$，即 $u_{out}=f(x)$，其具体的实现电路及仿真结果分别如图 9.21(a)、(b)所示。其等效电路如图 9.21(c)所示。

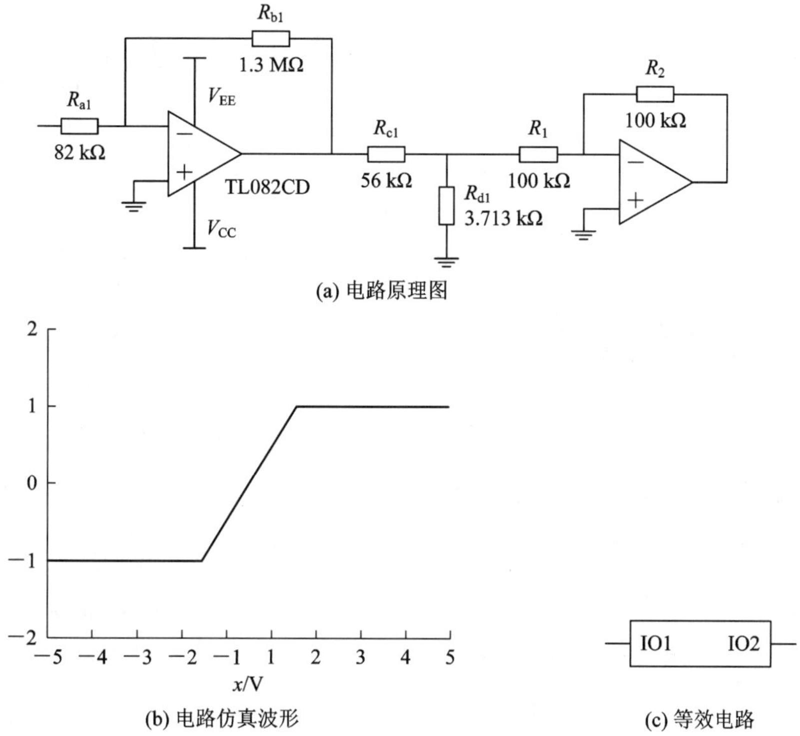

图 9.21　$f(x)$模块的电路原理图及其仿真波形

分数阶电路的单元电路现有链型、树型、混合型及新型[39]，每种单元电路的结构如图 9.22 所示。以链型单元电路为例，图 9.22(a)所示的单元电路中，n 为 A 和 B 之间的等效电路复频域表达式 $H(s)$展开式中分母 s 的最高阶，由电路理论[40]得 A 和 B 之间的等效电路复频域表达式为

$$H(s)=\frac{R_1}{sR_1C_1+1}+\frac{R_2}{sR_2C_2+2}+\cdots+\frac{R_n}{sR_nC_n+1} \tag{9.4.29}$$

为简便起见，阶数 $q_i(i=1, 2, 3)$的取值 $q_1=q_2=q_3=0.95$。依据分数阶微积分数值解法[36]知，当 q_1、q_2、q_3 取值不同时，标准整数阶算子逐渐逼近分数阶算子的方式也不同。当 $q=0.95$ 时，有

$$\frac{1}{s^{0.95}}=\frac{1.2831\times(s+14.4073)(s+0.1129)}{(s+18.3290)(s+0.1473)(s+0.0011)} \tag{9.4.30}$$

所以复频域表达式 $H(s)$对应的单元电路中 n 的取值为 3。通过对式(9.4.29)做基本的数学变形并与式(9.4.30)进行比较，得链型单元电路各元件的参数值为

$$R_1=15.1\ \text{k}\Omega,\ R_2=1.51\ \text{k}\Omega,\ R_3=692.9\ \text{M}\Omega$$

$$C_1=3.616\ \mu\text{F},\ C_2=4.602\ \mu\text{F},\ C_3=1.267\ \mu\text{F}$$

同理，树型、混合型、新型单元电路在 $q=0.95$ 时所对应的复频域表达式 $H(s)$如表 9.1 所示，相应各个元器件的参数值如表 9.2 所示[38]。

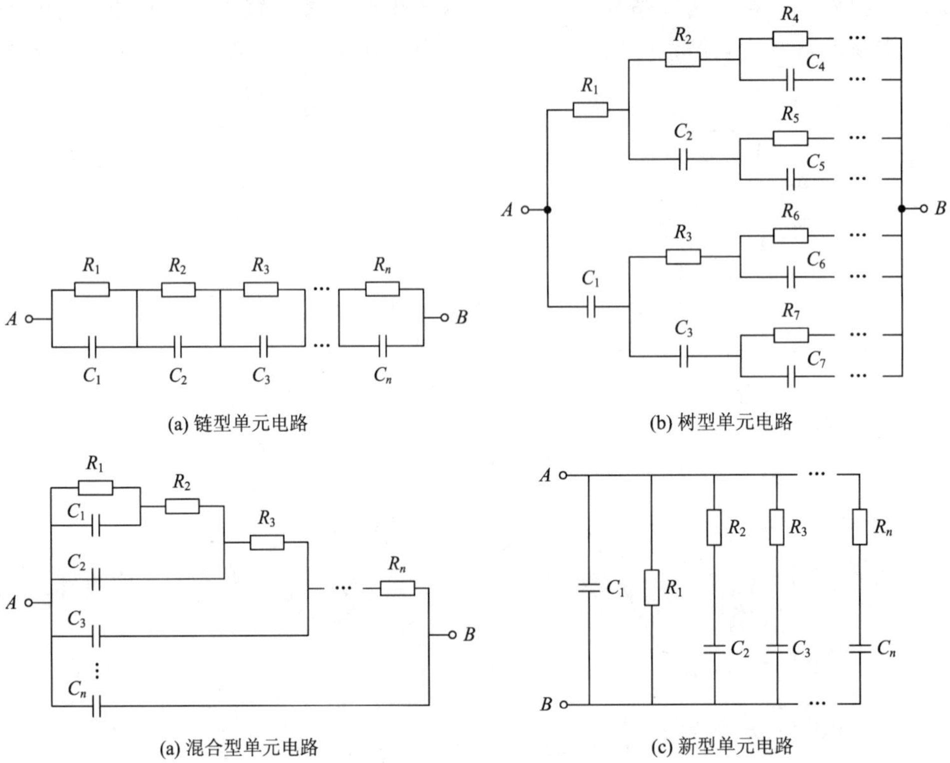

图 9.22 分数阶各单元电路图

表 9.1 分数阶各单元电路复频域表达式

类型	$H(s)$表达式
链型	$H(s)=\left[\frac{R_1}{sR_1C_1+1}+\frac{R_2}{sR_2C_2+2}+\frac{R_3}{sR_3C_3+3}\right]$
树型	$H(s)=\left[R_1+\left(R_2 /\!/ \frac{1}{sC_2}\right)\right] /\!/ \left[\frac{1}{sC_1+\left(R_3 /\!/ \frac{1}{sC_3}\right)}\right]$
混合型	$H(s)=\left\{\left[\left(\left(R_1 /\!/ \frac{1}{sC_1}\right)+R_2\right) /\!/ \frac{1}{sC_2}\right]+R_3\right\} /\!/ \frac{1}{sC_3}$
新型	$H(s)=R_1 /\!/ \frac{1}{sC_1} /\!/ \left[R_2+\frac{1}{sC_2}\right] /\!/ \left[R_3+\frac{1}{sC_3}\right]$

注：“//”表示并联关系。

表 9.2 阶数为 0.95 时各元器件参数

类型	n	R_1/MΩ	C_1/μF	R_2/MΩ	C_2/μF	R_3/MΩ	C_3/μF
链型	3	0.015	3.616	1.51	4.602	692.9	1.267
树型	3	0.326	1.048	694.1	0.214	2.167	3.039
混合型	3	662.5	0.291	31.62	0.218	0.323	0.780
新型	3	694.6	0.780	32.82	0.270	0.326	0.213

4. 分数阶 CNN 同步电路仿真

由于对每一阶数值(q_1, q_2, q_3)均有链型、树型、混合型和新型 4 种单元电路选择，因此通过数学组合排列原理可知，对于该分数阶细胞神经网络混沌同步系统，驱动和响应系统分别可以选择 q_1、q_2、q_3 3 种阶数，则电路的组合数为 $M=(C_4^1)^{3\times2}=4096$。

1) 分数阶 CNN 驱动电路仿真

驱动系统选择链型、树型、混合型。依照式(9.4.17)数学模型设计的分数阶细胞神经网络驱动系统的电路原理图如图 9.23 所示，电路原理图中的各个元器件的取值为

$$R_xf_1=R_xf_2=R_xf_3=100\ \text{k}\Omega$$

$$R_{m1}=R_{m2}=R_{m3}=R_{m4}=R_{m5}=R_{m6}=R_{m7}=R_{m8}=R_{m9}=R_{m10}=R_{m11}=10\ \text{k}\Omega$$

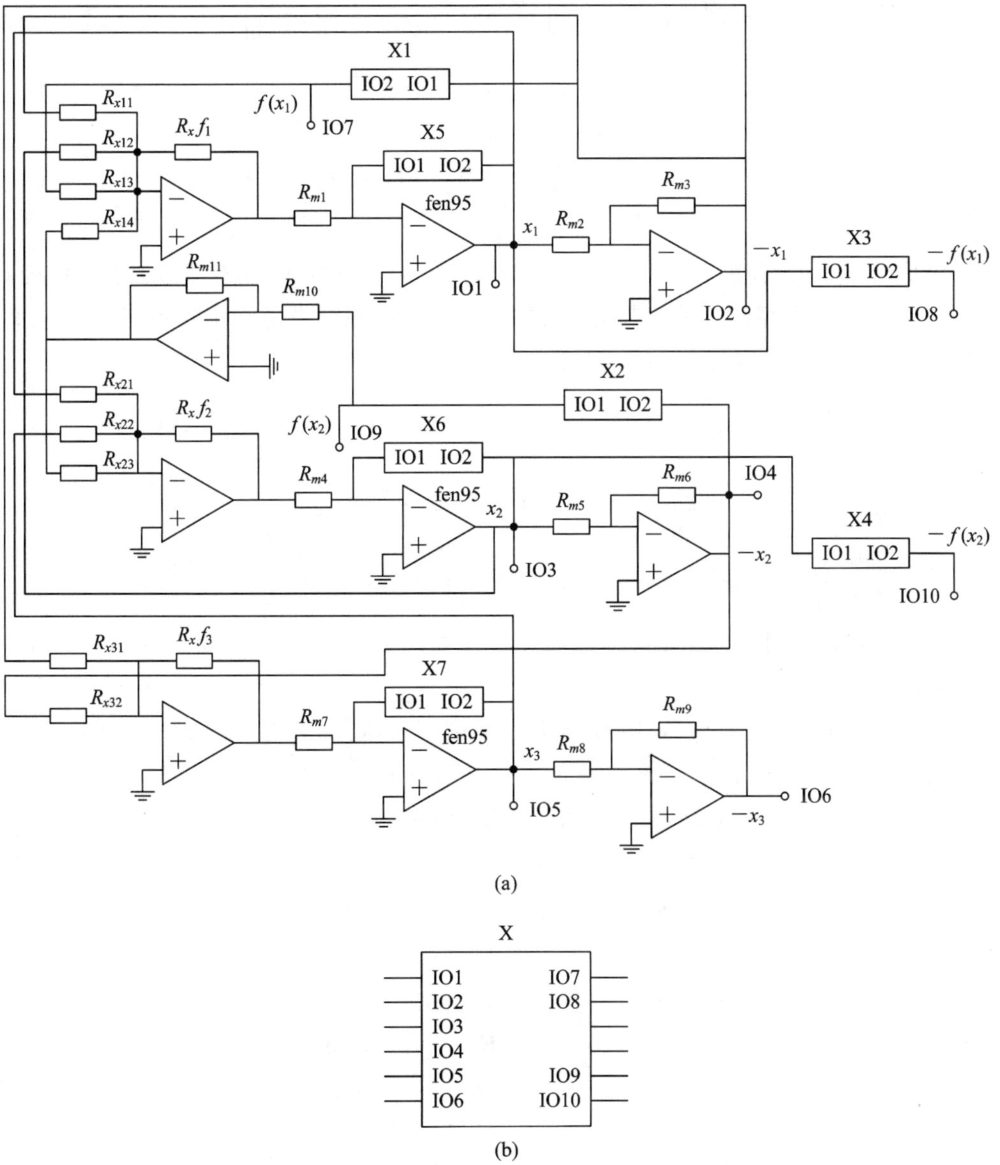

图 9.23　分数阶 CNN 驱动系统电路原理图及其等效电路

$$R_{x11} = 35\ \text{k}\Omega,\ R_{x12} = 17\ \text{k}\Omega$$
$$R_{x13} = 10\ \text{k}\Omega,\ R_{x14} = 100\ \text{k}\Omega$$
$$R_{x21} = 50\ \text{k}\Omega,\ R_{x22} = 50\ \text{k}\Omega,\ R_{x23} = 50\ \text{k}\Omega$$
$$R_{x31} = 40\ \text{k}\Omega,\ R_{x32} = 10\ \text{k}\Omega$$

驱动系统电路仿真结果相图如图 9.24 所示(状态可观测)。

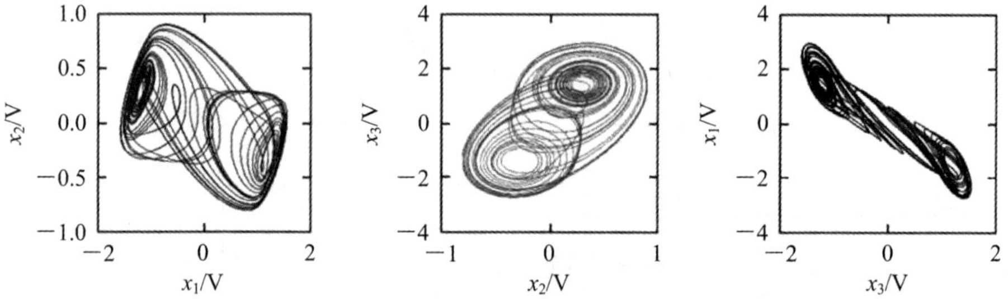

图 9.24 分数阶 CNN 驱动系统电路仿真结果相图

2) 分数阶 CNN 响应电路仿真

响应系统选择混合型、新型、链型。将式(9.4.21)控制器 **U** 代入响应系统(式(9.4.18))中，并结合系统自适应调整率(式(9.4.23))的数学模型和参数矩阵式(9.4.27)，则响应系统(式(9.4.18))变为

$$\begin{cases} \dfrac{d^{q_1} y_1}{dt^{q_1}} = -3y_1 + 9x_2 + 14f(x_1) - \tilde{a}_{11} f(x_1) - 2f(x_2) - \tilde{a}_{12} f(x_2) \\ \dfrac{d^{q_2} y_2}{dt^{q_2}} = 2x_1 + 2x_3 - \tilde{a}_{12} f(x_2) - 3f(x_2) \\ \dfrac{d^{q_3} y_3}{dt^{q_3}} = -3x_1 - 15x_2 \end{cases} \tag{9.4.31}$$

分数阶细胞神经网络响应系统的电路原理图如图 9.25 所示。电路原理图中的各个元器件参数值为

$$R_y f_1 = R_y f_2 = R_y f_3 = R_{n10} = R_{n11} = R_{n12} = R_{n13} = R_{n14}$$
$$= R_{n15} = R_{n16} = R_{n17} = R_{n18} = R_{n19} = 100\ \text{k}\Omega$$
$$R_{n1} = R_{n2} = R_{n3} = R_{n4} = R_{n5} = R_{n6} = R_{n7} = R_{n8} = R_{n9} = 10\ \text{k}\Omega$$
$$R_{y11} = 33.3\ \text{k}\Omega,\ R_{y12} = 11.1\ \text{k}\Omega$$
$$R_{y13} = 7\ \text{k}\Omega,\ R_{y14} = 100\ \text{k}\Omega$$
$$R_{y15} = 50\ \text{k}\Omega,\ R_{y16} = 100\ \text{k}\Omega$$
$$R_{y21} = 50\ \text{k}\Omega,\ R_{y22} = 40\ \text{k}\Omega$$
$$R_{y23} = 100\ \text{k}\Omega,\ R_{y24} = 33.3\ \text{k}\Omega$$
$$R_{y31} = 40\ \text{k}\Omega,\ R_{y32} = 10\ \text{k}\Omega$$
$$C_{y1} = C_{y2} = 33\ \text{nF}$$

电路原理图中的乘法器使用 Multisim10 中的默认元件 MULTIPLIER。

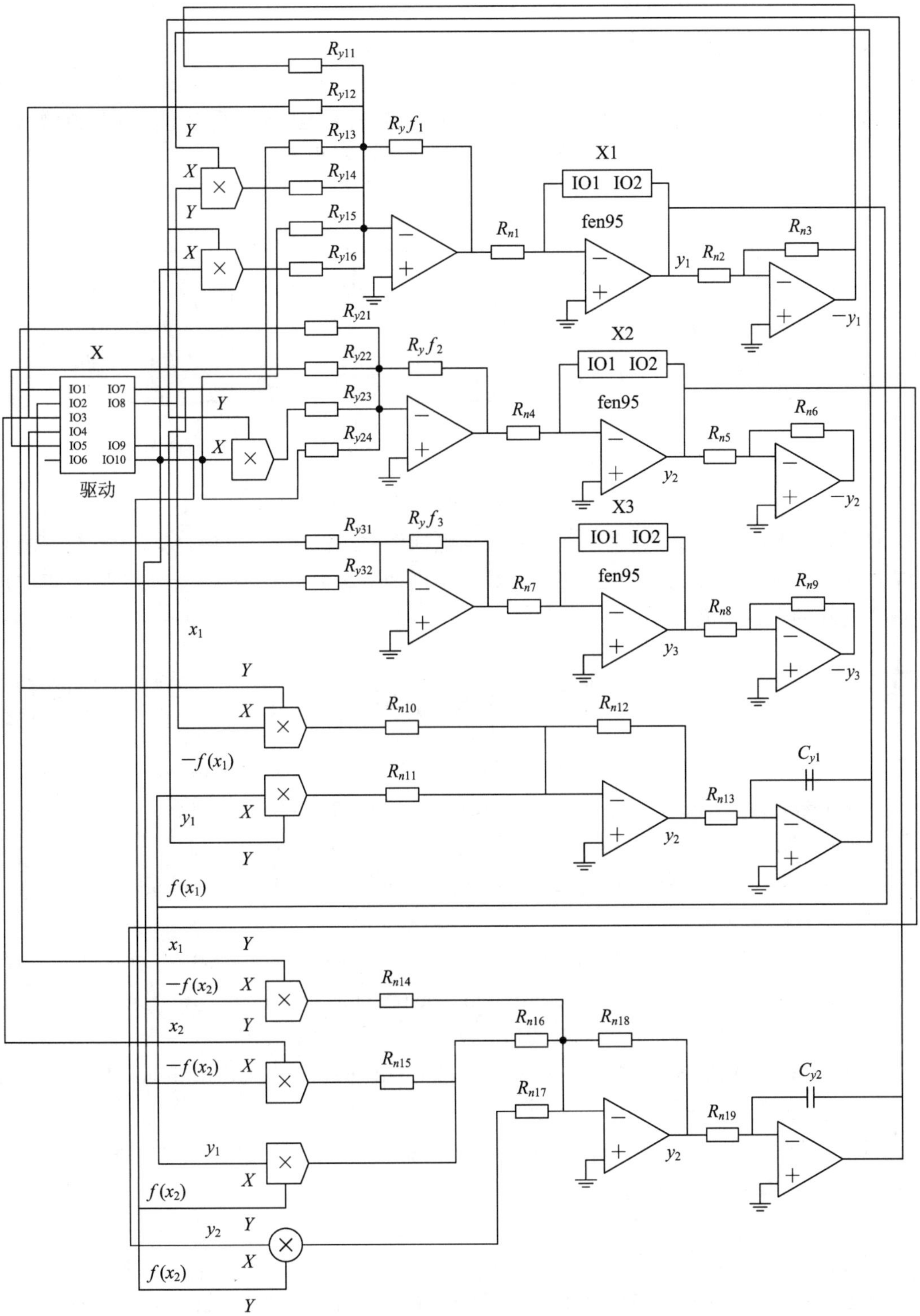

图 9.25　分数阶 CNN 响应系统电路原理图

3）分数阶 CNN 自适应同步实现

驱动系统与响应系统的电路仿真结果 x_i - y_i(i=1, 2, 3)如图 9.26 所示(状态可观测)。将电路仿真的结果与图 9.20(a)数值仿真的结果比较可知，电路仿真实验结果与数值计算结果具有较好的吻合度，同步误差主要是由初始条件的选取及模拟电路元件值漂移引起的。这验证了分数阶细胞神经网络混沌系统的自适应同步是可以物理实现的，也表明了该方法的现实可应用性。

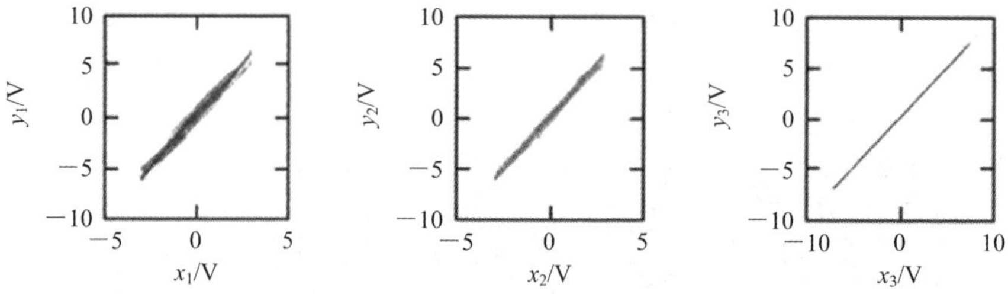

图 9.26 分数阶 CNN 驱动 - 响应系统 x_i-y_i 电路仿真结果

可见，基于非线性参数自适应的分数阶细胞神经网络混沌同步控制模型具有较好的自适应同步稳定性，可以推广应用到不同阶数和不同的分数阶电路结构上，在实际工程应用中具有潜在的实用价值。

参考文献 9

[1] HORNIK K, STINCHCOMBE M, WHITE H. Multilayer feedforward networks are universal approximators[J]. Neural networks, 1989, 2(5): 359-366.

[2] LEE C M, KO C N. Time series prediction using RBF neural networks with a nonlinear time-varying evolution PSO algorithm[J]. Neurocomputing, 2009, 73(1/2/3): 449-460.

[3] MENG X, ZHANG Y, QIAO J F. An adaptive task-oriented RBF network for key water quality parameters prediction in wastewater treatment process[J]. Neural Computing and Applications, 2021, 33(17): 11401-11414.

[4] HAN H G, MA M L, QIAO J F. Accelerated gradient algorithm for RBF neural network[J]. Neurocomputing, 2021(441): 237-247.

[5] 刘威，付杰，周定宁，等. 基于反时限混沌郊狼优化算法的 BP 神经网络参数优化[J]. 控制与决策，2021，36(10)：2339-2349.

[6] 乔俊飞，董敬娇，李文静. 改进的小脑模型神经网络及其在时间序列预测中的应用[J]. 北京工业大学学报，2021，47(6)：598-606.

[7] ALJARAH I, FARIS H, MIRJALILI S. Optimizing connection weights in neural networks using the whale optimization algorithm[J]. Soft Computing, 2018(22): 1-15.

[8] TSOULOS I G, TZALLAS A, TSALIKAKIS D. Evolutionary based weight

decaying method for neural network training[J]. Neural Processing Letters, 2018(47): 463-473.

[9] YU J B, WANG S J, XI L F. Evolving artificial neural networks using an improved PSO and DPSO[J]. Neurocomputing, 2008, 71(4/5/6): 1054-1060.

[10] QIAO J F, LI S Y, HAN H G, et al. An improved algorithm for building self-organizing feedforward neural networks[J]. Neurocomputing, 2017(262): 28-40.

[11] SHENG W G, SHAN P X, MAO J F, et al. An adaptive memetic algorithm with rank-based mutation for artificial neural network architecture optimization[J]. IEEE Access, 2017(5): 18895-18908.

[12] ABBASS H A. A memetic pareto evolutionary approach to artificial neural networks[C]//AI 2001: Advances in Artificial Intelligence: 14th Australian Joint Conference on Artificial Intelligence Adelaide, Australia, December 10-14, 2001 Proceedings 14. Adelaide, Australia, Springer Berlin Heidelberg, 2001: 1-12.

[13] ABBASS H A. Speeding up backpropagation using multiobjective evolutionary algorithms[J]. Neural Computation, 2003, 15(11): 2705-2726.

[14] GOH C K, TEOH E J, TAN K C. Hybrid multiobjective evolutionary design for artificial neural networks[J]. IEEE Transactions on Neural Networks, 2008, 19(9): 1531-1548.

[15] ALMEIDA L M, LUDERMIR T B. A multi-objective memetic and hybrid methodology for optimizing the parameters and performance of artificial neural networks[J]. Neurocomputing, 2010, 73(7-9): 1438-1450.

[16] LOGHMANIAN S M R, JAMALUDDIN H, AHMAD R, et al. Structure optimization of neural network for dynamic system modeling using multi-objective genetic algorithm[J]. Neural Computing and Applications, 2012(21): 1281-1295.

[17] GLOROT X, BENGIO Y. Understanding the difficulty of training deep feedforward neural networks[C]//Proceedings of the thirteenth international conference on artificial intelligence and statistics. Chia Laguna Resort, Sardinia, Italy, JMLR Workshop and Conference Proceedings, 2010: 249-256.

[18] SCHMIDHUBER J, HOCHREITER S. Long short-term memory[J]. Neural Comput., 1997, 9(8): 1735-1780.

[19] 李文静，王潇潇. 基于简化型 LSTM 神经网络的时间序列预测方法[J]. 北京工业大学学报，2021，47(5)：480-488.

[20] LAU M M, LIM K H. Investigation of activation functions in deep belief network[C]//2017 2nd international conference on control and robotics engineering (ICCRE), Bangkok, Thailand. IEEE, 2017: 201-206.

[21] XU B, WANG N, CHEN T, et al. Empirical evaluation of rectified activations in convolutional network (2015)[J]. arXiv preprint arXiv:1505. 00853, 2015.

[22] 杨彦霞，王普，高学金，等. 基于混合双层自组织径向基函数神经网络的优化学习算法[J]. 北京工业大学学报，2024，50(1).

[23] BUCZAK A L, HANKE P A, CANCRO G J, et al. Detection of tunnels in PCAP data by random forests[C]//Proceedings of the 11th Annual Cyber and Information Security Research Conference. Oak Ridge TN USA, Association for Computing Machinery, 2016: 1-4.

[24] YAO Z, XU X, YU H. Floor heating customer prediction model based on random forest[J]. International Journal of Networked and Distributed Computing, 2018, 7(1): 37-42.

[25] XUAN S, LIU G, LI Z, et al. Random forest for credit card fraud detection[C]. 2018 IEEE 15th international conference on networking, sensing and control (ICNSC), Zhuhai, China. IEEE, 2018: 1-6.

[26] YU J M, CHO S B. Prediction of bank telemarketing with co-training of mixture-of-experts and MLP [C]//International Conference on Neural Information Processing, Kyoto, Japan. Cham: Springer International Publishing, 2016: 52-59.

[27] 李永丽，王浩，金喜子. 基于随机森林优化的自组织神经网络算法[J]. 吉林大学学报(科学版)，2021，59(2).

[28] SATAKE E, MAJIMA K, AOKI S C, et al. Sparse ordinal logistic regression and its application to brain decoding[J]. Frontiers in neuroinformatics, 2018(12): 51.

[29] JIANG H, HU B, LIU Z, et al. Detecting depression using an ensemble logistic regression model based on multiple speech features [J]. Computational and mathematical methods in medicine, 2018, 2018(1): 6508319.

[30] FRADKOV A L, ANDRIEVSKY B, EVANS R J. Adaptive observer-based synchronization of chaotic systems with first-order coder in the presence of information constraints[J]. IEEE Transactions on Circuits and Systems I: Regular Papers, 2008, 55(6): 1685-1694.

[31] 曹鹤飞，张若洵. 基于滑模控制的分数阶混沌系统的自适应同步[J]. 物理学报，2011，60(5)：121-125.

[32] SLAVOVA A, RASHKOVA V. A novel CNN based image denoising model[C]//2011 20th european conference on circuit theory and design (ECCTD), Sweden. IEEE, 2011: 226-229.

[33] CAPONETTO R, DONGOLA G, FORTUNA L, et al. Fractional order systems: modeling and control applications[M]. World scientific, 2010.

[34] 孙克辉，杨静利，丘水生. 分数阶混沌系统的电路仿真与实现[J]. 计算机仿真，2011，28(2)：117-119.

[35] LIM Y H, OH K K, AHN H S. Stability and stabilization of fractional-order linear systems subject to input saturation[J]. IEEE Transactions on Automatic Control, 2012, 58(4): 1062-1067.

[36] 曹鹤飞，张若洵. 基于单驱动变量分数阶混沌同步的参数调制数字通信及硬件实现[J]. 物理学报，2012，61(2)：123-130.

[37] TRIGEASSOU J C, MAAMRI N. Initial conditions and initialization of linear

fractional differential equations[J]. Signal processing，2011，91(3)：427-436.

[38] 张小红，孙强. 异分数阶混沌系统构造及其多元电路仿真[J]. 系统仿真学报，2014，26(7)：1460-1466.

[39] CHAREF A，SUN H H，TSAO Y Y，et al. Fractal system as represented by singularity function[J]. IEEE Transactions on automatic Control，1992，37(9)：1465-1470.

[40] 许喆，刘崇新，杨韬. 基于 Lyapunov 方程的分数阶新混沌系统的控制[J]. 物理学报，2010(3)：1524-1531.